W0262204

ANORGANISCHE UND ALLGEMEINE CHEMIE
IN EINZELDARSTELLUNGEN
HERAUSGEGEBEN VON
MARGOT BECKE-GOEHRING
BAND V

DIE KERNMAGNETISCHE RESONANZ UND IHRE ANWENDUNG IN DER ANORGANISCHEN CHEMIE

VON

Dr. EKKEHARD FLUCK

PRIVATDOZENT IN DER NAT.-MATH. FAKULTÄT
DER UNIVERSITÄT HEIDELBERG

MIT 142 ABBILDUNGEN

SPRINGER-VERLAG
BERLIN · GÖTTINGEN · HEIDELBERG
1963

ISBN-13: 978-3-642-86289-2   e-ISBN-13: 978-3-642-86288-5
DOI: 10.1007/978-3-642-86288-5

Geleitwort

Die anorganische Chemie war das *erste* Gebiet, an dem sich die Wissenschaft vom Stoff und seinen Verwandlungen versuchte. Großartige Entdeckungen und eindrucksvolle Forscherpersönlichkeiten kennzeichnen diese Frühzeit der chemischen Wissenschaft.

Vom letzten Drittel des vorigen Jahrhunderts an trat dann aber bald das Interesse an dem Gebiet der anorganischen Chemie zurück. Die Chemie der Kohlenstoffverbindungen begann die Chemiker aller Länder ganz vorwiegend zu beschäftigen. Sehr brauchbare theoretische Vorstellungen und die Ausarbeitung einer zweckmäßigen Laboratoriumstechnik leiteten auf diesem Gebiet eine stürmische Entwicklung ein, die wissenschaftlichen und industriellen Fortschritt in nicht erwartetem Ausmaß hervorrief.

Erst vor etwa 20 Jahren begann auch die anorganische Chemie an dieser erfolgreichen Entwicklung wieder teilzuhaben. Wir beobachten gerade in unseren Tagen, wie auf dem Gebiet der anorganischen Chemie wieder Entdeckungen gemacht werden, die der künftigen Forschung und der modernen technischen Entwicklung den Weg bereiten.

Dieser großartige Aufschwung der anorganischen Chemie war vor allem durch drei Voraussetzungen bedingt. Einmal war es die Weiterentwicklung der Laboratoriumstechnik, die es möglich machte, unter extremeren Bedingungen zu experimentieren, und die ganzen Verbindungsklassen so erst zugänglich machten. Zum zweiten lernte man in steigendem Maße physikalische Methoden zur Verfolgung von Reaktionen heranzuziehen und zur Klärung von Molekülstrukturen zu benutzen. Zum dritten lernte man theoretische Vorstellung auf anorganisch-chemische Probleme anzuwenden und neue Theorien zu entwickeln, die den komplexeren Verhältnissen vieler anorganischer Stoffe gerecht werden.

Das vorliegende Buch ist einer *physikalischen Methode* gewidmet, die ausgezeichnet geeignet ist, manche Probleme der anorganischen Chemie zu lösen. Es möchte den präparativ arbeitenden Anorganiker und den spekulierenden Theoretiker mit einem physikalischen Hilfsmittel zur Lösung ihrer Probleme vertraut machen und dadurch weiteren Fortschritt auf diesen Gebieten vorbereiten helfen. Es möchte darüber hinaus dem mit diesem Gebiet nicht Bekannten den bisher erzielten Fortschritt zeigen und ihn zur Mitarbeit auffordern. Mögen diese Ziele erreicht werden!

M. Becke-Goehring

Vorwort

Als ich im Jahre 1957 in den Forschungslaboratorien der Monsanto Chemical Co. in St. Louis/USA zum ersten Mal mit der kernmagnetischen Resonanzspektroskopie in Berührung kam, fing dieses Verfahren gerade an, sich die chemischen Laboratorien zu erobern. Hier schien sich eine physikalische Methode anzubieten, die dem Chemiker neue Wege zur Lösung seiner Probleme eröffnete. Die Hoffnungen, die man damals auf die kernmagnetische Resonanzspektroskopie setzte, wurden nicht enttäuscht. Wenn die neue Methode auch nicht für alle Fragen der Chemie die Rolle eines deus ex machina spielen kann, gehört sie doch schon heute zu den wichtigsten physikalischen Forschungsmethoden des Chemikers und dient allein oder im Verein mit anderen spektroskopischen Methoden zur Lösung vieler Probleme. Die Anwendungsmöglichkeiten sind außerordentlich vielfältig und noch keineswegs erschöpft. Vor allem sind es Fragen nach der Struktur und nach dem Bindungszustand in chemischen Verbindungen, reaktionskinetische Fragen sowie Fragen nach der Identität von Reaktionsprodukten und Reaktionswegen, deren Beantwortung durch die kernmagnetische Resonanzspektroskopie möglich ist. Außerdem ist die Verwendung der Methode zur quantitativen Analyse von Gemischen außerordentlich hilfreich.

Die Tatsache, daß die kernmagnetische Resonanzspektroskopie zuerst am Proton durchgeführt wurde, hatte zur Folge, daß zunächst sehr zahlreiche Untersuchungen an Wasserstoff enthaltenden organischen Verbindungen beschrieben worden sind. Aber auch in der anorganischen Chemie erwies sich das Studium der Protonenresonanz, vor allem für Strukturaufklärungen an Metall-Alkylen sowie π-enyl-Komplexen bereits erfolgreich. Für eine breite Anwendung der Methode in der anorganischen Chemie ist es natürlich notwendig, die kernmagnetischen Resonanzuntersuchungen auf andere Kerne als das Proton auszudehnen. Hier sind vielversprechende Anfangserfolge erzielt worden. Zunächst steht für solche Untersuchungen heute leider freilich noch eine verhältnismäßig kleine Zahl von Instrumenten zur Verfügung.

Strukturprobleme der anorganischen Chemie sind sehr oft besonders schwer zu lösen. Chemische Methoden versagen meistens, da ein systematischer Abbau der Moleküle und ein klares Erkennen bestimmter funktioneller Gruppen vielfach nicht möglich ist. In manchen Fällen lassen sich die Strukturfragen röntgenographisch klären, aber in zahlreichen anderen Fällen versagt auch diese Methode. Hier ist die kernmagnetische Resonanzspektroskopie sehr erfolgreich einzusetzen. So konnte beispielsweise die Struktur der Borwasserstoffverbindungen durch Untersuchung der Resonanz der Borkerne sehr weitgehend geklärt werden. In der Phosphorchemie hatte das entsprechende Studium der Phosphorkerne ähnliche Erfolge.

In wachsendem Maße beginnt man, die kernmagnetische Resonanz auch für das präparative Arbeiten zu nützen, wo sie in vielen Fällen, wie beispielsweise in der Phosphorchemie, zeitsparend Aufschluß über die Natur von Reaktionsprodukten geben kann. Es ist zu wünschen, daß die Kapazität der Instrumente einmal genügend groß für einen breiten Einsatz auf diesem Arbeitsgebiet sein wird.

Die Literatur über die Ergebnisse der Methode in der anorganischen Chemie ist sehr verstreut. Es erschien zweckmäßig, das bisher erarbeitete Material zusammenzufassen und damit den Zugang zu der fraglichen Literatur zu erleichtern. Mein Bestreben war es dabei, die bisherigen Anwendungsgebiete der kernmagnetischen Resonanzspektroskopie in der anorganischen Chemie aufzuzeigen und Wege für eine weitere Verwendung der Methode zu weisen.

In dem vorliegenden Buch wird eingangs ein qualitatives Bild der theoretischen Grundlagen der kernmagnetischen Resonanzspektroskopie und ihrer Anwendung gezeigt. In einem weiteren Kapitel soll dem Chemiker, der sich wenig für mathematische Behandlungen interessiert, die Möglichkeit verschafft werden, ohne großen Aufwand an Mathematik, seine einfacheren Spektren selbst zu interpretieren und auszuwerten. Diesem Ziele dienen auch die tabellarischen Zusammenstellungen zahlreicher Daten. Das gesammelte Material und die Darstellung der verschiedenen Anwendungsmöglichkeiten sollen es dem Forscher ermöglichen, seine vielfältigen eigenen Probleme zu lösen.

Meiner verehrten Lehrerin, Frau Prof. Dr. M. BECKE-GOEHRING, habe ich für die Anregung zu diesem Buch, für die kritische Durchsicht des Manuskriptes und für zahlreiche Diskussionen zu danken. Mein Dank gebührt weiter Herrn Dr. J. R. VAN WAZER, der mich mit der kernmagnetischen Resonanzspektroskopie bekannt machte. Prof. Lord TODD von den University Chemical Laboratories, Cambridge/England, danke ich dafür, daß es mir des öfteren gestattet war, in seinem Institut eigene Kernresonanz-Untersuchungen durchzuführen. Schließlich bleibt mir dem Springer-Verlag für das verständnisvolle Eingehen auf meine Wünsche und für die gute Ausstattung des Buches zu danken.

Heidelberg, im Herbst 1962

EKKEHARD FLUCK

Inhaltsverzeichnis

Inhaltsverzeichnis VII

1. Einführung

a) Historisches

Die kernmagnetische Resonanzspektroskopie hat sich in den eineinhalb Jahrzehnten ihres Bestehens zu einer für den Chemiker äußerst wertvollen Methode zur Klärung von Problemen der verschiedensten Art entwickelt. Obwohl das Phänomen der Kernresonanz an kondensierten Phasen erst 1946 durch PURCELL, TORREY und POUND[1] an der Harvard-Universität und gleichzeitig und unabhängig davon durch BLOCH, HANSEN und PACKARD[2] an der Stanford-Universität entdeckt worden ist, sind die Arbeiten über die Theorie der kernmagnetischen Resonanz [NMR][3] und ihre Anwendung auf chemische Probleme schon heute kaum noch übersehbar.

Die klassischen Versuche an Atomstrahlen von STERN und GERLACH[4] aus dem Jahre 1924 hatten gezeigt, daß die meßbaren magnetischen Momente von Atomen diskrete Werte besitzen. Es gelang den beiden Forschern, das magnetische Moment von Atomen aus der Ablenkung der Atomstrahlen im Magnetfeld zu bestimmen. 1933 konnten ESTERMANN und STERN[5] sowie FRISCH und STERN[6] aus der Ablenkung eines Wasserstoff-Molekülstrahls das wesentlich kleinere kernmagnetische Moment des Protons ermitteln. 1939 haben schließlich RABI, MILLMAN, KUSCH und ZACHARIAS[7] an Molekülstrahlen Resonanzerscheinungen beobachtet. Die Entdeckung des kernmagnetischen Resonanzphänomens in Gasen, Flüssigkeiten und Festkörpern blieb den beiden Forschergruppen unter PURCELL und BLOCH vorbehalten, nachdem es schon 1936 von GORTER[8] vorausgesagt worden war. Der von ihnen verwendeten, später eingehend erörterten experimentellen Anordnung zur Beobachtung des Resonanzphänomens entsprechend, bezeichneten PURCELL u. Mitarb. die Methode als „kernmagnetische Resonanz", während sie von BLOCH und seiner Arbeitsgruppe „Kerninduktion" genannt wurde. Die Grundzüge der neuen Methode wurden von ihren Entdeckern in drei umfassenden Arbeiten dargelegt[9, 10].

---

[1] PURCELL, E. M., H. C. TORREY u. R. V. POUND: Phys. Rev. **69**, 37 (1946).

[2] BLOCH, F., W. W. HANSEN u. M. E. PACKARD: Phys. Rev. **69**, 127 (1946).

[3] Als Abkürzung für „kernmagnetische Resonanz" wird heute in der Literatur fast ausschließlich die vom englischen "Nuclear Magnetic Resonance" herrührende Bezeichnung NMR verwendet.

[4] STERN, O.: Z. Phys. **7**, 249 (1921); W. GERLACH u. O. STERN: Ann. Phys. **74**, 673 (1924).

[5] ESTERMANN, I., u. O. STERN: Z. Phys. **85**, 17 (1933).

[6] FRISCH, R., u. O. STERN: Z. Phys. **85**, 4 (1933).

[7] RABI, I. I., S. MILLMAN, P. KUSCH u. J. R. ZACHARIAS: Phys. Rev. **55**, 526 (1939).

[8] GORTER, C. J.: Physica **3**, 995 (1936).

[9] BLOEMBERGEN, N., E. M. PURCELL u. R. V. POUND: Phys. Rev. **73**, 679 (1948).

[10] BLOCH, F.: Phys. Rev. **70**, 460 (1946); F. BLOCH, W. W. HANSEN u. M. E. PACKARD: Phys. Rev. **70**, 474 (1946).

b) Magnetische Suszeptibilität

Magnetische Messungen dienen schon sehr lange zur Lösung von Problemen, die mit der Struktur von Molekülen zusammenhängen. Die klassische Magnetochemie bedient sich dabei der Beziehungen zwischen den magnetischen Eigenschaften einer Substanz, wie ihrer Suszeptibilität, und der Anordnung der Elektronen in ihren Atomen oder Molekülen. Das zu diesem Zweck untersuchte makroskopische Verhalten der Stoffe in einem Magnetfeld bleibt auf Untersuchungen, die sich mit dem Verhalten der Atomkerne im Magnetfeld befassen, natürlich nicht ohne Einfluß. Bevor die Grundlagen der kernmagnetischen Resonanzspektroskopie erörtert werden, seien deshalb im folgenden die wichtigsten magnetischen Eigenschaften der Moleküle besprochen. Bei unseren Betrachtungen beschränken wir uns dabei auf paramagnetische und diamagnetische Stoffe. Ferromagnetika sind außer acht gelassen.

Man nennt einen Stoff paramagnetisch, wenn er, in ein homogenes Magnetfeld gebracht, die Feldlinienzahl in seinem Innern erhöht, diamagnetisch, wenn die Zahl der Feldlinien in seinem Innern kleiner als in dem ihn umgebenden Magnetfeld ist. Bezeichnet man die Feldstärke des homogenen Magnetfeldes mit H_0, so wird die Feldstärke im Innern des Stoffes, die sog. Induktion B, durch Gl. (1) beschrieben:

$$B = H_0 + 4\pi I \,. \tag{1}$$

I bezeichnet die Intensität der induzierten Magnetisierung. Das Verhältnis

$$\mu = \frac{B}{H_0} = \frac{H_0 + 4\pi I}{H_0} \tag{2}$$

ist die Permeabilität des Stoffes, der Quotient

$$\chi_V = \frac{I}{H_0} \tag{3}$$

seine Volumsuszeptibilität. Die Volumsuszeptibilität χ_V ist dimensionslos.

Die Permeabilität μ ist bei diamagnetischen Stoffen kleiner als 1, bei paramagnetischen Stoffen größer als 1. Die Volumsuszeptibilität diamagnetischer Stoffe ist negativ, diejenige paramagnetischer Stoffe positiv. Sie ist im allgemeinen der Dichte des Stoffes proportional.

Die auf 1 Gramm des Stoffes bezogene Suszeptibilität, die spezifische Suszeptibilität χ, ergibt sich aus Gl. (4):

$$\chi = \frac{\chi_V}{d} \,, \tag{4}$$

wenn d die Dichte des Stoffes bedeutet. Sie hat die Dimension $g^{-1}\,cm^3$.

Multipliziert man die Volumsuszeptibilität χ_V mit dem Molvolumen V_M des Stoffes oder seine spezifische Suszeptibilität χ mit dem Molekulargewicht M, so erhält man die molare Suszeptibilität χ_M:

$$\chi_V \cdot V_M = \chi \cdot M = \chi_M \,. \tag{5}$$

Die meisten Substanzen sind diamagnetisch. Ihre Volumsuszeptibilitäten liegen etwa in der Größenordnung von -10^{-4} bis -10^{-5}. Der *allen*

Substanzen gemeinsame Diamagnetismus wird bei den paramagnetischen Stoffen durch eine paramagnetische Komponente, die positives Vorzeichen hat und sehr viel größer als die diamagnetische Komponente ist, überkompensiert. Die sich aus der diamagnetischen Komponente $\chi_{V,\,d}$ und der paramagnetischen Komponente $\chi_{V,\,p}$ zusammensetzende gesamte Volumsuszeptibilität

$$\chi_V = \chi_{V,\,d} + \chi_{V,\,p} \tag{6}$$

hat daher bei paramagnetischen Stoffen positives Vorzeichen.

Die Volumsuszeptibilität diamagnetischer Stoffe ist im allgemeinen temperaturunabhängig. Dagegen ist der paramagnetische Anteil der Suszeptibilität paramagnetischer Stoffe von der Temperatur abhängig. Er folgt dem Curieschen Gesetz [Gl. (7)]

$$\chi_{V,\,p} = \frac{C}{T}, \tag{7}$$

wobei C eine Konstante und T die absolute Temperatur bedeuten.

Nach P. PASCAL setzt sich die diamagnetische Suszeptibilität eines Moleküls additiv aus empirischen Inkrementen für die einzelnen Atome und Bindungen im Molekül zusammen. Ausführliche Tabellen mit Werten, die für spezielle Fälle korrigiert sind, finden sich z. B. bei SELWOOD[1].

In Tab. 1 sind die spezifischen Suszeptibilitäten einer Reihe gebräuchlicher Lösungsmittel zusammengestellt.

Tabelle 1. *Spezifische Suszeptibilität anorganischer und organischer Lösungsmittel**

Anorganische Lösungsmittel			Organische Lösungsmittel		
	$\cdot 10^{-6}$	Temp. °C		$\cdot 10^{-6}$	Temp. °C
$AsCl_3$	—0,408	18	Acetaldehyd	—0,502	20
BCl_3	—0,530	13	Aceton	—0,593	11
H_2O	—0,722	20	Äther	—0,93	20
PCl_3	—0,463	19	Ameisensäure	—0,426	20
$POCl_3$	—0,449	13	Anilin	—0,686	20
$SOCl_2$	—0,451	14	Äthanol	—0,732	20
SO_2Cl_2	—0,402	10	Äthylbromid	—0,489	20
			Benzol	—0,712	20
			Brombenzol	—0,482	20
			Bromoform	—0,316	20
			Chloroform	—0,61	
			Essigsäure	—0,535	18
			Formamid	—0,486	20
			Methanol	—0,674	19,8
			Methylbromid	—0,603	20
			Nitrobenzol	—0,509	20
			Piperidin	—0,755	20
			Pyridin	—0,623	20
			Tetrachlorkohlenstoff	—0,429	20

* Die Werte sind dem Taschenbuch f. Chemiker u. Physiker, Springer-Verlag, Berlin, 1943, entnommen.

---

[1] SELWOOD, P. W.: Magnetochemistry. New York: Interscience Publishers, Inc. 1956.

Die paramagnetische Komponente der Suszeptibilität bei paramagnetischen Stoffen rührt im wesentlichen davon her, daß die Orbitale eines Atoms im Molekül oder in einem Ion nicht alle doppelt besetzt sind. Bei doppelt besetzten Orbitalen heben sich die nach dem Pauli-Prinzip immer entgegengesetzt gerichteten magnetischen Momente der beiden Elektronen auf. Sind dagegen eines oder mehrere Orbitale nur halb besetzt, so resultiert ein dem äußeren Feld gleichgerichtetes magnetisches Moment: Der Stoff ist paramagnetisch.

Die Ursache des Diamagnetismus ist zu verstehen, wenn wir zunächst das Verhalten eines isolierten Atoms in einem Magnetfeld betrachten. Befindet sich das Atom in einem Magnetfeld, so wird sein Elektronensystem mit der Larmor-Frequenz um die Richtung des Magnetfeldes rotieren. Der Ringstrom ruft nun seinerseits ein Magnetfeld hervor, das dem äußeren Feld entgegengerichtet ist: Der Stoff ist diamagnetisch.

Ist das Atom jedoch Teil eines Moleküls, so ist die freie Rotation des Elektronensystems gestört. Der Diamagnetismus des Stoffes ist verringert. Quantitativ kommt dies in der Formel von van Vleck[1] zum Ausdruck, die sich aus zwei Termen zusammensetzt. Der eine Term beschreibt die Wirkung des frei rotierenden Elektronensystems, während der zweite, entgegengesetzt gerichtete Term die Verminderung des Diamagnetismus durch die Störung der freien Rotation berücksichtigt. Man bezeichnet den zweiten Term auch als „paramagnetischen Term". Dieser „Paramagnetismus zweiter Ordnung" ist temperaturunabhängig. Er unterscheidet sich darin grundsätzlich von dem oben beschriebenen Paramagnetismus, der in Atomen oder Molekülen erzeugt wird, die ein oder mehrere ungepaarte Elektronen besitzen, und der temperaturabhängig ist. Der Paramagnetismus erster Ordnung ist sehr viel größer als der, quantenmechanisch betrachtet, durch Mischung der Wellenfunktion im Grundzustand mit Wellenfunktionen in angeregten Zuständen zustande kommende Paramagnetismus zweiter Ordnung. Letzterer kompensiert im allgemeinen den diamagnetischen Term in van Vlecks Formel nur teilweise. Nur in einigen wenigen Fällen, in denen besonders tief liegende angeregte Zustände existieren, wird der diamagnetische Term durch den paramagnetischen überkompensiert, so daß die Substanz schwach paramagnetisch ist. Dagegen sind die durch den Paramagnetismus erster Ordnung verursachten paramagnetischen Suszeptibilitäten etwa um zwei Zehnerpotenzen größer als die diamagnetischen Suszeptibilitäten.

Gase und Flüssigkeiten sind magnetisch isotrop. Die magnetische Suszeptibilität ist von der Richtung unabhängig. Dagegen sind Kristalle, die einer niedrigen Symmetrieklasse angehören, oft magnetisch anisotrop. Man unterscheidet bei ihnen drei aufeinander senkrecht stehende magnetische Hauptachsen. Die in diesen drei Richtungen gemessenen Suszeptibilitäten sind die Hauptsuszeptibilitäten. Ist eine magnetisch anisotrope Substanz fein gepulvert, so beobachtet man eine durchschnittliche Suszeptibilität.

---

[1] van Vleck, J. H.: Electric and Magnetic Susceptibilities. New York: Oxford University Press 1932.

Eine auffallend starke diamagnetische Anisotropie weisen aromatische Kohlenstoffverbindungen auf. Bei diesen verhalten sich die delokalisierten π-Elektronen in einem Magnetfeld wie Kreisströme. Diese Kreisströme induzieren ein magnetisches Moment, dessen Richtung der des angelegten Magnetfeldes entgegengesetzt ist (vgl. S. 194).

Wie wir später sehen werden, ist die Kenntnis der Suszeptibilität des untersuchten Stoffes oder seiner Lösung in einem Lösungsmittel für die Interpretation des kernmagnetischen Resonanzspektrums manchmal von Bedeutung.

Handelt es sich um diamagnetische Substanzen, so ist für den Fall, daß es sich um das Gemisch zweier Verbindungen handelt, das Wiedemannsche Gesetz anwendbar, wonach sich die Molsuszeptibilität aus Gl. (8) ergibt:

$$\chi_M = \gamma_1\,\chi_{M_1} + \gamma_2\,\chi_{M_2}\,. \tag{8}$$

γ_1 und γ_2 sind die Molenbrüche der beiden Mischungskomponenten, χ_{M_1} und χ_{M_2} ihre Molsuszeptibilitäten.

Das im vorigen beschriebene Verhalten der Moleküle im Magnetfeld beruht im wesentlichen auf den Eigenschaften der Elektronenhüllen der Atome. Ähnlich wie die Elektronen besitzen aber auch eine große Anzahl von Atomkernen ein magnetisches Moment. Dieses ist allerdings um mehrere Zehnerpotenzen kleiner als das magnetische Moment des Elektrons (vgl. S. 6). Der Kernmagnetismus wurde schon 1937 von LASAREW und SCHUBNIKOW[1] bei festem Wasserstoff im Bereich zwischen $1,76°\mathrm{K}$ und $4,22°\mathrm{K}$ mit Hilfe der magnetischen Waage nachgewiesen. Während der Diamagnetismus weitgehend temperaturunabhängig ist, nimmt der Anteil des Kernparamagnetismus an der Suszeptibilität bei sehr tiefen Temperaturen zu. Das „kernmagnetische Moment" bestimmter Kernsorten bildet das Fundament der kernmagnetischen Resonanzspektroskopie. Im folgenden sind die für die Theorie der kernmagnetischen Resonanz wichtigsten Eigenschaften der Atomkerne besprochen.

2. Eigenschaften der Atomkerne und ihr Verhalten im Magnetfeld

a) Der Kernspin $\vec{I}$[2]

Zur Erklärung der Hyperfeinstruktur atomischer Spektren hatte PAULI 1924 angenommen, daß manche Atomkerne ein magnetisches Moment besitzen und daß man dies als Folge eines mechanischen Kernspins betrachten kann. Es zeigte sich, daß nur Atomkerne mit einer ungeraden Anzahl von Protonen oder Neutronen oder solche, bei denen sowohl Protonen als auch Neutronen in ungerader Anzahl vorhanden

---

[1] LASAREW, B. G., u. L. W. SCHUBNIKOW: Phys. Z. UdSSR **11**, 445 (1937).

[2] FINKELNBURG weist darauf hin, daß diese Bezeichnung mißverständlich ist,

da sich $\vec{I}$ aus dem Bahndrehimpuls *und* dem Spin der den Kern bildenden Protonen und Neutronen zusammensetzt und somit den gesamten Kerndrehimpuls bezeichnet.

sind, einen Kernspin aufweisen. Kerne mit gerader Massenzahl *und* gerader Ladungszahl, wie z. B. ^{12}C oder ^{16}O, besitzen keinen mechanischen Kernspin.

Der gesamte Drehimpuls eines Kerns mit mechanischem Kernspin ist durch Gl. (9) wiedergegeben:

$$\left|\vec{I}\right| = \frac{h}{2\,\pi}\,\sqrt{[I\,(I+1)]}\,, \tag{9}$$

wobei h das Plancksche Wirkungsquantum ($h = 6{,}624 \cdot 10^{-27}$ erg · sec) und I die Kernspinzahl (Kerndrehimpuls-Quantenzahl; Kernspinquantenzahl) bedeuten.

Nach der Quantenmechanik ist die maximal beobachtbare Komponente des Drehimpulses ein ganzes oder halbzahliges Vielfaches von $\hbar = \dfrac{h}{2\,\pi}$:

$$\vec{I} = I \cdot \hbar\,. \tag{10}$$

Die Kernspinzahl I kann die Werte $0, 1/2, 1, 3/2, 2 \ldots 9/2$ annehmen, d. h. sie muß halbzahlig oder ganzzahlig sein. Atomkerne mit der Spinzahl $I = 0$ besitzen keinen Kernspin. Dies sind, wie oben gesagt wurde, Kerne mit gerader Massenzahl *und* gerader Kernladungszahl. Bei gerader Massenzahl und ungerader Kernladungszahl ist I ganzzahlig, bei ungerader Massenzahl und gerader Kernladungszahl halbzahlig. Sind Massenzahl *und* Kernladungszahl ungerade, so ist I ebenfalls halbzahlig.

b) Das kernmagnetische Moment

Ist $I > 0$, d. h. hat der Atomkern einen Spin, so erzeugt die bewegte Ladung des Kerns ein Magnetfeld, so daß ein magnetisches Moment resultiert. Das magnetische Moment kann ein positives oder negatives Vorzeichen haben. Im ersten Fall ist es parallel, im zweiten Fall antiparallel zum mechanischen Drehimpuls gerichtet.

Die kernmagnetischen Momente sind von der Größenordnung des magnetischen Moments des Protons ($I = 1/2$), des sog. „Kernmagnetons μ_K". Dieses errechnet sich nach Gl. (11)

$$\mu_K = \frac{e \cdot \hbar}{2\,M_p \cdot c}. \tag{11}$$

zu $5{,}0493 \cdot 10^{-24}$ erg/Gauß. In Gl. (11) bedeuten e die Ladung des Protons, M_p die Masse des Protons und c die Lichtgeschwindigkeit. In Einheiten des Kernmagnetons können die maximal beobachtbaren kernmagnetischen Momente μ_{H_0} von Kernen mit dem Spin I nach Gl. (12) definiert werden

$$\mu_{H_0} = g \cdot I \cdot \mu_K\,, \tag{12}$$

wobei g der „Kern-g-Faktor" des betrachteten Kerns ist. Gl. (12) gibt wieder die maximal beobachtbare Komponente des magnetischen Moments in Richtung eines äußeren Magnetfeldes. Dagegen wird der

Betrag des Vektors, der das magnetische Moment beschreibt, durch eine modifizierte Gl. (13) dargestellt.

$$\mu = g \cdot \sqrt{I(I+1)} \cdot \mu_K \,. \tag{13}$$

Der Kern-g-Faktor ist eine dimensionslose Größe. Er entspricht dem Landé-Faktor in der Atomspektroskopie. Die kernmagnetischen Momente liegen zwischen $-2,1\,\mu_K$ und $+5,5\,\mu_K$. Sie sind um mehrere Zehnerpotenzen kleiner als das magnetische Moment des Elektrons. Dieses ergibt sich aus einer Gl. (11) ganz entsprechenden Gl. (14), aus der sich das magnetische Moment des Elektrons, das Bohrsche Magneton μ_e, errechnet:

$$\mu_e = \frac{e \cdot \hbar}{2 M_e \cdot c} \,. \tag{14}$$

Es tritt lediglich anstelle der Masse des Protons die Masse des Elektrons M_e. Da die letztere aber um den Faktor 1836 kleiner ist, wird $\mu_e = 1836 \cdot \mu_K = 9,273 \cdot 10^{-21}$ erg/Gauß.

c) Das gyromagnetische Verhältnis

In der kernmagnetischen Resonanzspektroskopie spielt oft noch die Größe γ, die als das Verhältnis von magnetischem Moment (gemessen in Einheiten des Kernmagnetons μ_K) zu mechanischem Drehimpuls (gemessen in Einheiten $\hbar$) definiert ist, eine Rolle:

$$\gamma = \frac{\mu \, [\mu_K]}{I \cdot [\hbar]} \,. \tag{15}$$

Dieses durch Gl. (15) dargestellte Verhältnis γ wird als das gyromagnetische Verhältnis[1] bezeichnet und hat die Dimensionen sec^{-1} Gauß$^{-1}$. Je nach der Richtung der Präzession sind die Werte von γ positiv oder negativ. Die gyromagnetischen Faktoren der verschiedenen Kernsorten lassen sich aus den in Tab. 2 verzeichneten Werten der magnetischen Momente und Drehimpulse berechnen. So beträgt beispielsweise das gyromagnetische Verhältnis γ des Protons 5,58540, dasjenige des Deuterons 0,85738.

d) Das elektrische Kernquadrupolmoment

Da das elektrische Kernquadrupolmoment in der kernmagnetischen Resonanzspektroskopie oft eine Rolle spielt, sei hier wenigstens kurz darauf eingegangen. Wir haben auf S. 6 gesehen, daß Kerne mit der Spinzahl $I = 0$ keinen Kernspin und daher auch kein magnetisches Moment besitzen. Darüber hinaus verhalten sich diese Kerne, als ob die positive Ladung gleichmäßig über die Oberfläche einer Kugel verteilt sei: ihr Kernquadrupolmoment ist null. Dasselbe gilt auch für die Kerne mit der Spinzahl $I = 1/2$. Diese Kerne besitzen zwar einen mechanischen Drehimpuls, aber auch bei ihnen sitzt die positive Kernladung quasi auf

---

[1] Von verschiedenen Autoren wird der Ausdruck „magnetogyrisches Verhältnis" bevorzugt.

Tabelle 2. *Kerneigenschaften*

Isotop (radioakt. Isotope sind mit einem * bezeichnet)	NMR-Frequenz für ein Feld von 10000 Gauß [MHz][1]	Natürliche Häufigkeit, %	Relative Empfindlichkeit		Magnetisches Moment in Vielfachen des Kernmagnetons	Spin I, in Vielfachen von $\hbar$	Elektr. Quadrupolmoment Q, in Vielfachen von $e \cdot 10^{-24}$ cm²
			bei konst. Feld	bei konst. Frequenz			
• n^1*	29,165	—	0,322	0,685	$-1,9130$	1/2	—
• H^1	42,577	99,9844	1,000	1,000	2,79270	1/2	—
• H^2	6,536	$1,56 \times 10^{-2}$	$9,64 \times 10^{-3}$	0,409	0,85738	1	$2,77 \times 10^{-3}$
• H^3*	45,414	—	1,21	1,07	2,9788	1/2	—
• He^3	32,434	10^{-5}—10^{-7}	0,443	0,762	$-2,1274$	1/2	—
• Li^6	6,265	7,43	$8,51 \times 10^{-3}$	0,392	0,82191	1	$4,6 \times 10^{-4}$
• Li^7	16,547	92,57	0,294	1,94	3,2560	3/2	$-4,2 \times 10^{-2}$
• Be^9	5,983	100,	$1,39 \times 10^{-2}$	0,703	$-1,1774$	3/2	2×10^{-2}
• B^{10}	4,575	18,83	$1,99 \times 10^{-2}$	1,72	1,8006	3	0,111
• B^{11}	13,660	81,17	0,165	1,60	2,6880	3/2	$3,55 \times 10^{-2}$
• C^{13}	10,705	1,108	$1,59 \times 10^{-2}$	0,251	0,70216	1/2	—
• N^{14}	3,076	99,635	$1,01 \times 10^{-3}$	0,193	0,40357	1	2×10^{-2}
• N^{15}	4,315	0,365	$1,04 \times 10^{-3}$	0,101	$-0,28304$	1/2	—
• O^{17}	5,772	$3,7 \times 10^{-2}$	$2,91 \times 10^{-2}$	1,58	$-1,8930$	5/2	-4×10^{-3}
• F^{19}	40,055	100,	0,834	0,941	2,6273	1/2	—
Ne^{21}	—	0,257	—	—	—	$\geqq$ 3/2	—
Na^{22}*	4,434	—	$1,81 \times 10^{-2}$	1,67	1,745	3	—
• Na^{23}	11,262	100,	$9,27 \times 10^{-2}$	1,32	2,2161	3/2	0,1
• Mg^{25}	2,606	10,05	$2,68 \times 10^{-2}$	0,714	$-0,85471$	5/2	—
• Al^{27}	11,094	100,	0,207	3,04	3,6385	5/2	0,149
• Si^{29}	8,460	4,70	$7,85 \times 10^{-2}$	0,199	$-0,55477$	1/2	—
• P^{31}	17,235	100,	$6,64 \times 10^{-2}$	0,405	1,1305	1/2	—
• S^{33}	3,266	0,74	$2,26 \times 10^{-3}$	0,384	0,64274	3/2	$-6,4 \times 10^{-2}$
S^{35}*	5,08	—	$8,50 \times 10^{-3}$	0,599	1,00	3/2	$4,5 \times 10^{-2}$
• Cl^{35}	4,172	75,4	$4,71 \times 10^{-3}$	0,490	0,82089	3/2	$-7,97 \times 10^{-2}$
• Cl^{36}*	4,893	—	$1,21 \times 10^{-2}$	0,919	1,2838	2	$-1,68 \times 10^{-2}$
• Cl^{37}	3,472	24,6	$2,72 \times 10^{-3}$	0,408	0,68329	3/2	$-6,21 \times 10^{-2}$
• K^{39}	1,987	93,08	$5,08 \times 10^{-4}$	0,233	0,39094	3/2	—
K^{40}*	2,470	$1,19 \times 10^{-2}$	$5,21 \times 10^{-3}$	1,55	$-1,296$	4	—
• K^{41}	1,092	6,91	$8,39 \times 10^{-5}$	0,128	0,21453	3/2	—
• Ca^{43}	2,865	0,13	$6,39 \times 10^{-2}$	1,41	$-1,3153$	7/2	—
• Sc^{45}	10,343	100,	0,301	5,10	4,7491	7/2	—
• Ti^{47}	2,400	7,75	$2,10 \times 10^{-3}$	0,659	$-0,78712$	5/2	—
• Ti^{49}	2,401	5,51	$3,76 \times 10^{-3}$	1,19	$-1,1023$	7/2	—
• V^{50}	4,245	0,24	$5,53 \times 10^{-2}$	5,58	3,3413	6	—
• V^{51}	11,193	~100,	0,383	5,53	5,1392	7/2	0,3
• Cr^{53}	2,406	9,54	$1,0 \times 10^{-4}$	0,29	$-0,4735$	3/2	—
• Mn^{55}	10,553	100,	0,178	2,89	3,4610	5/2	0,5
Fe^{57}	—	2,245	—	—	$\leqq 0,05$	—	—
Co^{57}*	10,0	—	0,274	4,95	4,6	7/2	—
Co^{58}*	13,3	—	0,25	2,5	3,5	2	—
• Co^{59}	10,103	100,	0,281	4,83	4,6388	7/2	0,5
Co^{60}*	4,6	—	5×10^{-2}	4,3	3,0	5 ?	—
Ni^{61}	—	1,25	—	—	$< 0,25$	—	—
• Cu^{63}	11,285	69,09	$9,38 \times 10^{-2}$	1,33	2,2206	3/2	$-0,15$
• Cu^{65}	12,090	30,91	0,116	1,42	2,3790	3/2	$-0,14$
• Zn^{67}	2,635	4,12	$2,86 \times 10^{-3}$	0,730	0,8735	5/2	—
• Ga^{69}	10,218	60,2	$6,93 \times 10^{-2}$	1,201	2,0108	3/2	0,2318
• Ga^{71}	12,984	39,8	0,142	1,525	2,5549	3/2	0,1461
• Ge^{73}	1,485	7,61	$1,40 \times 10^{-3}$	1,15	$-0,8768$	9/2	$-0,2$

Tabelle 2 (Fortsetzung)

| Isotop (radioakt. Isotope sind mit einem * bezeichnet) | NMR-Frequenz für ein Feld von 10000 Gauß [MHz][1] | Natürliche Häufigkeit, % | Relative Empfindlichkeit | | Magnetisches Moment in Vielfachen des Kernmagnetons | Spin I in Vielfachen von $\hbar$ | Elektr. Quadrupol-moment Q in Vielfachen von $e \cdot 10^{-24}\,\mathrm{cm}^2$ |
			bei konst. Feld	bei konst. Frequenz			
• As⁷⁵	7,292	100,	$2{,}51 \times 10^{-2}$	0,856	1,4349	3/2	0,3
• Se⁷⁷	8,131	7,50	$6{,}97 \times 10^{-3}$	0,191	0,5333	1/2	—
Se⁷⁹*	2,210	—	$2{,}94 \times 10^{-3}$	1,12	—1,015	7/2	0,9
• Br⁷⁹	10,667	50,57	$7{,}86 \times 10^{-2}$	1,26	2,0990	3/2	0,33
• Br⁸¹	11,498	49,43	$9{,}84 \times 10^{-2}$	1,35	2,2626	3/2	0,28
Kr⁸³	1,64	11,55	$1{,}89 \times 10^{-3}$	1,27	—0,968	9/2	0,15
• Rb⁸⁵	4,111	72,8	$1{,}05 \times 10^{-2}$	1,13	1,3483	5/2	0,31
• Rb⁸⁷	13,932	27,2	0,177	1,64	2,7415	3/2	0,15
• Sr⁸⁷	1,845	7,02	$2{,}69 \times 10^{-3}$	1,43	—1,0893	9/2	—
• Y⁸⁹	2,086	100,	$1{,}17 \times 10^{-4}$	$4{,}90 \times 10^{-2}$	—0,1368	1/2	—
Zr⁹¹	4,0	11,23	$9{,}4 \times 10^{-3}$	1,04	—1,3	5/2	—
• Nb⁹³	10,407	100,	0,482	8,06	6,1435	9/2	—0,4±0,3
• Mo⁹⁵	2,774	15,78	$3{,}22 \times 10^{-3}$	0,761	—0,9099	5/2	—
• Mo⁹⁷	2,833	9,60	$3{,}42 \times 10^{-3}$	0,776	—0,9290	5/2	—
• Tc⁹⁹*	9,583	—	0,376	7,43	5,6572	9/2	0,3
Ru⁹⁹	—	12,81	—	—	—	5/2	—
Ru¹⁰¹	—	16,98	—	—	—	5/2	—
• Rh¹⁰³	1,340	100,	$3{,}12 \times 10^{-5}$	$3{,}15 \times 10^{-2}$	—0,0879	1/2	—
Pd¹⁰⁵	1,74	22,23	$7{,}79 \times 10^{-4}$	0,47	—0,57	5/2	—
• Ag¹⁰⁷	1,722	51,35	$6{,}69 \times 10^{-5}$	$4{,}03 \times 10^{-2}$	—0,1130	1/2	—
• Ag¹⁰⁹	1,981	48,65	$1{,}01 \times 10^{-4}$	$4{,}66 \times 10^{-2}$	—0,1299	1/2	—
• Cd¹¹¹	9,028	12,86	$9{,}54 \times 10^{-3}$	0,212	—0,5922	1/2	—
• Cd¹¹³	9,444	12,34	$1{,}09 \times 10^{-2}$	0,222	—0,6195	1/2	—
• In¹¹³	9,310	4,16	0,345	7,22	5,4960	9/2	1,144
• In¹¹⁵*	9,329	95,84	0,348	7,23	5,5072	9/2	1,161
• Sn¹¹⁵	13,22	0,35	$3{,}50 \times 10^{-2}$	0,327	—0,9132	1/2	—
• Sn¹¹⁷	15,77	7,67	$4{,}53 \times 10^{-2}$	0,356	—0,9949	1/2	—
• Sn¹¹⁹	15,87	8,68	$5{,}18 \times 10^{-2}$	0,373	—1,0409	1/2	—
• Sb¹²¹	10,19	57,25	0,160	2,79	3,3417	5/2	—0,8
• Sb¹²³	5,518	42,75	$4{,}57 \times 10^{-2}$	2,72	2,5334	7/2	—1,0
• Te¹²³	11,59	0,89	$1{,}80 \times 10^{-2}$	0,262	—0,7319	1/2	—
• Te¹²⁵	13,45	7,03	$3{,}16 \times 10^{-2}$	0,316	—0,8824	1/2	—
• I¹²⁷	8,519	100,	$9{,}35 \times 10^{-2}$	2,33	2,7939	5/2	—0,75
• I¹²⁹*	5,669	—	$4{,}96 \times 10^{-2}$	2,80	2,6030	7/2	—0,43
• Xe¹²⁹	11,78	26,24	$2{,}12 \times 10^{-2}$	0,277	—0,7726	1/2	—
• Xe¹³¹	3,490	21,24	$2{,}77 \times 10^{-3}$	0,410	0,6868	3/2	—0,12
• Cs¹³³	5,585	100,	$4{,}74 \times 10^{-2}$	2,75	2,5642	7/2	≦0,3
Cs¹³⁴*	5,64	—	$6{,}21 \times 10^{-2}$	3,53	2,96	4	—
Cs¹³⁵*	5,94	—	$5{,}70 \times 10^{-2}$	2,94	2,727	7/2	—
Cs¹³⁷*	6,19	—	$6{,}44 \times 10^{-2}$	3,05	2,84	7/2	—
Ba¹³⁵	4,25	6,59	$4{,}99 \times 10^{-3}$	0,499	0,837	3/2	—
Ba¹³⁷	4,76	11,32	$6{,}97 \times 10^{-3}$	0,559	0,936	3/2	—
• La¹³⁸*	5,617	0,089	$9{,}18 \times 10^{-2}$	2,64	3,6844	5	2,7
• La¹³⁹	6,014	99,911	$5{,}92 \times 10^{-2}$	2,97	2,7615	7/2	0,9
Ce¹⁴¹*	0,35	—	$1{,}1 \times 10^{-5}$	0,17	0,16	7/2	—
Pr¹⁴¹	11,3	100,	0,234	3,18	3,8	5/2	$-5{,}4 \times 10^{-2}$
Nd¹⁴³	2,2	12,20	$2{,}81 \times 10^{-3}$	1,07	—1,1	7/2	≦1,2
Nd¹⁴⁵	1,4	8,30	$6{,}70 \times 10^{-4}$	0,666	—0,69	7/2	≦1,2
Sm¹⁴⁷	1,47	15,07	$8{,}8 \times 10^{-4}$	0,725	—0,68	7/2	0,72
Sm¹⁴⁹	1,19	13,84	$4{,}7 \times 10^{-4}$	0,591	—0,55	7/2	0,72

Tabelle 2 (Fortsetzung)

| Isotop (radioakt. Isotope sind mit einem * bezeichnet) | NMR-Frequenz für ein Feld von 10000 Gauss [MHz][1] | Natürliche Häufigkeit, % | Relative Empfindlichkeit | | Magnetisches Moment in Vielfachen des Kernmagnetons | Spin I, in Vielfachen von $\hbar$ | Elektr. Quadrupolmoment Q, in Vielfachen von $e \cdot 10^{-24}$ cm² |
			bei konst. Feld	bei konst. Frequenz			
Eu^{151}	10,	47,77	0,168	2,84	3,4	5/2	$\sim 1,2$
Eu^{153}	4,6	52,23	$1,45 \times 10^{-2}$	1,25	1,5	5/2	$\sim 2,5$
Gd^{155}	—	14,68	—	—	—0,19	(7/2)	—
Gd^{157}	—	15,64	—	—	—0,33	(7/2)	—
Tb^{159}	—	100,	—	—	—	3/2	—
Dy^{161}	—	18,73	—	—	—	7/2	—
Dy^{163}	—	24,97	—	—	—	7/2	—
Ho^{165}	—	100,	—	—	—	7/2	—
Er^{167}	—	22,82	—	—	—	—	~ 10
Tm^{169}	—	100,	—	—	—	1/2	—
Yb^{171}	6,9	14,27	$4,19 \times 10^{-3}$	0,161	0,45	1/2	—
Yb^{173}	1,98	16,08	$1,18 \times 10^{-3}$	0,543	—0,65	5/2	3,9
Lu^{175}	5,7	97,40	$4,94 \times 10^{-2}$	2,79	2,6	7/2	5,9
$Lu^{176} *$	—	2,60	—	—	4,2	$\geqq 7$	6—8
Hf^{177}	—	18,39	—	—	—	1/2 od. 3/2	—
Hf^{179}	—	13,78	—	—	—	1/2 od. 3/2	—
Ta^{181}	4,6	100,	$2,60 \times 10^{-2}$	2,26	2,1	7/2	6,5
$\cdot \, W^{183}$	1,75	14,28	$6,98 \times 10^{-5}$	4,12	0,115	1/2	—
$\cdot \, Re^{185}$	9,586	37,07	0,133	2,63	3,1437	5/2	2,8
$\cdot \, Re^{187}$	9,684	62,93	0,137	2,65	3,1760	5/2	2,6
$\cdot \, Os^{189}$	3,307	16,1	$2,24 \times 10^{-3}$	0,385	0,6507	3/2	2,0
Ir^{191}	0,81	38,5	$3,5 \times 10^{-5}$	$9,5 \times 10^{-2}$	0,16	3/2	$\sim 1,2$
Ir^{193}	0,86	61,5	$4,2 \times 10^{-5}$	0,104	0,17	3/2	$\sim 1,0$
$\cdot \, Pt^{195}$	9,153	33,7	$9,94 \times 10^{-3}$	0,215	0,6004	1/2	—
Au^{197}	0,691	100,	$2,14 \times 10^{-5}$	$8,1 \times 10^{-2}$	0,136	3/2	0,56
$\cdot \, Hg^{199}$	7,612	16,86	$5,72 \times 10^{-3}$	0,179	0,4993	1/2	—
Hg^{201}	3,08	13,24	$1,90 \times 10^{-3}$	0,362	—0,607	3/2	0,5
$\cdot \, Tl^{203}$	24,33	29,52	0,187	0,571	1,5960	1/2	—
$\cdot \, Tl^{205}$	24,57	70,48	0,192	0,577	1,6114	1/2	—
$\cdot \, Pb^{207}$	8,899	21,11	$9,13 \times 10^{-3}$	0,209	0,5837	1/2	—
$\cdot \, Bi^{209}$	6,842	100,	0,137	5,30	4,0389	9/2	—0,4
$U^{235} *$	—	0,71	—	—	—	5/2	—
$Np^{237} *$	~ 20	—	1,0	5,0	$6 \pm 2,5$	5/2	—
$Pu^{293} *$	6,1	—	$2,9 \times 10^{-3}$	0,14	0,4	1/2	—
$Pu^{241} *$	4,3	—	$1,2 \times 10^{-2}$	1,2	1,4	5/2	—
Freies Elektron	27,994	—	$2,85 \times 10^{8}$	658	—1836	1/2	—

---

[1] In Angleichung an das hauptsächlich angelsächsische Schrifttum zur kernmagnetischen Resonanz ist im vorliegenden Buch die Feldstärkeneinheit mit Gauß bezeichnet, wie es im Deutschen sonst nur im erdmagnetischen Schrifttum üblich ist. Es sei hier jedoch darauf hingewiesen, daß in der physikalischen Literatur als Feldstärkeneinheit im magnetostatischen Einheitensystem 1 Oerstedt verwendet wird, während 1 Gauß die Einheit der Induktion ist. Beide Größen haben die gleiche Dimension 1 $dyn^{1/2}$ cm^{-1}.

$\cdot$ Bei den mit einem Punkt bezeichneten Isotopen wurde das magnetische Moment durch NMR bestimmt.

der Oberfläche einer Kugel. Atomkerne mit Spinzahlen $I > 1/2$ haben dagegen keine kugelsymmetrische Ladungsverteilung mehr. Sie verhalten sich vielmehr wie Körper, bei denen die elektrische Ladung gleich-förmig über ein Ellipsoid verteilt ist. Je nachdem, ob das Ellipsoid langge-streckt oder abgeplattet ist, definiert man positive oder negative Werte des elektrischen Quadrupol-moments $Q \cdot e$. Die drei möglichen Fälle für Ker-ne mit einem Drehimpuls sind in Abb. 1 gezeigt. In Wirklichkeit sind die Abweichungen von der kugelsymmetrischen Ver-

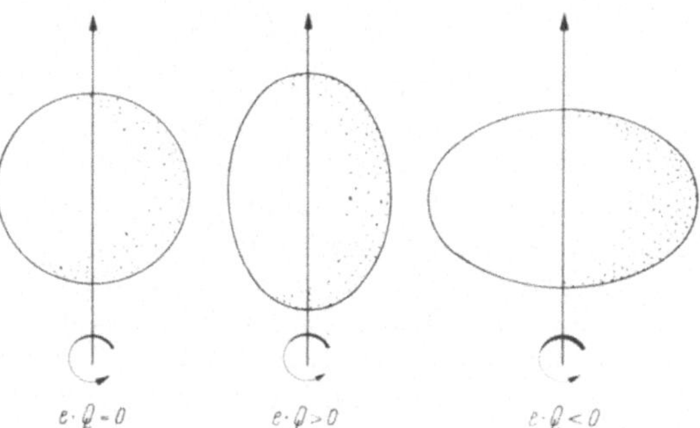

Abb. 1. Kernladungsverteilung für Kerne mit Spinzahlen $I > 0$

teilung der Ladung natürlich sehr viel kleiner. Die elektrischen Quadrupol-momente der Kerne sind in Tab. 2 für alle magnetischen Isotope tabelliert. LABHART[1] veranschaulicht das elektrische Quadrupolmoment durch Abb. 2.

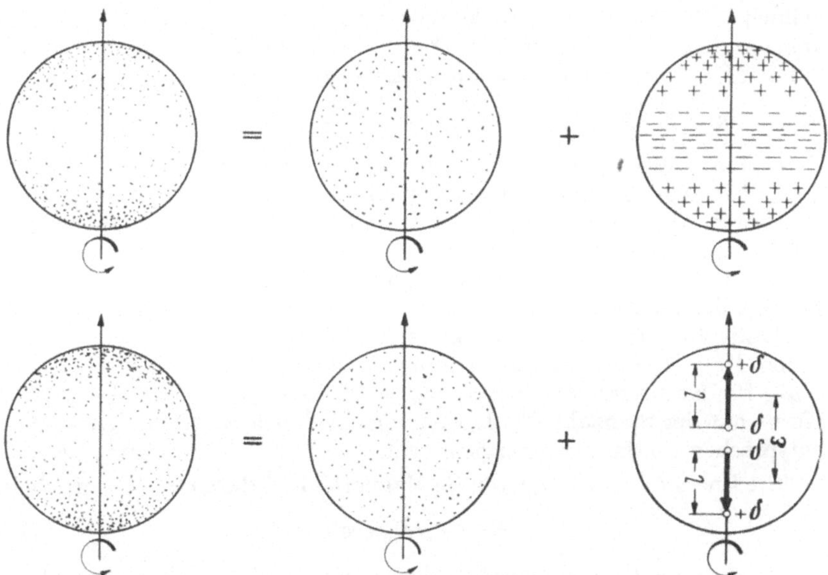

Abb. 2. Darstellung des elektrischen Quadrupolmoments [nach LABHART]

Die Ladungsverteilung auf einer nicht kugelsymmetrisch geladenen Kugel kann man sich aus einer gleichmäßigen Ladungsverteilung und einer Ladungsverteilung mit positiven Zonen in Polnähe und einer negativen

---

[1] LABHART, H.: Experientia 14 II, 41 (1958).

äquatorialen Zone entstanden denken. Die Schwerpunkte der Zusatzladungen, die in Abb. 2 dargestellt sind, bilden zwei antiparallele Dipole, einen Quadrupol. Das Quadrupolmoment Q ist durch Gl. (16) definiert:

$$Q = 4 \cdot l \cdot \varepsilon \cdot \delta . \tag{16}$$

Die positiven Ladungen an den Polkappen entsprechen einem langgestreckten Ellipsoid. Liegen die positiven Ladungen in der Äquatorzone, so entsprechen sie abgeplatteten Ellipsoiden. Q ist dann negativ.

Wie aus Tab. 2 hervorgeht, gehören zur Gruppe der langgestreckten Ellipsoide Kerne wie ^{2}H und ^{14}N, zur Gruppe der abgeplatteten Ellipsoide ^{17}O, ^{33}S, ^{35}Cl oder ^{127}J. Der aus einem Proton und einem Neutron bestehende Kern des Deuterons ist der einfachste Fall eines Atomkerns mit einem elektrischen Quadrupolmoment. Der Kern muß, da er nur aus zwei Kernteilchen besteht, zwangsläufig länglich sein.

Die elektrischen Quadrupolmomente werden in Einheiten $e \cdot 10^{-24}\,\mathrm{cm}^2$ gemessen.

e) Der Atomkern im magnetischen Feld

In einem äußeren homogenen Magnetfeld können die Vektoren des magnetischen Moments von Atomkernen nur bestimmte Werte annehmen. Die Kernmomente können sich in $2I + 1$ Winkeln zu dem äußeren Magnetfeld einstellen. Man beschreibt die möglichen Werte durch $2I + 1$ magnetische Quantenzahlen m, nämlich

$$m = I, \quad I - 1, \quad I - 2 \ldots - (I - 2), \quad -(I - 1), \quad -I .$$

Beträgt der Kernspin I beispielsweise 3/2, so kann m die Werte 3/2, 1/2, $-1/2$ und $-3/2$ haben. Ist $I = 1$, so kann m die Werte $+1$, 0 und -1 annehmen. Bei Kernen mit $I = 1/2$, mit denen wir uns hauptsächlich beschäftigen werden, ergeben sich für m die möglichen Werte $+1/2$ und $-1/2$. Die beiden letzteren Fälle sind in Abb. 3a und 3b illustriert. Beträgt das magnetische Moment μ, so ergeben sich aus der Quantenmechanik für die Vektorkomponenten in Richtung des äußeren homogenen Magnetfeldes H_0 die maximal beobachtbaren Werte $+\mu_{H_0}$ und $-\mu_{H_0}$ für Kerne mit der Spinzahl $I = 1/2$ bzw. $+\mu_{H_0}$, 0 und $-\mu_{H_0}$ für Kerne mit der Spinzahl $I = 1$. Den verschiedenen Einstellmöglichkeiten entsprechen bestimmte Energieniveaus.

Die Energie eines Magneten im Magnetfeld ist durch Gl. (17) gegeben:

$$E = -\mu H_0 \cos \theta . \tag{17}$$

Dabei ist θ der Winkel zwischen dem magnetischen Moment μ und der Richtung des Feldes H_0.

Da die maximal beobachtbare Komponente nach Gl. (12) $\mu_{H_0} = g \cdot I \cdot \mu_K$ beträgt, ergibt sich für die Energie der verschiedenen Energieniveaus

$$E = -m \cdot g \cdot \mu_K \cdot H_0 . \tag{18}$$

Für den Fall, daß $I = 1/2$ ist (sehr viele der bekannten magnetischen

Atomkerne haben die Kernspinzahl $I = 1/2$), ergeben sich für die beiden Energieniveaus die Energien

$$E_{m = +\,{}^{1}/_{2}} = -\frac{1}{2}\, g \cdot \mu_K \cdot H_0 \tag{19}$$

und

$$E_{m = -\,{}^{1}/_{2}} = +\frac{1}{2}\, g \cdot \mu_K \cdot H_0 \; . \tag{20}$$

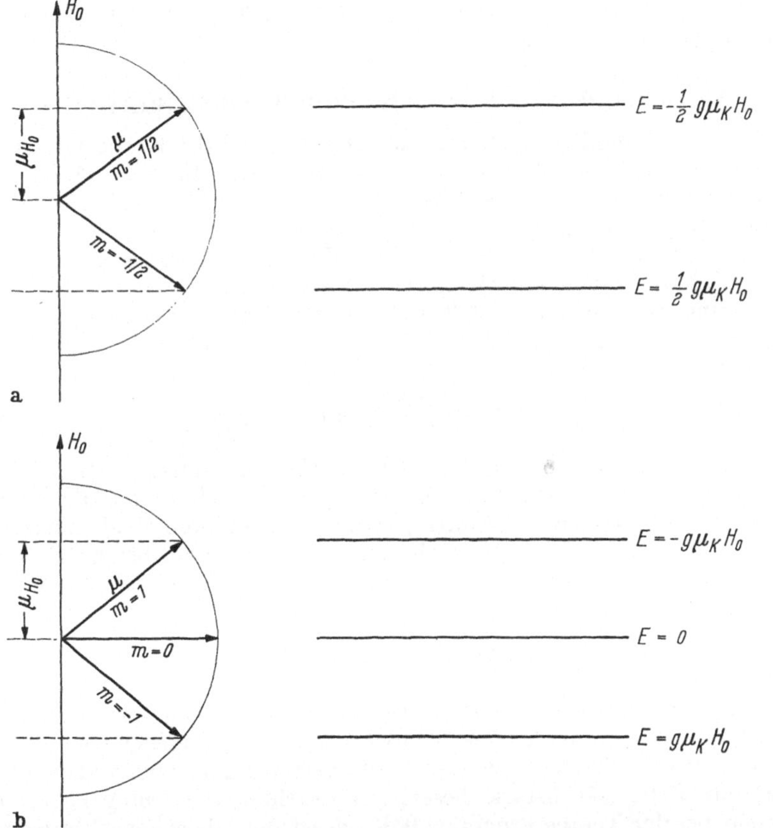

Abb. 3 a u. b. Graphische Darstellung der beobachtbaren magnetischen Momente von Kernen mit den Spinzahlen a) $I = 1/2$ und b) $I = 1$ in einem Magnetfeld H_0 und der den Einstellmöglichkeiten entsprechenden Energieniveaus

Bei Abwesenheit eines äußeren Magnetfeldes nehmen von einer großen Anzahl von Kernen die Hälfte den Zustand mit $m = 1/2$ und die andere Hälfte den Zustand mit $m = -1/2$ ein, da die den beiden Einstellmöglichkeiten entsprechenden Energieniveaus gleich hoch liegen. Anders liegen jedoch die Verhältnisse, wenn die Kerne in ein Magnetfeld gebracht werden. Sie versuchen sich dann in Richtung des äußeren Magnetfeldes einzustellen, d. h. der Energiezustand mit $m = +1/2$ ist bevorzugt.

Ganz entsprechend haben Kerne mit $I = 1$ drei Einstellmöglichkeiten, denen drei Energieniveaus entsprechen usw. Sind mehr als zwei Energieniveaus vorhanden, so haben sie unter sich alle die gleiche Energie-differenz ΔE. Für die Energiedifferenz zweier aufeinanderfolgender Niveaus ergibt sich aus Gl. (18)

$$\Delta E = g \cdot \mu_K \cdot H_0 , \tag{21}$$

da sich die magnetischen Quantenzahlen, die zwei aufeinanderfolgenden Energieniveaus entsprechen, um 1 unterscheiden. Abb. 3a und 3b zeigen die sich für Kerne mit den Spinzahlen $I = 1/2$ und $I = 1$ ergebenden Energieniveau-Schemata.

f) Besetzung der verschiedenen Energieniveaus

Wie in Abschnitt 2e erwähnt worden ist, sind die Kerne mit einem magnetischen Moment bestrebt, sich in einem äußeren Magnetfeld auszurichten oder in anderen Worten das Energieniveau mit der niedrigeren Energie zu besetzen. Diesem Bestreben wirkt jedoch die Wärmebewegung entgegen. Das sich zwischen den Kernen mit $m = +1/2$ und $m = -1/2$ tatsächlich einstellende Gleichgewicht ist durch die Boltzmann-Verteilung bestimmt und läßt sich für ein bestimmtes Kernmoment, eine bestimmte Feldstärke und bestimmte Temperatur nach Gl. (22) errechnen:

$$\frac{N_{m=+1/2}}{N_{m=-1/2}} = e^{\frac{2\mu_{H_0}H_0}{kT}} \cong 1 + \frac{2\mu_{H_0}H_0}{kT} . \tag{22}$$

Man findet, daß auch in Magnetfeldern sehr hoher Feldstärke die Wärmebewegung bewirkt, daß nur ein geringer Überschuß der Kerne die energetisch günstigere Richtung parallel zum äußeren Feld annehmen kann. So beträgt z. B. das Verhältnis der Besetzung der beiden Energieniveaus mit $m = +1/2$ und $m = -1/2$ für Protonen bei 27°C und einer Feldstärke von 10000 Gauß nur

$$\frac{N_{m=+1/2}}{N_{m=-1/2}} = 1,000007 .$$

Je höher die Feldstärke des Magnetfeldes H_0 ist, desto größer wird dieses Verhältnis. Mit zunehmender Temperatur wird es dagegen kleiner und für $T = \infty$ schließlich gleich 1, d. h. die beiden Energiezustände sind im letzteren Falle gleichstark besetzt. Betrachtet man umgekehrt das System bei der Temperatur $T = 0°K$, so ist der Gleichgewichtszustand erreicht, wenn alle Kerne die Quantenzahl $m = +1/2$ besitzen.

g) Spintemperatur

Das Verhältnis der Besetzung der beiden Spinzustände von Kernen mit der Spinzahl $I = 1/2$ wird oft durch die Spintemperatur T_s ausgedrückt, die durch Gl. (23) definiert ist.

$$\frac{N_{m=+1/2}}{N_{m=-1/2}} = e^{\frac{2\mu_{H_0}H_0}{kT_s}} \cong 1 + \frac{2\mu_{H_0}H_0}{kT_s} . \tag{23}$$

Negative Spintemperaturen treten auf, wenn das höhere Energieniveau stärker als das niedrigere besetzt ist.

3. Die kernmagnetische Resonanz

a) Quantenmechanische Betrachtung

Zwischen den verschiedenen Energieniveaus, wie sie unter 2e beschrieben sind, können durch ein hochfrequentes Magnetfeld Dipolübergänge induziert werden, wenn die Resonanzbedingung

$$h \cdot \nu = \Delta E = g \cdot \mu_K H_0 = \frac{\mu_{H0}}{I} H_0 \qquad (24)$$

erfüllt ist. ν ist die Frequenz des hochfrequenten Magnetfeldes. Für die Übergänge zwischen den Energieniveaus gilt die Auswahlregel

$$\Delta m = \pm 1 , \qquad (25)$$

d. h. es können nur Übergänge zwischen zwei aufeinanderfolgenden Niveaus stattfinden. Übergänge zwischen übernächsten Niveaus, die etwa durch ein Wechselfeld mit der doppelten Frequenz angeregt werden könnten, sind verboten. Mit Hilfe der Resonanzbedingung Gl. (24) und den in Tab. 2 für die jeweiligen Kerne angegebenen Werten von μ (die Komponente des magnetischen Moments in Richtung des äußeren Feldes H_0 ist hier und im folgenden nur noch mit μ bezeichnet) findet man die Resonanzfrequenzen für Felder beliebiger gegebener Feldstärken oder umgekehrt für eine gegebene Frequenz die Feldstärke, bei der Resonanz eintritt.

Aus Tab. 2 ergibt sich beispielsweise für den g-Faktor des Protons der Wert 5,5854. In einem Magnetfeld mit der Feldstärke von 10000 Gauß ist demnach für die Kerne des Wasserstoffs die Resonanzbedingung bei der Frequenz

$$\nu = \frac{\mu \cdot H_0}{I \cdot h} = \frac{2,7927 \cdot 5,0493 \cdot 10^{-24} \cdot 10^4}{0,5 \cdot 6,6254 \cdot 10^{-27}} = 42,58 \cdot 10^6 \text{ Hz}$$

erfüllt.

Auch bei allen anderen Atomkernen fällt die Resonanzfrequenz bei der betrachteten Feldstärke von 10000 Gauß in den größenordnungsmäßig gleichen Frequenzbereich von 1—50 MHz. Nur Tritium, ^{3}H, hat noch einen größeren Kern-g-Faktor als Wasserstoff und zeigt Resonanz bei einer Frequenz von 45,4 MHz. Die kernmagnetischen Resonanzfrequenzen in einem Feld von 10000 Gauß sind für alle magnetischen Isotope in Tab. 2 verzeichnet.

b) Klassische Betrachtung

Bringt man einen magnetischen Dipol μ in ein Magnetfeld und bildet dieser mit der Feldrichtung einen Winkel θ, wie es in Abb. 4 dargestellt ist, so versucht das Magnetfeld diesen Winkel zu verringern. Rotiert der Dipol um seine Achse, so resultiert aus der auf ihn wirkenden Kraft nach den klassischen Gesetzen der Physik eine Präzessionsbewegung. Die Achse der Präzession liegt zur Achse des Magnetfeldes parallel, die

Winkelgeschwindigkeit ist der Feldstärke des magnetischen Feldes H_0 proportional. Es gilt:

$$\omega = 2\pi\,\nu = \gamma H_0\ . \tag{26}$$

Die Präzessionsfrequenz wird auch als Larmorfrequenz bezeichnet. Sie ist unabhängig vom Winkel θ, den Präzessionsachse und Feldrichtung miteinander bilden. Der Proportionalitätsfaktor γ in Gl. (26) ist das früher (vgl. S. 7) besprochene gyromagnetische Verhältnis. Läßt man auf den magnetischen Dipol gleichzeitig ein Magnetfeld H_1 einwirken, das *senkrecht* zu H_0 gerichtet ist, so wird der Winkel θ vergrößert werden, solange sich der Dipol in der Ebene befindet, den die beiden Feldrichtungen H_0 und H_1 miteinander bilden. Damit diese Wirkung andauern kann, muß mit dem präzedierenden Dipol auch H_1 in einer

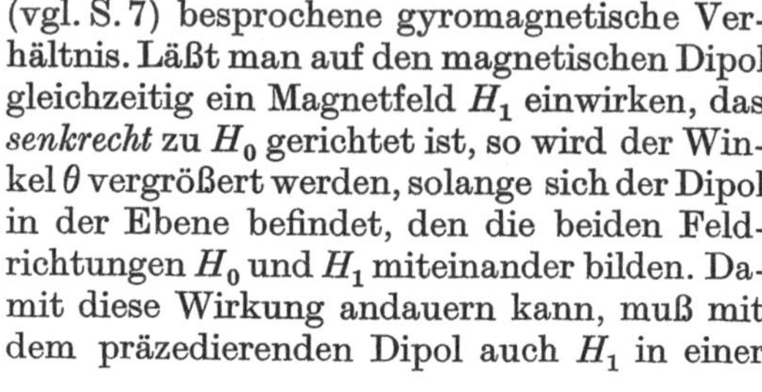

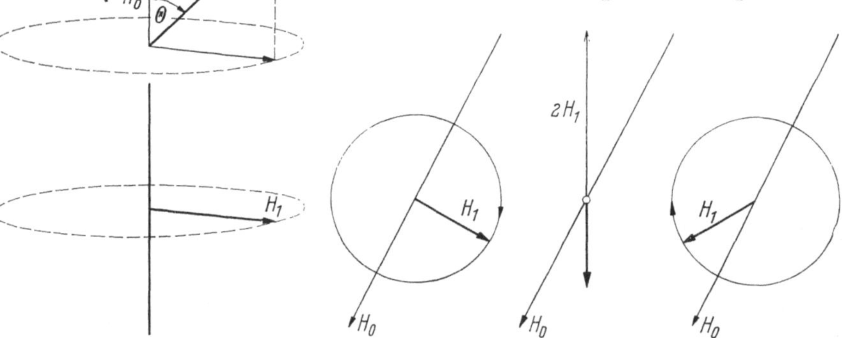

Abb. 4. Präzession eines magnetischen Dipols in einem Magnetfeld   Abb. 5. Zerlegung eines linearen Wechselfeldes in zwei zirkular polarisierte Felder. (H_0 steht senkrecht auf der Papierebene)

Ebene senkrecht zum Magnetfeld H_0 mit der Winkelgeschwindigkeit der Präzession des magnetischen Dipols rotieren. Ist dies der Fall, so sind der Dipol und das Magnetfeld H_1 in Phase. Es kann dann ein Energieaustausch zwischen den beiden Systemen stattfinden, d. h. dann sind die Resonanzbedingungen erfüllt. Läßt man dagegen das Feld H_1 mit einer anderen Winkelgeschwindigkeit rotieren, die nicht gleich der Winkelgeschwindigkeit der Präzession ist, oder hat sie die entgegengesetzte Richtung, so hat das Feld insgesamt keine Wirkung auf den magnetischen Dipol. Es bewirkt lediglich kleine Kippungen des Dipols gegen die Ebene des rotierenden Feldes H_1, die zu einer etwas schwankenden Präzessionsbewegung führen. Alle diese Betrachtungen gelten auch für die rotierenden Atomkerne. Der Energieübergang vom rotierenden Feld auf den Kern oder umgekehrt bewirkt die Änderung der magnetischen Quantenzahl.

Man sieht, daß die klassische Betrachtungsweise zu den gleichen Resonanzbedingungen wie die quantenmechanische führt. Gl. (26) geht, wenn noch Gl. (15) beachtet wird, in Gl. (24) über.

Um die kernmagnetischen Resonanzerscheinungen zu beobachten, ist es nicht notwendig, direkt ein rotierendes Magnetfeld zu verwenden. Es genügt vielmehr, senkrecht zum Magnetfeld H_0 ein lineares Wechselfeld wirken zu lassen, das man sich aus der Überlagerung zweier in entgegengesetzter Richtung rotierender Felder entstanden denken kann, wie es in Abb. 5 gezeigt ist. Von den beiden rotierenden Feldern wird dann dasjenige, dessen Drehsinn mit der Präzessionsrichtung übereinstimmt, bei geeigneter Frequenz die Resonanzbedingungen erfüllen, während das in entgegengesetzter Richtung rotierende Feld praktisch keinen Einfluß auf das System hat.

c) Relaxationsvorgänge.

α) Allgemeine Betrachtungen

Es ist gezeigt worden, daß durch ein rotierendes Magnetfeld mit einer der Präzessionsfrequenz des magnetischen Moments entsprechenden Frequenz Übergänge zwischen verschiedenen Energieniveaus hervorgerufen werden können. Dies allein würde jedoch noch nicht genügen, um die Absorption oder Emission von Energie beobachten zu können, oder in anderen Worten, ein Resonanzsignal in irgendeiner Form zu erhalten, da bei der Kernresonanzfrequenz die Wahrscheinlichkeiten der Absorptions- und der induzierten Emissionsvorgänge gleich groß sind. Es gibt zwar Vorgänge wie die spontane Emission, durch die ein Kern von einem höheren Energieniveau auf ein niedrigeres Energieniveau übergehen kann, aber die kürzeste Lebensdauer, die die Theorie für einen angeregten Zustand voraussagt, liegt in der Größenordnung von 10^3 Jahren. Die Wahrscheinlichkeit einer spontanen Emission, die u. a. von der Frequenz der emittierten Strahlung abhängt, ist demnach vernachlässigbar klein.

Um ein Resonanzsignal dauernd beobachten zu können, muß es möglich sein, einen dauernden Übergang der Kerne von einem Niveau auf ein anderes, z. B. von einem höheren auf ein niedrigeres Niveau, aufrechtzuerhalten. Vorgänge, die dies ermöglichen, bezeichnet man als Relaxationsvorgänge.

Allerdings würde auch ohne spezielle Relaxationsmechanismen zunächst von einer großen Anzahl von Kernen Energie absorbiert werden, wenn die Resonanzbedingungen erfüllt sind. Wie wir in Abschnitt 2f gesehen haben, sind die verschiedenen Energieniveaus nicht vollkommen gleich besetzt, wenn sich die Kerne in einem Magnetfeld befinden. Handelt es sich z. B. um Kerne mit der Spinzahl $I = 1/2$, so ist das niedrigere der beiden Niveaus etwas stärker besetzt als das höhere, d. h. die Kerne mit der magnetischen Quantenzahl $m = +1/2$ sind gegenüber den Kernen mit $m = -1/2$ im Überschuß vorhanden. Dadurch vergrößert sich die Wahrscheinlichkeit eines Überganges von dem niedrigeren auf das höhere Niveau gegenüber einem Übergang in umgekehrter Richtung. Der erste Vorgang ist mit der Absorption von Energie, der zweite mit der Emission von Energie verbunden. Läßt man also ein Wechselfeld mit der Resonanzfrequenz auf die Kerne einwirken, so wird zunächst

Energie absorbiert werden. Als Folge davon verringert sich jedoch der Unterschied in der Besetzung der beiden Energieniveaus und verschwindet schließlich ganz. Dann sind die Übergänge zwischen beiden Energieniveaus gleich wahrscheinlich geworden. Gäbe es keine anderen Prozesse, die Übergänge zwischen den Energieniveaus erlauben würden, so könnte man demnach nur momentan ein Resonanzsignal beobachten, dessen Intensität aber rasch abnehmen und endlich gleich null werden würde. Dies wird jedoch nur ganz selten beobachtet. Meist findet man dagegen, daß das Absorptionssignal nach kurzer Zeit eine konstante Intensität aufweist. Das bedeutet, daß Relaxationsvorgänge irgendwelcher Art bewirken, daß die Besetzung des niedrigeren Energieniveaus stets stärker bleibt als die Besetzung des höheren Niveaus, wenn auch der Unterschied gegenüber der ursprünglichen Boltzmann-Verteilung geringer geworden sein mag.

Man unterscheidet hauptsächlich zwischen zwei Relaxationsmechanismen, der longitudinalen und der transversalen Relaxation.

β) Longitudinale Relaxation

Als longitudinale Relaxation wird der Aufbau eines thermischen Gleichgewichtes zwischen einer großen Anzahl von Kernmagneten und verschiedenen Quantenzahlen bezeichnet.

Bei Abwesenheit eines äußeren Magnetfeldes ist die Gleichgewichtsmagnetisierung gleich null, da beispielsweise bei Kernen mit der Spinzahl $I = 1/2$ beide Energieniveaus gleich stark besetzt sind. Bringt man die Kerne jedoch in ein Magnetfeld, so tritt die longitudinale Relaxation ein, die in einem Gleichgewichtswert einer makroskopischen Magnetisierung in Richtung des äußeren Magnetfeldes resultiert. Diese makroskopische Magnetisierung ist eine Folge der jetzt verschieden starken, temperaturabhängigen Besetzung der beiden Energieniveaus. Unter Beachtung von Gl. (22) ergibt sich für die Kernmomente in Richtung des äußeren Magnetfeldes der mittlere Wert $\bar{\mu}$

$$\bar{\mu} = \frac{1}{2}\left(1 + \frac{\mu H_0}{kT}\right)\mu - \frac{1}{2}\left(1 - \frac{\mu H_0}{kT}\right)\mu = \frac{\mu^2 H_0}{kT} \tag{27}$$

und daraus für die Volumsuszeptibilität

$$\chi_V = \frac{N \cdot \bar{\mu}}{H_0} = \frac{N\mu^2}{kT} . \tag{28}$$

N bedeutet in Gl. (28) die Anzahl der Kerne pro Volumeinheit.

Der Aufbau dieser Magnetisierung erfordert eine bestimmte Zeit. Als Maß für die Geschwindigkeit, mit der ein Spinsystem in das thermische Gleichgewicht mit seiner Umgebung kommt, dient die „longitudinale Relaxationszeit T_1". Bezeichnet man die makroskopische Gleichgewichtsmagnetisierung mit M_0 und die momentane Magnetisierung mit M_z, so gilt für die Änderung der letzteren mit der Zeit Gl. (29)

$$\frac{dM_z}{dt} = \frac{1}{T_1}(M_0 - M_z) . \tag{29}$$

Die longitudinale Relaxation wird auch als thermische oder Spin-Gitter-Relaxation bezeichnet, da für die hier betrachtete Relaxation von

Kernen, die sich nicht im thermischen Gleichgewicht befinden, die Temperaturbewegung der Atome oder Moleküle, des „Gitters", benutzt wird. Die Kerne der thermisch bewegten Nachbaratome eines betrachteten Kerns können am Ort dieses Kerns zufällig magnetische Wechselfelder hervorrufen, deren Frequenz seiner Präzessionsfrequenz entsprechen. Dadurch kann ein Energieaustausch stattfinden und die Spinenergie in thermische Energie verwandelt werden. T_1 beeinflußt die Bewegungen der magnetischen Kernmomente, die zu einer Änderung der zur Feldrichtung parallelen Komponente führen. Kleine Relaxationszeiten T_1 bedeuten, daß der Energieaustausch zwischen dem Kern und seiner Umgebung leicht erfolgt. Dies ist der Fall, wenn die Molekülbewegungen charakteristische Frequenzen haben, die in der Größenordnung der Präzessionsfrequenzen der Kerne bei der angewandten Feldstärke liegen. Kurze longitudinale Relaxationszeiten bedeuten weiter, daß die Spinzustände der Kerne nur kurze Lebensdauern haben. Als Folge davon erscheinen, wie in Abschnitt 8a) näher ausgeführt werden wird, die Übergänge zwischen den Spinzuständen, die unser Resonanzsignal ergeben, als breite Linien. Die Werte der longitudinalen Re-

laxationszeiten T_1 liegen meist zwischen 10^{-4} und 10^4 sec. Für Festkörper beträgt T_1 gewöhnlich Stunden, insbesondere dann, wenn diese sehr rein sind. Flüssigkeiten zeigen T_1-Werte von 10^{-2} bis 10^{-3} sec, oft aber auch solche von 1—10 sec. Bei Gasen und Flüssigkeiten wird T_1 im allgemeinen mit zunehmender Viscosität, die die Molekülbewegung verlangsamt und dadurch die charakteristischen Frequenzen der Moleküle den Präzessionsfrequenzen der Kerne ähnlich macht, kürzer. Erst bei sehr hoher Vis-

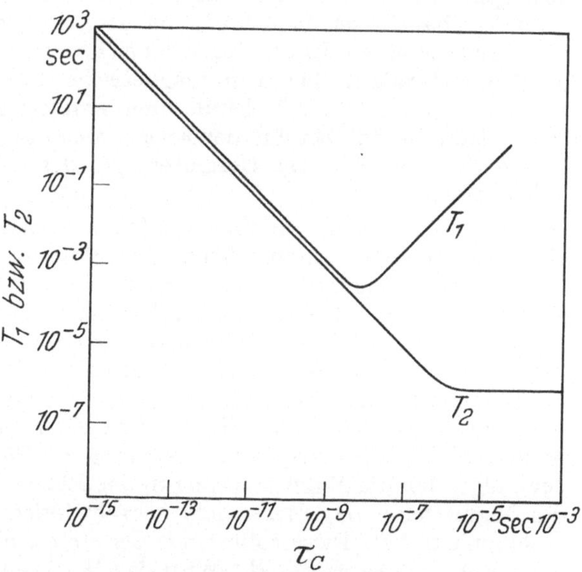

Abb. 6. Die Abhängigkeit der Relaxationszeiten T_1 und T_2 von der Korrelationszeit τ_c

cosität steigt T_1 wieder an, da die Molekularbewegungen schließlich langsamer als die Larmorpräzession werden. Eine für die Molekularbewegungen charakteristische Größe, die sog. Korrelationszeit τ_c, hängt mit der Viscosität η in der Weise zusammen, wie es durch Gl. (30) ausgedrückt wird:

$$\tau_c = \frac{4\pi}{3} \cdot \frac{a^3 \eta}{kT} \tag{30}$$

a bedeutet in Gl. (30) den Molekülradius. Abb. 6 stellt die longitudinale

Relaxationszeit T_1 als Funktion von τ_c dar. Bei Gasen und Flüssigkeiten liegt die Korrelationszeit τ_c, die etwa der Umdrehungsdauer eines rotierenden Moleküls oder der Zeit der Diffusion in einen unmittelbar benachbarten Ort entspricht, in der Größenordnung von 10^{-10} sec, so daß die Verhältnisse im allgemeinen durch den linken Teil des Diagramms in Abb. 6 beschrieben werden.

Auch eine hohe Konzentration von magnetischen Kernen wirkt verkürzend auf T_1, da mit ihr die Wahrscheinlichkeit, daß ein Kern ein fluktuierendes Magnetfeld erfährt, zunimmt. Paramagnetische Beimischungen verkürzen die Relaxationszeit T_1 ebenfalls. Schließlich wird T_1 bei Flüssigkeiten auch mit steigendem Druck kleiner. Die Relaxationszeit ist dabei jedoch nicht einfach der Viscosität $\dfrac{1}{\eta}$ proportional, sondern das Produkt $T_1 \cdot \eta$ nimmt mit steigendem Druck zu[1].

γ) Transversale Relaxation

Nachdem wir in Abschnitt 3c, β in der Wechselwirkung zwischen dem Spin-System und seiner Umgebung eine Möglichkeit zur Relaxation gefunden haben, ist hier noch ein zweiter Relaxationsmechanismus näher zu betrachten. Er unterscheidet sich vom Mechanismus der longitudinalen Relaxation, bei dem magnetische Energie der Kernspins in thermische Energie der Moleküle umgewandelt wird, in entscheidender Weise dadurch, daß bei ihm der Energieaustausch nur zwischen benachbarten Spins erfolgt. Die Gesamtenergie des Spinsystems ändert sich dabei nicht.

Gehen wir wieder von einer großen Anzahl von Kernen aus, die in einem Magnetfeld entsprechend der Boltzmann-Verteilung auf die verschiedenen Energieniveaus verteilt sind, so resultiert, wie früher gezeigt wurde (s. S. 18), eine makroskopische Magnetisierung in Richtung des äußeren Feldes. Dagegen ist, makroskopisch betrachtet, die Magnetisierung in einer zur Feldrichtung senkrechten Ebene gleich null, da die Kernspins mit statistisch-zufälliger Phasenverteilung präzedieren. Läßt man aber senkrecht zum äußeren Feld ein rotierendes Magnetfeld H_1 wirken, so wird die statistische Verteilung der Phasen beseitigt. Dies hat zur Folge, daß die Magnetisierung in der Ebene senkrecht zur Richtung des Magnetfeldes H_0 nicht mehr verschwindet, sondern eine endliche Komponente hat. Diese rotiert mit der Frequenz des Wechselfeldes H_1 um die Achse des Feldes H_0. Wird das Wechselfeld H_1 abgeschaltet, so verlieren die präzedierenden Kerne ihre Phasenkohärenz wieder: die sog. „Quermagnetisierung" verschwindet. Diesen Vorgang bezeichnet man als „transversale Relaxation" und benutzt als Maß für die Geschwindigkeit des Prozesses die „transversale Relaxationszeit T_2".

Wegen ihrer Abhängigkeit von der magnetischen Dipol-Dipol-Wechselwirkung zwischen den Kernspins wird T_2 auch als „Spin-Spin-Relaxationszeit" bezeichnet.

---

[1] BENEDEK, G. B., u. E. M. PURCELL: J. Chem. Phys. **22**, 2003 (1954).

Die transversale Relaxationszeit wird durch verschiedene Faktoren bestimmt. Sie hängt stark von der Homogenität des Magnetfeldes H_0 ab. In einem nichthomogenen Feld haben die Kerne verschiedene Präzessionsfrequenzen. Aber selbst wenn das äußere Feld H_0 homogen ist, ist zu beachten, daß die Nachbarn eines betrachteten Kerns eine zusätzliche Komponente in Richtung des äußeren Feldes haben. Die am Ort der einzelnen Kerne wirksamen Feldstärken weisen deshalb geringe Unterschiede auf, d. h. die Larmor-Frequenzen der Kerne sind etwas voneinander verschieden. Die durch benachbarte Kerne hervorgerufenen Zusatzfelder sind verhältnismäßig schwach. Die Feldstärken liegen in der Größenordnung von einigen Gauß. Die Richtung der Zusatzfelder ist von Kern zu Kern verschieden. Die bei Anwesenheit des Wechselfeldes H_1 vorhandenen Phasenbeziehungen werden nun durch diese Zusatzfelder gestört. Die Kernspins präzedieren nach kurzer Zeit nicht mehr in Phase: die Quermagnetisierung verschwindet rasch. In vielen Fällen sind die Inhomogenitäten des äußeren Magnetfeldes größer als die durch die oben erwähnten Zusatzfelder hervorgerufenen und bestimmen weitgehend die transversale Relaxationszeit T_2. Die im Innern der Substanz hervorgerufenen Zusatzfelder spielen allerdings eine größere Rolle, wenn es sich um viscose Flüssigkeiten handelt. Während in Gasen und Flüssigkeiten mit geringer Viscosität die Zusatzfelder durch die Wärmebewegung der Moleküle einer starken Fluktuation unterliegen, die genügend groß ist, daß die Wirkung der Zusatzfelder im Mittel praktisch gleich null wird und damit T_2 vergrößert wird, bewirkt eine hohe Viscosität des Mediums, daß die einzelnen Kerne über eine längere Zeit hinweg verschieden starken Magnetfeldern unterworfen sind. Dann bedingen die durch magnetische Dipol-Dipol-Wechselwirkung und diamagnetische Abschirmung hervorgerufenen Felder verschiedene Präzessionsfrequenzen und ermöglichen den Kernen, die Phasenkohärenz zu verlieren. Die Abhängigkeit der transversalen Relaxationszeit T_2 von der Korrelationszeit τ_c ist in Abb. 6 gezeigt.

Schließlich wird die transversale Relaxationszeit T_2 noch durch die Spin-Spin-Kollisionen beeinflußt. Erfolgt nämlich durch die Kopplung der magnetischen Dipole zweier untereinander gleicher Kerne ein Übergang des einen Kerns von einem niedrigeren Energieniveau zum nächst höheren und bei einem zweiten ein Übergang in der umgekehrten Richtung, so werden die Phasenbeziehungen ebenfalls gestört, ohne daß sich die makroskopische Magnetisierung in Richtung der Achse des Feldes H_0 ändert. Derartige Mechanismen verkleinern — wie die Unschärferelation zeigt — wiederum T_2.

Nicht zuletzt hängt T_2 natürlich auch von T_1 ab, da die Übergänge zwischen den verschiedenen Energieniveaus die Quermagnetisierung ebenfalls verkleinern.

Die transversalen Relaxationszeiten T_2 liegen bei Gasen und leicht beweglichen Flüssigkeiten in der Größenordnung von 10^{-2} sec. Festkörper haben fast immer sehr kurze transversale Relaxationszeiten in der Größenordnung von 10^{-4} sec.

d) Linienbreite

Die Kerne sind, wie wir in den vorigen Abschnitten sahen, nicht ausschließlich dem äußeren Magnetfeld H_0 unterworfen, sondern werden auch durch die von den benachbarten Kernen verursachten Felder beeinflußt. Diese Zusatzfelder H_{Zusatz} sind schwach und ändern sich wegen der verschiedenen Lage der Nachbarkerne und wegen ihrer verschiedenen magnetischen Quantenzahlen von Kern zu Kern. Es werden nur die unmittelbar benachbarten Dipole wirksam, da die Feldstärke der Größe $1/r^3$ ($r =$ Abstand) proportional ist. Infolge der wechselnden Zusatzfelder sind die Kerne deshalb etwas voneinander verschiedenen Feldstärken unterworfen und weisen in ihren Präzessionsfrequenzen geringe Unterschiede auf. Das Resonanzsignal ist dementsprechend nicht ganz scharf, sondern hat eine „natürliche Linienbreite". Quantenmechanisch betrachtet, bedeutet dies, daß die Energieniveaus der Kerne insgesamt eine gewisse Breite haben. Sie ist von der Größenordnung $g\mu_0 H_{Zusatz}$. In leichtbeweglichen Flüssigkeiten oder in Gasen spielen die Zusatzfelder, wie oben gesagt, keine sehr große Rolle. Die Linienbreiten sind deshalb in solchen Fällen klein. Sie liegen meist unter der durch die experimentelle Anordnung bedingten „Apparatebreite" der Linie, die insbesondere auf Inhomogenitäten des magnetischen Feldes oder ähnliches zurückzuführen ist. Feldinhomogenitäten des äußeren Magnetfeldes bewirken, daß die Substanz in verschiedenen Bereichen verschiedenen Feldstärken unterliegt, so daß man schließlich ein Spektrum erhält, das aus der Überlagerung von bei verschiedenen Feldstärken aufgenommenen Spektren entstanden ist. In Festkörpern sind die Linienbreiten sehr viel größer und erreichen die Größenordnung von 10^3 Hz.

Die Breite der Resonanzlinie ist definiert als die Breite der Absorptionskurve in halber Höhe der maximalen Amplitude h (vgl. Abb. 17a). Sie wird meist durch die transversale Relaxationszeit T_2 bestimmt und ist dieser umgekehrt proportional. Der Heisenbergschen Unschärferelation zufolge ist ja der mit der Bestimmung der Energie verbundene Fehler ΔE mindestens von der Größenordnung $\Delta E \approx \hbar/\Delta t$, wenn Δt die Zeitdauer der Messung bedeutet. Diese kann maximal gleich der durchschnittlichen Lebensdauer τ eines Energiezustandes sein, d. h. es gilt $\Delta E \approx \hbar/\tau$. Das bedeutet, daß die Resonanzsignale um so breiter sind, je kürzer die durchschnittliche Lebensdauer des betreffenden Energiezustandes ist, d. h. je kürzer die Relaxationszeiten sind.

Festkörper haben, wie wir sahen, lange longitudinale Relaxationszeiten T_1. So beträgt beispielsweise T_1 für Ammoniumchlorid bei 90°K etwa 100 sec[1]. Dagegen sind ihre Spin-Spin-Relaxationszeiten T_2 sehr kurz, so daß diese für die Linienbreite allein bestimmend werden, wenn man die Linienverbreiterung infolge von Inhomogenitäten des äußeren Magnetfeldes unberücksichtigt läßt. Bei Flüssigkeiten und Gasen werden jedoch T_1 und T_2 oft ungefähr gleich groß und beeinflussen dann beide die Breite der Absorptionslinie.

---

[1] Sachs, A. M., E. Turner u. E. M. Purcell: Physica 17, 282 (1951).

Der Einfluß elektrischer Quadrupolmomente, die mit elektrischen Feldgradienten in Wechselwirkung treten, auf die Lebensdauer der Zustände und damit auf die Linienbreite ist in Abschnitt 5c behandelt.

Die im vorliegenden Abschnitt diskutierten Probleme sind von BLOEMBERGEN, PURCELL und POUND[1] quantitativ behandelt worden.

e) Sättigung

In Abschnitt 3c ist auf die Bedeutung von Relaxationsvorgängen für die Beobachtung von Resonanzsignalen hingewiesen worden. Bei der Betrachtung von Kernen mit der Spinzahl $I = 1/2$ sahen wir, daß die beiden Energieniveaus im Magnetfeld verschieden stark besetzt sind. Durch ein senkrecht zum äußeren Feld wirkendes magnetisches Wechselfeld mit einer der Präzessionsfrequenz der Kerne entsprechenden Frequenz wird dieser Unterschied verringert. Die dazu aufgewendete Energie wird dem magnetischen Wechselfeld entzogen. Sind keine Relaxationsprozesse wirksam, so wird der Überschuß der sich auf dem niedrigeren Energieniveau befindlichen Kerne immer kleiner und verschwindet schließlich ganz. Im gleichen Maße wie der Überschuß kleiner wird, verkleinert sich auch das Resonanzsignal. Man bezeichnet diesen Vorgang als Sättigung. In den meisten Fällen sorgen jedoch Relaxationsvorgänge dafür, daß in der Besetzung der Energieniveaus ein — wenn auch gegenüber dem ursprünglichen verkleinerter — Unterschied erhalten bleibt. Das Resonanzsignal, das zunächst eine bestimmte Intensität aufweist, fällt rasch auf eine kleinere, konstante Intensität. Bezeichnet man den Überschuß der Kerne auf dem niedrigeren Energieniveau $(m = +1/2)$ bei Abwesenheit des magnetischen Wechselfeldes mit n_0 und den Überschuß derselben Kerne nach der Einstellung des neuen konstanten Wertes mit n_s, so kann man aus dem Verhältnis n_s/n_0 direkt ablesen, in welchem Maße die Absorption aufrechterhalten wird. Das Verhältnis Z_0

$$n_s/n_0 = Z_0 \tag{31}$$

wird als Sättigungsfaktor bezeichnet. Vorausgesetzt, daß wir uns nur mit Kernen mit $I = 1/2$ befassen, gilt für den Zusammenhang zwischen Z_0 und den Relaxationszeiten T_1 und T_2 Gl. (32):

$$Z_0 = [1 + \gamma^2 H^2 T_1 T_2]^{-1} . \tag{32}$$

Daraus folgt, daß lange Relaxationszeiten und ein starkes magnetisches Wechselfeld kleinen Werten von Z_0 und damit einem hohen Sättigungsgrad entsprechen. Die Stärke des Resonanzsignals hängt neben der Konzentration der Kerne nur von der Stärke des Wechselfeldes H_1 ab, das bei genügend hohen Werten die Beobachtung eines Signals verhindern kann.

f) Empfindlichkeit

Wie im vorigen Abschnitt erwähnt, ist die Intensität des Resonanzsignals natürlich von der Konzentration der fraglichen Kerne in der

---

[1] BLOEMBERGEN, N., E. M. PURCELL u. R. V. POUND: Phys. Rev. **73**, 679 (1948).

untersuchten Substanz abhängig. Daneben sind aber die verschiedenen
Kernsorten hinsichtlich der Beobachtung ihres Resonanzsignals verschieden empfindlich. Diese relativen Empfindlichkeiten für eine jeweils
gleiche Anzahl von Kernen sind sowohl für die Beobachtung bei konstanter Feldstärke wie auch bei konstanter Frequenz des magnetischen
Wechselfeldes in Tab. 2 wiedergegeben.

4. Die chemische Verschiebung

Die Resonanzfrequenz eines Kerns ist, wie wir sahen, neben dem für
jede Kernsorte charakteristischen gyromagnetischen Verhältnis von der
Feldstärke am Ort des Kerns abhängig. Diese ist jedoch nicht ganz
identisch mit der Feldstärke des äußeren magnetischen Feldes. Neben
dem besprochenen Einfluß der sich in Nachbarschaft befindenden Kerne
hängt das Feld am Ort des Kerns H_K auch noch von der Abschirmung
des Atomkerns durch die ihn umgebende Elektronenwolke ab. Das
am Ort des Kerns tatsächlich wirksame Feld H_K kann durch Gl. (33)
wiedergegeben werden:

$$H_K = H_0 - \sigma H_0 = H_0(1 - \sigma) \tag{33}$$

σ ist eine dimensionslose Konstante, die als magnetische Abschirmungskonstante bezeichnet wird, da das Feld am Ort des Kerns meist kleiner
als das äußere Magnetfeld ist. σ hat gewöhnlich Werte, die je nach
Atomgewicht zwischen 10^{-2} und 10^{-5} liegen. Die Abschirmungskonstante
setzt sich nach RAMSEY aus zwei Komponenten zusammen, in die,
wie im folgenden näher erläutert werden wird, der Diamagnetismus und
der temperaturunabhängige Paramagnetismus 2. Ordnung eingehen
(vgl. S. 4).

Die die Atomkerne umgebende Elektronenwolke hängt bei Atomen,
die sich im Verband eines Moleküls befinden, von dem Bindungszustand
des betrachteten Atoms ab. Verschiedene Feldstärken am Ort der Kerne
als Folge der verschiedenen Abschirmung bedeuten für die Kerne aber
nach Gl. (24) verschiedene Resonanzfrequenzen. Dieses Phänomen wird
als „chemische Verschiebung" bezeichnet und ist für den Chemiker von
besonderer Bedeutung.

Um einen quantitativen Ausdruck für die Abschirmungskonstante σ
haben sich vor allem LAMB[1] und RAMSEY[2] bemüht. Es ist bekannt, daß
ein Magnetfeld ein Elektronensystem in Rotation versetzt. Die Winkelgeschwindigkeit des rotierenden Elektronensystems ist der Feldstärke H_0
proportional, die Rotationsachse liegt parallel zur Achse des magnetischen Feldes H_0. Nach der Lenzschen Regel ruft der Elektronenstrom
ein zweites magnetisches Feld H' hervor, das dem ersten Magnetfeld
H_0 entgegengerichtet ist (vgl. Abb. 7). Durch Berechnung des am Ort
des Kerns wirksamen lokalen Magnetfeldes, das dem äußeren Feld
entgegengerichtet ist, erhielt LAMB für die Abschirmung eines freien

---

[1] LAMB, W. E.: Phys. Rev. **60**, 817 (1941).
[2] RAMSEY, N. F.: Phys. Rev. **78**, 699 (1950).

Atoms die sog. „Lambsche Formel", Gl. (34):

$$\sigma_d = \frac{4\pi\,e^2}{3\,m\,c^2} \int r\,\varrho\,(r)\,dr \qquad (34)$$

in der $\varrho\,(r)$ die Elektronendichte im Abstand r vom Kern bedeutet.

RAMSEY[1] hat die Gültigkeit der Gleichung vom Atom auf das Molekül ausgedehnt. Sind die Atomkerne Teile eines Moleküls, so können die Elektronen im allgemeinen nicht frei rotieren. Daher ist das von den induzierten Elektronenströmen hervorgerufene Magnetfeld meistens nicht parallel zur Richtung des äußeren Feldes gerichtet.

RAMSEYs Formel besteht aus zwei Termen, einem diamagnetischen Term ϱ_d, der LAMBs Formel entspricht und einem paramagnetischen Term ϱ_p. Aus dem diamagnetischen Term ergibt sich die Abschirmung, die man zu erwarten hätte, wenn das ganze Elektronensystem des Moleküls ungehindert mit der Larmor-Winkelgeschwindigkeit um den fraglichen Kern rotieren würde, ohne durch die Nachbarkerne gestört zu sein. Die Störung der freien Rotation durch die Felder dieser Kerne findet ihren quantitativen Ausdruck im zweiten, dem paramagnetischen Term in RAMSEYs Formel. Die Abschirmung erreicht ihren maximalen Wert, wenn der paramagnetische Term verschwindet. Die Ramseysche Formel entspricht somit der Van Vleckschen Formel für den molekularen Diamagnetismus (s. S. 4).

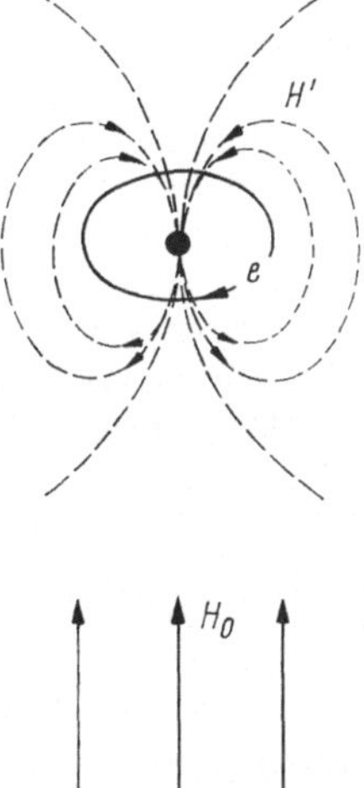

Abb. 7. Schematische Darstellung der Abschirmung des Atomkerns durch die ihn umgebenden Elektronen

Für die praktische Berechnung von Abschirmungskonstanten ist RAMSEYs Formel jedoch nicht geeignet, da der paramagnetische Term zu seiner Ermittlung die Kenntnis der Energien und Wellenfunktionen der angeregten Elektronenzustände erfordert. Auch mit einer vereinfachten Form der Gleichung, bei der die Energien der angeregten Zustände gemittelt werden, lassen sich Abschirmungskonstanten nur für die kleinsten Moleküle berechnen. Für die Abschirmungskonstante der Protonen im molekularen Wasserstoff fand NEWELL[2] einen Wert von $26{,}6 \cdot 10^{-6}$.

SAIKA und SLICHTER[3] sowie POPLE, SCHNEIDER und BERNSTEIN[4] haben deshalb die Abschirmung eines Kerns in vier Anteile zerlegt, nämlich

1. den diamagnetischen Anteil,
2. den paramagnetischen Anteil,
3. den von Nachbaratomen herrührenden Anteil und
4. den von interatomaren Strömen herrührenden Anteil.

[1] RAMSEY, N. F.: Phys. Rev. 78, 699 (1950).
[2] NEWELL, G. F.: Phys. Rev. 80, 476 (1950).
[3] SAIKA, A., u. C. P. SLICHTER: J. Chem. Phys. 22, 26 (1954).
[4] POPLE, J. A., W. G. SCHNEIDER u. H. J. BERNSTEIN: High-resolution Nuclear Magnetic Resonance. New York-Toronto-London: McGraw-Hill Book Co., Inc. 1959.

Der diamagnetische Anteil beschreibt die Wirkung der mit der Larmorfrequenz im Magnetfeld rotierenden Elektronen eines Atoms um seinen eigenen Kern.

Im paramagnetischen Anteil kommt die Behinderung dieser atomaren Ströme durch die Umgebung zum Ausdruck. Sie hat zur Folge, daß der Elektronenstrom verringert wird. Diese Verringerung wird als Überlagerung eines paramagnetischen Stroms über den diamagnetischen Anteil dargestellt.

Der dritte Anteil beschreibt die Wirkung der diamagnetischen und paramagnetischen Ströme von Nachbaratomen auf den betrachteten Kern.

Der vierte Anteil berücksichtigt schließlich die interatomaren Ströme, die dadurch zustande kommen, daß Elektronen von einem Atom zum anderen „fließen" können, wie es z.B. in mesomeriefähigen Systemen der Fall ist.

Wird das kernmagnetische Resonanzexperiment bei konstanter Frequenz durchgeführt, so sieht man aus Gl. (24), daß für elektronisch verschieden stark abgeschirmte Kerne die Resonanz bei verschiedenen Feldstärken auftritt. Bei starker Abschirmung des Kerns ist eine größere Feldstärke des äußeren Magnetfeldes notwendig, damit die Resonanzbedingung Gl. (24) erfüllt wird. Ist die Abschirmung dagegen gering, so genügt eine kleinere Feldstärke, um diese Bedingung zu erfüllen.

Als klassisches Beispiel sei hier das kernmagnetische Protonenresonanzspektrum von Äthylalkohol bei kleiner Auflösung betrachtet, wie es zuerst 1951 von ARNOLD, DHARMATTI und PACKARD[1] beobachtet worden ist. Im Molekül CH_3-CH_2-OH sind drei Arten chemisch nicht äquivalenter Wasserstoffatome vorhanden, nämlich die Wasserstoffatome der Methyl-, der Methylen- und der Hydroxylgruppe. Die verschieden starke Abschirmung der Wasserstoffkerne durch die sie umgebenden Elektronen bewirkt, daß am Ort der jeweiligen Kerne die nach

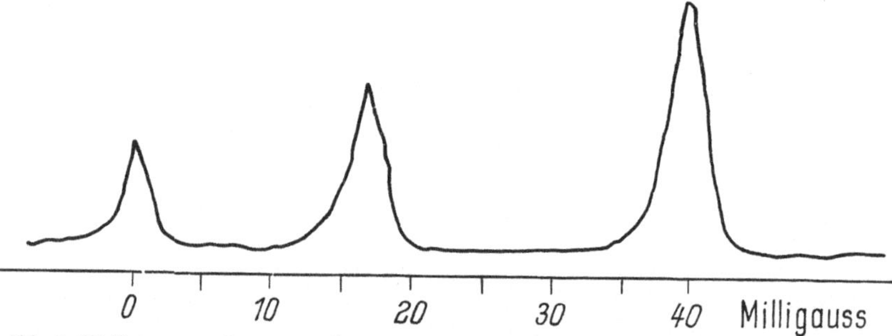

Abb. 8. ^{1}H-Resonanzspektrum von Äthanol bei 40 MHz und etwa 9400 Gauß (kleine Auflösung)

Gl. (24) für die Erfüllung der Resonanzbedingungen notwendige magnetische Feldstärke H_K bei verschiedenen Feldstärken des äußeren Feldes H_0 erreicht wird. Die im Ganzen diamagnetische Abschirmung, d. h. das äußere Feld abschwächende Wirkung, ist der Feldstärke des äußeren Feldes H_0 proportional. Abb. 8 zeigt das Protonen-Resonanzspektrum von Äthanol bei schwacher Auflösung und einer Frequenz des hoch-

[1] ARNOLD, J.T., S.S. DHARMATTI u. M.E. PACKARD: J. Chem. Phys. 19, 507 (1951).

frequenten Magnetfeldes von 40 MHz sowie einer Feldstärke von etwa 9400 Gauss. Nimmt man das Spektrum z. B. bei einer Frequenz von 20 MHz und einer Feldstärke von etwa 4700 Gauss auf, so sind die Abstände (z. B. in Milligauß gemessen) zwischen den Absorptionsbanden nur noch halb so groß, wie es durch Abb. 9 illustriert ist.

Um einen von Feldstärken und Frequenzen unabhängigen Maßstab für die Verschiebung der Resonanzlinien zu haben, wird ihre relative Lage zueinander durch einen dimensionslosen Parameter angegeben, der durch Gl. (35) definiert ist:

$$\delta = \frac{H_S - H_{St}}{H_{St}} \,. \qquad (35)$$

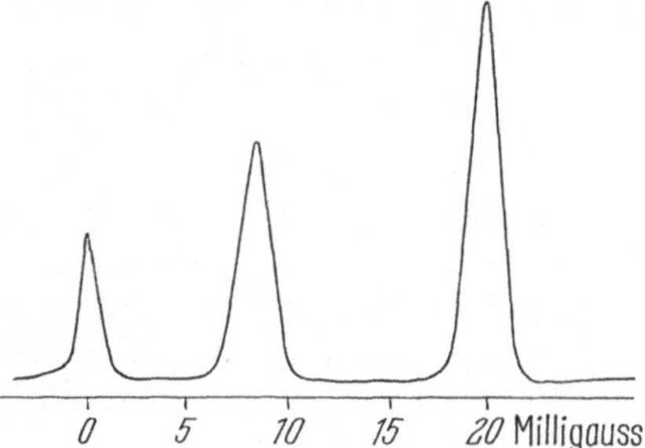

Abb. 9. ^{1}H-Resonanzspektrum von Äthanol bei 20 MHz und etwa 4700 Gauß (kleine Auflösung)

Dabei bedeutet H_S die Feldstärke, bei der die Resonanz eines bestimmten Kernes in der untersuchten Substanz erfolgt. H_{St} bezeichnet die Feldstärke, bei der die fraglichen Kerne in einer Vergleichssubstanz Resonanz zeigen.

Positive Werte von δ bedeuten nach Gl. (35) — und im vorliegenden Buch immer —, daß die Verschiebung gegenüber der Bezugssubstanz nach der Seite der höheren Feldstärke des äußeren Feldes erfolgt ist. (Es sei jedoch darauf hingewiesen, daß insbesondere in der früheren Literatur für δ manchmal das umgekehrte Vorzeichen benutzt worden ist.) Negative Werte von δ bedeuten Verschiebung nach niedrigeren Feldstärken gegenüber der Bezugssubstanz. Hohe positive Werte sind also mit (relativ) starker Abschirmung, hohe negative Werte mit (relativ) schwacher Abschirmung des betreffenden Kerns verbunden. Tritt die Resonanz eines Kerns bei höherer Feldstärke als die eines zweiten ein, so spricht man auch von einer größeren diamagnetischen Abschirmung des ersteren bzw. einer paramagnetischen Abschirmung des zweiten Kerns gegenüber dem ersten. Ganz analog sind die Begriffe diamagnetische bzw. paramagnetische Verschiebung zu verstehen.

Tabelle 3. *Übliche Bezugssubstanzen für die chemische Verschiebung einiger Kernsorten*

Kernsorte	Bezugssubstanz
^{1}H	$Si(CH_3)_4$, H_2O, C_6H_6, C_6H_{12}
^{11}B	BF_3, $B(OCH_3)_3$
^{19}F	CCl_3F, CF_3COOH, HF, F_2
^{31}P	H_3PO_4 (85%ig, wäßrig)

Prinzipiell ist es gleichgültig, auf welche Vergleichssubstanz (,,Standard``, Bezugssubstanz) die chemische Verschiebung bezogen wird. Es ist aber zweckmäßig, eine Substanz zu verwenden, die die fragliche Atomsorte nur in *einem* chemischen Bindungszustand enthält und somit nur zu einer Resonanzlinie Anlaß gibt. Dazu ist weiter Voraussetzung, daß keine Spin-Spin-Wechselwirkung mit Nachbarkernen beobachtet werden kann (vgl. hierzu Abschnitt 5). In Tab. 3 sind übliche Bezugssubstanzen für einige Kernsorten angegeben.

δ wird gewöhnlich in Vielfachen von 10^{-6} (ppm = parts per million) des angewendeten Magnetfeldes angegeben.

Dagegen erfolgt die *Messung* des Abstandes zweier Resonanzlinien zunächst meist als Differenz der Resonanz*frequenzen* der beiden Kerne $\nu - \nu_{St}$. Aus dieser der Differenz $H_S - H_{St}$ entsprechenden Größe ergibt sich δ nach Gl. (36)

$$\delta = \frac{\nu - \nu_{St}}{\nu_0}, \tag{36}$$

wobei ν_0 die angewendete Frequenz des hochfrequenten Magnetfeldes ist. Die Verwendung von ν_0 anstelle von ν oder ν_{St} im Nenner des Bruches der Gl. (36) bleibt ohne nennenswerten Einfluß auf δ, da ν_0 oder ν bzw. ν_{St} in jedem Fall sehr groß gegen $\nu - \nu_{St}$ sind.

Die Umrechnung der chemischen Verschiebung in verschiedene Einheiten sei am Beispiel von PCl_3 gezeigt. Verwendet man ein hochfrequentes Magnetfeld mit einer Frequenz von 16,2 MHz, so findet man, daß die Resonanzlinie der ^{31}P-Kerne in PCl_3 gegenüber der der ^{31}P-Kerne in 85%iger wäßriger Phosphorsäure um 3564 Hz in Richtung niedrigerer Feldstärken verschoben ist. Die chemische Verschiebung, bezogen auf 85%ige wäßrige H_3PO_4, beträgt somit nach Gl. (36)

$$\delta = -\frac{3564}{16{,}2 \cdot 10^{-6}} = -220 \cdot 10^{-6}. \tag{37}$$

Die Feldstärke, bei der die Resonanzbedingungen für ^{31}P-Kerne erfüllt sind, beträgt nach Gl. (24) etwa

$$H_0 = \frac{\nu \cdot I \cdot h}{\mu} = \frac{16{,}2 \cdot 10^6 \cdot 6{,}625 \cdot 10^{-27}}{5{,}049 \cdot 10^{-24} \cdot 1{,}13 \cdot 2} = 9406 \text{ Gauß.}$$

Demnach beträgt der Abstand der Linien von PCl_3 und 85%iger wäßriger Phosphorsäure 2,07 Gauß. Der negative Wert von δ bedeutet, daß die Kerne in PCl_3 schwächer abgeschirmt sind als die Phosphorkerne in H_3PO_4.

Speziell für die kernmagnetische Resonanzspektroskopie des Protons hat sich die Angabe der chemischen Verschiebung durch die Größe τ eingebürgert. TIERS[1] hat die Verwendung von Tetramethylsilan, $Si(CH_3)_4$, als Standardsubstanz für die Protonenresonanz vorgeschlagen. Diese chemisch wenig reaktionsfähige Verbindung, die sich mit den meisten organischen Lösungsmitteln mischt, ruft im Spektrum ein Singulett hervor. Auch bei Verwendung als innerer Standard (s. S. 46) hat diese Substanz auf die Lage der Resonanzlinien der zu untersuchenden Substanz praktisch keinen Einfluß. Darüber hinaus sind die chemischen Verschiebungen fast aller Protonen in organischen Verbindungen relativ zu den Methylprotonen des Tetramethylsilans negativ. Um den Gebrauch negativer Werte für die chemische Verschiebung zu umgehen, hat TIERS die durch Gl. (38) definierte Größe τ eingeführt:

$$\tau = 10 - \delta \cdot 10^6 = 10 - \frac{[\nu - \nu_{Si(CH_3)_4}] \cdot 10^6}{\nu_0} \tag{38}$$

Mit zunehmender Abschirmung, d. h. mit kleiner werdender Differenz $\nu - \nu_{Si(CH_3)_4}$, wird τ größer.

---

[1] TIERS, G. V. D.: J. Phys. Chem. **62**, 1151 (1958).

5. Die Spin-Spin-Wechselwirkung

Man kann grundsätzlich zwischen zwei Arten von Spin-Spin-Wechselwirkungen unterscheiden, und zwar zwischen der direkten magnetischen Dipol-Wechselwirkung und der elektronengekoppelten Dipol-Wechselwirkung. Beide Arten von Wechselwirkungen spielen für die in der anorganischen Chemie zu lösenden Probleme eine große Rolle.

a) Direkte magnetische Dipol-Wechselwirkungen

In den früheren Abschnitten war schon mehrfach darauf hingewiesen worden, daß das Magnetfeld am Ort eines Kerns durch eine ganze Anzahl von Faktoren bestimmt wird. Bei Festkörpern — und nur bei diesen — ist der oft am stärksten ins Gewicht fallende Faktor das Feld, das durch einen benachbarten Kern mit einem magnetischen Moment hervorgerufen wird. Dieses lokale Magnetfeld ist bei Festkörpern statisch, während in Gasen und Flüssigkeiten die lokalen Felder durch die rasche Molekülbewegung im zeitlichen Durchschnitt praktisch null werden. Befinden sich zwei gleiche Kerne A und B, die die Kernspinzahl $I = 1/2$ haben sollen, in einem Magnetfeld H_0, so herrscht am Ort des Kerns A eine von Kern B herrührende Feldstärke, deren Größe $+2\,\dfrac{\mu}{r^3}\,(3\cos^2\theta - 1)$ beträgt, wenn μ das magnetische Moment des Kerns B und r der Abstand der beiden Kerne bedeuten. θ ist der Winkel, den die Verbindungsachse der Kerne und das äußere Magnetfeld H_0 miteinander bilden. Entsprechendes gilt für den Kern A, so daß die gesamte Feldstärke am Ort der beiden Kerne durch Gl. (39) wiedergegeben wird:

$$H = H_0 \pm \frac{\mu}{r^3}\,(3\cos^2\theta - 1). \tag{39}$$

Ist das magnetische Moment des Kerns A parallel zu H_0 gerichtet, so gilt für die Feldstärke am Ort des Kerns B Gl. (39) mit dem Pluszeichen. Haben H_0 und magnetisches Moment entgegengesetzte Richtung, so ist die äußere Feldstärke H_0 um $\dfrac{\mu}{r^3}\,(3\cos^2\theta - 1)$ vermindert.

Für Protonen, die sich in einer Entfernung von 1 Å befinden, kann H beispielsweise alle Werte zwischen $H_0 + 28,5$ und $H_0 - 28,5$ Gauss annehmen. Dies hat eine Verbreiterung der Resonanzlinie zur Folge, da die Resonanzbedingung Gl. (24) für die verschiedenen Kerne bei verschiedenen Frequenzen bzw. bei konstanter Frequenz bei verschiedenen Feldstärken von H_0 eintritt. Die Linienbreite, die in Spektren von Festkörpern beobachtet wird, hängt von der relativen Lage der Kerne zueinander ab, so daß sie Schlüsse über die geometrische Anordnung der Atome im Gitter zuläßt. Auf diese Fragen soll hier jedoch nicht näher eingegangen werden, da dieses Buch sich ausschließlich mit gasförmigen, flüssigen und gelösten Stoffen befassen soll.

b) Elektronengekoppelte Dipol-Wechselwirkungen

Die unter 5a beschriebenen direkten magnetischen Dipol-Dipol-Wechselwirkungen machen sich, wie gesagt, nur bei Festkörpern bemerkbar. In Flüssigkeiten und Gasen verursacht die Wärmebewegung der Moleküle eine so rasche Änderung des Winkels, den die Verbindungsachse der sich gegenseitig beeinflussenden Kerne mit dem äußeren Magnetfeld bildet, daß die Wechselwirkungen im zeitlichen Durchschnitt gleich null werden. Trotzdem beobachtet man oft auch in Flüssigkeiten und Gasen die Aufspaltung einer kernmagnetischen Resonanzlinie.

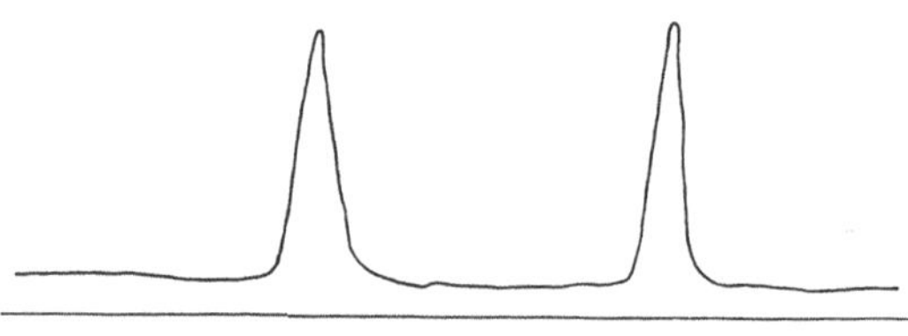

Abb. 10. ^{19}F-Resonanzspektrum der Verbindung OPCl$_2$F

So haben GUTOWSKY, McCALL und SLICHTER[1] im Spektrum der bei Zimmertemperatur flüssigen Verbindung OPCl$_2$F für die kernmagnetische Resonanz des ^{19}F-Kerns zwei intensitätsgleiche Linien gefunden, deren Abstand 0,294 Gauß beträgt (Abb. 10). Da die direkte Dipol-Wechselwirkung diese Aufspaltung nicht erklären kann, muß hier ein anderer Mechanismus wirksam werden.

RAMSEY[2] und PURCELL[3] konnten zuerst zeigen, daß die Wechselwirkung durch die im Molekül befindlichen Elektronen vermittelt wird. Dieser indirekte Kopplungsmechanismus ist unabhängig von der Orientierung des Moleküls relativ zum äußeren Magnetfeld.

RAMSEY berechnete am einfachsten sich bietenden Beispiel, dem Molekül HD, die Größe der Aufspaltung der Linie des Protons in Übereinstimmung mit dem beobachteten Wert. Das Proton versucht den Spin des in seiner Nähe befindlichen Elektrons antiparallel zu seinem eigenen Spin einzustellen. Das Pauli-Prinzip verlangt weiter, daß sich das zweite Elektron der Bindung antiparallel zum ersten einstellt. Dadurch wird dem Deuteron die Spinorientierung des Protons mitgeteilt und es erfährt je nach der zum äußeren Feld parallelen oder antiparallelen Spinorientierung des Protons eine verschiedene Feldstärke. Der Deuteriumkern verhält sich analog dem Proton, so daß auf diese Weise eine elektronen-gekoppelte Wechselwirkung zwischen den beiden Dipolen zustande kommt. Der hier betrachtete Kopplungsmechanismus arbeitet nicht nur über eine, sondern auch über mehrere Bindungen hinweg, wenn auch die Wirksamkeit mit zunehmender Anzahl der Bindungen im allgemeinen abnimmt. Andererseits sind aber auch Fälle bekannt, wo Kerne, die durch mehrere Bindungen getrennt sind, stärker koppeln als solche, die näher benachbart sind.

---

[1] GUTOWSKY, H. S., D. W. McCALL u. C. P. SLICHTER: J. Chem. Phys. **21**, 279 (1953).

[2] RAMSEY, N. F.: Phys. Rev. **91**, 303 (1953).

[3] RAMSEY, N. F., u. E. M. PURCELL: Phys. Rev. **85**, 143 (1952).

Als Einheit für die Spin-Spin-Wechselwirkungsenergie dient meist und zweckmäßigerweise 1 Hz. Die Aufspaltung einer Resonanzlinie durch Spin-Spin-Kopplung wird im allgemeinen mit J bezeichnet. Ist die Kopplungskonstante J in Gauß angegeben, so läßt sie sich leicht in die Einheit Hz umrechnen. Es gilt:

$$\frac{\text{Spin-Spin-Kopplung [Gauß]}}{\text{Feldstärke [Gauß]}} \cdot \text{Radiofrequenz [Hz]}$$
$$= \text{Spin-Spin-Kopplung [Hz]} .$$

Die Wechselwirkungsenergien können sehr große Werte bis zu etwa 1000 Hz annehmen. Sie können jedoch auch sehr klein sein und Werte < 1 Hz besitzen, so daß dann die Aufspaltung auch bei großer Auflösung nur noch schwer oder nicht mehr beobachtbar wird. Für Protonen sind die Spin-Spin-Kopplungskonstanten relativ klein und betragen meist 0—20 Hz. Sie können sich aber beobachtbar über 4—5 chemische Bindungen erstrecken[1].

Kerne, die chemisch äquivalent sind, verursachen immer nur eine einzige Resonanzlinie, gleichgültig wie groß die Kopplungskonstante zwischen ihnen ist, da Übergänge zwischen den Energieniveaus, die von der Wechselwirkung zwischen äquivalenten Kernen herrühren, verboten sind[2]. Die Differenz zweier Energieniveaus, zwischen denen ein Übergang erlaubt ist, hängt hingegen nicht von der Größe der Kopplungskonstanten ab.

An dieser Stelle sei noch bemerkt, daß auch mehrere Kerne, die nur zufällig die gleiche chemische Verschiebung aufweisen, obwohl sie nicht als chemisch äquivalent bezeichnet werden können, unabhängig von der Kopplungskonstanten zwischen ihnen, ebenfalls nur ein Singulett im Resonanzspektrum verursachen.

Liegen in einem Molekül zwei Gruppen von untereinander äquivalenten Kernen vor und sind alle Kopplungskonstanten zwischen den Kernen der verschiedenen Gruppen gleich, so ist das Spektrum von den Kopplungskonstanten innerhalb der beiden Gruppen unabhängig.

Sind in einem kernmagnetischen Resonanzspektrum zwei oder mehr Linien vorhanden, so läßt sich oft nicht von vornherein mit Sicherheit erkennen, ob die verschiedenen Linien ihre Ursache in der verschiedenen chemischen Verschiebung nicht äquivalenter Kerne haben oder ob die Linie eines Kernes oder mehrerer äquivalenter Kerne durch elektronengekoppelte Spin-Spin-Wechselwirkungen aufgespalten ist. Diese Entscheidung kann aber durch ein Experiment leicht getroffen werden. Wir erinnern uns, daß die chemische Verschiebung der Feldstärke des äußeren Magnetfeldes proportional ist. Dagegen ist die auf der Dipol-Dipol-Kopplung beruhende Wechselwirkungsenergie vom äußeren Feld unabhängig. Nimmt man daher je ein Spektrum bei zwei verschiedenen Feldstärken des äußeren Magnetfeldes auf, so verändern sich die relativen Abstände der durch verschiedenartig gebundene Kerne hervorgerufenen Linien, während die auf die Kopplung von Kernspins zurückzuführenden Aufspaltungen gleich groß bleiben.

---

[1] Muller, N., u. D. E. Pritchard: J. Chem. Phys. 31, 768 (1959).
[2] Hahn, E. L. u. D. E. Maxwell: Phys. Rev. 88, 1070 (1952).

Die Aufspaltungen der Resonanzlinie ΔH (gemessen in Gauß) zweier koppelnder Kerne A und B verhalten sich umgekehrt wie die gyromagnetischen Verhältnisse γ_A und γ_B der beiden Kerne, d. h. es gilt:

$$\frac{\Delta H_A}{\Delta H_B} = \frac{\gamma_B}{\gamma_A}. \tag{40}$$

Haben die beiden Kerne die gleiche Spinzahl, so ist die Größe $\Delta H_A/\Delta H_B$ zugleich identisch mit dem reziproken Verhältnis $\frac{\mu_B}{\mu_A}$ der magnetischen Momente von A und B:

$$\frac{\Delta H_A}{\Delta H_B} = \frac{\mu_B}{\mu_A} = \frac{\gamma_B}{\gamma_A}. \tag{41}$$

Tab. 4 zeigt eine Anzahl solcher Verhältnisse von Aufspaltungen, die von der Kopplung des Phosphorkerns mit Wasserstoff- oder Fluorkernen herrühren, und die innerhalb der Fehlergrenzen der Messung mit dem reziproken Verhältnis der magnetischen Momente der jeweiligen Kerne übereinstimmen.

Tabelle 4. *Vergleich der Verhältnisse von Spin-Spin-Aufspaltungen mit dem Verhältnis der magnetischen Momente*[1]

Verbindung	Aufspaltung [Gauß]		$\dfrac{\Delta H_{^{19}F} \text{ od. } \Delta H_{^1H}}{\Delta H_{^{31}P}}$	$\dfrac{\mu_{^{31}P}}{\mu_{^{19}F} \text{ bzw. } \mu_{^1H}}$
	^{19}F-Resonanz bzw. ^{1}H-Resonanz	^{31}P-Resonanz		
CH_3OPF_2	0,320	0,740	0,432	0,430
$F_2PO(OH)$	0,244	0,570	0,428	.
HPF_6	0,178	0,41	0,434	.
$HPO(OH)_2$	0,166	0,410	0,405	0,405
$H_2PO(OH)$	0,137	0,344	0,398	.

Die Spin-Kopplungskonstante J_{KX} verändert sich im allgemeinen mit der isotopen Substitution des Atoms X durch X' im Verhältnis der gyromagnetischen Verhältnisse γ der beiden Isotope X und X'. So beträgt z. B. die Kopplungskonstante $J_{^{117}Sn^1H_A}$ in Tetraäthylzinn mit dem Zinnisotop ^{117}Sn, ^{117}Sn$(CH_2CH_3)_4$, 68,1 Hz, die Kopplungskonstante $J_{^{119}Sn^1H_A}$ in der gleichen Verbindung mit dem Zinnisotop ^{119}Sn jedoch 71,2 Hz. Dies entspricht dem Verhältnis

$$\frac{\gamma^{117}{}_{Sn}}{\gamma^{119}{}_{Sn}} = \frac{1,99}{2,08} = \frac{J_{^{117}Sn^1H}}{J_{^{119}Sn^1H}} = \frac{68,1}{71,2} = 0,96.$$

Die Aufspaltung der Resonanzlinie eines Kerns durch elektronengekoppelte Spin-Spin-Wechselwirkung mit einem oder mehreren anderen Kernen ist eine Folge der verschiedenen Anordnungen, die die Spins dieser Kerne relativ zueinander annehmen können. Den einfachsten Fall bildet die Aufspaltung *einer* Resonanzlinie in zwei intensitätsgleiche Linien, wie wir ihn bei dem ^{31}P-Spektrum der Verbindung OPCl$_2$F kennengelernt haben. Das Feld, das das Phosphoratom erfährt, wird durch den Spin des nahe benachbarten Fluorkerns beeinflußt.

---

[1] GUTOWSKY, H. S., D. W. McCALL u. C. P. SLICHTER: J. Chem. Phys. **21**, 279 (1953).

Die Spins der beiden benachbarten Kerne können parallel oder antiparallel gerichtet sein. Der Phosphorkern wird also je nach der jeweiligen Spinanordnung der beiden Kerne zwei verschiedene Felder erfahren können und zeigt demnach zwei Übergangsenergien für das Phosphoratom. Da die beiden Spinanordnungen „parallel" und „antiparallel" wegen der geringen Energieunterschiede zwischen den verschiedenen Spinzuständen im thermischen Gleichgewicht praktisch gleich

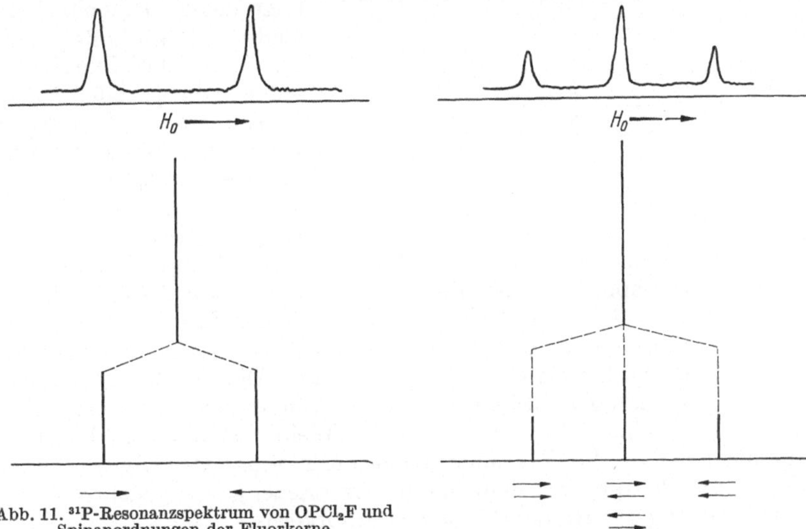

Abb. 11. ^{31}P-Resonanzspektrum von $OPCl_2F$ und
Spinanordnungen der Fluorkerne

Abb. 12. ^{31}P-Resonanzspektrum von $OPClF_2$ und
Spinanordnungen der Fluorkerne

wahrscheinlich sind, haben die beiden Resonanzlinien die gleiche Intensität (vgl. aber S. 50). Ganz analoge Verhältnisse sind am Fluorkern anzutreffen. Auch er erfährt unter dem Einfluß des benachbarten Phosphorkerns und der momentanen Orientierung dessen Spins zu seinem eigenen zwei verschiedene Feldstärken. Demzufolge ist auch die ^{19}F-Resonanzlinie im Fluorresonanzspektrum von $OPCl_2F$ in ein Dublett aufgespalten. Die Aufspaltungen der Resonanzlinien (in Hz) von ^{19}F und ^{31}P sind gleich groß. Sie werden durch die Kopplungskonstante J ausgedrückt.

Das ^{31}P-Spektrum der Verbindung $OPClF_2$ besteht aus einem Triplett. Das magnetische Feld am Ort des Phosphorkerns hängt nun von der Spinorientierung *zweier* anderer Kerne F_1 und F_2 ab. Diese können relativ zum Spin des Phosphorkerns beide parallel oder beide antiparallel orientiert sein, oder es kann der Spin des Kerns F_1 parallel und der Spin des Kerns F_2 antiparallel zum Spin des Phosphorkerns gerichtet sein. Schließlich können die letztgenannten Verhältnisse umgekehrt sein. Bezüglich des Phosphorkerns sind die beiden letzten Spinanordnungen, bei denen die Fluorkerne unter sich antiparallele Spins haben, energetisch gleichwertig. Da wieder alle vier Anordnungen der Spins gleich wahrscheinlich sind, erhält man demnach eine Aufspaltung der Linie des Phosphorkerns in drei Linien mit den relativen Intensitäten $1:2:1$. Diese Verhältnisse sind in Abb. 12 dargestellt. Die Phosphorkerne in Molekülen, deren Fluorkerne parallele Spins in Richtung des äußeren Magnetfeldes haben, werden schon bei geringerer Feldstärke des äußeren Feldes Resonanz zeigen, als dies beim unbeeinflußten Phosphorkern der Fall wäre. Ist die Summe der Spinkomponenten dagegen gleich Null, d. h. sind die Spins der Fluorkerne untereinander antiparallel gerichtet, so heben sich die Wirkungen auf den Phosphorkern gegenseitig auf, und die Lage dessen Resonanzlinie bleibt unbeeinflußt. Sind die Spins der Fluorkerne schließlich parallel, aber dem äußeren Feld entgegen gerichtet, so ist eine größere Feldstärke H_0 notwendig, damit die Resonanzbedingung Gl. (24) erfüllt wird.

Tabelle 5. *Spinanordnungen zweier Fluorkerne*

Spinzustände der Fluorkerne m		ΣI_Z	Statistisches Gewicht
F_1	F_2		
1/2	1/2	1	1
1/2	—1/2	0	
—1/2	1/2	0	$\Big\}$ 2
—1/2	—1/2	—1	1

Die Energie der Übergänge des Phosphorkerns hängt also nur von der Summe der Spin-Komponenten der zwei Fluorkerne ΣI_Z ab, die die Werte 1, 0 und —1 annehmen kann. Die möglichen Kombinationen der beiden Fluorkerne sind in Tab. 5 verzeichnet. Die Resonanzlinien des Tripletts sind gleich weit voneinander entfernt. Dies ist darauf zurückzuführen, daß aufeinanderfolgende Werte von m sich nur durch eine Einheit des Drehimpulses unterscheiden. Weiter ist auch in dem hier betrachteten Fall des Phosphorylchloriddifluorids, $OPClF_2$, die Aufspaltung der Phosphorresonanzlinie (in Hz) wieder genau gleich groß wie die Aufspaltung der Resonanzlinie des Fluorkerns.

Wird der betrachtete Kern von einer noch größeren Zahl anderer Kerne mit einem Spin beeinflußt, so kann man sich auf ähnliche Weise überlegen, wie viele Linien man zu erwarten hat und wie sich die Intensitäten der Linien des Multipletts verhalten. Man findet dann — wenn man sich zunächst auf Kerne mit der Spinzahl $I = 1/2$ beschränkt — die Regeln:

Tabelle 6. *Relative Intensitäten der Linien eines durch Spin-Spin-Kopplung von einem Kern mit n äquivalenten Kernen verursachten Multipletts* [$I = 1/2$]

Multiplizität	relative Intensitäten
2	1:1
3	1:2:1
4	1:3:3:1
5	1:4:6:4:1
6	1:5:10:10:5:1
7	1:6:15:20:15:6:1
8	1:7:21:35:35:21:7:1
9	1:8:28:56:70:56:28:8:1
10	1:9:36:84:126:126:84:36:9:1

1. Das Resonanzsignal eines Kerns oder mehrerer äquivalenter Kerne wird durch n untereinander äquivalente Kerne in $(n+1)$ Linien aufgespalten.

Sind die n Nachbaratome nicht äquivalent, sondern bilden sie mehrere Gruppen 1, 2, 3 ..., so gilt für die Multiplizität

$$M = (n_1 + 1)\,(n_2 + 1)\,(n_3 + 1)\,\ldots$$

2. Die Intensitäten der Linien des Multipletts verhalten sich, wenn dieses durch n äquivalente Kerne verursacht wird, wie die Koeffizienten

der binomischen Reihe $(a + 1)^n$. Es ergeben sich also die in Tab. 6 zusammengestellten relativen Intensitäten der Linien des Multipletts.

So wird man z.B. erwarten, daß das Resonanzsignal des Phosphorkerns in der Verbindung OPF_3 aus einem Quartett mit dem Intensitätsverhältnis der Linien $1:3:3:1$ besteht. Die möglichen Spinanordnungen der Fluorkerne in OPF_3 sind in Abb. 13 gezeigt.

Für das ^{31}P-Resonanzspektrum des Ions $[PF_6]^-$ ist nach den obigen Regeln ein Septett zu erwarten, bei dem sich die Intensitäten der Linien wie $1:6:15:20:15:6:1$ verhalten. Das erwartete Spektrum ist tatsächlich erhalten worden[1].

Nimmt man das Spektrum des Äthanols mit größerer Auflösung auf, als es früher gezeigt wurde (vgl. Abb. 8), so besteht es, wie Abb. 14

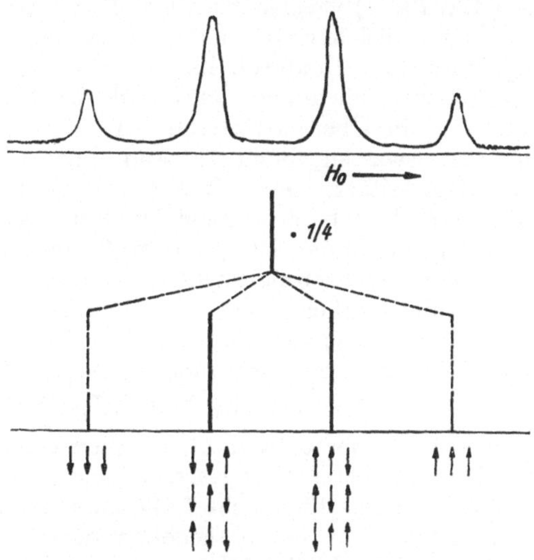

Abb. 13. ^{31}P-Resonanzspektrum von OPF_3 und Spinanordnungen der Fluorkerne

zeigt, aus einem Singulett, einem Quartett und einem Triplett. Es sei hier dem Leser überlassen, die möglichen Spinanordnungen und die Aufspaltung der Resonanzlinien in Beziehung zu setzen. Die vom Proton

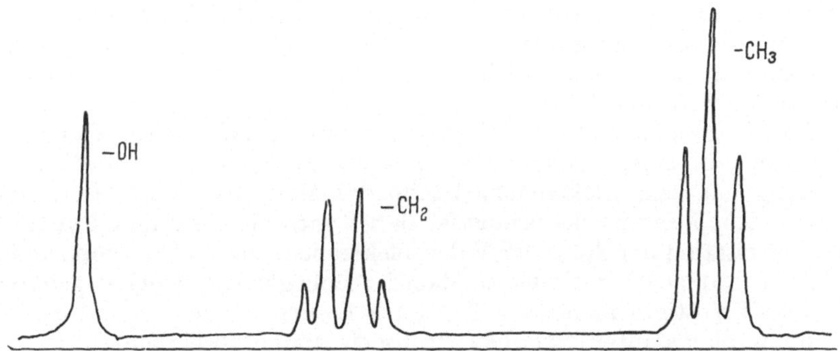

Abb. 14. ^1H-Resonanzspektrum von Äthanol bei mittlerer Auflösung

der Hydroxylgruppe herrührende Resonanzlinie ist aus Gründen, die in Abschnitt 8a) erörtert werden, nicht aufgespalten. Ebenso werden die Protonen der Methylengruppe durch das Proton der OH-Gruppe nicht beeinflußt.

---

[1] Gutowsky, H. S., u. D. W. McCall: J. Chem. Phys. **22**, 162 (1954).

Die obigen Betrachtungen waren auf die Wechselwirkung zwischen Kernen mit der Spinzahl $I = 1/2$ beschränkt. Durch einfache Überlegungen läßt sich ihre Gültigkeit jedoch erweitern. Es gilt dann, daß eine Gruppe von n äquivalenten Kernen eine Bande mit der Multiplizität $M = (2 n I + 1)$ verursacht, wenn I die Spinzahl dieser Kerne ist.

Als Beispiel hierfür sei das Spektrum des Protons im Molekül HD angeführt. Das Deuteron hat die Spinzahl $I = 1$ und kann demnach drei Spinzustände annehmen. Da alle drei Zustände gleich wahrscheinlich sind, sind in Übereinstimmung mit der Beobachtung drei Resonanzlinien zu erwarten, deren Abstände untereinander gleich groß sind und deren Intensitäten sich wie $1:1:1$ verhalten. Das Spektrum des Deuterons $^2H^+$ besteht aus einem Dublett. Der Abstand der beiden intensitätsgleichen Linien ist gleich groß wie der Abstand je zweier Linien im Triplett des Protonenspektrums (in Hz).

Tritt der fragliche Kern schließlich mit mehreren Gruppen $1, 2, 3 \ldots$ untereinander äquivalenter Kerne in Wechselwirkung, so ist die Multiplizität der von ihm verursachten Bande gegeben durch

$$M = (2 n_1 I_1 + 1) (2 n_2 I_2 + 1) (2 n_3 I_3 + 1) \ldots$$

In allen bisher betrachteten Fällen waren die Kopplungskonstanten zwischen den beteiligten Kernen klein gegen die chemischen Verschiebungen, und nur für solche Fälle sind die obigen Regeln gültig. Diese Voraussetzung ist immer gegeben, wenn es sich bei den koppelnden Kernen um verschiedene Kernsorten handelt. Aber auch wenn die Kerne der gleichen Kernsorte angehören, können ihre relativen chemischen Verschiebungen groß gegen die betreffenden Kopplungskonstanten sein, so daß die Regeln zumindest mit genügend großer Annäherung angewendet werden können. Ist die Kopplungskonstante J für die in Wechselwirkung tretenden Kerne jedoch von der gleichen Größenordnung wie deren relative chemische Verschiebung, so besteht das Spektrum im allgemeinen aus einer größeren Anzahl von Linien, deren Abstände und Intensitäten nicht mehr solchen einfachen Regeln, wie sie oben aufgestellt worden sind, folgen.

Es sei abschließend noch einmal festgestellt, daß die Kopplung von Kernspins in einem Molekül im wesentlichen durch deren Wechselwirkung mit dem Elektronengebäude des Moleküls erfolgt. Der wirksamste Kopplungsmechanismus ist dabei nach RAMSEY und PURCELL[1] die Polarisation der Spins der Valenzelektronen, die zu den koppelnden Kernen und gegebenenfalls zu dazwischenliegenden Atomen gehören.

Dies bestätigte in neuerer Zeit auch KARPLUS[2], der eine Reihe von Kopplungskonstanten zwischen Protonen und Fluorkernen sowie zwischen zwei Fluorkernen berechnet hat und aus den Ergebnissen schloß, daß die Polarisation der Elektronenspins den Hauptfaktor bei den meisten Kopplungen darstellt. Andererseits ist jedoch POPLE[3] der Ansicht,

[1] RAMSEY, N. F., u. E. M. PURCELL: Phys. Rev. **85**, 143 (1952); N. F. RAMSEY: Phys. Rev. **91**, 303 (1953); vgl. auch H. M. McCONNELL: J. Chem. Phys. **24**, 460 (1956).

[2] KARPLUS, M.: J. Chem. Phys. **30**, 11 (1959).

[3] POPLE, J. A.: Mol. Phys. **1**, 216 (1958).

daß bei anisotroper magnetischer Abschirmung eines der gekoppelten Kerne ein großer Teil der Wechselwirkung auf die Polarisation der magnetischen Momente zurückzuführen ist, die von der Elektronenbewegung in den Orbitalen herrührt. In einzelnen Fällen von ^{1}H-^{19}F-Kopplungen beträgt der Orbitalanteil nach POPLE bis zu 50% an der gesamten Wechselwirkung.

Die Synthese und Analyse komplizierterer Spektren ist in Abschnitt 7 behandelt.

Es ist zweckmäßig, eine Einteilung der kernmagnetischen Resonanzspektren zu treffen, je nachdem, ob die Resonanzfrequenzen der im Molekül der untersuchten Verbindung enthaltenen magnetischen Kerne sehr verschieden sind, oder ob die relativen chemischen Verschiebungen in der Größenordnung der Kopplungskonstanten liegen. Wir folgen hier der von POPLE, SCHNEIDER und BERNSTEIN vorgeschlagenen systematischen Notation. Hiernach werden Kerne des gleichen Elements, die aber chemisch nicht äquivalent sind, mit den Symbolen A, B, ... belegt, wenn die Kopplungskonstanten zwischen den jeweilig betrachteten Kernen von der Größenordnung der chemischen Verschiebungen sind, die diese Kerne relativ zueinander aufweisen. Ist die relative chemische Verschiebung sehr groß gegen die Kopplungskonstante — und dies ist immer der Fall, wenn die gekoppelten Kerne verschiedenen Elementen angehören —, so bezeichnet man die Kerne mit von A, B, ... sehr verschiedenen Resonanzfrequenzen mit den Symbolen X, Y, ... Äquivalente Kerne werden mit dem gleichen Symbol belegt. Die Zahl der äquivalenten Kerne ist durch einen Index am betreffenden Symbol angegeben. Das gesamte Spektrum der Verbindung $OPCl_2F$ wäre demnach als ein AX-Spektrum, das der Verbindung $OPClF_2$ als ein AX_2-Spektrum zu bezeichnen. Da die chemische Verschiebung von der Feldstärke abhängig ist, nicht aber die Kopplungskonstante, hängt natürlich das für die obige Notation maßgebliche Verhältnis von chemischer Verschiebung zu Kopplungskonstante von der Feldstärke ab, so daß das Spektrum ein und derselben Verbindung, z. B. einmal als AB_2- und bei der Verwendung einer sehr viel größeren Feldstärke ein anderes Mal als AX_2-Spektrum eingeordnet werden muß.

c) Quadrupolrelaxation

In vielen Fällen haben die untersuchten Kerne selbst oder die diesen benachbarten Kerne ein elektrisches Quadrupolmoment. Es sei deshalb in diesem Abschnitt noch die Wirkung solcher Quadrupolmomente auf die kernmagnetische Resonanz näher betrachtet. In Abschnitt 2d) war festgestellt worden, daß Kerne mit der Spinzahl $I = 1/2$ eine kugelförmige Ladungsverteilung haben, während die elektrische Ladung bei Kernen mit Spinzahlen $I > 1/2$ auf der Oberfläche eines Ellipsoids verteilt ist. Die für die kernmagnetische Resonanzspektroskopie wichtigste Eigenschaft der Kerne mit einem elektrischen Quadrupolmoment ist die, daß sie eine zusätzliche Möglichkeit zur Relaxation haben. Diese beruht darauf, daß sie mit asymmetrischen elektrischen Feldern, die in ihrer Umgebung, z. B. durch bewegte polare Moleküle, hervorgerufen werden, in Wechselwirkung treten können. Diese elektrischen Wechselwirkungen sind im allgemeinen stärker und räumlich weiterreichend als die magnetischen. Die Relaxationszeiten von Kernen mit einem elektrischen Quadrupolmoment sind deshalb fast immer außerordentlich kurz. Die Verkürzung kann mehrere Zehnerpotenzen betragen und T_1 auf Werte von 10^{-7} sec. abfallen lassen. Mit der Verringerung von T_1 wird weiter gleichzeitig auch T_2 kleiner (vgl. S. 19). Dies hat zur Folge, daß die Resonanzsignale solcher Kerne immer sehr breit sind. Darüber hinaus verursachen sie keine auf Spin-Spin-Wechselwirkung beruhende Aufspaltungen von Resonanzlinien. Sie verbreitern vielmehr nur die Linien der an sie gebundenen Kerne. So beobachtet man z. B. im ^{31}P-Spektrum von PCl_3 oder PBr_3 keine Aufspaltung der Phosphorresonanzlinie, obwohl die Kerne von Chlor ($I_{35Cl} = 3/2$; $I_{37Cl} = 3/2$) und Brom ($I_{79Br} = 3/2$; $I_{81Br} = 3/2$) beträchtliche magnetische Momente haben. Die rasche Relaxation der Halogenkerne hat jedoch zur Folge, daß ihre magnetische Wirkung im Durchschnitt gleich Null ist. Die Kerne in solchen Verbindungen sind deshalb scheinbar entkoppelt.

In einzelnen Fällen konnte allerdings auch zwischen Kernen, von denen der eine ein elektrisches Quadrupolmoment besitzt, Kopplung beobachtet werden. So hat OGG[1] im ^{1}H-Spektrum von vollkommen wasserfreiem Ammoniak ein Triplett mit dem Intensitätsverhältnis $1:1:1$ der ziemlich breiten Linien erhalten. Das Triplett rührt von der Kopplung zwischen dem ^{14}N-Kern und dem Proton her. Entsprechend den drei gleich wahrscheinlichen Spinzuständen des ^{14}N-Kerns mit $m = 1$, 0 und -1 haben die Linien das Intensitätsverhältnis $1:1:1$.

Das ^{14}N-Resonanzspektrum von sorgfältig getrocknetem Ammoniak besteht aus einem $1:3:3:1$-Quartett, entsprechend der Spin-Spin-Kopplung des ^{14}N-Kerns mit drei Protonen. Die Linien des Multipletts sind wegen der raschen Quadrupol-Relaxation wieder stark verbreitert. Dagegen weist das ^{14}N-Resonanzspektrum des Ammoniumions $[^{14}NH_4]^+$, das aus einem $1:4:6:4:1$-Quintett besteht, scharfe Linien auf. Dies ist eine Folge der symmetrischen Anordnung der Protonen um das Stickstoffatom. Die elektrischen Feldgradienten am ^{14}N-Kern sind dadurch klein und die Relaxationszeiten verhältnismäßig lang.

Die Spektren von NH_3 und $[NH_4]^+$ sind an anderer Stelle (s. S. 79) eingehend diskutiert.

Bemerkenswert sind in diesem Zusammenhang noch die Spektren von $[BF_4]^-$, $[VF_6]^-$ und $[SbF_6]^-$. Die zentralen Kerne B, V und Sb haben alle verhältnismäßig große magnetische Momente und besitzen alle ein elektrisches Quadrupolmoment. Da die symmetrische Anordnung der Fluratome einen elektrischen Feldgradienten am Kern des Zentralatoms verhindert, sollte man Resonanzspektren mit Multiplettstrukturen erwarten. Tatsächlich geben aber das $[BF_4]^-$- und das $[VF_6]^-$-Ion ^{19}F-Resonanzspektren, die nur aus einer leicht verbreiterten Resonanzlinie bestehen. Ebenso weisen auch die ^{11}B- bzw. ^{51}V-Resonanzspektren

---

[1] OGG, R. A.: J. Chem. Phys. **22**, 560 (1954).

der beiden Ionen nur jeweils eine verbreiterte Resonanzlinie auf[1]. Im Gegensatz dazu zeigt jedoch das ^{121}Sb-Resonanzspektrum des $[SbF_6]^-$-Ions ein ausgeprägtes, aus 7 Linien bestehendes Multiplett[2].

In den beiden ersten Fällen mögen jedoch Assoziations- und Dissoziationsmechanismen oder besondere Spin-Relaxationseffekte für das Auftreten nur einer einzelnen Resonanzlinie verantwortlich sein.

6. Meßmethodik

a) Das kernmagnetische Resonanz-Spektrometer

Zur Aufnahme von kernmagnetischen Resonanzspektren dient das Kernresonanz-Spektrometer. Aus den früheren theoretischen Betrachtungen geht hervor, daß zur Erreichung des Resonanzphänomens ein statisches Magnetfeld und ein senkrecht dazu gerichtetes hochfrequentes Magnetfeld erforderlich sind. Neben den beiden Grundelementen des Instruments, einem Magneten, der das statische Magnetfeld erzeugt, und einem Radiofrequenz-Oszillator, mit dem das hochfrequente Magnetfeld hervorgerufen wird, muß ein geeigneter Detektor vorhanden sein, der die Resonanzerscheinung sichtbar werden läßt. Da die Resonanzbedingungen für eine bestimmte Kernsorte in gewissem Maße variabel sind (chemische Verschiebung), müssen weiter entweder das statische Magnetfeld oder der Radiofrequenz-Oszillator moduliert werden können. Die meisten Instrumente arbeiten heute mit konstanter Oszillatorfrequenz und veränderlicher Feldstärke. Es gibt aber auch Instrumente, bei denen das Magnetfeld konstant gehalten und die Oszillatorfrequenz variiert wird. Im ersten Fall wird die Präzessionsfrequenz der untersuchten Kerne so lange verändert, bis die Resonanzbedingung erfüllt ist. Im zweiten Fall ist ihre Präzessionsfrequenz konstant. Es muß daher die Radiofrequenz verändert werden bis Resonanz eintritt.

Da die chemische Verschiebung der Stärke des statischen Magnetfeldes proportional ist und da man ein möglichst starkes Resonanzsignal erhalten möchte, ist es zweckmäßig, dieses Magnetfeld so stark wie möglich zu machen. Die Stärke des Resonanzsignals relativ zum Rauschpegel ist der $3/2$.Potenz der Feldstärke H_0 proportional. Dies ist beispielsweise bei der Untersuchung von Lösungen fester Stoffe von großer Wichtigkeit, da deren Löslichkeit oft sehr begrenzt und die Intensität des Resonanzsignals damit schon von vornherein sehr gering sein kann. Neben der hohen Feldstärke ist aber andererseits auch eine sehr hohe Homogenität (etwa $10^{-6}\%$) des Feldes erforderlich. Man verwendet entweder Elektromagnete, die durch besondere Regelmechanismen genügend konstant gehalten werden können, oder Permanentmagnete. Die Polschuhe haben gewöhnlich einen Durchmesser von 25—40 cm und einen Abstand von einigen wenigen Zentimetern. Da die Feldstärke von

---

[1] GUTOWSKY, H. S., D. W. McCALL u. C. P. SLICHTER: J. Chem. Phys. **21**, 279 (1953).

[2] PROCTOR, W. G., u. F. C. YU: Phys. Rev. **78**, 471 (1950); **81**, 20 (1951).

Permanentmagneten temperaturabhängig ist, muß man bei ihrer Verwendung in Räumen mit konstanter Temperatur arbeiten. Die bei Elektromagneten und Permanentmagneten erreichte Homogenität des Feldes ist etwa dieselbe.

Die magnetische Feldstärke wird entweder mit Hilfe von zwei Spulen, die über die Polschuhe geschoben sind, oder mit Hilfe von zwei Helmholtz-Spulen (der Abstand der Spulen ist bei diesen gleich ihrem Radius, und die Spulen haben die gleiche Windungszahl), die sich im Meßkopf (s. Abb. 15) befinden, moduliert. Läßt man durch die beiden Spulen über den Polschuhen einen variablen Gleichstrom fließen, so läßt

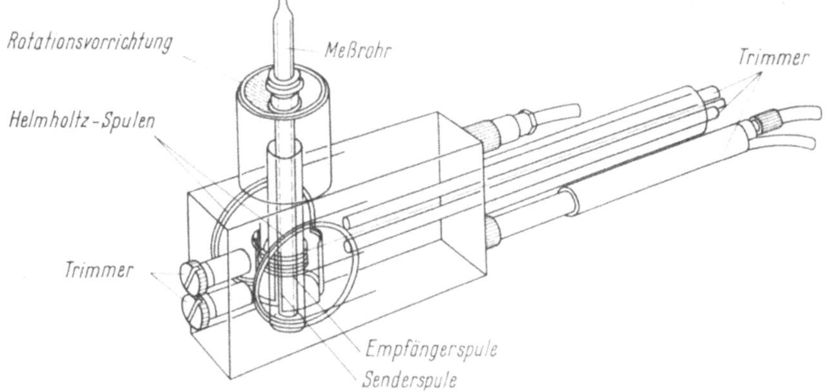

Abb. 15. Diagramm des Meßkopfes eines *nmr*-Spektrometers der Varian Associates

sich damit die Feldstärke innerhalb eines kleinen Bereiches linear ändern, ohne daß die Homogenität des Feldes schädlich beeinflußt wird. Wegen der hohen Induktanz lassen sich damit aber nur kleine Änderungsgeschwindigkeiten der Feldstärke erzielen. Rascher läßt sich diese durch die zwei seitlich von der Substanzprobe im Meßkopf angebrachten Helmholtz-Spulen ändern, deren Achsen parallel zum Magnetfeld liegen und die mit einem variablen Gleichstrom gespeist werden können. Auch mit ihrer Hilfe läßt sich die Feldstärke linear verändern. Beide Anordnungen finden Anwendung.

Zur Erzeugung des hochfrequenten magnetischen Wechselfeldes dienen Hochfrequenzgeneratoren, die bei den Anordnungen mit variablem Magnetfeld H_0 mit konstanter Frequenz arbeiten und deren Sendeintensität verändert werden kann. Die Frequenz muß innerhalb etwa $10^{-7}\%$ konstant sein. Da man aus den oben beschriebenen Gründen die Feldstärke des magnetischen Gleichfeldes H_0 so groß wie möglich (10 000 bis 23 500 Gauß) zu halten versucht, arbeitet man je nach der Kernsorte bei den verschiedenen, für diese Feldstärke erforderlichen Frequenzen. So ist es üblich, die Protonenresonanz bei 40 MHz (Feldstärke etwa 9395 Gauß) oder neuerdings bei 60 MHz (Feldstärke etwa 14 095 Gauß) und 100 MHz (Feldstärke etwa 23 490 Gauß), usw. zu untersuchen. Die Spule, in der das hochfrequente Feld hervorgerufen wird, umgibt die zu untersuchende Substanz und ist Teil des in Abb. 15 gezeigten

Meßkopfes. Die Sender- und Empfängerspulenachsen stehen senkrecht auf der Richtung des Magnetfeldes H_0.

Zur Beobachtung der kernmagnetischen Resonanz dienen zwei Anordnungen. BLOEMBERGEN, PURCELL, TORREY und POUND[1] verwenden eine Hochfrequenzbrücke, die abgeglichen ist, wenn keine Resonanz auftritt. Diese wird mit der Spule verbunden, die die Substanz umgibt. Beläßt man die Frequenz des Radiofrequenzfeldes konstant und variiert die Feldstärke des magnetischen Gleichfeldes bis die Resonanzbedingungen erfüllt sind, so wird in diesem Moment ein Teil der Energie verbraucht und das Nullinstrument in der Brücke zeigt einen Strom an.

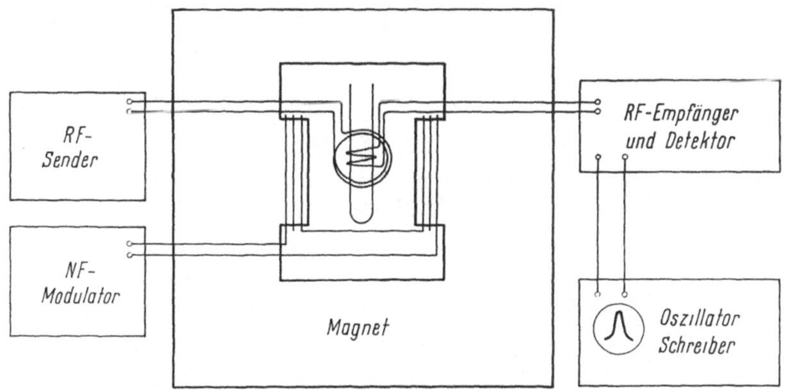

Abb. 16. Diagramm eines kernmagnetischen Resonanzspektrometers nach BLOCH

Eine andere, unter sonst gleichen Bedingungen empfindlicher arbeitende Anordnung wird von BLOCH, HANSEN und PACKARD[2] verwendet. Bringt man senkrecht zur Senderspule eine Empfängerspule (s. Abb. 16) an, so erzeugen die Kernspins bei Resonanz in dieser durch direkte Induktion eine Spannung. Da Sender- und Empfängerspule bei dieser Anordnung sehr nahe benachbart sind, besteht zwischen ihnen trotz ihrer senkrechten Stellung zueinander ein gewisses Maß an Kopplung (leakage). Der Kopplungsgrad läßt sich mit Hilfe eines Trimmers regulieren, dessen Lage relativ zur Sender- und Empfängerspule verändert werden kann. Wird die Empfängerspule mit etwas in ihrer Phase um 180° verschobenen Energie aus der Senderspule versorgt, so kann die Kopplung weitgehend aufgehoben werden.

Das Resonanzsignal wird insgesamt etwa 10^6fach verstärkt, um auch noch schwache Signale beobachten zu können. Bei beiden Beobachtungsmethoden tritt beim Eintreten der Resonanz ein Signal auf, das auf einem Oscillographen sichtbar gemacht oder mit Hilfe eines Schreibers aufgezeichnet werden kann. Man erhält je nach der Demodulation eine Absorptions- oder eine Dispersionskurve, wie sie in Abb. 17a u. b dargestellt sind. Beide erlauben die Bestimmung der Resonanzfrequenz. In

[1] BLOEMBERGEN, N., E. M. PURCELL u. R. V. POUND: Phys. Rev. **73**, 679 (1948); E. M. PURCELL, H. C. TORREY u. R. V. POUND: Phys. Rev. **69**, 37 (1946).
[2] BLOCH, F., W. W. HANSEN u. M. E. PACKARD: Phys. Rev. **69**, 127 (1946).

fast allen Fällen verwendet man heute für die Interpretation der Spektren die Absorptionskurven, zumal bei diesen Resonanzsignale, die nahe beisammen liegen, weniger überlappen als bei den Dispersionskurven. Die Frage, welche Art von Kurve man beobachtet, hängt vom Grad der induktiven und kapazitiven Kopplung zwischen Sender- und Empfängerspule sowie der gewählten Phasenverschiebung der Felder ab. Diese Größen können mittels der oben erwähnten Trimmer ("paddles") am Meßkopf verändert werden. Der Ursprung der Absorptions- und Dispersionskurven ist von F. BLOCH[1] eingehend theoretisch behandelt worden.

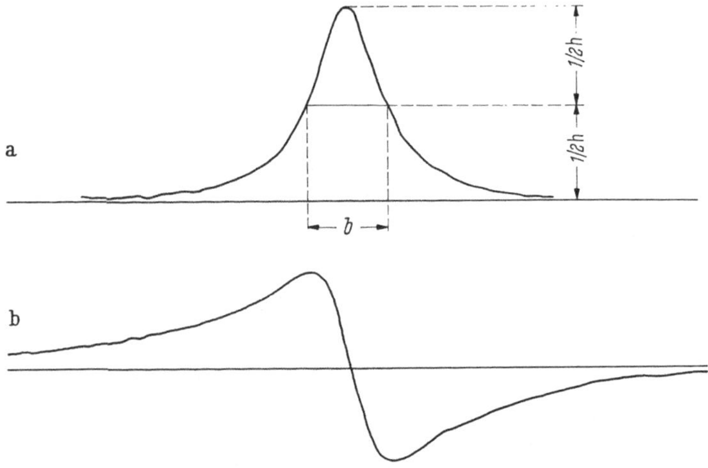

Abb. 17a u. b. a Absorptionskurve, b Dispersionskurve

Bei der Aufnahme des Spektrums läßt man das magnetische Gleichfeld H_0 langsam ansteigen, so daß nacheinander die Resonanzbedingungen für die Kerne der untersuchten Kernsorte, die chemisch verschiedenartig gebundenen Atomen zugehören, durchlaufen werden. Je schmaler die Resonanzlinie ist, die beobachtet werden soll, desto langsamer muß der Anstieg der Feldstärke erfolgen. Für die Beobachtung auf dem Oscilloskop ist es zweckmäßig, mit Hilfe der Helmholtz-Spulen eine linear ansteigende und rasch abfallende, d. h. sägezahnartige Modulation des Magnetfeldes am Ort der Substanzprobe (engl. "sawtooth sweep") hervorzurufen, während man bei der Aufnahme des Spektrums durch einen Schreiber die Feldstärke besser viel langsamer ansteigen oder abfallen läßt (engl. "slow sweep").

Abb. 15 zeigt den Meßkopf (engl. probe), wie er bei der Blochschen Methode der Kerninduktion verwendet wird. In ihm sind Sender- und Empfängerspule sowie die beiden Helmholtz-Spulen enthalten. Die Empfängerspule umgibt die zylindrischen Glasbehälter (3—15 mm Durchmesser), die die Substanzen aufnehmen und die leicht ausgewechselt werden können. Eine Turbine mit Luftantrieb erlaubt, den Glasbehälter um seine Achse rotieren zu lassen. Mittels verschiedener

---

[1] BLOCH, F.: Phys. Rev. **70**, 460 (1946).

Stellschrauben kann die Kopplung zwischen Sender- und Empfängerspule reguliert werden. Der Meßkopf wird zwischen die Polschuhe des
Magneten gebracht und kann dort mechanisch in die gewünschte Stellung
bewegt werden.

b) Die Aufnahme des Spektrums

Vor der Aufnahme des Spektrums einer Substanz werden zunächst
optimale Aufnahmebedingungen hergestellt.

In erster Linie ist darauf zu achten, daß sich die Substanzprobe in
einem Bereich des magnetischen Feldes befindet, der sich durch hohe
Homogenität auszeichnet. Dieser Bereich liegt etwa im Zentrum der
Polschuhe. Die Homogenität des Magnetfeldes am Ort der Substanzprobe
ist ein bestimmender Faktor für die zu erreichende Auflösung, da die
Linienbreite des Resonanzsignals oft ausschließlich durch sie bestimmt
wird. Während bei Permanentmagneten die Homogenität des Feldes
und damit das Auflösungsvermögen des Instruments gleichbleibend ist,
ändert sich die Feldhomogenität bei Elektromagneten oft innerhalb
kurzer Zeiträume. Ein Elektromagnet muß deshalb immer wieder neu
„cyclisiert" werden. Schaltet man den Magneten ein und wird das Magnetfeld aufgebaut, so ist die Feldstärke im Zentrum der Polschuhe größer als
in den Randbezirken (vgl. Abb. 18a). Der Bereich mit ausreichender
Homogenität im Zentrum des Feldes ist sehr klein, so daß die Substanzprobe gewöhnlich außerhalb dieses Bereiches liegt. Die Gestalt der
Resonanzlinie erscheint dann in der Weise verzerrt, wie es Abb. 18a zeigt.
Erhöht man die Stromstärke in den Magnetspulen um einige Prozente
über den für die Resonanz notwendigen Wert, beläßt das stärkere
Magnetfeld für etwa 5 min und kehrt dann zu der für die Resonanz
erforderlichen Feldstärke zurück, so erreicht man als Folge der Hysterese-
Effekte des Magnetmaterials eine stärkere Magnetisierung der Rand-
bezirke, so daß das Feld über einen größeren Bereich homogen geworden
ist und ein symmetrisches Resonanzsignal beobachtet wird (Abb. 18b).
Man wird außerdem bemerken, daß für die Erreichung der anfänglichen
Feldstärke ein etwas schwächerer Strom notwendig ist.

Wird die Feldstärke zu sehr erhöht, so hat sie über den Bereich des
Polschuhs den in Abb. 18c gezeigten Verlauf. Die im zentralen Bereich
eines solchen Feldes entstehende Resonanzlinie ist in der in Abb. 18c
gezeigten Weise verzerrt. Optimale Verhältnisse liegen bei einer möglichst
flachen Kontur des Feldes vor[1].

Inhomogenitäten des Feldes lassen sich teilweise ausgleichen, wenn
man das Rohr, in dem sich die Substanz befindet, um seine Längsachse
rotieren läßt. Kerne, die sich in einer auf der Rotationsachse senkrecht
stehenden Ebene befinden, erfahren dann eine Feldstärke, die dem
Mittelwert der durchlaufenen Feldstärken entspricht. Dazu muß die
Umlauffrequenz oberhalb der erwarteten Auflösung in Hz liegen. Bei

---

[1] Wegen des Diamagnetismus des Aluminiumblocks, der den Meßkopf bildet
und die Substanzprobe enthält, beobachtet man ein vollkommen symmetrisches
Resonanzsignal dann, wenn die Feldstärke vom Zentrum nach außen ganz schwach
ansteigt.

einem Auflösungsvermögen von 0,5—1 Hz genügen dazu einige Hundert Umläufe pro Minute. Bei zu kleiner Rotationsfrequenz treten Seitenbänder auf, die symmetrisch zur Hauptlinie angeordnet sind und deren Abstände der Rotationsfrequenz entsprechen. Bei zu großer Rotationsfrequenz können andererseits in der Substanz Wirbelbildungen entstehen, die das Auflösungsvermögen stark beeinträchtigen.

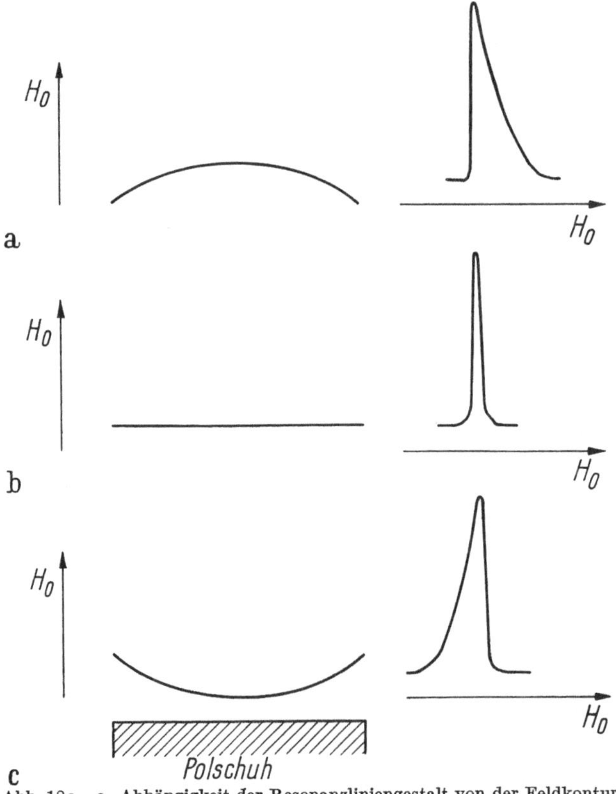

Abb. 18a—c. Abhängigkeit der Resonanzliniengestalt von der Feldkontur

Inhomogenitäten in Richtung der Rotationsachse werden durch die Rotation der Substanzprobe natürlich nicht ausgeglichen. Sie lassen sich jedoch durch einen Trimmer korrigieren, mit dem die Parallelität der beiden Polschuhe in dieser Richtung beeinflußt und dadurch eventuellen Inhomogenitäten des Feldes entgegengewirkt werden kann.

Um das Resonanzsignal gegenüber dem Rauschpegel möglichst stark zu machen, arbeitet man am besten mit möglichst großer Sendeintensität. Es ist jedoch darauf zu achten, daß keine wesentliche Sättigung eintritt. Je kürzer die Relaxationszeiten der untersuchten Kerne und die Änderungsgeschwindigkeit der Feldstärke sind, desto größer kann die Sendeenergie sein. Lange Relaxationszeiten oder auch kleine Änderungsgeschwindigkeiten der Feldstärke verlangen kleine Sendeenergien. Eintretende Sättigung kann man daran erkennen, daß die Spitze des

Resonanzsignals abgerundet und schließlich die Amplitude des Resonanzsignals immer kleiner wird.

Die Form des Resonanzsignals ist weiter direkt von der Änderungsgeschwindigkeit der Feldstärke abhängig. Bei großen Änderungsgeschwindigkeiten treten hinter dem Hauptsignal eine Reihe von Signalen auf, deren Amplitude exponentiell mit der Zeit abnimmt. Abb. 19 zeigt ein solches, mit sehr großer Änderungsgeschwindigkeit der Feldstärke aufgenommenes Resonanzsignal. Es ist in Abschnitt 2f) beschrieben worden,

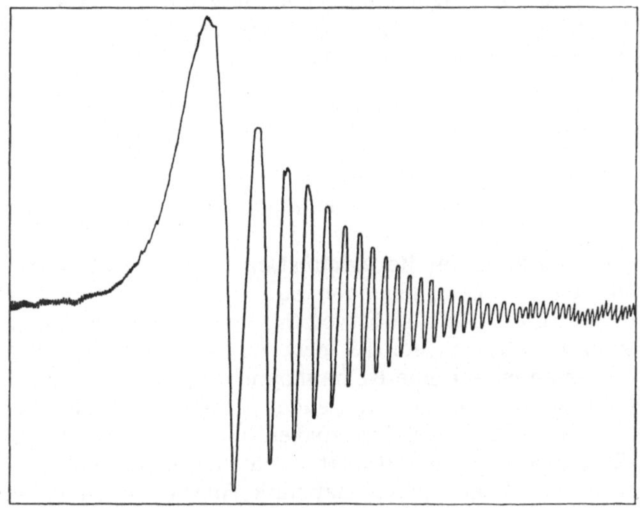

Abb. 19. Resonanzsignal bei sehr hoher Änderungsgeschwindigkeit der Feldstärke

daß sich von einer großen Anzahl von Kernen mit der Spinzahl $I = 1/2$ in einem magnetischen Feld mehr als die Hälfte auf dem niedrigeren Energieniveau aufhalten, was einer Magnetisierung der Substanz in der zum Feld parallelen Richtung entspricht. Tritt nun Resonanz ein, so rotiert eine Komponente dieser Magnetisierung in einer Ebene senkrecht zur Feldrichtung. Diese wird auch andauern, wenn das hochfrequente Feld plötzlich entfernt wird, aber sie wird dann exponentiell mit der Zeit abfallen. Ähnliche Verhältnisse liegen vor, wenn — wie bei unserem Versuch — die Frequenz des hochfrequenten Magnetfeldes konstant ist, und die Feldstärke rasch verändert wird. Dann ändert sich die Frequenz der rotierenden Komponente der Magnetisierung mit der sich ändernden Feldstärke, so daß die induzierten Signale abwechselnd in Phase und außer Phase mit dem Hochfrequenzfeld sind. Beobachtet man eine solche gedämpfte Schwingung nach dem Durchgang durch die Resonanz, so ist sie ein Zeichen für gute Auflösung.

c) Bestimmung der chemischen Verschiebung

Die auf einen bestimmten Standard bezogene chemische Verschiebung einer Resonanzlinie kann auf verschiedene Weise gemessen werden.

Prinzipiell kann man zwischen der Verwendung der Bezugssubstanz als *äußeren* (engl. external) oder *inneren* (engl. internal) *Standard* unterscheiden. Im ersten Fall wird das Meßrohr nach der Aufnahme des Spektrums der zu untersuchenden Substanz gegen ein Rohr mit der Standardsubstanz ausgetauscht, von der ein zweites Spektrum aufgenommen wird. Die Gefahr, daß sich das magnetische Hauptfeld zwischenzeitlich verändert, kann man dadurch umgehen, daß man zwei konzentrische Röhren verwendet, wie es in Abb. 20 gezeigt ist. Diese werden mit der zu untersuchenden Verbindung und der Standardsubstanz gefüllt. Die Resonanzlinie des Standards erscheint dann direkt im Spektrum der untersuchten Verbindung.

Abb. 20. Konzentrische Meßröhre

Bei der Verwendung der Bezugssubstanz als inneren Standard mischt man sie mit der zu untersuchenden Substanz oder deren Lösung. Die Bezugssubstanz muß dann selbstverständlich gegen die zu messenden Substanzen und das Lösungsmittel inert sein. Wie im nächsten Abschnitt gezeigt ist, müssen weiter eine Reihe möglicher Effekte beachtet werden, die mit der Suszeptibilität der untersuchten Substanz oder deren Lösung zusammenhängen. Diese Effekte spielen besonders bei den leichteren Kernen, wie dem Proton, deren relative chemische Verschiebungen klein sind, ein Rolle. Die Lage der Resonanzlinie eines Kerns in einem Molekül wird durch die diamagnetische Abschirmung des Mediums, in dem sich das Molekül befindet, beeinflußt. Nach DICKINSON[1] beträgt die Suszeptibilitätsverschiebung $\Delta H/H$ für zwei zylindrische Meßrohre, deren Volumsuszeptibilität sich um ΔK unterscheidet

$$\Delta H/H = c\,\Delta K, \tag{42}$$

wobei $c = 2\pi/3\,(= 2{,}09)$ ist. BOTHNER-BY und GLICK[2] fanden jedoch experimentell, daß der Faktor c in Wirklichkeit Werte zwischen 2,33 und 3,00 (im Mittel 2,60) annimmt.

Um sehr genaue Werte für die chemische Verschiebung zu erhalten, muß diese bei verschiedenen Konzentrationen ermittelt werden. Durch Extrapolation erhält man schließlich die chemische Verschiebung bei unendlicher Verdünnung. Durch die Verdünnung wird erreicht, daß die Umgebung aller Moleküle weitgehend konstant ist, während sie in den reinen Substanzen oder in konzentrierten Lösungen von Molekül zu Molekül wechselt. Die in den letzten Fällen auftretenden Wechselwirkungen zwischen den Molekülen beeinflussen aber die chemische Verschiebung. Der Einfluß des Lösungsmittels auf die chemische Verschiebung der gelösten Substanz ist in Abschnitt 6d) eingehend behandelt.

[1] DICKINSON, W. C.: Phys. Rev. **81**, 717 (1951).
[2] BOTHNER-BY, A. A., u. R. E. GLICK: J. Chem. Phys. **26**, 1647 (1957).

Die Berücksichtigung der Suszeptibilität läßt sich dadurch vermeiden, daß die zu untersuchende Substanz und die Bezugssubstanz in nicht zu großer Konzentration im gleichen Lösungsmittel gelöst werden, so daß die Moleküle der beiden Substanzen im allgemeinen in der gleichen Weise beeinflußt sind.

ZIMMERMAN und FOSTER[1] weisen aber darauf hin, daß bei der Verwendung innerer Standards Fehler der gemessenen chemischen Verschiebungen auftreten können, die bei Protonen einige Zehntel · 10^{-6} betragen mögen. Die Autoren beschreiben eine genaue Methode zur Vermessung von Spektren, die unter Verwendung äußerer Standarde aufgenommen worden sind und differenzieren das Magnetfeld in der unmittelbaren Umgebung eines Kerns in Ausdrücken der äußeren Feldstärke, der Gestalt des Meßkörpers, von Suszeptibilitätskorrekturen und intermolekularen Assoziationseffekten.

Um die Abstände der Resonanzlinien zu vermessen, wird der Frequenz des Hochfrequenzgenerators eine bestimmte Audiofrequenz von z. B. 50, 100, 200 Hz usw. überlagert. Die Kerne unterliegen dann nicht nur dem rotierenden Feld mit der Hauptfrequenz (Frequenz des Hoch-

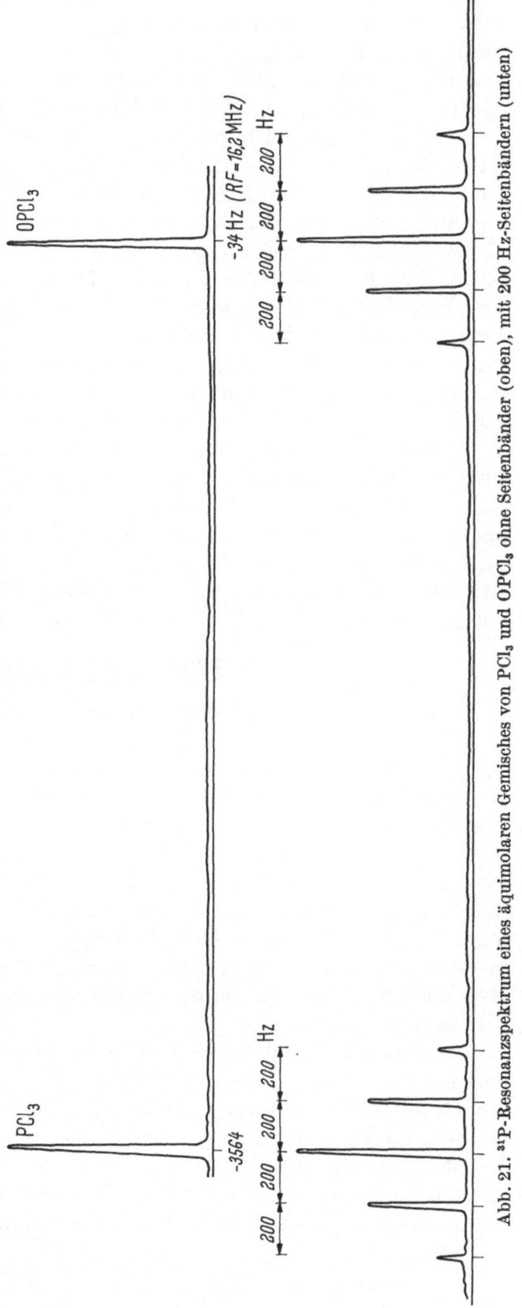

Abb. 21. ^{31}P-Resonanzspektrum eines äquimolaren Gemisches von PCl₃ und OPCl₃ ohne Seitenbänder (oben), mit 200 Hz-Seitenbändern (unten)

<hr>

[1] ZIMMERMAN, J. R., u. M. R. FOSTER: J. Phys. Chem. 61, 282 (1957).

frequenz-Generators), sondern auch noch Feldern, deren Frequenzen gegenüber der Hauptfrequenz um ganze Vielfache der Audiofrequenz erhöht oder erniedrigt sind. Im Spektrum treten deshalb neben jeder Hauptresonanzlinie noch Seitenbänder auf, deren Abstände der überlagerten Audiofrequenz entsprechen. Abb. 21 (oben) zeigt das ^{31}P-Resonanzspektrum eines äquimolaren Gemisches von PCl_3 und $OPCl_3$ bei 16,2 MHz. Bei der zweiten Aufnahme des Spektrums [Abb. 21 (unten)] wurde der Hauptfrequenz eine Audiofrequenz von 200 Hz überlagert. Aus dem Abstand der Seitenbänder, der jeweils 200 Hz entspricht, kann nun der Abstand der beiden Hauptresonanzlinien von PCl_3 und $OPCl_3$ in Hz erhalten werden. Mit Hilfe von Gl. (37) wird daraus ihre relative chemische Verschiebung berechnet. Hierbei ist freilich vorausgesetzt, daß die Änderung der Feldstärke linear erfolgt. Da dies über einen größeren Feldbereich nicht immer streng der Fall ist, verwendet man zweckmäßigerweise eine Bezugssubstanz, die relativ zur untersuchten Substanz nur eine kleine chemische Verschiebung aufweist.

In manchen Fällen läßt sich die Aufspaltung zweier oder mehrerer scharfer Linien mit Hilfe der gerade geschilderten „Seitenbandtechnik" auch direkt erhalten. Man verändert dazu die Audiofrequenz des Niederfrequenzgenerators so lange, bis sich auf dem Oscilloskop das Seitenband einer Linie (z. B. der PCl_3-Linie in Abb. 21) mit einer anderen Linie (der $OPCl_3$-Linie unseres Beispiels) deckt. Die Skala des Niederfrequenzgenerators zeigt dann direkt den Abstand der beiden Linien in Hz an.

d) Lösungsmitteleffekte

Bei der Betrachtung der chemischen Verschiebung einer in Lösung untersuchten Substanz muß eine Reihe von Effekten berücksichtigt werden, die damit zusammenhängen, daß das betrachtete Molekül, durch die umgebenden Lösungsmittelmoleküle beeinflußt wird. So tritt z. B. die Resonanz der Protonen des Methanmoleküls schon bei einer kleineren Feldstärke des äußeren Magnetfeldes H_0 ein, wenn das Methan gelöst ist. Die Verschiebung gegenüber gasförmigem Methan beträgt bei Benzol als Lösungsmittel $-1,13 \cdot 10^{-6}$, bei Schwefelkohlenstoff als Lösungsmittel sogar $-1,99 \cdot 10^{-6}$. Diese Verschiebungen haben ihre Ursache z. T. in der makroskopischen diamagnetischen Suszeptibilität der Lösungen, z. T. aber auch in den zwischen den Molekülen und ihrer nächsten Umgebung wirksamen Kräften.

BOTHNER-BY und GLICK[1] einerseits und ZIMMERMAN und FOSTER[2] andererseits untersuchten die Wirkung aromatischer Lösungsmittel auf die Resonanzfrequenzen gelöster Moleküle und fanden, daß im allgemeinen die Abschirmungskonstante des gelösten Stoffes um $0,3 \cdot 10^{-6}$ bis $0,7 \cdot 10^{-6}$ erhöht wird.

Die beobachtete Abschirmungskonstante σ wird von BUCKINGHAM, SCHAEFER und SCHNEIDER[3] als die Summe einer Abschirmungskonstanten

---

[1] BOTHNER-BY, A. A., u. R. E. GLICK: J. Chem. Phys. **26**, 1651 (1957).

[2] ZIMMERMAN, J. R., u. M. R. FOSTER: J. Phys. Chem. **61**, 282 (1957).

[3] BUCKINGHAM, A. D., T. SCHAEFER u. W. G. SCHNEIDER: J. Chem. Phys. **32**, 1227 (1960).

für das isolierte Molekül $\sigma_{isol.}$ und einer Zusatzgröße $\sigma_{Lösungsmittel}$, die auf die Einflüsse des Lösungsmittels zurückzuführen ist, betrachtet. Für die Zusatzgröße $\sigma_{Lösungsmittel}$ gilt:

$$\sigma_{Lösungsmittel} = \frac{H_0 - H}{H_0}\,, \tag{43}$$

wobei H_0 die äußere Feldstärke ist, die in dem isolierten Molekül Resonanz erzeugt, während H die für die Resonanz des in dem Lösungsmittel gelösten Moleküls notwendige äußere Feldstärke bedeutet.

Die Zusatzgröße $\sigma_{Lösungsmittel}$ setzt sich aus verschiedenen Anteilen zusammen. Die wichtigsten Komponenten rühren her von

1. der makroskopischen Suszeptibilität des Mediums,

2. der Anisotropie in der Molsuszeptibilität der Lösungsmittelmoleküle,

3. den Van der Waalsschen Kräften zwischen Lösungsmittel und gelöstem Stoff und

4. der durch benachbarte Lösungsmittelmoleküle im gelösten Molekül hervorgerufenen Ladungsverteilung, die von der Polarität des Lösungsmittels abhängt.

Die durch den 1. und 3. Effekt bestimmten Komponenten sind negativ, d. h. bewirken, daß die Resonanz des gelösten Moleküls gegenüber der des isolierten Moleküls bei einer niedrigeren Feldstärke eintritt. Die Komponente, die den 2. Effekt berücksichtigt, ist für scheibenförmige Moleküle wie Benzol positiv, für stabförmige wie CS_2 negativ, während schließlich der 4. Effekt meist zu einer negativen, in einzelnen Fällen — je nach der Lage des Kerns relativ zu den polaren Gruppen im gelösten Molekül — jedoch auch positiven Komponente führt. Die Größe der einzelnen Komponenten hängt weitgehend von der speziellen Natur des Lösungssystems ab.

Eine besondere Rolle spielt der 4. Effekt natürlich in Systemen, in denen die Ausbildung von Wasserstoffbrückenbindungen möglich ist.

Zur Differenzierung der einzelnen Effekte vgl. [1, 2, 3].

e) Bestimmung der Intensität von Resonanzlinien

Wie wir später an zahlreichen Beispielen sehen werden, lassen die kernmagnetischen Resonanzspektren oft quantitative Aussagen zu. Die Fläche unter einem Resonanzsignal ist unter bestimmten Voraussetzungen, die im folgenden näher besprochen werden, der Zahl der zur Resonanz gelangenden Kerne proportional. So verhalten sich z. B. die Flächen unter den Protonen-Resonanz-Signalen im kernmagnetischen Resonanzspektrum von Äthanol (vgl. Abb. 8, 9 u. 14) wie 1:2:3, entsprechend dem Zahlenverhältnis von Hydroxyl-, Methylen- und Methylprotonen im Molekül. Entsprechend lassen sich in einem Gemisch von

[1] BUCKINGHAM, A. D., T. SCHAEFER u. W. G. SCHNEIDER: J. Chem. Phys. **32**, 1227 (1960).

[2] BUCKINGHAM, A. D., T. SCHAEFER u. W. G. SCHNEIDER: J. Chem. Phys. **34**, 1064 (1961).

[3] ABRAHAM, R. J.: J. Chem. Phys. **34**, 1062 (1961).

Verbindungen die prozentualen Anteile der Komponenten, die die fraglichen Kerne enthalten, ermitteln. Fehlt ein elektronischer Integrator, so lassen sich die Flächen unter den Resonanzlinien so bestimmen, daß man die Resonanzkurve auf Papier konstanten Gewichtes kopiert und die Flächen unter den Resonanzlinien ausschneidet und auswiegt. Die Höhen der Resonanzlinien lassen dagegen nur dann Schlüsse auf die Intensitäten zu, wenn die Linienbreiten alle gleich groß sind. Dies ist jedoch nur selten der Fall.

Läßt man bei der Aufnahme des Spektrums die Feldstärke nur langsam ansteigen oder abfallen, so sind die Flächen unter den Resonanzlinien nicht nur der Zahl der Kerne, sondern auch der Größe $(1 + \gamma^2 H_1^2 T_1 T_2)^{-1/2}$ proportional. H_1 bedeutet die Feldstärke des rotierenden Magnetfeldes. Ist diese groß und sind die Relaxationszeiten T_1 und T_2 lang, so hängt das Ausmaß der Flächen stark von dieser Größe ab. Unterscheiden sich die untersuchten Kerne deshalb bezüglich ihrer Relaxationszeiten erheblich voneinander, so entsprechen die Verhältnisse der Flächen unter den Resonanzlinien nicht mehr den Zahlenverhältnissen der verschiedenen Kerne. Läßt man die Feldstärke des Hochfrequenz-Feldes klein, so wird der Einfluß der Relaxationszeiten auf die Größe der Flächen kleiner. Schließlich kann man eine Reihe von Spektren bei verschiedenen Feldstärken des hochfrequenten Feldes aufnehmen und die Flächen auf die Feldstärke null extrapolieren. In den Fällen, wo die Spektren quantitativ ausgewertet werden sollen oder wo Intensitätsverhältnisse von Linien benutzt werden, um Aussagen über die Struktur von Verbindungen zu machen, ist es jedenfalls von großer Bedeutung, die Radiofrequenz-Energie in geeigneter Weise zu kontrollieren.

7. Analyse und Synthese von kernmagnetischen Resonanzspektren

a) Einführung

Wir sahen in Abschnitt 5 b), daß für die Struktur des kernmagnetischen Resonanzspektrums von Molekülen, die mehrere Kerne mit einem magnetischen Moment enthalten, die dort beschriebenen einfachen Regeln gültig sind, wenn die Kerne sehr verschiedene Resonanzfrequenzen haben oder in anderen Worten mit sehr verschiedenen Frequenzen um die Achse des magnetischen Feldes präzedieren. Wie ebenfalls näher ausgeführt worden ist, koppelt dann nur die parallel zum äußeren Magnetfeld gerichtete Komponente des Spins. Die Multiplizität und die relativen Linienintensitäten der von einem Kern herrührenden Resonanzbande hängen dann lediglich von den verschiedenen Möglichkeiten der gegenseitigen Spinanordnungen ab.

Sind die Resonanzfrequenzen der Kerne jedoch nicht sehr verschieden voneinander, so spielen auch die senkrecht zum äußeren Magnetfeld gerichteten rotierenden Komponenten des Spins eine Rolle. Die einfachen Regeln haben dann keine Gültigkeit mehr. Trotzdem sind die quantenmechanischen Probleme, die nun maßgeblich werden, für viele Molekültypen gelöst worden. Sie erlauben uns, die Spektren zahlreicher Moleküle zu analysieren und zu synthetisieren. Moleküle mit n magnetischen Kernen können maximal $n(n-1)/2$ relative chemische Verschiebungen und eine gleiche Anzahl von Kopplungskonstanten aufweisen. Die letzteren sind im Gegensatz zu den chemischen Verschiebungen alle voneinander unabhängig.

Für die am häufigsten auftretenden Typen von Molekülen sind im folgenden die von verschiedenen Autoren berechneten Schemata wiedergegeben. Dabei muß im Rahmen des vorliegenden Buches auf die Entwicklung der Schemata verzichtet werden. Bezüglich der quantenmechanischen Theorie der Frequenzen und der relativen Intensitäten der Linien in einem kernmagnetischen Resonanzspektrum sei auf das Werk von POPLE, SCHNEIDER und BERNSTEIN[1] sowie auf die bei den jeweiligen Molekültypen angegebene Originalliteratur verwiesen. Wie aus den späteren Kapiteln dieses Buches zu ersehen ist, bietet sich gerade bei anorganischen Molekülen, wie z. B. von Phosphor-, Bor- oder Fluorverbindungen, die meist nur einige wenige Kerne der untersuchten Kernsorte enthalten, die Gelegenheit, ihre Struktur rasch und eindeutig durch die Analyse des kernmagnetischen Resonanzspektrums zu bestimmen. Im folgenden ist wieder die in Abschnitt 5b) beschriebene Notation für die verschiedenen Molekültypen benutzt. Alle Berechnungen beschränken sich auf Kerne mit der Kernspinzahl $I = 1/2$.

Die Spektren werden durch eine Anzahl diskreter Linien bei der Frequenz ν_{jk} und mit der Intensität S_{jk} dargestellt. ν_{jk} und S_{jk} sind Konstanten, die die Frequenz und die Wahrscheinlichkeit eines Übergangs von einem anfänglichen Quantenzustand k nach dem Endzustand j beschreiben. Es sei an dieser Stelle noch einmal darauf hingewiesen, daß Relaxationsphänomene die Intensität von Resonanzlinien stark beeinflussen können. Diese und die damit verbundenen quantenstatistischen Probleme sind bei der folgenden Diskussion der verschiedenen Molekültypen nicht berücksichtigt.

b) Moleküle vom Typ AB, A_2 und AX

Enthält ein Molekül zwei Atomkerne mit der Spinzahl $I = 1/2$, so läßt es sich einem der drei Typen A_2, AX oder AB zuordnen. Die Typen A_2 und AX sind Grenzfälle des allgemeinen Typs AB, der seinerseits den einfachsten Fall von Kernen, die miteinander in elektronengekoppelte Wechselwirkung treten, darstellt.

Zum Molekültyp A_2 gehören Moleküle, in denen die beiden Kerne chemisch äquivalent sind, wie z. B. H_2, F_2 oder die ^{31}P-Kerne in $Cl_2(O)P-O-P(O)Cl_2$. Im Spektrum solcher Moleküle beobachtet man nur eine einzige Resonanzlinie. Dies rührt daher, daß äquivalente Kerne Energie vom hochfrequenten Wechselfeld nicht unabhängig voneinander aufnehmen können. Übergänge, die zur Aufspaltung der Resonanzlinie

---

[1] POPLE, J. A., W. G. SCHNEIDER u. H. J. BERNSTEIN: High-resolution Nuclear Magnetic Resonance. New York: McGraw-Hill Book Co., Inc. 1959.

eines Kerns durch das magnetische Moment eines anderen Kerns führen würden, sind verboten (vgl. S. 31).

Dem Molekültyp AX ist ein Molekül zuzuordnen, dessen fragliche Kerne A und X sehr verschiedene Resonanzfrequenzen aufweisen. Dabei ist es gleichgültig, ob A- und X-Kerne des gleichen Elements sind oder nicht. Die Struktur des Spektrums solcher Moleküle läßt sich auf Grund der in 5b aufgestellten Regeln voraussagen. Es besteht aus 2 Dubletts, herrührend von den Kernen A und X. Die Intensitäten der zwei Linien eines Dubletts verhalten sich wie $1:1$.

Allgemein gilt, daß die Struktur des kernmagnetischen Resonanzspektrums eines Moleküls mit zwei in Wechselwirkung stehenden Kernen ausschließlich vom absoluten Wert des Verhältnisses von Kopplungskonstante J_{AB} zur relativen chemischen Verschiebung der beiden Kerne $\nu_0\delta$ [Hz], d. h. von der Größe $J_{AB}/\nu_0\delta$ abhängt. δ ist die Differenz zwischen den Abschirmungskonstanten σ_A und σ_B der beiden Kerne

$$\delta = \sigma_B - \sigma_A \ . \tag{44}$$

Zur Berechnung der Energien und relativen Intensitäten der Übergänge in einem Zweispin-System können nach SCHNEIDER, BERNSTEIN und POPLE eine positive Größe C und ein Winkel θ durch die Gl. (45) und (46) definiert werden.

$$C \cdot \cos 2\,\theta = 1/2\ \nu_0(\sigma_B - \sigma_A)\ , \tag{45}$$

$$C \cdot \sin 2\,\theta = 1/2\ J\ . \tag{46}$$

Es gilt dann:

$$C = +\ 1/2\ [(\nu_0\delta)^2 + J^2]^{1/2}\ . \tag{47}$$

In einem System AB gibt es vier erlaubte Übergänge, deren Energien und relative Intensitäten in Tab. 7 wiedergegeben sind. Die Energien beziehen sich auf die Mitte des symmetrischen Spektrums $\nu_0\,[1 - 1/2\sigma_A - 1/2\sigma_B]$.

Die Zuordnung der Linien zu den Übergängen von A bzw. B geschah in Tab. 7 unter der Annahme, daß $\sigma_B > \sigma_A$ ist. Gälte jedoch $\sigma_A > \sigma_B$, so rührten die Linien 1 und 2 von Übergängen des Kerns B und die Linien 3 und 4 von Übergängen des Kerns A her.

Tabelle 7. *Übergangsenergien und relative Intensitäten in Molekülen vom Typ AB $[\sigma_B > \sigma_A]$*

	Energie [Hz]	relative Intensitäten
Übergänge von A		
1	$-1/2\,J - C$	$1 - \sin 2\,\theta$
2	$1/2\,J - C$	$1 + \sin 2\,\theta$
Übergänge von B		
3	$-1/2\,J + C$	$1 + \sin 2\,\theta$
4	$1/2\,J + C$	$1 - \sin 2\,\theta$

Das Spektrum eines Moleküls AB besteht, abgesehen vom Grenzfall A_2, aus 4 Linien. Die Aufspaltung je eines der beiden Dubletts ist gleich der Kopplungskonstante J_{AB}. Die chemische Verschiebung der beiden Kerne ergibt sich aus dem Abstand der beiden inneren Linien, der gleich $2C - |J|$ ist. Da $|J|$ bekannt ist, läßt sich C und daraus nach Gl. (44) die chemische Verschiebung $\nu_0\delta$ erhalten. Ist das Verhältnis $J/\nu_0\delta$ klein (Molekül vom Typ AX), d. h. gilt $J \ll \nu_0\delta$, so besteht das Spektrum aus zwei Dubletts, deren Linien gleiche Intensitäten aufweisen (wenn es sich um Kerne der gleichen Sorte handelt). Wird die Kopplungskonstante $J_{AB} = 0$, so verschmelzen die Dubletts, und das Spektrum besteht nur noch aus zwei Linien. Mit zunehmender Größe $J/v_0\,\delta$ werden die inneren Linien des Spektrums auf Kosten der äußeren intensitätsstärker. Sie

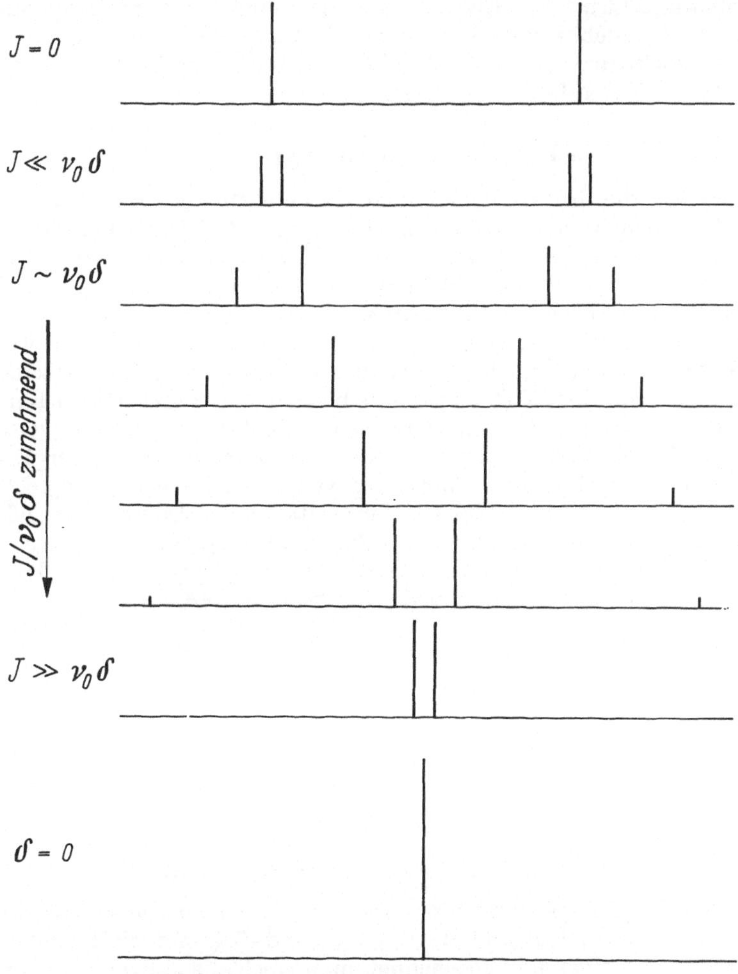

Abb. 22. AB-Spektren für verschiedene Werte von $J/v_0\,\delta$

verschieben sich gleichzeitig nach dem Zentrum des Spektrums, wie es aus Abb. 22, die AB-Spektren für verschiedene Verhältnisse $J/v_0\,\delta$ zeigt, zu erkennen ist. Mit weiter wachsender Größe $J/v_0\,\delta$ rücken die inneren Linien noch näher zusammen, bis die sich schließlich bei Molekülen des Typs A_2 zu einer einzigen Linie vereinigen, während die immer intensitätsschwächer gewordenen äußeren Linien verschwunden sind. Es gibt also einen kontinuierlichen Übergang von einem AX-System in ein A_2-System.

Im Falle des AX-Spektrums kann jeweils ein Dublett einem bestimmten Kern zugeordnet werden. Dies gilt auch für die AB-Spektren, solange das Verhältnis $J/\nu_0\,\delta$ noch nicht zu groß geworden ist. Dabei ist es jedoch nicht möglich, aus dem Spektrum zu erkennen, welcher der beiden Kerne stärker abgeschirmt ist. Ebenso kann das Vorzeichen der Kopplungskonstante J_{AB} nicht ermittelt werden. Die Analyse des kernmagnetischen Resonanzspektrums eines AB-Moleküls ist am Beispiel der Verbindung $Cl_3P{=}N{-}POCl_2$ auf S. 212 gezeigt.

c) Moleküle vom Typ ABX

Moleküle, die drei resonanzfähige Kerne enthalten, von denen zwei (A und B) relativ zueinander nur eine kleine chemische Verschiebung aufweisen, während ein dritter Kern X relativ zu den Kernen A und B eine große chemische Verschiebung hat und mit einem oder beiden gekoppelt ist, gehören dem Typ ABX an. Dabei kann X der Kern eines anderen Elementes sein oder aber auch zur gleichen Kernsorte wie A und B gehören und lediglich eine von diesen stark verschiedene Resonanzfrequenz haben. Das ABX-Spektrum besteht aus insgesamt 14 Linien, von denen jedoch zwei im allgemeinen so intensitätsschwach sind, daß sie nur selten beobachtet werden. Sie rühren von kombinierten Übergängen her, die der gleichzeitigen Anregung von zwei Kernen entsprechen.

Die Frequenzen und relativen Intensitäten der Linien eines ABX-Spektrums sind von BERNSTEIN[1], POPLE und SCHNEIDER hergeleitet worden (vgl. auch [2, 3]). Definiert man danach die positiven Größen D_+ und N_- und die Winkel ϕ_+ und ϕ_- durch die Gl. (48)—(51)

$$D_+ \cos 2\,\phi_+ = 1/2\,(\nu_A - \nu_B) + 1/4\,(J_{AX} - J_{BX}) \tag{48}$$

$$D_+ \sin 2\,\phi_+ = 1/2\,J_{AB} \tag{49}$$

$$D_- \cos 2\,\phi_- = 1/2\,(\nu_A - \nu_B) - 1/4\,(J_{AX} - J_{BX}) \tag{50}$$

$$D_- \sin 2\,\phi_- = 1/2\,J_{AB} \tag{51}$$

so ergibt sich

$$D_\pm = 1/2\,\{[\nu_A - \nu_B \pm 1/2\,(J_{AX} - J_{BX})]^2 + J_{AB}^2\}^{1/2}. \tag{52}$$

In den Gl. (48), (50) und (52) ist $\nu_A - \nu_B$ die chemische Verschiebung zwischen den Kernen A und B; J_{AB}, J_{AX} und J_{BX} sind die Kopplungskonstanten des Systems. Bezeichnet man noch die mittlere Frequenz von A und B mit ν_{AB}

$$\nu_{AB} = 1/2\,(\nu_A + \nu_B)\,, \tag{53}$$

so ergeben sich für das ABX-Spektrum die in Tab. 8 verzeichneten Übergangsenergien und deren relative Intensitäten.

---

[1] BERNSTEIN, H. J., J. A. POPLE u. W. G. SCHNEIDER: Can. J. Chem. **35**, 65 (1957).

[2] WILLIAMS, G. A., u. H. S. GUTOWSKY: J. Chem. Phys. **25**, 1288 (1956).

[3] GUTOWSKY, H. S., C. H. HOLM, A. SAIKA u. G. A. WILLIAMS: J. Am. Chem. Soc. **79**, 4596 (1957).

Tabelle 8. *Übergangsenergien und relative Intensitäten in Molekülen vom Typ ABX* [$\sigma_B > \sigma_A$]

	Energie	relative Intensitäten
Übergänge von B		
1	$\nu_{AB} + 1/4(-2J_{AB} - J_{AX} - J_{BX}) - D_-$	$1 - \sin 2\,\phi_-$
2	$\nu_{AB} + 1/4(-2J_{AB} + J_{AX} + J_{BX}) - D_+$	$1 - \sin 2\,\phi_+$
3	$\nu_{AB} + 1/4(2J_{AB} - J_{AX} - J_{BX}) - D_-$	$1 + \sin 2\,\phi_-$
4	$\nu_{AB} + 1/4(2J_{AB} + J_{AX} + J_{BX}) - D_+$	$1 + \sin 2\,\phi_+$
Übergänge von A		
5	$\nu_{AB} + 1/4(-2J_{AB} - J_{AX} - J_{BX}) + D_-$	$1 + \sin 2\,\phi_-$
6	$\nu_{AB} + 1/4(-2J_{AB} + J_{AX} + J_{BX}) + D_+$	$1 + \sin 2\,\phi_+$
7	$\nu_{AB} + 1/4(2J_{AB} - J_{AX} - J_{BX}) + D_-$	$1 - \sin 2\,\phi_-$
8	$\nu_{AB} + 1/4(2J_{AB} + J_{AX} + J_{BX}) + D_+$	$1 - \sin 2\,\phi_+$
Übergänge von X		
9	$\nu_X - 1/2(J_{AX} + J_{BX})$	1
10	$\nu_X + D_+ - D_-$	$\cos^2(\phi_+ - \phi_-)$
11	$\nu_X - D_+ + D_-$	$\cos^2(\phi_+ - \phi_-)$
12	$\nu_X + 1/2(J_{AX} + J_{BX})$	1
Kombinierte Übergänge		
13	$2\,\nu_{AB} - \nu_X$	0
14	$\nu_X - D_+ - D_-$	$\sin^2(\phi_+ - \phi_-)$
15	$\nu_X + D_+ + D_-$	$\sin^2(\phi_+ - \phi_-)$

Der von X herrührende Teil des Spektrums besteht, wenn man von den zwei vorher erwähnten schwachen Kombinationslinien absieht, aus vier um ν_X symmetrisch angeordneten Linien. Der Abstand der beiden äußeren Linien beträgt $|J_{AX} + J_{BX}|$, der Abstand der beiden inneren Linien $2(D_+ - D_-)$. Falls die zwei Kombinationslinien auftreten, sind sie ebenfalls zu ν_X symmetrisch und haben den Abstand $2(D_+ + D_-)$.

Der von den Kernen A und B stammende Teil des Spektrums besteht aus 2 Quartetten, wenn man die Linien 1, 3, 5 und 7 bzw. 2, 4, 6 und 8 betrachtet. Aus den Abständen der Linien lassen sich die in Abb. 23 angegebenen Größen entnehmen.

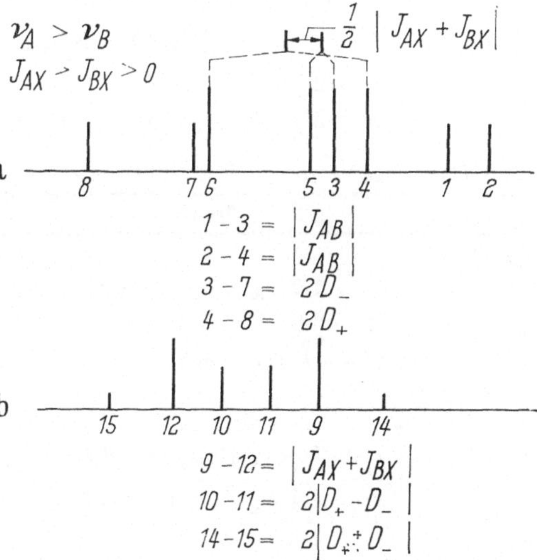

Abb. 23 a und b. Charakteristische Größen im Spektrum vom Typ ABX, a Übergänge von A und B, b Übergänge von X

Die absoluten Vorzeichen der Kopplungskonstanten J_{AB}, J_{AX} und J_{BX} lassen sich nicht aus dem Spektrum bestimmen.

Als Beispiel wurde das Spektrum der Verbindung

$$Cl_3P\!=\!N\!-\!PCl_2\!=\!N\!-\!POCl_2$$

als ABX-System behandelt (vgl. S. 217).

d) Moleküle vom Typ AB$_2$

Zum Typ AB$_2$ gehören Moleküle, die drei resonanzfähige Kerne enthalten. Zwei der Kerne sind chemisch äquivalent. Die Kopplungskonstanten zwischen den Kernen A und B sind mit J, die Kopplungskonstante zwischen den Kernen B mit J' bezeichnet (vgl. Abb. 24). Das Spektrum besteht aus 9 Linien, von denen eine eine sehr schwache Kombinationslinie ist. Die Struktur des Spektrums hängt ausschließlich vom Verhältnis $J/\nu_0\delta$ ab, wobei δ wieder die Differenz der Abschirmungskonstanten $\delta = \sigma_B - \sigma_A$ sein soll.

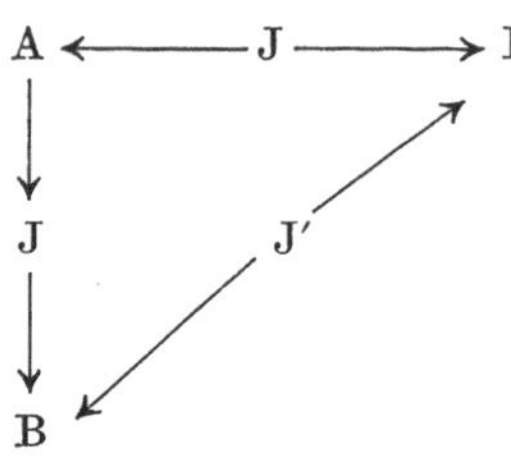

Abb. 24. Kopplungskonstanten im System AB$_2$

Mit Hilfe des von POPLE, SCHNEIDER und BERNSTEIN aufgestellten Schemas für die Übergangsenergien und die relativen Intensitäten, wie es in Tab. 9 wiedergegeben ist, läßt sich das Spektrum für alle möglichen Werte von $J/\nu_0\delta$ konstruieren. Aus den durch die Gl. (54)—(57) definierten positiven Größen C_+, C_- und den Winkeln θ_+ und θ_-

$$C_+ \cos 2\,\theta_+ = 1/2\,\nu_0(\sigma_B - \sigma_A) + 1/4\,J \tag{54}$$

$$C_+ \sin 2\,\theta_+ = J/\sqrt{2} \tag{55}$$

$$C_- \cos 2\,\theta_- = 1/2\,\nu_0(\sigma_B - \sigma_A) - 1/4\,J \tag{56}$$

$$C_- \sin 2\,\theta_- = J/\sqrt{2} \tag{57}$$

ergeben sich für C_+ und C_- die Gl. (58) und (59)

$$C_+ = 1/2\,[(\nu_0\delta)^2 + (\nu_0\delta)\,J + 9/4\,J^2]^{1/2} \tag{58}$$

$$C_- = 1/2\,[(\nu_0\delta)^2 - (\nu_0\delta)\,J + 9/4\,J^2]^{1/2} \tag{59}$$

Tabelle 9. *Übergangsenergien und relative Intensitäten in Molekülen vom Typ AB$_2$* $[\sigma_B > \sigma_A]$

	Energie	relative Intensitäten
Übergänge von A		
1	$\nu_0[1 - 1/2\,(\sigma_A + \sigma_B)] + 3/4\,J + C_+$	$(\sqrt{2}\,\sin\theta_+ - \cos\theta_+)^2$
2	$\nu_0(1 - \sigma_B) + C_+ + C_-$	$[\sqrt{2}\,\sin(\theta_+ - \theta_-) + \cos\theta_+ \cos\theta_-]^2$
3	$\nu_0(1 - \sigma_A)$	1
4	$\nu_0[1 - 1/2\sigma_{(A} + \sigma_B)] - 3/4\,J + C_-$	$(\sqrt{2}\,\sin\theta_- + \cos\theta_-)^2$
Übergänge von B		
5	$\nu_0(1 - \sigma_B) + C_+ - C_-$	$[\sqrt{2}\,\cos(\theta_+ - \theta_-) + \cos\theta_+ \sin\theta_-]^2$
6	$\nu_0[1 - 1/2\,(\sigma_A + \sigma_B)] + 3/4\,J - C_+$	$(\sqrt{2}\,\cos\theta_+ + \sin\theta_+)^2$
7	$\nu_0(1 - \sigma_B) - C_+ + C_-$	$[\sqrt{2}\,\cos(\theta_+ - \theta_-) - \sin\theta_+ \cos\theta_-]^2$
8	$\nu_0[1 - 1/2\,(\sigma_A + \sigma_B)] - 3/4\,J - C_-$	$(\sqrt{2}\,\cos\theta_- - \sin\theta_-)^2$
Kombinierte Übergänge		
9	$\nu_0(1 - \sigma_B) - C_+ - C_-$	$[\sqrt{2}\,\sin(\theta_+ - \theta_-) + \sin\theta_+ \sin\theta_-]^2$

Die Linie 3 gibt die Resonanzfrequenz des ungestörten Kerns A, während das Mittel zwischen den Frequenzen der Linien 5 und 7 die Frequenz des Kerns B ist. Ob die von dem Kern A herrührenden Linien im Spektrum links oder rechts auftreten, hängt davon ab, ob $\sigma_B > \sigma_A$ ist oder umgekehrt.

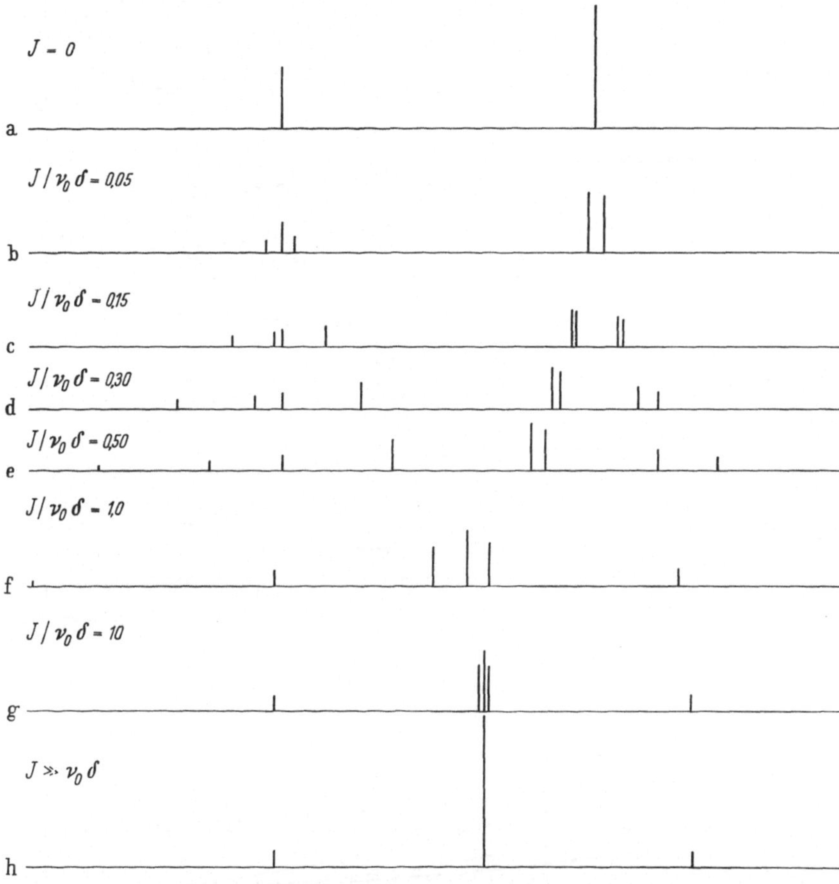

Abb. 25a—h. Spektren vom Typ AB₂ für verschiedene Verhältnisse $J/\nu_0\,\delta$

Abb. 25a—h zeigt AB₂-Spektren für verschiedene Verhältnisse von $J/\nu_0\,\delta$. Es ist dabei angenommen, daß $\sigma_B > \sigma_A$ ist. Beispiele für Spektren vom Typ AB₂ bieten ClF_3 (s. S. 136) und $[Cl_3P{=}N{-}PCl_2{=}N{-}PCl_3]^+$ (s. S. 215).

Wie RICHARDS und SCHAEFER[1] gezeigt haben, wird die Struktur des Spektrums nicht verändert, wenn die Kopplungskonstanten zwischen dem Kern A und den Kernen B nicht gleich groß sind. Die berechnete Kopplungskonstante ist dann gleich dem Mittelwert der beiden verschiedenen Kopplungskonstanten. Sind die chemischen Verschiebungen der beiden Kerne in dem betrachteten Molekül von der gleichen Größen-

---

[1] RICHARDS, R. E., u. T. SCHAEFER: Mol. Phys. 1, 331 (1958).

ordnung, aber alle untereinander verschieden, d. h. gehört das Molekül zum Typ ABC, so wird die Berechnung der Übergangsenergien sehr kompliziert[1].

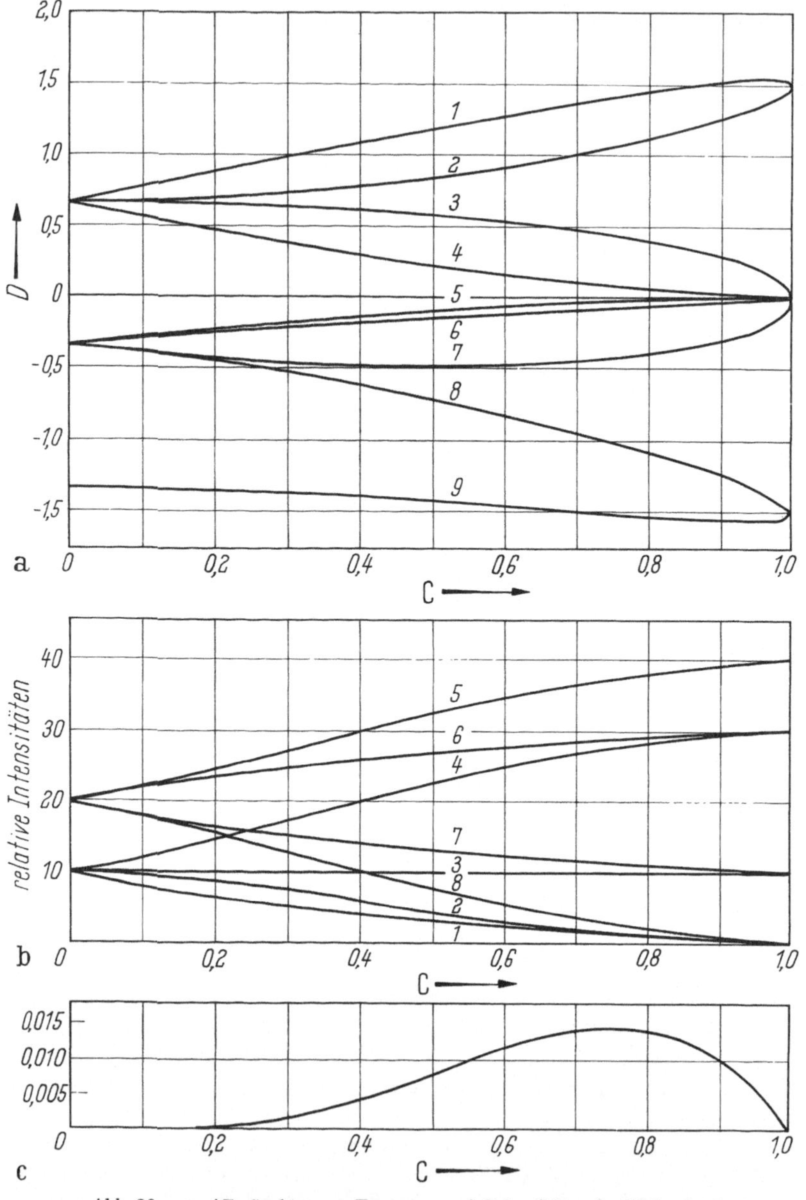

Abb. 26a—c. AB_2-Spektren, a Frequenzen, b Intensitäten der Linien 1—8 und c Intensität der Linie 9 [nach ABELL]

---

[1] CASTELLANO, S., u. J. S. WAUGH: J. Chem. Phys. **34**, 295 (1961).

Trägt man die für verschiedene Verhältnisse der beiden für ein AB_2-Spektrum maßgeblichen Parameter $J/\nu_0\,\delta$ erhaltenen Frequenzen und Intensitäten in einem Koordinatensystem gegen das Verhältnis $D = J/\sqrt{(\nu_0\delta)^2 + J^2}$ auf, so erhält man Kurven, die das Spektrum für alle möglichen Verhältnisse $J/\nu_0\,\delta$ wiedergeben. Kurvendiagramme dieser Art sind von ABELL berechnet worden. Abb. 26a zeigt die Kurven für AB_2-Spektren aller denkbaren Verhältnisse der beiden Parameter. Auf der Ordinate sind die Frequenzen $D = \nu/\sqrt{(\nu_0\,\delta)^2 + J^2}$ der 9 Linien, auf der Abszisse die Größen $C = J/\sqrt{(\nu_0\,\delta)^2 + J^2}$ aufgetragen. Aus Abb. 26b u. c sind die Intensitäten der 9 Linien für die verschiedenen Werte von C zu entnehmen. Man beachte den für die intensitätsschwache Kombinationslinie 9 veränderten Maßstab. Für die chemische Verschiebung, die Kopplungskonstante und die Übergangsenergien müssen die gleichen Einheiten, z. B. Hz, verwendet werden.

e) Moleküle vom Typ A_2B_2 und A_2X_2

Moleküle des Typs A_2B_2 und A_2X_2 enthalten zwei Kernpaare, deren chemische Verschiebung relativ zueinander klein (A_2B_2) bzw. groß (A_2X_2) ist. Wie aus dem in Abb. 27 gezeigten Diagramm zu ersehen ist, gibt es in einem solchen System vier Kopplungskonstanten zwischen den vier Kernen.

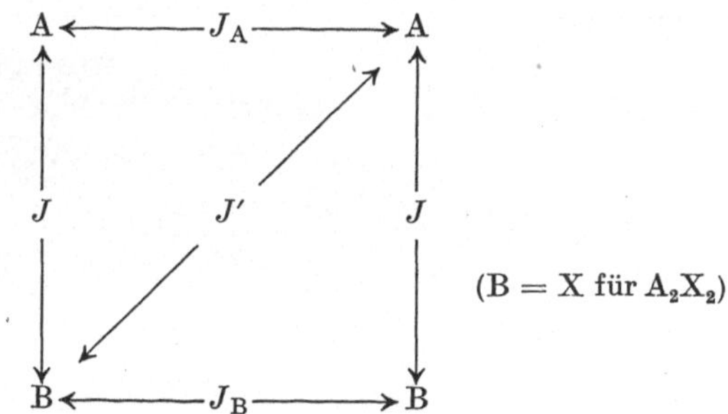

Abb. 27. Kopplungskonstanten im System A_2B_2 bzw. A_2X_2

Das Spektrum eines A_2B_2-Moleküls besteht im allgemeinsten Fall aus 24 Linien, neben denen noch vier schwache Kombinationslinien auftreten können. Die von den Kernen B bzw. X herrührenden Linien bilden das Spiegelbild der 12 von den Kernen A stammenden Linien. Das Zentrum des Spektrums liegt bei $1/2(\nu_A + \nu_B)$.

Im folgenden sollen nur die häufig vorkommenden Fälle von A_2B_2-Spektren, die gleiche Kopplungskonstanten J und J' haben (für Fälle $J \neq J'$ vgl. [1]), und die A_2X_2-Spektren näher betrachtet werden.

Sind die Kopplungskonstanten J und J' gleich groß, dann hängt die Struktur des Spektrums nur noch vom Verhältnis $J/\nu_0\,\delta$ ab, wie dies bei den AB- und AB_2-Spektren der Fall war. Das gesamte Spektrum ist symmetrisch um seinen Mittelpunkt angeordnet. Es besteht aus zwei

---

[1] GRANT, D. M., u. H. S. GUTOWSKY: J. Chem. Phys. **34**, 699 (1961).

Gruppen von jeweils 8 Linien. In jeder Gruppe sind zwei Linien entartet, so daß tatsächlich nur 7 Linien beobachtet werden (zwei weitere Linien in jeder Gruppe sind so intensitätsschwach, daß sie praktisch nie beobachtet werden). Abb. 28a zeigt das Kurvendiagramm von ABELL[1] für

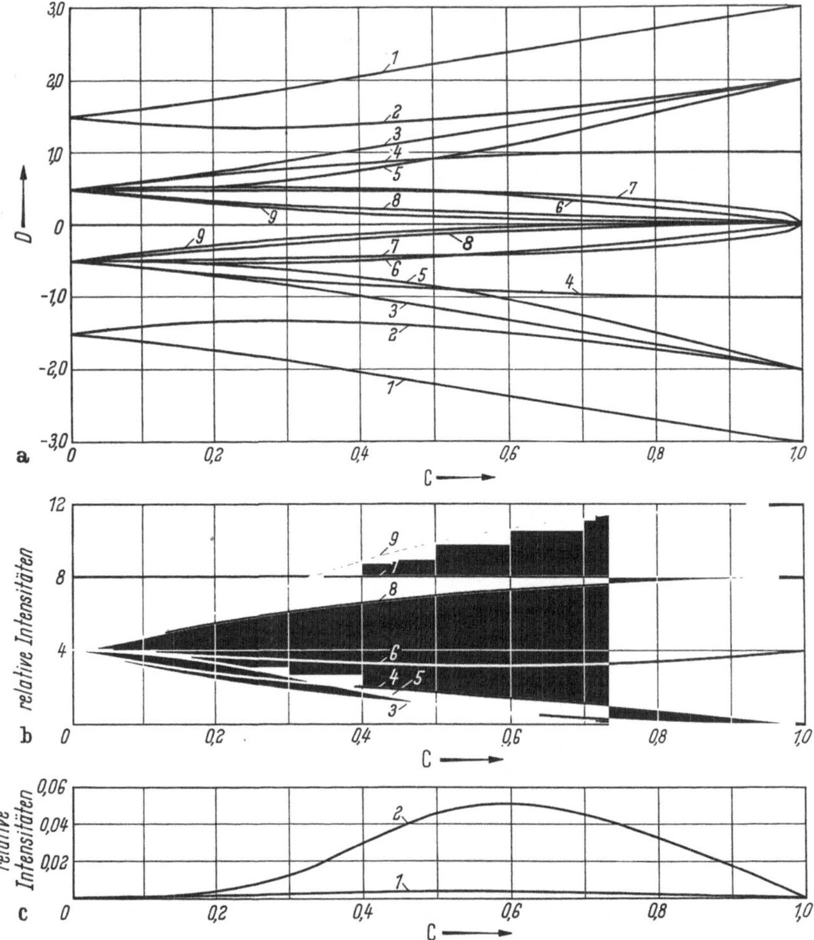

Abb. 28a—c. Frequenzen und Intensitäten eines A_2B_2-Spektrums [nach ABELL]

A_2B_2-Spektren. Es sind daraus die mit dem Normalisierungsfaktor $1/\sqrt{(\nu_0\delta)^2 + J^2}$ multiplizierten Frequenzen der insgesamt 18 Linien für alle Werte von $C = J/\sqrt{(\nu_0\delta)^2 + J^2}$ zwischen 0 und 1 abzulesen. Abb. 28b gibt die Intensitäten der sieben zu beobachtenden Hauptlinien wieder, Abb. 28c die Intensitäten der beiden stets sehr schwachen Kombinationslinien. Die Frequenzen der Linien 7, die jeweils den beiden ent-

[1] ABELL, F.: Radiation Laboratory of the University of California, Livermore.

arteten Linien entsprechen, geben unmittelbar die Frequenzen ν_A und ν_B der Kerne A und B an. Ihre Differenz liefert die relative chemische Verschiebung der beiden Kernpaare A und B. Abb. 29 zeigt jeweils eine Hälfte der symmetrischen A_2B_2-Spektren für eine Reihe verschiedener Verhältnisse $J/\nu_0 \delta$ $[J = J']$.

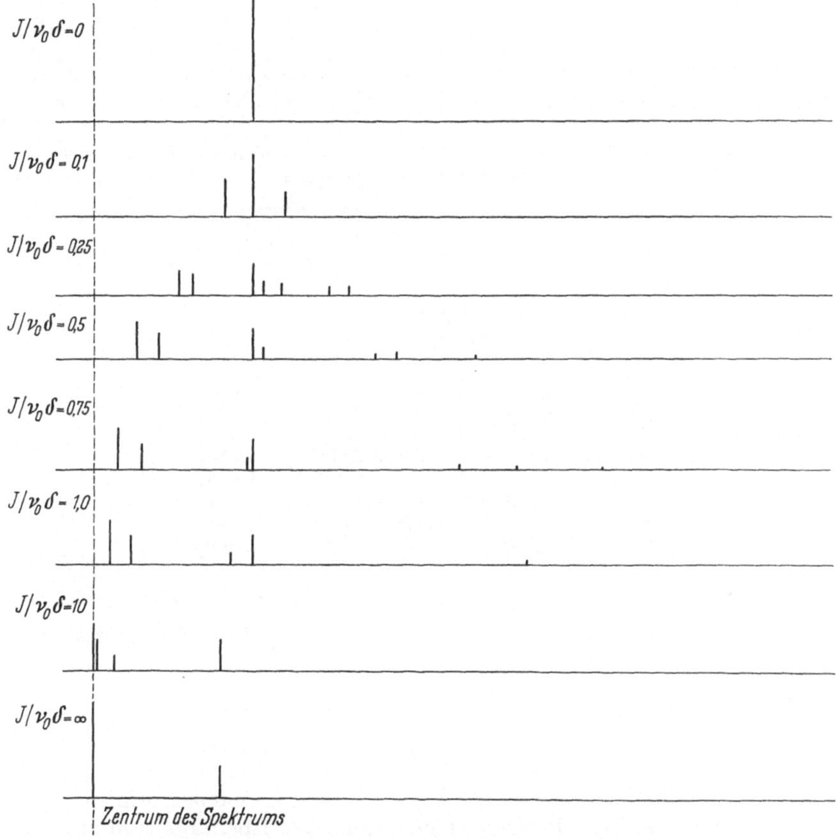

Abb. 29. A_2B_2-Spektren für verschiedene Verhältnisse $J/\nu_0 \delta$ $[J = J']$

Wenn die chemische Verschiebung zwischen den Kernpaaren A und B sehr groß wird, geht das A_2B_2-Spektrum in ein A_2X_2-Spektrum über. Die Analyse eines solchen A_2X_2-Spektrums läßt sich auch bei verschiedenen Kopplungskonstanten J und J' gut durchführen. Im allgemeinsten Fall besteht das Spektrum aus 24 Linien, die zwei Gruppen von je 12 Linien, herrührend von den Kernen A bzw. X, bilden. Die beiden Gruppen sind spiegelbildlich um das Zentrum des Spektrums angeordnet. Der Notation von McConnell, McLean und Reilly[1] folgend, die die Theorie für ein System A_2X_2 zuerst entwickelt haben, sollen die Größen

---

[1] McConnell, H. M., A. D. McLean u. C. A. Reilly: J. Chem. Phys. **23**, 1152 (1955).

K, L, M und N durch die Gl. (60)—(63)

$$K = J_A + J_X \tag{60}$$

$$L = J - J' \tag{61}$$

$$M = J_A - J_X \tag{62}$$

$$N = J + J' \tag{63}$$

definiert werden. Für die Energien und relativen Intensitäten der Übergänge von A in einem Molekül gelten dann die in Tab. 10 verzeichneten

Tabelle 10. *Energien und relative Intensitäten der Übergänge der Kerne A in Molekülen vom Typ $A_2 X_2$*

	Energie, bezogen auf ν_A	relative Intensitäten
1	$1/2\,N$	1
2	$1/2\,N$	1
3	$-1/2\,N$	1
4	$-1/2\,N$	1
5	$1/2\,K + 1/2\,(K^2 + L^2)^{1/2}$	$\sin^2 \theta_s$
6	$-1/2\,K + 1/2\,(K^2 + L^2)^{1/2}$	$\cos^2 \theta_s$
7	$1/2\,K - 1/2\,(K^2 + L^2)^{1/2}$	$\cos^2 \theta_s$
8	$-1/2\,K - 1/2\,(K^2 + L^2)^{1/2}$	$\sin^2 \theta_s$
9	$1/2\,M + 1/2\,(M^2 + L^2)^{1/2}$	$\sin^2 \theta_a$
10	$-1/2\,M + 1/2\,(M^2 + L^2)^{1/2}$	$\cos^2 \theta_a$
11	$1/2\,M - 1/2\,(M^2 + L^2)^{1/2}$	$\cos^2 \theta_a$
12	$-1/2\,M - 1/2\,(M^2 + L^2)^{1/2}$	$\sin^2 \theta_a$

Werte. Sie sind nur von den Kopplungskonstanten J_A, J_X, J und J', wie sie im Diagramm Abb. 27 gezeigt sind, abhängig. Die Winkel θ_a und θ_s sind durch die Gl. (64) und (65) definiert:

$$\cos 2\,\theta_s : \sin 2\,\theta_s : 1 = K : L : (K^2 + L^2)^{1/2} \tag{64}$$

$$\cos 2\,\theta_a : \sin 2\,\theta_a : 1 = M : L : (M^2 + L^2)^{1/2} \,. \tag{65}$$

Aus Tab. 10 geht hervor, daß die Linien 1—4 symmetrisch um ν_A angeordnet sind. Sie haben alle die gleiche Intensität. Ebenfalls symmetrisch um ν_A sind die beiden Quartette, die von den Linien 5, 6, 7 und 8 bzw. 9, 10, 11 und 12 gebildet werden, gelagert.

Die Analyse eines $A_2 X_2$-Spektrums erlaubt die Bestimmung der Größen K, L, M und N. Es ist jedoch nicht möglich, zwischen K und M zu unterscheiden. Deshalb lassen sich auch die Vorzeichen der Kopplungskonstanten nicht bestimmen. Weiter kann keine Unterscheidung zwischen J_A und J_B einerseits und J und J' andererseits getroffen werden.

Als Beispiel für ein $A_2 X_2$-System sei 1,1-Difluoräthylen genannt.

f) Moleküle vom Typ AB_3

Ein Molekül vom Typ AB_3 ergibt ein aus 16 Linien bestehendes Spektrum. Zwei der Linien sind sehr intensitätsschwache Kombinationslinien. Sie sind in Tab. 11 nicht berücksichtigt. Die Struktur des Spektrums hängt nur von dem Verhältnis der dimensionslosen Parameter $J/\nu_0\delta$ ab, wenn die drei Kopplungskonstanten J_{AB}, $J_{AB'}$ und $J_{AB''}$ gleich sind. Mit den vier Größen D_1, D_0, D_{-1} und D_0', die durch die Gl. (66)—(69) definiert sind

$$D_1 = 1/2\,[(\nu_0\delta+J)^2+3\,J^2]^{1/2} \quad (66)$$

$$D_0 = 1/2\,[(\nu_0\delta)^2+4\,J^2]^{1/2} \quad (67)$$

$$D_{-1} = 1/2\,[(\nu_0\delta-J)^2+3\,J^2]^{1/2} \quad (68)$$

$$D_0' = 1/2\,[(\nu_0\delta)^2+J^2]^{1/2} \quad (69)$$

ergeben sich nach ABRAHAM, POPLE und BERNSTEIN[1] die in Tab. 11 verzeichneten Übergangsenergien.

Der Abstand der Linien 3 und 5 in Tab. 11 gibt direkt die Spin-Kopplungskonstante J_{AB} wieder.

Tabelle 11. *Übergangsenergien für Moleküle vom Typ* AB_3 $[\sigma_B > \sigma_A]$

	Energie
Übergänge von A	
1	$J + D_1$
2	$-1/2\nu_0\delta + D_1 + D_0$
3	$1/2 J + D_0'$
4	$-1/2\nu_0\delta + D_0 + D_{-1}$
5	$-1/2 J + D_0'$
6	$-J + D_{-1}$
Übergänge von B	
7	$-1/2\nu_0\delta + D_0 - D_{-1}$
8	$1/2 J - D_0'$
9	$-1/2\nu_0\delta + D_1 - D_0$
10	$J - D_1$
11	$-1/2\nu_0\delta - D_1 + D_0$
12	$-1/2\nu_0\delta - D_0 + D_{-1}$
13	$-1/2 J - D_0'$
14	$-J - D_{-1}$

g) Moleküle anderer Strukturtypen

Auch für andere Molekültypen sind Spektren berechnet worden. Besonders eingehend wurden die Systeme AB_2C_2[2], AB_2X_2[3], AB_2X_p[4], $ABXY$[5, 6], A_2B_3, A_2B_2X[7], A_2X_4[8], AB_4X[9], A_3B_2X[10], $A_3B_2X_2$[11], $A_3B_2A_3$[12] und A_6X_2[13] behandelt. POPLE und SCHAEFER[14] haben für Systeme des Typs ABR_pX_q eine Theorie entwickelt, die ihre Behandlung nach einem generellen Schema erlaubt. Komplexe Spektren werden dabei durch die Überlagerung einfacherer Typen aufgebaut.

CORIO[15] hat für die Systeme AB_2 (oder A_2B), AB_3 (oder A_3B) und A_2B_2 die Linienfrequenzen und relativen Intensitäten für stufenweise um 0,05 erhöhte Werte des Parameters $J/\nu_0\delta$ zwischen 0 und 10 tabelliert. Ebenso sind Frequenzen und Intensitäten für das System A_3B_2 im

[1] ABRAHAM, R. J., J. A. POPLE u. H. J. BERNSTEIN: Can. J. Chem. **36**, 1302 (1958).

[2] BERRY, R. S., R. DEHL u. W. R. VAUGHAN: J. Chem. Phys. **34**, 1460 (1961).

[3] SCHNEIDER, W. G., H. J. BERNSTEIN u. J. A. POPLE: Can. J. Chem. **35**, 1487 (1957).

[4] DIEHL, P., u. J. A. POPLE: Mol. Phys. **3**, 557 (1960).

[5] ABRAHAM, R. J., u. H. J. BERNSTEIN: Can. J. Chem. **39**, 216 (1961).

[6] ABRAHAM, R. J., u. H. J. BERNSTEIN: J. Chem. Phys. **36**, 266 (1962).

[7] RICHARDS, R. E., u. T. SCHAEFER: Proc. Roy. Soc. A **246**, 429 (1958).

[8] LYNDEN-BELL, R. M.: Trans. Faraday Soc. **57**, 888 (1961).

[9] HARRIS, R. K., u. K. J. PACKER: J. Chem. Soc. (London) **1962**, 3077.

[10] NARASIMHAN, P. T., u. M. T. ROGERS: J. Chem. Phys. **34**, 1049 (1961).

[11] GLAZKOV, V. I.: Optics and Spectroscopy (USSR) **9**, 217 (1960).

[12] SHEPPARD, N., u. J. J. TURNER: Mol. Phys. **3**, 168 (1960).

[13] NEAR-COLIN, C., u. A. BOTHNER-BY: M. E. L. L. O. N. M. R. No. 2, S. 14, herausgegeben v. Mellon-Institut, 1958.

[14] POPLE, J. A., u. T. SCHAEFER: Mol. Phys. **3**, 547 (1960).

[15] CORIO, P. L.: Chem. Rev. **60**, 363 (1960).

Bereich $0 < J/\nu_0\delta < 1$ mit jeweils um 0,05 ansteigendem Parameter $J/\nu_0\delta$ sowie für die Werte $J/\nu_0\delta = 2, 3, 4, 5, 10$ und ∞ berechnet. Die theoretische Analyse des Systems A_3B_2C, wie es durch Äthylmerkaptan CH_3—CH_2—SH, verkörpert wird, und die die Bestimmung der Vorzeichen der Spin-Kopplungskonstanten erlaubt, ist von NARASIMHAN und ROGERS[1] durchgeführt worden. Für Spinsysteme vom Typ ABX_3 haben KOWALEWSKI und DE KOWALEWSKI[2] und für Systeme des Typs A_2X_4 LYNDEN-BELL[3] die Spektren berechnet. Spektren vom Typ A_2B_2XY sind von BAK, SHOOLERY und WILLIAMS[4] analysiert worden, die Spektren vom Typ AB_2X haben ABRAHAM, BISHOP und RICHARDS[5] behandelt. DIEHL und GRÄNACHER[6] haben gezeigt, daß das einfachste System, bei dem Kopplungskonstanten zwischen Kernen sehr verschiedener Resonanzfrequenzen (AX und BX) von solchen zwischen Kernen von ähnlicher Resonanzfrequenz (AB) unterschieden werden können, das AB_2X-System ist. Die Autoren fanden, daß die Struktur des X-Spektrums eines AB_2X-Systems unsymmetrisch ist und von den Vorzeichen der Kopplungskonstanten J_{AB}, J_{AX} und J_{BX} abhängt. Eine Methode zur direkten Ermittlung der chemischen Verschiebungen und Spin-Spin-Kopplungskonstanten aus dem Spektrum entwickelten für ein ABC-System CASTELLANO und WAUGH[7].

Abschließend sei noch darauf hingewiesen, daß ANDERSON und McCONNELL[8] einen Prozeß, das sog. „Momentverfahren" zur Berechnung von kernmagnetischen Resonanzspektren entwickelt haben, der die Größen $\nu_0\delta$ und J direkt aus dem beobachteten Spektrum liefert. Dadurch wird in vielen Fällen die für einen Vergleich mit dem beobachteten Spektrum notwendige, aber oft langwierige Berechnung von Spektren mit verschiedenen Werten von $\nu_0\delta$ und J vermieden.

8. Zeitabhängige Phänomene

a) Austauschprozesse

Unterliegen die Molekülen Prozessen, die mit einer bestimmten Geschwindigkeit ablaufen, so erhält man ein anderes kernmagnetisches Resonanzspektrum als man es nach den bisherigen Erörterungen erwarten würde. Wird z. B. das Atom X, dessen Resonanz wir beobachten, zwischen den Molekülen oder Ionen AX und BX ausgetauscht,

$$AX^* + BX \rightleftharpoons AX + BX^*$$

[1] NARASIMHAN, P. T., u. M. T. ROGERS: J. Chem. Phys. **33**, 727 (1960).

[2] KOWALEWSKI, V. J., u. D. G. DE KOWALEWSKI: J. Chem. Phys. **33**, 1794 (1960).

[3] LYNDEN-BELL, R. M.: Trans. Faraday Soc. **57**, 888 (1961).

[4] BAK, B., J. N. SHOOLERY u. G. A. WILLIAMS: J. Mol. Spect. **2**, 525 (1958).

[5] ABRAHAM, R. J., E. O. BISHOP u. R. E. RICHARDS: J. Mol. Phys. **3**, 485 (1960).

[6] DIEHL, P., u. I. GRÄNACHER: J. Chem. Phys. **34**, 1846 (1961).

[7] CASTELLANO, S., u. J. S. WAUGH: J. Chem. Phys. **34**, 295 (1961).

[8] ANDERSON, W. A., u. H. M. McCONNELL: J. Chem. Phys. **26**, 1496 (1957).

und verläuft dieser Prozeß rasch genug, so beobachtet man im kernmagnetischen Resonanzspektrum von X nur eine einzelne Resonanzlinie[1,2]. Würde kein solcher Austauschprozeß stattfinden, d. h. würde X
nicht abwechselnd Bestandteil von AX und BX sein, oder verliefe der
Austauschprozeß nur mit sehr kleiner Geschwindigkeit, so würde man
im allgemeinen zwei Resonanzlinien, entsprechend der verschiedenen
chemischen Verschiebung von X in den Molekülen oder Ionen AX und
BX, erhalten. Die Lage der einzelnen Linie in der Mischung von AX und
BX, in der X rasch ausgetauscht wird, hängt von der jeweiligen Konzentration der Mischungspartner ab. Sind δ_{AX} und δ_{BX} die chemischen Verschiebungen von X in den reinen Komponenten AX und BX und be-
zeichnen γ_{AX} und γ_{BX} die prozentualen Anteile der Kerne in AX und
BX, so gilt für die chemische Verschiebung δ_{Mi} von X in der Mischung
Gl. (70a)

$$\delta_{Mi} = \gamma_{AX}\, \delta_{AX} + \gamma_{BX}\, \delta_{BX} \ . \tag{70a}$$

Zur Illustration seien hier die Mineralsäuren angeführt. Man beobachtet im kernmagnetischen Protonenresonanzspektrum von Mineral-
säurelösungen immer nur eine einzelne Linie. Die chemische Verschiebung
dieser Linie hängt von der Natur der Mineralsäure und von deren Konzentration ab. Der rasche Austausch der Protonen zwischen den Mischungskomponenten der durch Gl. (70b) beschriebenen Reaktion

$$HA + H_2O \rightleftharpoons H_3O^+ + A^- \tag{70b}$$

hat zur Folge, daß anstelle der Resonanzlinien für die Komponenten
HA, H_2O und H_3O^+ nur eine einzige Linie im Spektrum beobachtet wird.

Die eben beschriebene Erscheinung ist jedoch nur zu beobachten,
wenn die Austauschfrequenzen des betrachteten Atoms oder Ions sehr
viel größer als die in Hz gemessene Aufspaltung zwischen den unver-
schobenen Resonanzlinien der verschiedenen Mischungskomponenten
AX, BX, . . . ist. Ist dies nicht der Fall, so findet man je nach der
Lebensdauer der am Austauschprozeß beteiligten Formen alle möglichen
Übergänge von mehreren scharf getrennten Linien bis zu einer einzigen
scharfen Linie.

Erfolgt der Austausch zwischen *zwei* Individuen AX und BX, und
sind die Lebensdauern τ_{AX} und τ_{BX} im Verhältnis zum reziproken Wert
der Aufspaltung ($\omega_{AX}-\omega_{BX}$) genügend groß, so treten im Spektrum bei
den Frequenzen ω_{AX} und ω_{BX} zwei Resonanzlinien auf, deren Breite von
den Relaxationszeiten $T_{2(AX)}$ und $T_{(2BX)}$ abhängt. Findet ein langsamer
Austausch statt, d. h. sind τ_{AX} und τ_{BX} nicht unendlich groß, so bewirkt dieser Austausch eine zusätzliche Verbreiterung der Resonanzlinien.
Wenn die Relaxationszeiten $T_{2(AX)}$ und $T_{2(BX)}$ bekannt sind, lassen sich
aus den Linienbreiten die Lebensdauern τ abschätzen.

Bei sehr raschem Austausch, d. h. bei sehr kleinen Lebensdauern τ_{AX}
und τ_{BX} hängt die Linienbreite der bei der mittleren Frequenz ω_{Mittel}
$= \gamma_{AX}\, \omega_{AX} + \gamma_{BX}\, \omega_{BX}$ auftretenden Resonanzlinie ebenfalls von den

---

[1] GUTOWSKY, H. S., D. W. McCALL u. C. P. SLICHTER: J. Chem. Phys. **21**, 279
(1953).

[2] McCONNELL, H. M.: J. Chem. Phys. **28**, 430 (1958).

Relaxationszeiten $T_{2(AX)}$ und $T_{2(BX)}$ ab. γ_{AX} und γ_{BX} bedeuten die prozentualen Besetzungen von X in AX und BX ($\gamma_A + \gamma_B = 1$).

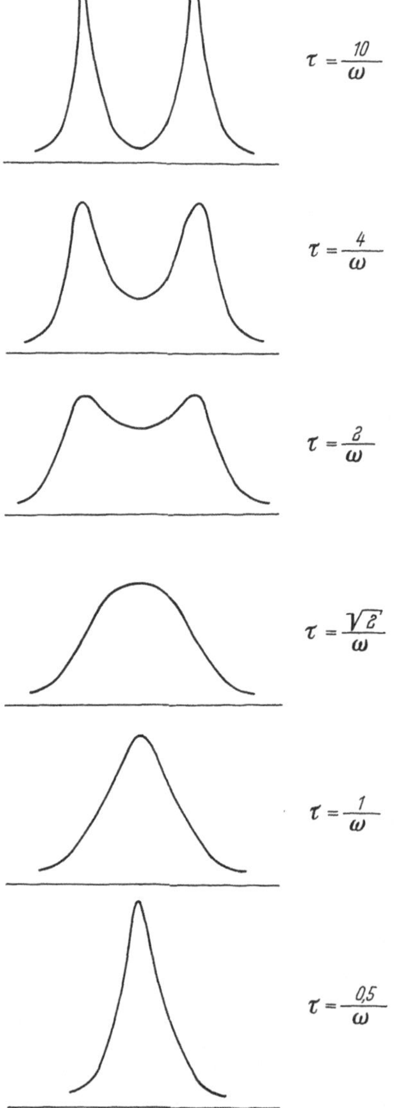

Abb. 30. Gestalt der Resonanzlinie als Funktion der Austauschgeschwindigkeit

ANDERSON[1], KUBO[2] und SACK[3] haben analoge Betrachtungen auf Systeme ausgedehnt, bei denen der Austausch zwischen mehr als zwei Positionen bzw. Individuen erfolgen kann.

Der Übergang von zwei Linien in eine Linie erfolgt, wenn die mittleren Lebensdauern der zwei am Austauschprozeß beteiligten Komponenten AX und BX von der Größenordnung $(\omega_{AX} - \omega_{BX})^{-1}$ sind[4, 5] ($\omega = 2\pi\nu$).

Betrachtet man den vereinfachten Fall, daß die mittleren Lebensdauern τ_{AX} und τ_{BX} gleich lang und die Konzentrationen von AX und BX gleich groß sind, und setzt man in beiden Verbindungen lange Relaxationszeiten T_2 voraus, d. h. sind die Linienbreiten klein gegen die relative chemische Verschiebung $\nu_{AX} - \nu_{BX}$, so findet man nach dem oben gesagten für lange Lebensdauern zwei Resonanzlinien gleicher Intensität bei den Frequenzen ν_{AX} und ν_{BX}, während bei kurzen Lebensdauern nur eine einzige Resonanzlinie im Spektrum erscheint.

Bei mittleren Austauschgeschwindigkeiten, d.h. in anderen Worten bei mittleren Lebensdauern τ, verändert sich das Spektrum in einer für diese charakteristischen Weise.

Abb. 30 zeigt die Gestalt der Resonanzkurve für eine Reihe von verschiedenen Werten $\tau = 2\pi(\nu_{AX} - \nu_{BX})$, wobei τ gleich der halben Lebensdauer von AX und BX ist ($\tau_{AX} = \tau_{BX} = 2\tau$). Bei sehr großen Werten von τ sind zwei scharfe Resonanz-

[1] ANDERSON, P. W.: J. Phys. Soc. Japan 9, 316 (1954).
[2] KUBO, R.: J. Phys. Soc. Japan 9, 935 (1954).
[3] SACK, R. A.: Mol. Phys. 1, 163 (1958).
[4] GUTOWSKY, H. S., u. C. H. HOLM: J. Chem. Phys. 25, 1228 (1956).
[5] McCONNELL, M. H., u. R. E. ROBERTSON: J. Chem. Phys. 29, 1361 (1958).

linien vorhanden, die mit abnehmenden Werten der Größe $\tau \cdot 2\pi\,(\nu_{AX}-\nu_{BX})$ breiter werden. Die Maxima der Linien nähern sich immer mehr. Erreicht die Größe den Wert $\sqrt{2}$, so verschmelzen die beiden Linien zu einer einzigen breiten Linie. Diese wird mit abnehmenden Werten von $\tau \cdot 2\pi\,(\nu_{AX}-\nu_{BX})$ immer schärfer, bis schließlich nur noch eine einzige scharfe Resonanzlinie auftritt.

Für die Messung von Austauschgeschwindigkeiten ist es zweckmäßig, entweder die magnetische Feldstärke und damit die Größe $2\pi\,(\nu_{AX}-\nu_{BX})$ oder die Konzentration der untersuchten Mischung und damit τ zu ändern und so in das Gebiet zu gelangen, wo die oben beschriebenen Veränderungen des Spektrums beobachtet werden können. Es läßt sich dann aus der Gestalt der Resonanzkurve durch Vergleich mit den in Abb. 30 gezeigten Kurven die Lebensdauer τ abschätzen. Sind die Linien noch deutlich getrennt, so läßt sich τ aus Gl. (71 a) erhalten. Es gilt für das Verhältnis des Abstandes der Linien bei relativ kurzen Lebensdauern zum Linienabstand bei sehr langen Lebensdauern $d/d_{\tau \to \infty}$

$$\frac{d}{d_{\tau \to \infty}} = \left[1 - \frac{1}{2\,\pi^2\tau^2\,(\nu_{AX}-\nu_{BX})^2}\right]^{1/2}. \tag{71 a}$$

Gl. (71 a) ist jedoch nur anwendbar, wenn die Linienbreiten für den langsamen Austausch gegen den Abstand der Linien klein sind, so daß die Relaxationszeit T_2 unberücksichtigt bleiben kann (vgl. [1]).

Die mittlere Lebensdauer τ ist in starkem Maße von der Temperatur abhängig. Kann diese in definierter Weise variiert werden, so daß der Übergangsbereich in Abhängigkeit von der Temperatur untersucht werden kann, so läßt sich daraus die Aktivierungsenergie für den Austauschprozeß berechnen. Hierzu sei auf das Beispiel der Verbindung ClF_3 (s. S. 136) verwiesen.

Als Beispiel für einen sehr rasch verlaufenden Austauschprozeß sei hier noch der von ARNOLD[2] eingehend untersuchte Austausch des Hydroxylprotons in Äthanol angeführt. Abb. 31 zeigt das kernmagnetische Resonanzspektrum von sehr sorgfältig gereinigtem Äthanol. Während die vom Proton der OH-Gruppe herrührende Bande im allgemeinen als Singulett auftritt (vgl. Abb. 14), erscheint im Spektrum anstelle der einen Linie ein Triplett, wenn man für eine sehr große Reinheit des Alkohols sorgt. Fügt man z. B. eine Spur Salzsäure zum Alkohol, so verschwindet die Multiplettstruktur dieser Bande wieder, da jetzt die Protonen der OH-Gruppe im Gegensatz zu den Verhältnissen in reinem Alkohol einem sehr raschen Austausch unterliegen.

Neben der OH-Bande wird auch die von den Protonen der Methylengruppe herrührende Bande verändert. Während die Methylenprotonen in ganz reinem Alkohol durch die Spin-Spin-Kopplung mit den Protonen der Methylgruppe *und* dem Proton der OH-Gruppe eine komplizierte Multiplettstruktur aufweisen, vereinfacht sich ihre Struktur infolge der stattfindenden Austauschprozesse des Protons der OH-Gruppe zu einem Quartett.

[1] GUTOWSKY, H. S., u. C. H. HOLM: J. Chem. Phys. **25**, 1228 (1956).
[2] ARNOLD, J. T.: Phys. Rev. **102**, 136 (1956).

Löst man Alkohol andererseits in einer sehr starken Säure wie HBF_4, so wird die Konzentration der am Protonenaustausch-Prozeß beteiligten Moleküle, d. h. Alkohol und Wasser, so klein, daß bei tiefer Temperatur neben dem Singulett der H_3O^+-Ionen das von der H_2O^+-Gruppe des CH_3CH_2OH-$\frac{+}{2}$Ions herrührende Triplett beobachtet werden kann[1].

Zur Vermeidung vor Irrtümern sollte bei der Interpretation kernmagnetischer Resonanzspektren immer die Möglichkeit berücksichtigt werden, daß die Struktur des Spektrums durch Austauschprozesse

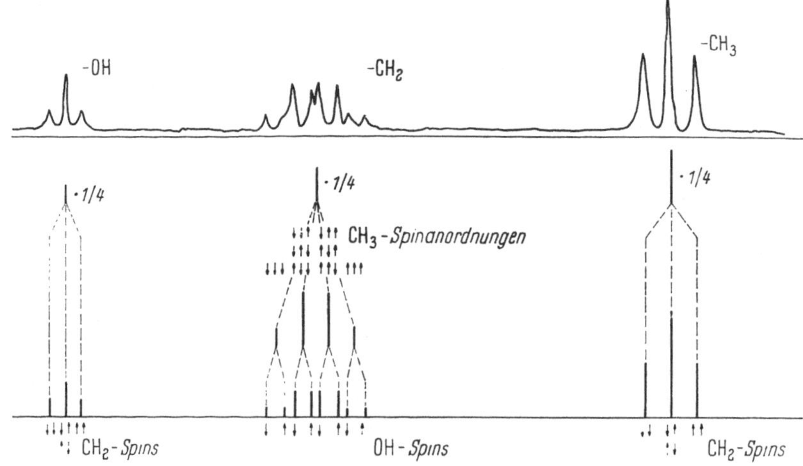

Abb. 31. ^{1}H-Resonanzspektrum von reinstem Äthanol

beeinflußt, und zwar in den meisten Fällen vereinfacht, sein kann. Besonders deutlich zeigt dies ein von MUETTERTIES[2] beschriebenes Beispiel. Das ^{19}F-Resonanzspektrum des Komplexes $TiF_4 \cdot 2C_2H_5OH$ zeigt bei Zimmertemperatur eine einzelne Resonanzlinie. Man könnte zunächst verleitet sein, daraus auf die Äquivalenz der Fluoratome in dem oktaedrischen Komplex, d. h. auf ihre äquatoriale Anordnung, zu schließen. Tatsächlich befinden sich die beiden Alkoholmoleküle aber nicht in trans-, sondern in cis-Stellung. Die Äquivalenz der Fluoratome wird lediglich durch Austauschprozesse wie

$$TiF_4 \cdot 2C_2H_5OH \rightleftharpoons C_2H_5OH + TiF_4 \cdot C_2H_5OH$$

vorgetäuscht. Erst wenn die Austauschgeschwindigkeit der Alkoholmoleküle durch Abkühlen der Substanz auf Temperaturen $< 0°\,C$ genügend klein wird, beobachtet man das von einem cis-Komplex des oktaedrischen Typs zu erwartende Triplettpaar (vgl. S. 166). Zahlreiche Beispiele dieser Art finden sich noch an anderen Stellen des Buches.

b) Rotationsgeschwindigkeiten von Molekülgruppen

Auf analoge Weise wie die Austauschgeschwindigkeit eines Atoms oder einer Molekülgruppe lassen sich mit Hilfe der kernmagnetischen

[1] MacLean, C., u. E. L. Mackor: J. Chem. Phys. 34, 2207 (1961).
[2] Muetterties, E. L.: J. Am. Chem. Soc. 82, 1082, 6429 (1960).

Resonanz in manchen Fällen auch Rotationsgeschwindigkeiten von Molekülgruppen um eine Einfachbindung bestimmen, wenn die freie Drehbarkeit eingeschränkt ist. Die erste Verbindung, an der solche Untersuchungen durchgeführt wurden, war Dimethylformamid (Formel I)[1]. Der teilweise Doppelbindungscharakter der Bindung zwischen dem Kohlenstoff- und dem Stickstoffatom in dieser Verbindung (Formel II)

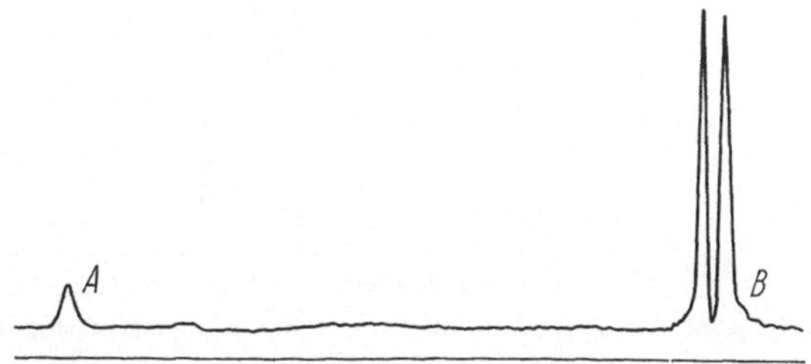

bewirkt, daß die freie Drehbarkeit der Dimethylaminogruppe eingeschränkt ist. In der dadurch erzwungenen ebenen Struktur ist aber *eine* Methylgruppe dem Sauerstoffatom näher benachbart als die andere. Bezeichnet man die halbe mittlere Lebensdauer einer Form mit τ, so gilt für die Rotationsgeschwindigkeit $1/2\,\tau$ Gl. (71b)

$$1/2\,\tau = \nu_r \cdot e^{-\frac{\varDelta E}{RT}}. \tag{71b}$$

ν_r ist ein Faktor, der beschreibt, wie groß die angestrebte Rotationsfrequenz ist, während der Boltzmann-Faktor Ausdruck der Wahrscheinlichkeit ist, mit der es zur Überschreitung der Energieschwelle, d. h. zu einer Rotation, kommt. Diese ist natürlich von der thermischen Energie der Umgebung abhängig. Die mittlere Lebensdauer der einzelnen Formen nimmt mit steigender Temperatur ab.

Abb. 32 zeigt das kernmagnetische Protonenresonanzspektrum von Dimethylformamid bei 40 MHz und Zimmertemperatur. Die Resonanzlinie A rührt von dem Proton der HC(O)-Gruppe her, während die

Abb. 32. ¹H-Resonanzspektrum von Dimethylformamid (40 MHz) [nach SHOOLERY]

Protonen der Methylgruppe zwei, bei der Frequenz von 40 MHz etwa 10 Hz voneinander getrennte Linien B_1 und B_2 hervorrufen. Der Abstand der beiden Linien ist von der Feldstärke abhängig und kann demnach nicht von einer Spin-Spin-Wechselwirkung herrühren. Das Auftreten zweier Resonanzlinien für die Protonen der Methylgruppe ist vielmehr darauf zurückzuführen, daß sie nicht äquivalent sind, d. h. daß die freie Drehbarkeit tatsächlich behindert ist. Mit zunehmender Temperatur

---

[1] PHILLIPS, W. D.: J. Chem. Phys. **23**, 1363 (1955).

wächst die Rotationsfrequenz. Die beiden Linien werden als Folge davon immer breiter und verschmelzen schließlich in der Weise, wie es in Abb. 33 gezeigt ist, bis bei 117° nur noch eine einzige Resonanzlinie im Spektrum zu beobachten ist. Aus den Veränderungen der Gestalt des Resonanzsignals bei verschiedenen Temperaturen können die Rotationsgeschwindigkeiten und die Höhe der Energieschwelle, die die Rotation

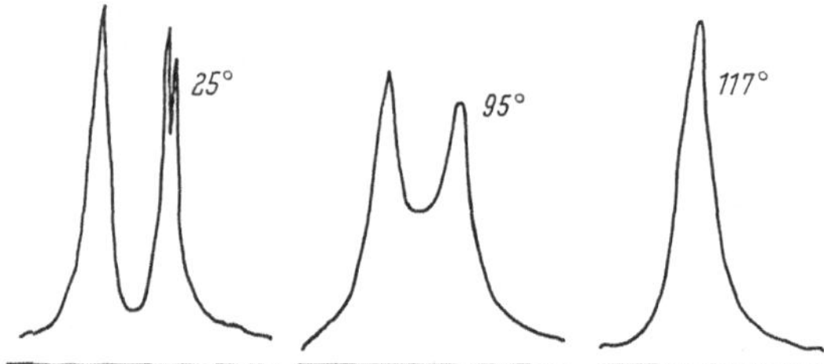

Abb. 33. Abhängigkeit der Methylprotonen-Resonanzlinien in Dimethylformamid von der Temperatur

behindert, nach GUTOWSKY, McCALL und SLICHTER[1] sowie nach anderen Autoren[2, 3, 4, 5], die die theoretischen Grundlagen zum Studium der eingeschränkten inneren Drehbarkeit entwickelten, berechnet werden. Die Energieschwelle liegt im Beispiel des Dimethylformamids in der Größenordnung von einigen Kilocalorien.

Neuere Untersuchungen an Dimethylformamid bei noch größerer Auflösung[6] des Spektrums ergaben, daß die Resonanzbanden noch weiter aufgespalten sind. Diese in Abb. 34 an den Resonanzbanden der Methylgruppen gezeigte Aufspaltung ist auf die verschiedenen Kopplungskonstanten J der Kopplung zwischen dem Proton der Formylgruppe

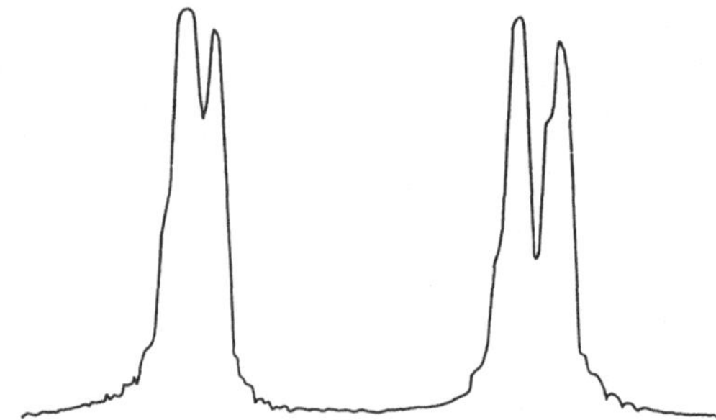

Abb. 34. Methylprotonen-Resonanzlinien (25°) bei großer Auflösung [nach KOWALEWSKI]

und den Protonen der beiden Methylgruppen zurückzuführen. Sie wurden zu 0,8 und 0,5 Hz gemessen. KOWALEWSKI und DE KOWALEWSKI[6] untersuchten weiter auch N-Methylformamid und Dimethylacetamid bei sehr großer Auflösung.

[1] GUTOWSKY, H. S., D. W. McCALL u. C. P. SLICHTER: J. Chem. Phys. 21, 279 (1953).
[2] GUTOWSKY, H. S., u. A. SAIKA: J. Chem. Phys. 21, 1688 (1953).
[3] GUTOWSKY, H. S., u. C. H. HOLM: J. Chem. Phys. 25, 1228 (1956).
[4] PHILLIPS, W. D.: Ann. N. Y. Acad. Sci. 70, 817 (1958).
[5] ROGERS, M. T., u. J. C. WOODBREY: J. Phys. Chem. 66, 540 (1962).
[6] KOWALEWSKI, V. J., u. D. G. DE KOWALEWSKI: J. Chem. Phys. 32, 1272 (1960).

c) Wasserstoffbrückenbindung

Messungen der kernmagnetischen Protonenresonanz ermöglichen auf einfache Weise das Studium von Wasserstoffbrückenbindungen. ARNOLD und PACKARD[1] hatten zuerst beobachtet, daß die chemische Verschiebung der Protonen der OH-Gruppe in Äthanol temperaturabhängig ist, während im Gegensatz dazu die chemische Verschiebung der Methylen- und Methylprotonen keine Funktion der Temperatur ist. Die Autoren fanden, daß sich das von den Protonen der OH-Gruppe herrührende Resonanzsignal zwischen 160° und 350°K um $1{,}6 \cdot 10^{-6}$ nach höherem Feld verschob. Die Verdünnung des Alkohols mit Tetrachlorkohlenstoff hatte einen gleichgerichteten Effekt. LIDDEL und RAMSEY[2] erklärten diese Befunde damit, daß das Proton durch die Bildung und Sprengung von Wasserstoffbrückenbindungen abwechselnd verschiedene Feldstärken erfährt.

Kommt es zur Ausbildung einer Wasserstoffbrückenbindung, d. h. tritt das an ein elektronegatives Element gebundene Proton in Wechselwirkung mit dem negativen Ende eines anderen Dipols, so wird das Proton teilweise aus der ihn umgebenden Elektronenhülle herausgezogen. Seine Abschirmung gegenüber der im nichtassoziierten Molekül ist kleiner, es erfährt ein anderes magnetisches Feld. Je stärker die Wasserstoffbrückenbindung ist, desto größer ist die Verschiebung gegenüber der Resonanz im nichtassoziierten Zustand.

Da die mittlere Lebensdauer der beiden Zustände genügend kurz ist, liegen ähnliche Verhältnisse vor, wie wir sie beim raschen Austausch von magnetischen Kernen betrachtet haben. Die Resonanz der Protonen erfolgt bei einer Frequenz, die dem Durchschnitt der Abschirmung in den beiden Zuständen entspricht. Da im Falle des oben erwähnten Äthanols die Zahl der nichtassoziierten Moleküle mit steigender Temperatur und zunehmender Verdünnung wächst, verschiebt sich die Resonanzlinie unter diesen Bedingungen nach höheren Feldstärken H_0.

Erfolgt die Bildung und Öffnung der Wasserstoffbrückenbindungen mit einer Geschwindigkeit, die in der Größenordnung der durch sie verursachten Frequenzverschiebung entspricht, so wird die Resonanzlinie des Protons stark verbreitert und ist dann möglicherweise im Spektrum nicht mehr leicht zu entdecken.

SCHNEIDER, BERNSTEIN und POPLE[3] haben die Verschiebungen der Protonenresonanz an einer größeren Anzahl von Wasserstoffverbindungen verschiedener Elemente untersucht. Die chemische Verschiebung der Protonen in den nichtassoziierten Molekülen wurde an den gasförmigen Substanzen bei so hoher Temperatur gemessen, daß die Annahme vollständiger Dissoziation berechtigt ist. Weitgehende Assoziation wurde andererseits dadurch erreicht, daß die Substanzen in flüssigem Zustand so nahe wie möglich bei ihrem Schmelzpunkt untersucht wurden.

---

[1] ARNOLD, J. T., u. M. E. PACKARD: J. Chem. Phys. **19**, 1608 (1951).
[2] LIDDEL, U., u. N. F. RAMSEY: J. Chem. Phys. **19**, 1608 (1951).
[3] SCHNEIDER, W. G., H. J. BERNSTEIN u. J. A. POPLE: J. Chem. Phys. **28**, 601 (1958).

Vollkommene Assoziation wäre erst im festen Aggregatszustand zu erreichen, der jedoch keine große Auflösung der kernmagnetischen Resonanzspektren erlaubt. Die Ergebnisse der Untersuchungen, bei denen auch der Einfluß der Suszeptibilität berücksichtigt ist, sind in Tab. 12 aufgeführt.

Tabelle 12. *Verschiebung der Protonenresonanz durch Assoziation in Wasserstoffverbindungen verschiedener Elemente*[1]

Verbindung	Fp. °C	Temperatur, bei der die flüssige Verbindung untersucht wurde °C	Chemische Verschiebung gegenüber gasförmigem CH_4 $\delta \cdot 10^{-6}$		Verschiebung der Protonenresonanz durch Assoziation
			flüssig	gasförmig	
CH_4	—184	—98	0	0	0
C_2H_6	—172	—88	—0,73	—0,75	0
C_2H_4	—170	—60	—5,61	—5,18	0,43
C_2H_2	—82	—82	—2,65	—1,35	1,30
NH_3	—77	—77	—1,00	0,05	1,05
H_2O	0	0	—5,18	—0,60	4,58
HF	—92	—60	—9,15	—2,50	6,65
PH_3	—133	—90	—2,26	—1,48	0,78
H_2S	—83	—61	—1,58	—0,08	1,50
HCl	—112	—86	—1,60	0,45	2,05
HBr	—88	—67	2,57	4,35	1,78
HJ	—50	—5	10,70	13,25	2,55
HCN	—14	—13	—4,48	—2,83	1,65

In allen Fällen verursacht die Assoziation eine Verschiebung nach niedrigerem Feld, wie dies für NH_3 und H_2O schon früher von OGG[1,2] beobachtet worden war, d. h. in allen Fällen nimmt die durchschnittliche Abschirmung der Protonen ab. Bei einzelnen Verbindungen, die im flüssigen Zustand mit Sicherheit weitgehend assoziiert sind, wie H_2O, NH_3 oder HF, ist die durch Assoziation verursachte Verschiebung der Protonenresonanz ein direktes Maß für die Stärke der Wasserstoffbrückenbindung.

Um die Lage der Resonanzlinie von nichtassoziierten Molekülen zu erhalten, kann die Resonanz der untersuchten Substanz auch bei verschiedenen Verdünnungen in einem inerten Lösungsmittel gemessen und dann auf unendliche Verdünnung extrapoliert werden (vgl. S. 46).

Bezüglich einer eingehenden theoretischen Interpretation der Verschiebungen der Protonenresonanz infolge der Ausbildung von Wasserstoffbrückenbindungen sei hier auf eine Arbeit von SCHNEIDER, BERNSTEIN und POPLE[3] verwiesen.

d) Doppel-Resonanz oder Spin-Entkopplung

Die Methode der Doppel-Resonanz ist zuerst von BLOCH[4] entwickelt worden, um komplexe Spektren zu vereinfachen. Ist in einem Spektrum

[1] OGG, R. A.: J. Chem. Phys. **22**, 560 (1954).
[2] OGG, R. A.: Helv. Phys. Acta **30**, 89 (1957).
[3] SCHNEIDER, W. G., H. J. BERNSTEIN u. J. A. POPLE: J. Chem. Phys. **28**, 601 (1958).
[4] BLOCH, F.: Phys. Rev. **93**, 944 (1954).

die Linie eines Kerns durch Spin-Spin-Kopplung mit einem zweiten Kern aufgespalten, so läßt sich diese Aufspaltung dadurch beseitigen, daß man auf die Kerne neben dem für die Untersuchung der Kernresonanz des ersten Kerns angewendeten hochfrequenten Magnetfeld H_1 noch ein zweites hochfrequentes Magnetfeld H_2 einwirken läßt, dessen Frequenz nahe bei der Resonanzfrequenz des zweiten Kerns liegt. Macht man

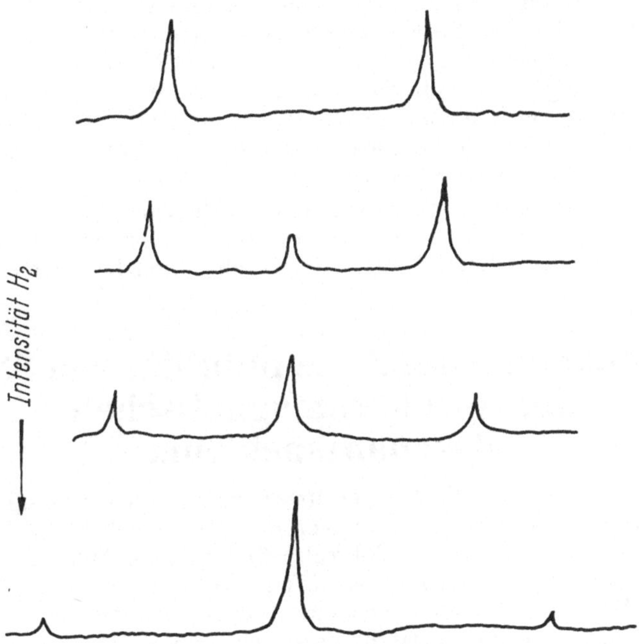

Abb. 35. ^{19}F-Spektrum von Na_2PO_3F unter Anregung der Phosphorkerne durch ein Magnetfeld H_2 [nach BLOOM u. SHOOLERY]

dieses zweite hochfrequente Feld H_2 genügend stark, so kann man weitgehende Sättigung der Spins und damit häufige Übergänge zwischen den Spinzuständen des zweiten Kerns erreichen. Dies hat aber, ganz analog, wie wir es bei der Entkopplung durch elektrische Quadrupolmomente gesehen haben, zur Folge, daß die Kopplung zwischen den Kernen unwirksam wird. Die Multiplettstruktur der Bande des ersten Kerns verschwindet. Die Methode ist dann anwendbar, wenn die relative chemische Verschiebung der beiden Kerne groß gegen die Kopplungskonstante ist. Man bedient sich ihrer deshalb hauptsächlich, wenn die fraglichen Kerne verschiedene gyromagnetische Verhältnisse haben.

BLOOM und SHOOLERY[1] haben die von ihnen entwickelte Theorie der Doppelresonanz am Beispiel des Dinatriumfluorophosphats, Na_2PO_3F, geprüft. Untersucht man die kernmagnetische Resonanz des Fluors, z. B. bei 30 MHz, so findet man ein Dublett, herrührend von der Kopplung zwischen dem Fluor- und dem Phosphorkern. Läßt man aber

---

[1] BLOOM, A. L., u. J. N. SHOOLERY: Phys. Rev. 97, 1261 (1955).

gleichzeitig ein hochfrequentes Magnetfeld H_2 mit 12,91 MHz einwirken, das der Resonanzfrequenz der Phosphorkerne bei der angewandten Feldstärke des magnetischen Gleichfeldes entspricht, so tritt bei genügend großer Intensität des Feldes H_2 im ^{19}F-Spektrum nur noch eine einzelne Resonanzlinie auf. Abb. 35 zeigt die ^{19}F-Spektren bei verschiedenen Feldstärken H_2. Mit zunehmender Intensität des Feldes H_2 wird das in der Mitte zwischen den beiden ursprünglichen Linien erscheinende Resonanzsignal auf Kosten dieser immer stärker. Gleichzeitig vergrößert sich der Abstand der beiden ursprünglichen Linien. Dies ist immer dann der Fall, wenn das gyromagnetische Verhältnis des untersuchten Kernes, im obigen Fall also des F-Kernes, größer ist als dasjenige des zweiten Kerns. Im umgekehrten Fall verbreitern sich die beiden ursprünglichen Linien, bis nur noch eine einzige Resonanzlinie vorhanden ist.

Die Methode der Doppel-Resonanz wurde zur Vereinfachung der Interpretation der Spektren beispielsweise bei den Borwasserstoffen angewandt, bei deren Diskussion auf S. 102ff. sich zahlreiche Beispiele finden.

9. Bestimmung der Suszeptibilität von Stoffen aus dem kernmagnetischen Resonanzspektrum

Wir sahen, daß die Lage einer Resonanzlinie im kernmagnetischen Resonanzspektrum eines Moleküls von der Suszeptibilität des Mediums abhängig ist, in dem sich das Molekül befindet. Diese Abhängigkeit fällt besonders bei den kernmagnetischen Resonanzspektren des Protons ins Gewicht. Man kann deshalb umgekehrt diese von dem Medium abhängige Verschiebung einer Resonanzlinie dazu benutzen, Rückschlüsse auf die makroskopische Suszeptibilität des Mediums zu ziehen. Die quantitativen Zusammenhänge sind für Lösungen paramagnetischer Substanzen von EVANS[1] entwickelt worden. Danach tritt für eine inerte Substanz, wie z. B. t-Butanol in wäßriger Lösung, die paramagnetische Ionen enthält, eine durch Gl. (72) beschriebene Verschiebung ein:

$$\frac{\Delta \mathrm{H}}{\mathrm{H}} = \frac{2\pi}{3} \Delta \chi_V \tag{72}$$

$\Delta \chi_V$ ist die Änderung der Volumsuszeptibilität des Mediums.

Man setzt der wäßrigen Lösung der paramagnetischen Substanz etwa 2% t-Butanol zu und bringt diese Lösung in das Meßrohr. Ein konzentrisch angeordnetes Capillarrohr enthält eine wäßrige Lösung von t-Butanol gleicher Konzentration. Im kernmagnetischen Resonanzspektrum treten nun zwei Resonanzlinien auf, die beide von den Protonen der Methylgruppen im t-Butanol herrühren. Die höhere Volumsuszeptibilität der die paramagnetischen Ionen enthaltenden Lösung verursacht eine Verschiebung der ^{1}H-Resonanzlinie nach höheren Frequenzen. Die

---

[1] EVANS, D. F.: J. Chem. Soc. (London) **1959**, 2003.

Grammsuszeptibilität der gelösten paramagnetischen Verbindung wird durch Gl. (73) gegeben:

$$\chi = \frac{3\,\Delta f}{2\pi \cdot f \cdot m} + \chi_0 + \frac{\chi_0(d_0 - d_L)}{m}\ . \tag{73}$$

In Gl. (70) ist Δf die Trennung zwischen den beiden ^{1}H-Resonanzlinien der Methylgruppen in t-Butanol, gemessen in Hz, f die verwendete Radiofrequenz in Hz, m die Masse der paramagnetischen Verbindung in 1 ml der Lösung, χ_0 die Grammsuszeptibilität des Lösungsmittels ($-0{,}72 \cdot 10^{-6}$ für verdünnte Lösungen von t-Butanol), d_0 die Dichte des Lösungsmittels und d_L die Dichte der Lösung. Da der Ausdruck $\frac{\chi_0(d_0 - d_L)}{m}$ in Gl. (73) sehr klein ist, fällt er bei stark paramagnetischen Substanzen nicht ins Gewicht und kann vernachlässigt werden. Für wäßrige Lösungen sind anstelle von t-Butanol auch Aceton oder Dioxan geeignet. Für nichtwäßrige Lösungen schlägt TIERS[1] die Verwendung von Cyclohexan oder Tetramethylsilan vor.

BOTHNER-BY und GLICK[2] verwenden Gl. (72) mit einem empirischen Faktor 2,60 auch für die Messung der Suszeptibilität diamagnetischer Substanzen:

$$\frac{\Delta H}{H} = 2{,}60\ \Delta \chi_V\ . \tag{74}$$

Die Bestimmung der Suszeptibilität von Substanzen mit Hilfe der kernmagnetischen Resonanzspektroskopie hat den großen Vorteil, daß sie nur geringe Substanzmengen erfordert. Die Konzentration der Lösungen an paramagnetischer Substanz ist 0,1—0,01 M. Es werden gewöhnlich etwa 0,2 ml Lösung benötigt, aber auch mit Mengen unterhalb 0,03 ml lassen sich noch Ergebnisse erzielen.

10. Wasserstoff

a) Chemische Verschiebung

Der Kern des Wasserstoffatoms, das Proton, hat die Spinzahl 1/2. Er gibt das stärkste Resonanzsignal unter fast allen Kernen. Da darüber hinaus nahezu alle organischen Verbindungen und auch viele anorganische Stoffe Wasserstoff enthalten, hat gerade die Protonresonanzspektroskopie weiteste Anwendung gefunden.

Als Bezugssubstanz wird heute in der Protonen-Resonanzspektroskopie fast ausschließlich Tetramethylsilan, $(CH_3)_4Si$, verwendet (vgl. S. 28), dessen τ-Wert zu 10,000 definiert ist. Die früher in der Literatur häufig auf Wasser $\delta_{H_2O} = 0$ bezogenen chemischen Verschiebungen von Wasserstoffverbindungen lassen sich nach Gl. (75) in τ-Werte umrechnen. Es gilt:

$$\tau = \delta_{H_2O} + 4{,}66\ . \tag{75}$$

[1] TIERS, G. V. D.: J. Phys. Chem. **62**, 1151 (1958).
[2] BOTHNER-BY, A. A., u. R. E. GLICK: J. Chem. Phys. **26**, 1647 (1957).

Tabelle 13. *Charakteristische τ-Werte organischer Gruppen*

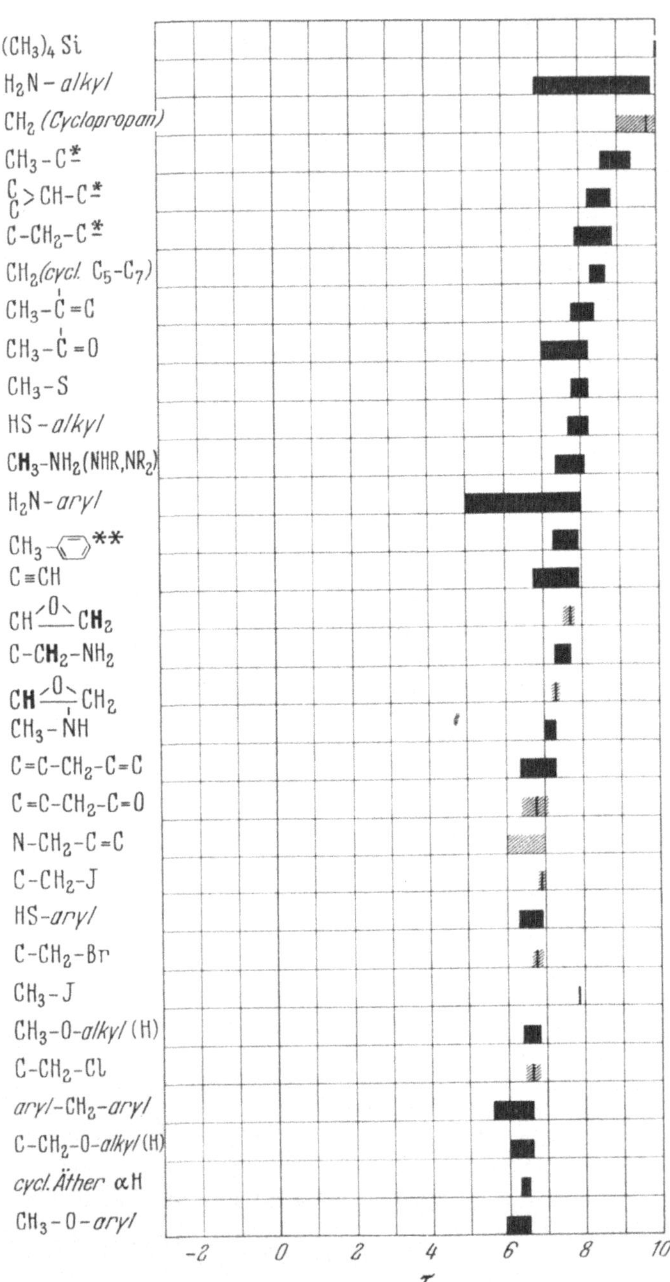

* einschl. β-substituierter Verbindungen
** einschl. substituierter Ringe

Tabelle 13. (Fortsetzung)

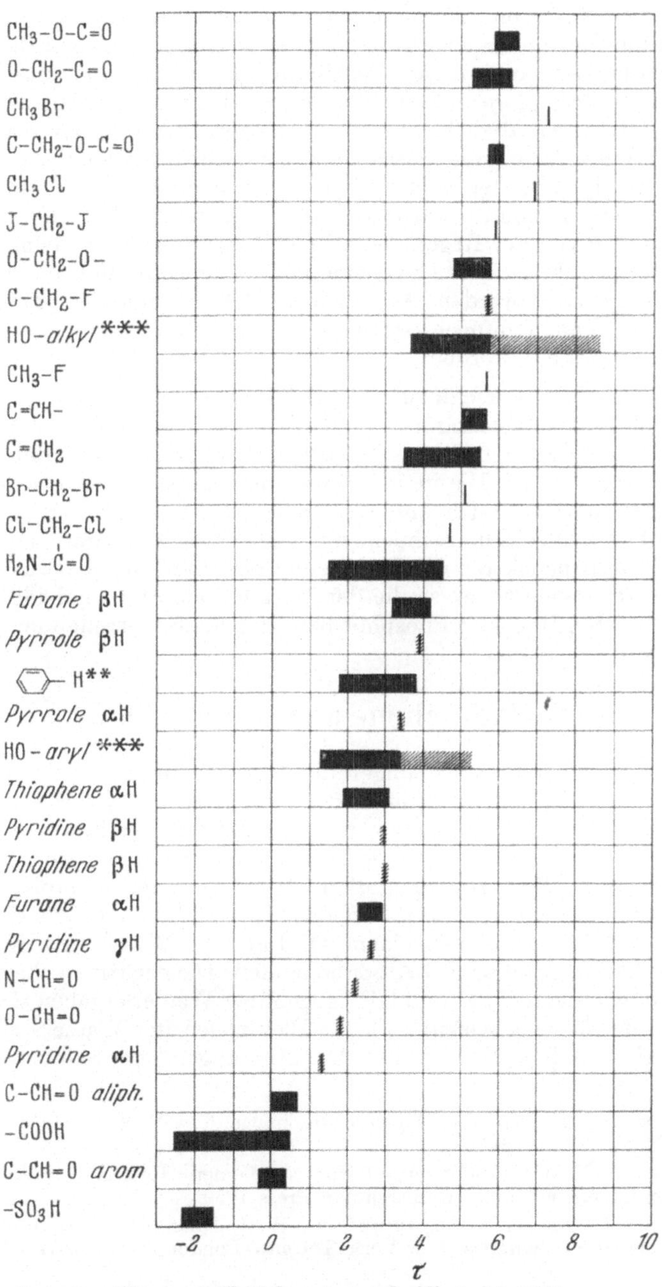

*** mit starken Wasserstoffbrücken (unverd. Alkohole) ▮
mit schwachen Wasserstoffbrücken ▨

Im Rahmen des vorliegenden Buches sollen im wesentlichen anorganische sowie einige metallorganische Wasserstoffverbindungen besprochen werden. Bezüglich der Anwendung der kernmagnetischen Resonanzspektroskopie auf organische Verbindungen sei auf die einschlägige Literatur, insbesondere auf die Werke von ROBERTS[1], JACKMAN[2] und POPLE, SCHNEIDER und BERNSTEIN[3] verwiesen. Trotzdem seien aber an dieser Stelle die charakteristischen chemischen Verschiebungen bzw. τ-Werte wenigstens der wichtigsten organischen Gruppen aufgeführt (Tab. 13). Dabei konnte natürlich den in einzelnen Fällen möglichen Abweichungen von der Regel, die beispielsweise durch nahe benachbarte Phenylgruppen, konjugierte Systeme usw. verursacht sind, nicht immer Rechnung getragen werden. Ausführliche Tabellen und Diagramme der chemischen Verschiebungen organischer Verbindungen sind von CHAMBERLAIN[4] aufgestellt worden.

Die chemischen Verschiebungen einer großen Anzahl binärer anorganischer Wasserstoffverbindungen nichtmetallischer Elemente sind im Zusammenhang mit den Wasserstoffbrückenbindungen an anderer Stelle behandelt (vgl. S. 72). Die in Tab. 13 wiedergegebenen chemischen Verschiebungen beziehen sich auf gasförmiges Methan. Die Daten lassen sich leicht in τ-Werte umrechnen, wenn beachtet wird, daß $\tau_{CH_4} = 9{,}87$ ist. Die Protonenspektren der Borwasserstoff- und Phosphorwasserstoffverbindungen sowie teilweise die der Metallalkyle und -hydride sind in den Abschnitten Bor oder Phosphor bzw. denen des betreffenden Metalls beschrieben.

b) Hydronium- und Hydroxidion

Die chemischen Verschiebungen des Hydroniumions, H_3O^+, und des Hydroxidions, OH^-, die gegenüber der Resonanzlinie von Wasser beide etwa $-10 \cdot 10^{-6}$ betragen, sind von J. I. MUSHER[5] qualitativ durch ein Modell erklärt worden, bei dem die Ladungen beider Ionen am Sauerstoff lokalisiert sind. Das Hydroniumion, H_3O^+, ist als Komplex dreier Wasserstoffatome mit einem O^+-Ion, das Hydroxidion, OH^- als Komplex eines Wasserstoffatoms mit einem O^--Ion und Wasser als Komplex zweier H-Atome mit einem O-Atom behandelt. Die negativen chemischen Verschiebungen von H_3O^+ und OH^- gegenüber Wasser ergeben sich dann als Folge der Wechselwirkung der $1s$-Elektronen der Wasserstoffatome mit den elektrischen Feldern der „Punktladungen" am Sauerstoffatom.

---

[1] ROBERTS, J. D.: Nuclear Magnetic Resonance. New York-Toronto-London: McGraw-Hill Book Co. 1959.

[2] JACKMAN, L. M.: Applications of Nuclear Magnetic Resonance Spectroscopy in Organic Chemistry. London: Pergamon Press 1959.

[3] POPLE, J. A., W. G. SCHNEIDER u. H. J. BERNSTEIN: High-resolution Nuclear Magnetic Resonance. New York-Toronto-London: McGraw-Hill Book Co. 1959.

[4] CHAMBERLAIN, N. F.: Anal. Chem. **31**, 56 (1959).

[5] MUSHER, J. I.: J. Chem. Phys. **35**, 1989 (1961).

Andere Erklärungen für die chemischen Verschiebungen des Hydroniumions[1,2] und des Hydroxidions[2], die jedoch nicht in allen Punkten befriedigend sind, waren schon früher gegeben worden.

Das freie Proton, H^+, zeigt, bezogen auf $\delta_{H_2O}=0$, eine chemische Verschiebung von $-27 \cdot 10^{-6}$.

c) Ammoniak

Das Protonen-Resonanzspektrum von flüssigem und gasförmigem Ammoniak wurde von Ogg[3] studiert. Das Spektrum von NH_3-Gas zeigt infolge der Kopplung des Protonenspins mit dem Spin des ^{14}N-Kerns $(I=1)$ das zu erwartende (vgl. S. 36) 1-1-1-Triplett. Dieselbe, in Abb. 36 gezeigte Struktur weist das ^1H-Resonanzspektrum von flüssigem Ammoniak auf, wenn dieses

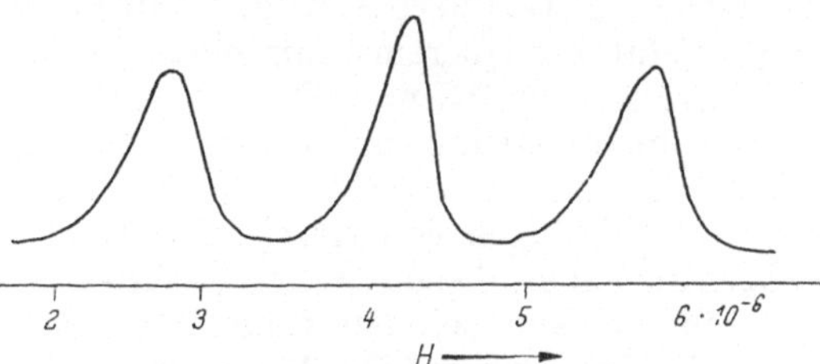

Abb. 36. Protonen-Resonanzspektrum von trockenem, flüssigem NH_3 [nach Ogg]

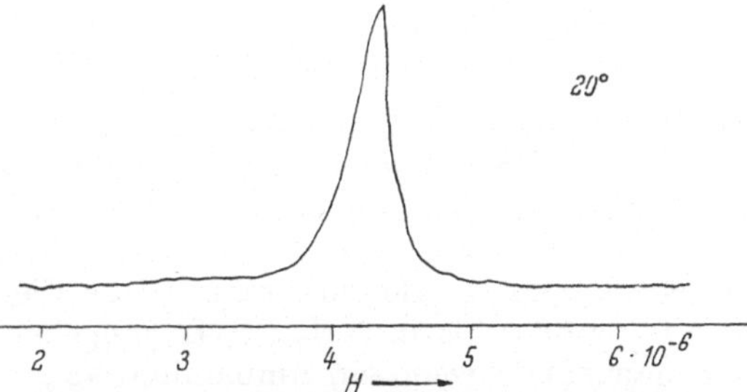

Abb. 37. Protonen-Resonanzspektrum von feuchtem, flüssigem NH_3 [nach Ogg]

sehr sorgfältig von Spuren Wasser befreit worden ist. In der Gegenwart von geringen Mengen Wasser kollabiert das Multiplett wegen des raschen Protonenaustausches gemäß der Reaktion

$$H_2O + NH_3 \rightleftharpoons HO^- + NH_4^+ \, .$$

Das Spektrum besteht dann nur noch aus einer einzelnen Linie an der Stelle, an der sich ursprünglich die mittlere Linie des Tripletts befand (Abb. 37). Ammoniak, dessen ^{15}N-Gehalt auf etwa 15% angereichert ist,

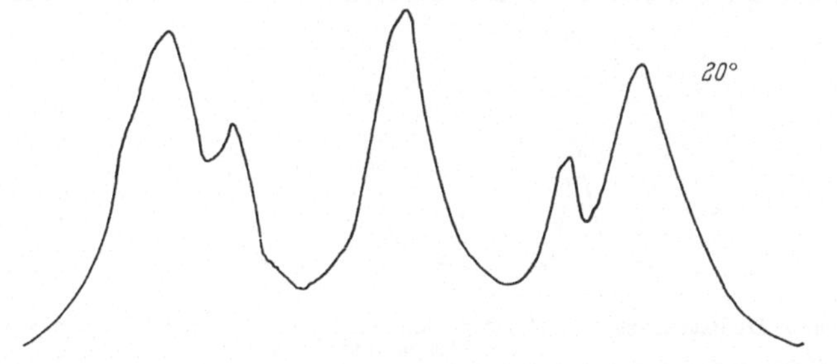

Abb. 38. ^1H-Resonanzspektrum von trockenem, flüssigem NH_3, angereichert an ^{15}N

[1] Gutowsky, H. S., u. A. Saika: J. Chem. Phys. **21**, 1688 (1953).

[2] Pople, J. A., W. G. Schneider u. H. J. Bernstein: High-resolution Nuclear Magnetic Resonance. New York - Toronto - London: McGraw-Hill Book Co. Inc. 1959.

[3] Ogg, R. A.: J. Chem. Phys. **22**, 560 (1954).

zeigt nach sorgfältigem Trocknen das in Abb. 38 wiedergegebene Spektrum. Die zusätzlichen Satelitten stellen das Spin-Spin-Dublett dar, das von der Wechselwirkung der Protonen mit dem Spin des ^{15}N-Kerns erwartet wird. Das Verhältnis der Multiplettaufspaltungen J_{1H14N}/J_{1H15N} ist quantitativ in Übereinstimmung mit dem Verhältnis der gyromagnetischen Größen von ^{14}N und ^{15}N.

Das im Spektrum von reinem, getrocknetem, flüssigem Ammoniak auftretende Triplett verschwindet, ähnlich wie beim Zusatz von Wasser, auch durch Zufügen von KNH_2, $NaNH_2$, NH_4Br und H_3NBF_3[1]. Ist die Konzentration an diesen Stoffen genügend groß, so beobachtet man nur noch eine einzelne schmale Linie. Die systematische Verbreiterung der Linien des Tripletts und ihre Verschmelzung zu einer einzelnen Resonanzlinie mit steigender Konzentration ist an $NaNH_2$-Lösungen ausführlich studiert worden. Für die Geschwindigkeitskonstante der Protonen-Übertragungsreaktion

$$N^*H_3 + NH_2^- \rightarrow N^*H_2^- + NH_3$$

wurde die ungefähre Größe $4,6 \cdot 10^{11}$ mol^{-3} cm^3 sec^{-1} gefunden.

Mit dem Übergang vom Triplett zum Singulett ist z. B. in Lösungen von KNH_2 eine Verschiebung der Resonanzbande nach höheren Feldstärken verbunden. Eine Verschiebung in dieser Richtung entspricht der Erwartung, da die durchschnittliche Elektronendichte am Stickstoff in NH_2^- größer als in NH_3 ist. In umgekehrter Richtung wandert die Resonanzbande, wenn ein Ammoniumsalz, wie z. B. NH_4Br, in flüssigem Ammoniak gelöst wird. Noch stärker ist der Effekt im Fall der Verbindung H_3NBF_3, wo er klar die Verringerung der Elektronendichte in NH_3 durch die Koordination an die Lewis-Säure BF_3 demonstriert: $H_3N \rightarrow BF_3$.

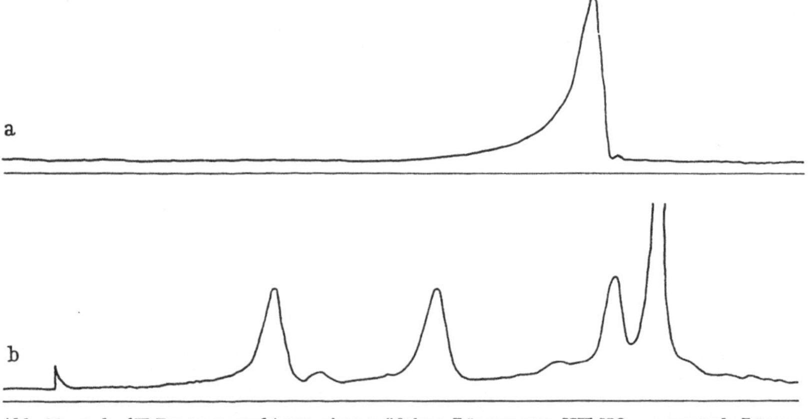

Abb. 39a u. b. ^{1}H-Resonanzspektrum einer wäßrigen Lösung von NH_4NO_3, a neutrale Lösung, b saure Lösung [nach OGG]

Besonders hingewiesen sei hier noch auf eine von OGG[1] gemachte interessante Beobachtung. Im Protonenresonanzspektrum einer wäßrigen Lösung von NH_4NO_3, die mit Ammoniak neutralisiert worden ist, tritt

---

[1] OGG, R. A.: Disc. Faraday Soc. **17**, 215 (1954).

wegen des raschen Austausches von Protonen zwischen NH_3, H_2O und NH_4^+ nur eine einzelne Resonanzlinie auf (Abb. 39a). Säuert man die Lösung jedoch mit etwas Salpetersäure an, so erscheint im Spektrum neben einer dem Wasser zuzuordnenden Resonanzlinie ein Triplett, das den drei Spinzuständen der ^{14}N-Kerne entspricht, wie es in Abb. 39b gezeigt ist. Damit ist erwiesen, daß der Protonenaustausch wohl zwischen NH_3 und NH_4^+ sehr rasch vor sich geht, nicht aber zwischen H_2O und NH_4^+.

d) Dissoziationsgleichgewichte

Schon frühzeitig haben GUTOWSKY und SAIKA[1] und später HOOD, REDLICH und REILLY[2] die Dissoziationsgleichgewichte von Elektrolyten, an denen Protonen beteiligt sind, in wäßrigen Lösungen mit Hilfe der kernmagnetischen Resonanz-Spektroskopie untersucht. Wir haben schon in Abschnitt 8a gesehen, daß bei genügend großer Austauschfrequenz der Protonen zwischen den Partnern eines Gleichgewichtes der allgemeinen Form

$$HA + H_2O \rightleftharpoons H_3O^+ + A^-$$

im kernmagnetischen Resonanzspektrum nur eine einzige Resonanzlinie erscheint. Ihre Lage ist von den Resonanzfrequenzen der am Gleichgewicht beteiligten Individuen HA, H_2O und H_3O^+ und von deren Konzentrationen abhängig. In einem gegebenen System, z. B. der Lösung einer Säure, ist sie deshalb eine Funktion des Dissoziationsgrades.

α) Säuren

Am einfachsten liegen die Verhältnisse bei einwertigen Säuren. Wenn wir vollkommene Dissoziation der Säure annehmen und x der Molenbruch der Säure darstellt, beträgt die Zahl der gebildeten H_3O^+-Ionen $N \cdot x$/Mol, während $(N - 2N \cdot x)$ Wassermoleküle pro Mol zurückbleiben. Der Bruchteil, der als H_3O^+ vorhandenen Protonen beträgt, da dieses 3 Protonen und das Wassermolekül 2 Protonen enthält:

$$p = \frac{3x}{3x + 2(1 - 2x)} = \frac{3x}{2 - x} . \tag{76}$$

Unter der Annahme, daß die chemische Verschiebung δ das Mittel der chemischen Verschiebung von Hydroniumion $\delta_{H_3O^+}$ und Wassermolekül δ_{H_2O} ist, erhält man

$$\delta = p\,\delta_{H_3O^+} + (1 - p)\,\delta_{H_2O} . \tag{77}$$

Bezieht man die chemische Verschiebung der Lösung auf reines Wasser, so wird sie dem Molenbruch der Hydroniumionen proportional:

$$\delta = p \cdot \delta_{H_3O^+} . \tag{78}$$

Für kleine Konzentrationen konnte diese Abhängigkeit tatsächlich bestätigt werden[2]. Abb. 40 zeigt ein Diagramm, in dem δ gegen die

---

[1] GUTOWSKY, H. S., u. A. SAIKA: J. Chem. Phys. **21**, 1688 (1953).
[2] HOOD, G. C., O. REDLICH u. C. A. REILLY: J. Chem. Phys. **22**, 2067 (1954).

Größe p für verschiedene Säuren aufgetragen ist. Es ergeben sich für kleine Werte von p Gerade, aus deren Neigung sich $\delta_{H_3O^+}$ ergeben sollte. In Wirklichkeit findet man je nach der Säure verschiedene Werte von $\delta_{H_3O^+}$, so z. B. bei Salpetersäure $-11{,}8 \cdot 10^{-6}$, bei Salzsäure $-11{,}4 \cdot 10^{-6}$ und bei Perchlorsäure $-9{,}2 \cdot 10^{-6}$. Die Unterschiede bei den verschiedenen Säuren, wie auch die Abweichung von der Proportionalität bei höheren Konzentrationen, sind auf den jeweiligen Einfluß der Anionen in der Lösung zurückzuführen.

Bei relativ niedrigen Konzentrationen ergibt sich ein zutreffendes Bild, wenn die Abweichungen als Folge der unvollkommenen Dissoziation betrachtet werden. Ist α der Dissoziationsgrad, so daß der Molenbruch der Hydroniumionen αx und der der undissoziierten Säuremoleküle $(1 - \alpha) \cdot x$ beträgt, so ergibt sich für die auf $\delta_{H_2O} = 0$ bezogene chemische Verschiebung

$$\delta = a \cdot p\,\delta_{H_3O^+} + \frac{1}{3}(1 - \alpha)\,p\,\delta_{HA}. \quad (79)$$

Da $\delta_{H_3O^+}$ bekannt ist, läßt sich aus Gl. (79) der Dissoziationsgrad α abschätzen. Die Bestimmung von α bei verschiedenen Konzentrationen erlaubt dann weiter die Ermittlung der Dissoziationskonstanten.

Für mehrbasische Säuren ergeben sich wegen der verschiedenen Dissoziationsgrade der einzelnen Stufen wesentlich kompliziertere Verhältnisse. Bis heute wurde nur Schwefelsäure einer genaueren Betrachtung unterzogen[1, 2, 3].

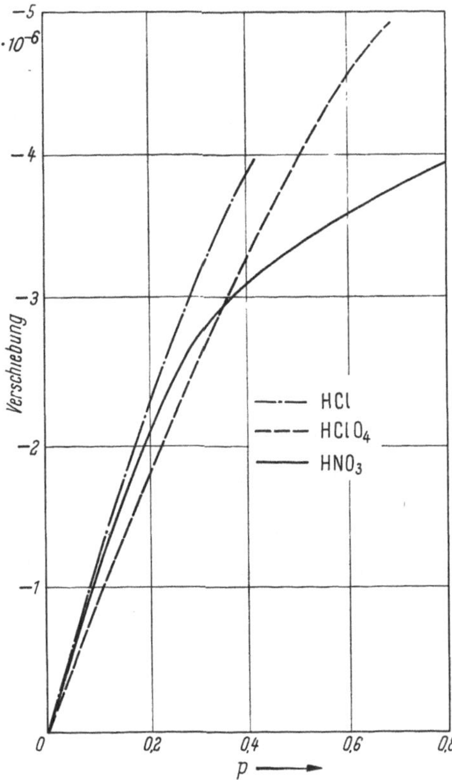

Abb. 40. Beobachtete Verschiebung der ^{1}H-Resonanz in Lösungen von HNO_3, $HClO_4$ und HCl [nach HOOD, REDLICH u. REILLY]

Auch aus der chemischen Verschiebung anderer Kernsorten kann auf den Dissoziationsgrad von Säuren geschlossen werden. So haben MASUDA und KANDA[4, 5] den Dissoziationsgrad von Salpetersäure aus der Verschiebung der ^{14}N-Resonanzlinie relativ zur Lage der Linien in stark verdünnter wäßriger Salpetersäure und in wasserfreier HNO_3 berechnet. Die gleichen Autoren bestimmten auch die chemische Verschiebung von ^{35}Cl, ^{81}Br und ^{127}J in wäßrigen Lösungen von HCl, HBr und HJ in Ab-

[1] GUTOWSKY, H. S., u. A. SAIKA: J. Chem. Phys. 21, 1688 (1953).
[2] MORIN, M. G., G. PAULETT u. M. E. HOBBS: J. Phys. Chem. 60, 1594 (1956).
[3] HOOD, G. C., u. C. A. REILLY: J. Chem. Phys. 27, 1126 (1957).
[4] MASUDA, Y., u. T. KANDA: J. Phys. Soc. Japan 8, 432 (1953).
[5] MASUDA, Y., u. T. KANDA: J. Phys. Soc. Japan 9, 82 (1954).

hängigkeit von der Konzentration. Mit wachsender Konzentration verschieben sich die Resonanzlinien in allen Fällen nach niedrigeren Feldstärken. Dies ist vermutlich auf die Zunahme undissoziierter Moleküle HX zurückzuführen, da erwartungsgemäß die freien hydratisierten Halogenionen mit einer fast kugelförmigen Verteilung der Elektronen die größte Abschirmung haben werden.

Den Dissoziationsgrad des Wassers im System $H_2O—SO_3$ haben GILLESPIE und WHITE[1] aus den Verschiebungen der Protonenresonanz berechnet. Ebenso studierten die Autoren den Einfluß einer Anzahl Elektrolyte auf die Protonenresonanz in H_2SO_4-Lösungen. Die von den Elektrolyten verursachte Verschiebung der ^1H-Resonanzlinie kann der Polarisation und den Strukturbruch-Effekten zugeschrieben werden (s. S. 71). Sowohl Kationen wie auch Anionen polarisieren Wasser in der Weise, daß die Elektronendichte in der Umgebung der Protonen vermindert wird und deshalb die Resonanz bei niedrigerem äußerem Feld erfolgt. Die Lösungen von Ionen verursachen weiter im allgemeinen Strukturbruch im Lösungsmittel, da die Orientierung der Lösungsmittelmoleküle um die Ionen im allgemeinen nicht die gleiche ist wie im übrigen Lösungsmittel. Es werden daher eine Anzahl Wasserstoffbrückenbindungen zwischen den Molekülen in der Lösungsschicht und den übrigen Molekülen des Lösungsmittels gelöst. Gewöhnlich bewirkt der Bruch von Wasserstoffbrückenbindungen, daß das Proton vom äußeren Feld wirksamer abgeschirmt und somit die Resonanz nach höheren Feldstärken verschoben wird.

Die kernmagnetische Resonanz von Protonen-Komplexen schwacher Basen wie H_2O, C_2H_5OH oder Aceton erhielten McLEAN und MACKOR[2], wenn Lösungen in wasserfreiem Fluorwasserstoff, der mit BF_3 gesättigt war, bei tiefen Temperaturen untersucht wurden. Durch die Kombination einer sehr starken Säure und niedriger Temperatur wird die Austauschgeschwindigkeit der Protonen genügend klein, so daß sie in verschiedenen Positionen diskrete Resonanzlinien verursachen. Die Kopplungskonstante von HF wurde zu 521 Hz gemessen.

β) Basen

In wäßrigen Lösungen von Natrium- und Kaliumhydroxid beobachteten GUTOWSKY und SAIKA[3] mit zunehmender Konzentration eine Verschiebung der Resonanzlinie nach niedrigeren Feldstärken. Nimmt man, wie es bei den einbasischen Säuren durchgeführt worden ist, wieder vollkommene Dissoziation an, und ist x der Molenbruch der Base MeOH, so ist der als OH-Ion vorhandene Teil der Protonen durch Gl. (80)

$$p = \frac{x}{2-x} \tag{80}$$

gegeben. Die chemische Verschiebung beträgt dann nach Gl. (78)

$$\delta = p \cdot \delta_{OH^-}. \tag{81}$$

[1] GILLESPIE, R. J., u. R. F. M. WHITE: Can. J. Chem. **38**, 1371 (1960).
[2] McLEAN, C., u. E. L. MACKOR: J. Chem. Phys. **34**, 2207 (1961).
[3] GUTOWSKY, H. S., u. A. SAIKA: J. Chem. Phys. **21**, 1688 (1953).

Trägt man die chemische Verschiebung δ in Abhängigkeit von p auf, so erhält man bei niedrigen Konzentrationen wieder eine Gerade, aus deren Neigung sich für δ_{OH^-} ein Wert von $-10 \cdot 10^{-6}$ ergibt. Während sich die Neigungen der geraden Teile der Kurven für KOH und NaOH nicht unterscheiden, ist die chemische Verschiebung bei hohen Konzentrationen für NaOH-Lösungen wesentlich kleiner als für KOH-Lösungen. Dies wird von den Autoren auf die Bildung von Me^+OH^--„Ionenpaaren" zurückgeführt, deren Bildung im Falle der kleineren Natriumionen begünstigt ist.

γ) Lösungen von Ammoniak und Methylaminen

In wäßrigen Lösungen von Ammoniak findet ein rascher Austausch der an Sauerstoff und Stickstoff gebundenen Protonen statt, so daß im kernmagnetischen Resonanzspektrum nur eine einzelne Resonanzlinie beobachtet wird. GUTOWSKY und FUJIWARA[1] haben die chemische Verschiebung von Ammoniaklösungen in Abhängigkeit von der Konzentration bei Zimmertemperatur untersucht. Unter der Annahme, daß keine Dissoziation eintritt, sollte gelten, daß die chemische Verschiebung δ gegenüber Wasser durch Gl. (82) beschrieben wird:

$$\delta = p_1 \delta_{NH_3}, \tag{82}$$

wenn p_1 den Teil der Protonen, die sich in Form von NH_3-Molekülen in der Lösung befinden, beschreibt und δ_{NH_3} die chemische Verschiebung von reinem Ammoniak ist. Die sich aus Gl. (82) ergebenden chemischen Verschiebungen sind jedoch wesentlich größer als die tatsächlich beobachteten. Die letzteren sind vielmehr ganz ähnlich groß wie die von NH_4NO_3- oder NH_4CH_3COO-Lösungen, was darauf hindeutet, daß das Gleichgewicht

$$NH_3 + H_2O \rightleftharpoons NH_4^+ + OH^-$$

eine Rolle spielt.

Die Kinetik der Protolyse des Ammoniumions in wäßriger Lösung wurde mit Hilfe der kernmagnetischen Resonanzspektroskopie mehrfach[2, 3, 4] untersucht. Das eingehende Studium des Protonenaustausches zwischen NH_4^+ und H_2O bzw. NH_4^+ und NH_3 in sauren Lösungen[5] führte zu den Geschwindigkeitskonstanten der Reaktionen

$$N^*H_4 + H_2O \rightleftharpoons N^*H_3 + H_3O^+$$

$$N^*H_4 + NH_3 \rightleftharpoons N^*H_3 + NH_4^+ .$$

Wäßrige Lösungen von Mon-, Di- und Trimethylamin waren schon früher von GRUNWALD, LOEWENSTEIN und MEIBOOM[6] bei verschiedenen p_H-Werten untersucht worden. Im Protonenresonanzspektrum der

[1] GUTOWSKY, H. S., u. S. FUJIWARA: J. Chem. Phys. **22**, 1782 (1954).

[2] OGG, R. A.: Disc. Faraday Soc. **17**, 215 (1954).

[3] MEIBOOM, S., A. LOEWENSTEIN u. S. ALEXANDER: J. Chem. Phys. **29**, 969 (1958).

[4] McCONNELL, H. M., u. D. D. THOMPSON: J. Chem. Phys. **26**, 958 (1957).

[5] EMERSON, M. T., E. GRUNWALD u. R. A. KROMHOUT: J. Chem. Phys. **33**, 547 (1960).

[6] GRUNWALD, E., A. LOEWENSTEIN u. S. MEIBOOM: J. Chem. Phys. **27**, 641 (1957).

Lösungen treten zwei scharfe Resonanzlinien auf, deren eine von dem Proton der Methylgruppe(n) und deren andere von den einem raschen

Austausch zwischen H_2O, H_3O^+, OH^- und $H\overset{H}{N}CH_3^+$ (bzw. $H_2N(CH_3)_2^+$) oder $H\overset{H}{N}(CH_3)_3^+$) unterliegenden Protonen herrührt. Die chemische Verschiebung der Methylprotonenresonanz (die die Autoren gegenüber Tetramethylammoniumion gemessen haben) ist direkt dem Verhältnis der Konzentrationen von Säure und Säure + Base proportional. Die Systeme können durch die Reaktionsgleichung

$$R_3NH^+ \rightleftharpoons R_3N + H^+,$$

dargestellt werden, wobei R teilweise Wasserstoff sein kann.

Trägt man den Abstand der Resonanzlinien, die von Methylprotonen in den $CH_3NH_2 - CH_3NH_3^+$ - Gleichgewichtsmischungen und von den Protonen in $N(CH_3)_4^+$ herrühren, in Hz gegen den p_H-Wert der Mischungen auf, so erhält man die übliche Form einer Titrationskurve, wie es in Abb. 41 gezeigt ist. Abb. 41 stellt die chemische Verschiebung als Funktion des Verhältnisses γ

$$\gamma = \frac{\text{Säure}}{\text{Säure} + \text{Base}}$$

dar.

Das Spektrum des Tetramethylammoniumions besteht aus einem Triplett. Die Aufspaltung infolge der Spin-Spin-Wechselwirkung mit dem ^{14}N-Kern beträgt $0,54 \pm 0,06$ Hz. Die Schärfe der Linien zeigt, daß T_1 von Stickstoff größer als 1 sec sein muß. Im Methylammoniumion beträgt die Relaxationszeit T_1 nur etwa 0,02 sec, wie aus der Verbreiterung der NH_3^+-Gruppe

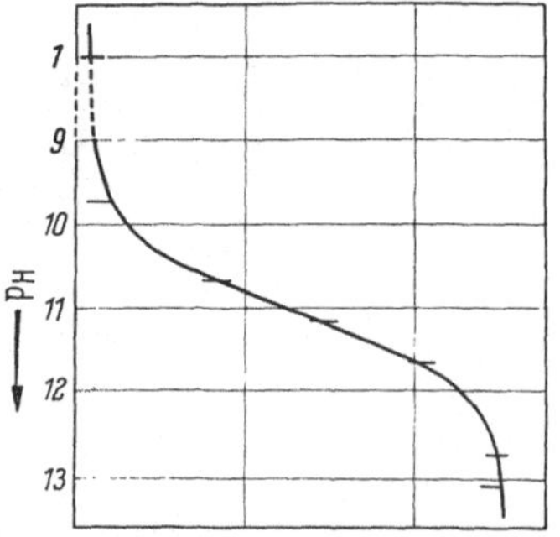

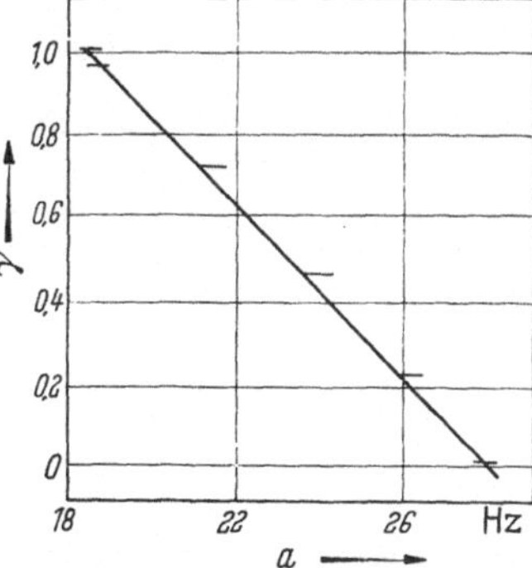

Abb. 41. Titrationskurve für $CH_3NH_3^+$ [$a = $ Chem. Versch. der Methylprotonen gegenüber den Methylprotonen in $(CH_3)_4N^+$; in Hz (Feldstärke 7430 Gauß)] [nach GRUNWALD, LOEWENSTEIN u. MEIBOOM]

berechnet ist. Die große Relaxationszeit für $(CH_3)_4N^+$ zeigt die symmetrische Struktur des Ions an, während in den unsymmetrischen Ionen die Quadrupol-Relaxation des ^{14}N-Kerns kurze Relaxationszeiten ermöglicht.

Die gleichen Autoren[1,2] verwendeten die kernmagnetischen Resonanzspektren auch zur Untersuchung der Kinetik der Protolyse von Methylammoniumionen. Abb. 42 zeigt die Protonenresonanzspektren wäßriger

[1] GRUNWALD, E., A. LOEWENSTEIN u. S. MEIBOOM: J. Chem. Phys. **25**, 382 (1956).

[2] GRUNWALD, E., A. LOEWENSTEIN u. S. MEIBOOM: J. Chem. Phys. **27**, 630 (1957).

Lösungen von Methylammoniumchlorid bei verschiedenen p_H-Werten. Bei $p_H = 0,96$ besteht die Resonanzbande der Methylprotonen aus einem 1—3—3—1-Quartett infolge der Kopplung mit den drei am Stickstoff sitzenden Protonen des Methylammoniumions. Die Protolysegeschwindigkeit ist demnach klein. Mit zunehmendem p_H-Wert geht das Quartett

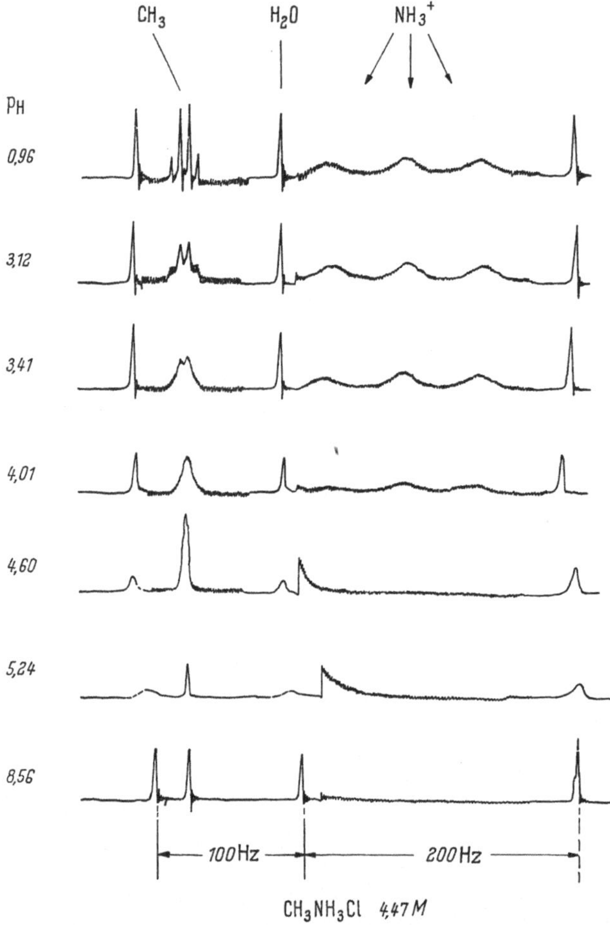

Abb. 42. Kernmagnetische ^{1}H-Resonanzspektren von wäßr. 4,47 M [CH₃NH₃]Cl-Lösungen [31,65 MHz] bei verschiedenen p_H-Werten (Die Resonanzlinien rechts und links außen sind Wiederholungen der Wasserlinie und dienen zur Vermessung des Spektrums) [nach GRUNWALD, LOEWENSTEIN u. MEIBOOM]

mehr und mehr in eine einzelne Resonanzlinie über, da die am Stickstoff sitzenden Protonen immer rascher ausgetauscht werden. Gleichzeitig wird die von den Protonen am Stickstoffatom herrührende Resonanzbande, ein durch Kopplung mit ^{14}N verursachtes Triplett, intensitätsschwächer und verschwindet schließlich, während die Resonanzlinie des Wassers wieder schmaler wird. Die letzte Erscheinung zeigt, daß bei mittleren p_H-Werten das Wassermolekül an der Protolysereaktion teilnimmt.

Bei hohen p_H-Werten tritt schließlich im Spektrum für die Protonen, die das Stickstoffatom umgeben und die Protonen der Wassermoleküle nur noch eine einzige Resonanzlinie auf. GRUNWALD, LOEWENSTEIN und MEIBOOM konnten zeigen, daß der Protonenaustausch über das Lösungsmittel bei der Protolyse von Methylammoniumion eine wichtige Rolle spielt. Bei Di- und Trimethylammoniumionen haben Prozesse dieser Art sogar noch größere Bedeutung[1].

In jüngster Zeit lieferten ähnliche Untersuchungen[2] die kinetischen Daten der Protonenaustauschreaktionen von Methylamin bzw. $CH_3NH_3^+$ in saurem Medium:

$$CH_3N^*H_3^+ + NH_2CH_3 \rightarrow CH_3N^*H_2 + NH_3CH_3$$
$$CH_3N^*H_3^+H_2O + H_2NCH_3 \rightarrow CH_3N^*H_2 + HOH + HNH_2CH_3 .$$

e) Chemische Verschiebungen in wäßrigen Lösungen von Salzen

In den wäßrigen Lösungen von diamagnetischen Salzen findet man stets nur eine einzelne Protonen-Resonanzlinie, deren Lage neben der Konzentration von der Art der gelösten Verbindung abhängt. Sie kann, bezogen auf Wasser, nach der Seite des höheren oder des niedrigeren Feldes verschoben sein.

SHOOLERY und ALDER[3] ermittelten die chemischen Verschiebungen der Lösungen einer großen Anzahl von Salzen und fanden empirisch, daß sich δ durch Gl. (83) ausdrücken läßt

$$\delta = m(n^+\delta^+ + n^-\delta^-), \quad (83)$$

wenn m die Konzentration in Molen/1000 g Wasser, n^+ und n^- die Zahl der Mole von Kationen und Anionen bei der Dissoziation eines Mols Salz und δ^+ und δ^- die relative molare Verschiebung bedeuten, die durch die positiven und negativen Ionen verursacht werden. Die für δ^+ und δ^- der untersuchten Ionen gefundenen Werte sind, bezogen auf den für das Perchloration $\delta_{\overline{ClO}_4} = 0,085$ willkürlich definierten Wert in Tab. 14 aufgeführt.

Tabelle 14. *Relative molare Verschiebungen der Protonenresonanz in wäßrigen Lösungen von Salzen*[3] (bezogen auf $\delta_{\overline{ClO}_4^-} = 0,085$)

Ion	$\delta \cdot 10^{-6}$	Ion	$\delta \cdot 10^{-6}$
F^-	—0,120	Li^+	—0,009
Cl^-	0,001	Na^+	0,057
Br^-	0,021	K^+	0,071
J^-	0,035	Ag^+	—0,028
NO_3^-	0,009	Be^{++}	—0,489
ClO_4^-	0,085	Mg^{++}	—0,208
SO_4^{--}	—0,117	Ca^{++}	—0,045
PO_4^{---}	—0,383	Ba^{++}	0,023
		Zn^{++}	—0,124
		Al^{+++}	—0,519
		La^{+++}	—0,519

Die Autoren führen die tatsächlich zu beobachtende chemische Verschiebung auf die Überlagerung zweier entgegengesetzt gerichteter Effekte zurück. Eine starke Bindung des Wassermoleküls an Ionen

---

[1] LOEWENSTEIN, A., u. S. MEIBOOM: J. Chem. Phys. **27**, 1067 (1957).

[2] GRUNWALD, E., P. J. KARABATSOS, R. A. KROMHOUT u. E. L. PURLEE: J. Chem. Phys. **33**, 556 (1960).

[3] SHOOLERY, J. N., u. B. ALDER: J. Chem. Phys. **23**, 805 (1955).

verursacht einerseits eine Verschiebung nach niedigerem Feld, während andererseits die Ionen durch ihre Eigenschaft, die Wasserstoffbrücken-bindungen zwischen den Wassermolekülen zu lösen, eine Verschiebung in entgegengesetzter Richtung bewirken. Der letztere Effekt tritt besonders bei einwertigen Ionen in den Vordergrund, während die starke Hydratation hauptsächlich bei kleinen Ionen mit hohen Ladungen vorliegt. Eingehende Untersuchungen des Zusammenhangs zwischen der chemischen Verschiebung von Protonen in wäßrigen Lösungen von Salzen und der Hydratation der Ionen wurden in neuester Zeit von SHEHERBAKOV[1] angestellt.

Lösungen von paramagnetischen Salzen zeigen ziemlich große chemische Verschiebungen[2,3], für die BLOEMBERGEN[4] eine Erklärung vorgeschlagen hat. Die Relaxationszeit der Protonen in Lösungen, die paramagnetische Ionen enthalten, hängt unter anderem von der Relaxationszeit der Elektronenspins ab[5]. BERNHEIM, BROWN, GUTOWSKY und WOESSNER[6] haben die Relaxationszeiten von Protonen in wäßrigen Lösungen paramagnetischer Ionen als Funktion der Temperatur gemessen und interpretiert.

f) Ester anorganischer Sauerstoffsäuren

Die ^{1}H-Resonanzspektren der Methylester von neun anorganischen Sauerstoffsäuren wurden von HAMMOND[7] untersucht. Die τ-Werte der Methylprotonen sind in Tab. 15 verzeichnet.

Trägt man die chemischen Verschiebungen der Borsäure-, Kohlensäure- und Salpetersäure-ester bzw. der Kieselsäure-, Phosphorsäure-, Schwefelsäure- und Perchlorsäureester gegen die Elektronegativitäten der Zentralatome der Säuren auf, so erhält man in guter Annäherung zwei Gerade, wie es in Abb. 43 gezeigt ist.

Mit zunehmender Elektronegativität des Zentralatoms der Sauerstoffsäure verschiebt sich die Resonanzlinie der Methylprotonen nach niedrigeren Feldstärken. In den Methylestern der schwefligen und der phosphorigen Säure sind die Protonen der Methylgruppe stärker abgeschirmt als in den Schwefel- bzw. Phosphorsäureestern.

Tabelle 15. *Chemische Verschiebungen τ der Methylester anorganischer Sauerstoffsäuren*

Säure	τ
Borsäure	6,49
Kohlensäure	6,23
Salpetersäure	5,85
Salpetrige Säure	(5,94)
Kieselsäure	6,44
Phosphorsäure	6,24
Phosphorige Säure	6,53
Schwefelsäure	6,04
Schweflige Säure	6,41
Perchlorsäure	5,70
Chlorige Säure	(6,35; 6,76)
Unterchlorige Säure	(6,10)

[1] SHEHERBAKOV, V. A.: Zhur. strukt. Khim. **2**, 484 (1961).
[2] BLOEMBERGEN, N., u. W. C. DICKINSON: Phys. Rev. **79**, 179 (1950).
[3] DICKINSON, W. C.: Phys. Rev. **81**, 717 (1951).
[4] BLOEMBERGEN, N.: J. Chem. Phys. **27**, 595 (1957).
[5] BLOEMBERGEN, N., u. L. O. MORGAN: J. Chem. Phys. **34**, 842 (1961).
[6] BERNHEIM, R. A., T. H. BROWN, H. S. GUTOWSKY u. D. E. WOESSNER: J. Chem. Phys. **30**, 950 (1959).
[7] HAMMOND, P. R.: J. Chem. Soc. (London) **1962**, 1370.

Die Abschirmung der Methylprotonen in den verschiedenen Säuren hängt von mehreren Faktoren ab. Unter diesen haben die Elektronegativitätsunterschiede zwischen Sauerstoff und der Gruppe, die das Zentralatom der Säure enthält, eine dominierende Rolle, wie man aus der linearen Abhängigkeit der τ-Werte von der Elektronegativität der Zentralatome erkennt. Auch mögen sich Strukturen wie $C\!-\!\overset{+}{O}\!=\!X$ (wie z. B. I)

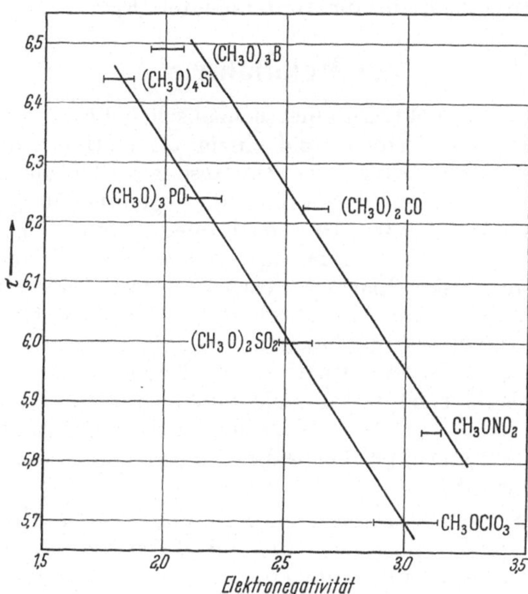

Abb. 43. Chemische Verschiebung τ der Methylprotonen von Methylestern anorganischer Säuren als Funktion der Elektronegativität des Säure-Zentralatoms

in den τ-Werten bemerkbar machen. Maßgebend sind weiter die geometrischen Verhältnisse im Molekül, da diese die Hybridisierung beeinflussen. Die in Abb. 43 dargestellte Abhängigkeit bezieht sich daher nur auf Moleküle mit ähnlicher Geometrie. Dagegen scheint zwischen der Säurestärke und der Resonanzfrequenz der Methylprotonen kein einfacher Zusammenhang zu bestehen.

$$H_3C\!-\!\overset{+}{O}\!=\!\overset{\overset{\displaystyle CH_3}{|}\;\overset{\displaystyle O}{|}}{\underset{\overset{\displaystyle \|}{\underset{\displaystyle |O|}{}}}{S}}\!-\!\overline{O}|^{-}$$

I

Die [1]H-Resonanzspektren zahlreicher Ester der phosphorigen Säure sind von Mavel[1] untersucht worden. Trialkylphosphite und Trialkyl-

---

[1] Mavel, G.: C. R. Acad. Sci. **248**, 3699 (1959).

phosphate studierten Shuler und Axtmann[1], während Mavel und Martin[2] die Protonenresonanz von Amiden und Esteramiden der phosphorigen Säure und der Phosphorsäure sowie von Phosphorsäuren und ihren Halogeniden[3] zum Gegenstand ihrer Untersuchungen machten. In jüngster Zeit tabellierten Siddall und Prohaska[4] die chemischen Verschiebungen $\delta_{\,^1H}$ einer großen Zahl neu synthetisierter Phosphinsäuren, Phosphinsäureester, Phosphinsäurechloride und Phosphorsäuredichloride. Methylphosphinsäure untersuchten Fiat et al.[5]. Vergleiche auch[6].

g) Metallalkyle

Das ^{1}H-Resonanzspektrum einer benzolischen Lösung von Lithiumäthyl zeigt mit einem Triplett und einem Quartett ein für ein A_2X_3-System typisches Spektrum[7]. Die ^{7}Li-Resonanz der gleichen Lösung besteht aus nur einer sehr scharfen Linie, die gegenüber 70%iger wäßriger Lithiumbromid-Lösung $1{,}00 \cdot 10^{-6}$ nach niedrigerem Feld verschoben ist. Daß die infolge des hohen Quadrupolmoments der Li-Kerne ($I = 3/2$) erwartete beträchtliche Quadrupolrelaxation und Linienverbreiterung nicht zustande kommt, kann damit erklärt werden, daß sich die Lithiumkerne in einer Umgebung mit hoher Symmetrie befinden oder aber daß rasche Austauschprozesse im Mittel ein Feld hoher Symmetrie schaffen. Die erste Möglichkeit ist unwahrscheinlich, während andererseits die Tatsache, daß keine Spin-Spin-Kopplung zwischen Lithium und den Protonen der Äthylgruppe beobachtet wird, die Annahme rascher Austauschprozesse stützt.

Trimethylaluminium, Dimethylaluminiumchlorid und Methylaluminiumdichlorid, die in flüssigem Zustand dimer vorliegen, zeigen im Protonenresonanzspektrum nur eine einzelne Resonanzlinie[8]. Die chemischen Verschiebungen gegenüber Cyclopentan betragen, weitgehend unabhängig von der Konzentration der Lösung, $1{,}82 \cdot 10^{-6}$, $1{,}82 \cdot 10^{-6}$ und $1{,}52 \cdot 10^{-6}$ [9, 10]. Es ist überraschend, daß z. B. das Resonanzspektrum von Trimethylaluminium nur aus einer einzelnen Resonanzlinie besteht und nicht etwa zwei Linien mit dem Intensitätsverhältnis 1:2 auftreten, die den Protonen der brückenbildenden und der endständigen Methylgruppen zukommen würden. Die Entscheidung

[1] Shuler, W. E., u. R. C. Axtmann: USAEC Research and Development Report, Chem. Gen. **1960**, DP 470.

[2] Mavel, G., u. G. Martin: Compt. rend. **252**, 110 (1961).

[3] Martin, G., u. G. Mavel: Compt. rend. **253**, 2523 (1961).

[4] Siddall, T. B., u. C. A. Prohaska: J. Am. Chem. Soc. **84**, 2502 (1962).

[5] Fiat, D., M. Halmann, L. Kugel u. J. Reuben: J. Chem. Soc. (Lond.) **1962**, 3837.

[6] David, H., G. Martin, G. Mavel u. G. Sturtz: Bull. Soc. chim. **1962**, 1616.

[7] Brown, T. L., D. W. Dickerhoof u. D. A. Bafus: J. Am. Chem. Soc. **84**, 1371 (1962).

[8] Muller, N., u. D. E. Pritchard: J. Am. Chem. Soc. **82**, 248 (1960).

[9] Brownstein, S., B. C. Smith, G. Erlich u. A. W. Laubengayer: J. Am. Chem. Soc. **82**, 1000 (1960).

[10] Groenewege, M. P., J. Smidt u. H. de Vries: J. Am. Chem. Soc. **82**, 4425 (1960).

zwischen den beiden Möglichkeiten, die das Auftreten nur *einer* Resonanz-linie erklären können, nämlich die magnetische Äquivalenz aller Protonen oder der Ablauf sehr rascher Austauschprozesse, brachte die Untersuchung der Verbindungen bei tiefer Temperatur[1]. Bei —75° beobachtet man tatsächlich die zwei erwarteten Resonanzsignale. Ihre chemischen Verschiebungen gegenüber Cyclopentan betragen $1,04 \cdot 10^{-6}$ und $2,17 \cdot 10^{-6}$ für die Protonen der brückenbildenden bzw. der endständigen Methylgruppen. Mit steigender Temperatur verbreitern sich die Resonanz-linien und verschmelzen schließlich zu einer einzigen Linie mit der Verschiebung $1,79 \cdot 10^{-6}$. Die Untersuchung der Temperaturabhängigkeit des Spektrums führte zur Aktivierungsenergie der Reaktion:

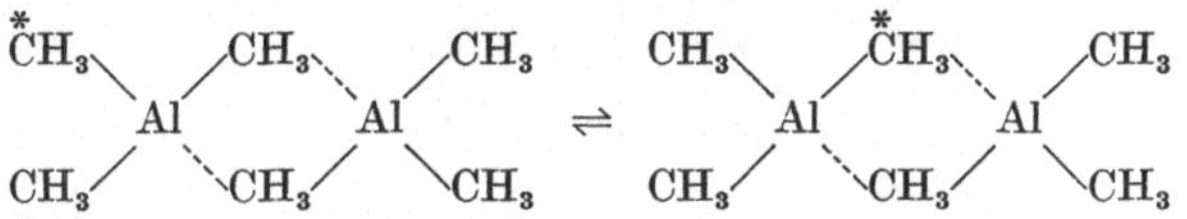

$$\overset{*}{C}H_3 \diagdown \diagup CH_3 \diagdown \diagup CH_3 \qquad CH_3 \diagdown \diagup \overset{*}{C}H_3 \diagdown \diagup CH_3$$
$$Al \qquad Al \rightleftharpoons Al \qquad Al$$
$$CH_3 \diagup \diagdown CH_3 \diagup \diagdown CH_3 \qquad CH_3 \diagup \diagdown CH_3 \diagup \diagdown CH_3$$

Im Gegensatz zu Trimethylaluminium zeigt das Spektrum von Dimethylaluminiumchlorid auch bei tiefen Temperaturen nur eine einzige Resonanzlinie. Da nicht anzunehmen ist, daß etwaige Brücken-Methylgruppen und endständige Methylgruppen selbst bei —75° noch einem sehr raschen Austausch unterliegen, läßt sich das Spektrum am einfachsten durch ein Strukturmodell I erklären, bei dem alle Methyl-gruppen endständig sind:

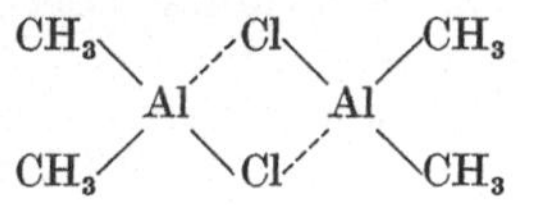

$$CH_3 \diagdown \diagup Cl \diagdown \diagup CH_3 \qquad Cl \diagdown \diagup Cl \diagdown \diagup Cl$$
$$Al \qquad Al \qquad Al \qquad Al$$
$$CH_3 \diagup \diagdown Cl \diagup \diagdown CH_3 \qquad CH_3 \diagup \diagdown Cl \diagup \diagdown CH_3$$
$$\text{I} \qquad\qquad\qquad \text{II}$$

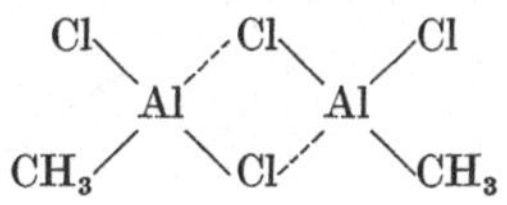

Eine ähnliche Struktur mit Chlorbrücken (II) kann wohl auch für Methylaluminiumchlorid angenommen werden, obwohl von dieser Verbindung wegen ihrer geringen Löslichkeit bei tiefen Temperaturen noch kein befriedigendes Resonanzspektrum erhalten worden ist. In Dimethyl-aluminiumchlorid ist die Resonanz der endständigen Methylgruppen gegenüber derjenigen in Aluminiumtrimethyl um $—0,35 \cdot 10^{-6}$, in Methyl-aluminiumdichlorid um $—0,60 \cdot 10^{-6}$ verschoben.

Ähnlich leicht wie Aluminiumalkyle tauschen auch Thallium(III)-alkyle die Alkylgruppen aus[2]. Bei tiefer Temperatur zeigt das Protonen-Resonanzspektrum eine von der Kopplung zwischen den Protonen und Thallium ($I_{203Tl} = 1/2$, Häufigkeit 29,5%; $I_{205Tl} = 1/2$, Häufigkeit 70,5%) herrührende, dem erwarteten Spektrum überlagerte Multiplettstruktur, die bei höherer Temperatur verschwindet. Die Austausch-Aktivierungs-energie beträgt etwa 6 ± 1 kcal/Mol. Mischungen von Trimethyl- und Triäthylthallium tauschen schon bei tiefen Temperaturen ($\sim —85°C$) rasch ihre Alkylgruppen aus, so daß im Spektrum neben den den

[1] GROENEWEGE, M. P., J. SMIDT u. H. DE VRIES: J. Am. Chem. Soc. 82, 4425 (1960).

[2] MAHER, J. P., u. D. F. EVANS: Proc. Chem. Soc. (Lond.) 1961, 208.

Ausgangskomponenten zuzuordnenden Linien auch die Multipletts der Verbindungen $Tl(CH_3)_2(C_2H_5)$ und $Tl(CH_3)(C_2H_5)_2$ beobachtet werden. Die Kopplungskonstanten J_{205Tl^1H} und die τ-Werte verschiedener Thalliumalkyle sind in Tab. 64 (S. 240) wiedergegeben.

Die kernmagnetischen Protonenresonanzspektren der Tetramethylderivate der Elemente der Gruppe IV B sind von ALLRED und ROCHOW[1] studiert worden. Die Autoren schlossen aus den Ergebnissen, daß die

Tabelle 16. *Chemische Verschiebungen τ der Verbindungen* $(CH_3)_x MCl_{4-x}$ *($x = 1$—4)*

Verbindung	τ	Verbindung	τ
$(CH_3)_4C$	$9{,}073 \pm 0{,}002$	$(CH_3)_2SiCl_2$	$9{,}200 \pm 0{,}002$
$(CH_3)_3CCl$	$8{,}404 \pm 0{,}005$	CH_3SiCl_3	$8{,}858 \pm 0{,}005$
$(CH_3)_2CCl_2$	$7{,}828 \pm 0{,}014$	$(CH_3)_4Sn$	$9{,}930 \pm 0{,}005$
CH_3CCl_3	$7{,}257 \pm 0{,}007$	$(CH_3)_3SnCl$	$9{,}368 \pm 0{,}012$
$(CH_3)_4Si$	$10{,}000$	$(CH_3)_2SnCl_2$	$8{,}835 \pm 0{,}007$
$(CH_3)_3SiCl$	$9{,}578 \pm 0{,}002$	CH_3SnCl_3	$8{,}353 \pm 0{,}005$

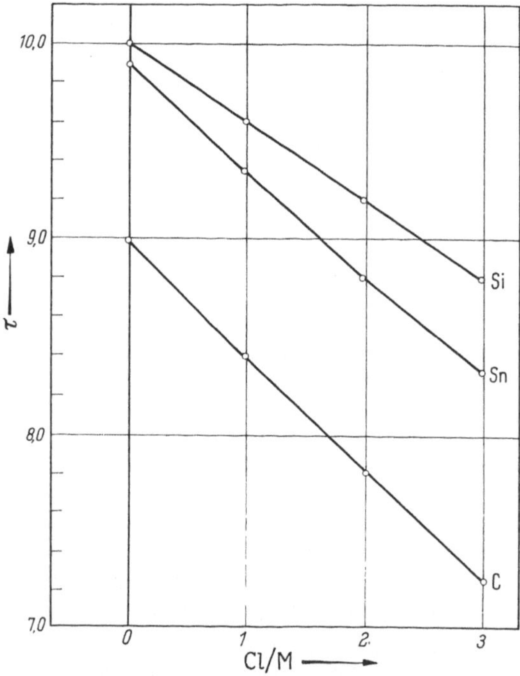

Abb. 44. Graphische Darstellung der τ-Werte der Verbindungen $(CH_3)_xMCl_{4-x}$

Elektronegativitäten der Elemente des Zentralatoms in diesen Verbindungen in der Reihenfolge der beobachteten zunehmenden Abschirmung der Protonen $C < Pb < Ge < Sn < Si$ größer werden. Daß jedoch neben den Elektronegativitäten auch andere Faktoren für die chemische Verschiebung in solchen Verbindungen in Betracht zu ziehen sind, zeigten BROWN und WEBSTER[2].

Werden die Methylgruppen in den Tetramethylderivaten teilweise durch das wesentlich elektronegativere Chlor ersetzt, so nimmt die Abschirmung der Protonen ab. Die in Tab. 16 verzeichneten und in Abb. 44 graphisch dargestellten chemischen Verschiebungen τ lassen erkennen, daß sich die Resonanz mit zunehmendem Ersatz von Methyl durch Chlor um einen nahezu konstanten Betrag verschiebt. Die absoluten Beträge der

[1] ALLRED, A. L., u. E. G. ROCHOW: J. Inorg. & Nuclear Chem. 5, 269 (1958).
[2] BROWN, M. P., u. D. E. WEBSTER: J. Phys. Chem. 64, 698 (1960).

jeweiligen Verschiebung sind in der Reihe der Siliciumverbindungen am kleinsten. Dies kann auf den teilweisen Doppelbindungscharakter der Silicium-Chlor-Bindung zurückgeführt werden, wodurch Elektronen an das Silicium zurückgegeben und dadurch die Protonen der Methylgruppe stärker abgeschirmt werden.

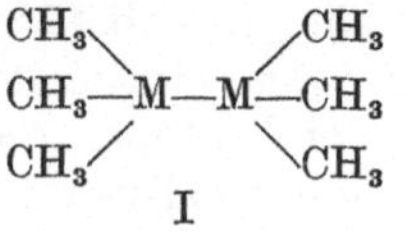

$$CH_3\text{--}M\text{--}M\text{--}CH_3 \quad (\text{I}) \qquad CH_3\text{--}M\text{--}O\text{--}M\text{--}CH_3 \quad (\text{II})$$

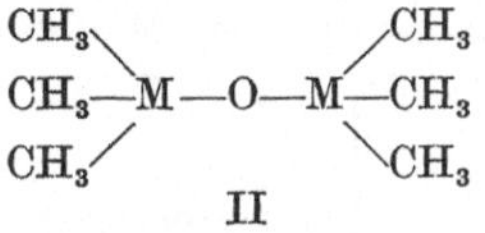

Die Autoren untersuchten weiter die Methylverbindungen des Typs $(CH_3)_6M_2$ und $(CH_3)_6M_2O$. Im Falle des Hexamethyläthans ist die Abschirmung der Protonen stärker als in Tetramethylmethan, während im Gegensatz dazu in den anderen Hexamethylderivaten eine geringere Abschirmung als in den entsprechenden Tetramethylderivaten beobachtet wird. Sind die beiden Atome M über Sauerstoff gebunden, so beobachtet man in allen Fällen eine Verschiebung nach niedrigerem Feld, d. h. eine Erniedrigung der τ-Werte gegenüber den Verbindungen $(CH_3)_6M_2$. Tab. 17 gibt die chemischen Verschiebungen der Verbindungen $(CH_3)_4M$, $(CH_3)_6M_2$ und $(CH_3)_6M_2O$ für Me $=$ C, Si, Ge und Sn.

Tabelle 17. *Chemische Verschiebungen τ der Verbindungen* $(CH_3)_4M$, $(CH_3)_6M_2$ *und* $(CH_3)_6M_2O$ *für* $M = C$, Si, Ge *und* Sn

Verbindung	τ	Verbindung	τ
$(CH_3)_4C$	$9{,}073 \pm 0{,}005$	$(CH_3)_6Ge_2$	$9{,}778 \pm 0{,}005$
$(CH_3)_4Si$	$10{,}000$	$(CH_3)_6Sn_2$	$9{,}790 \pm 0{,}005$
$(CH_3)_4Ge$	$9{,}873$	$(CH_3)_6C_2O$	$8{,}752 \pm 0{,}005$
$(CH_3)_4Sn$	$9{,}930 \pm 0{,}005$	$(CH_3)_6Si_2O$	$9{,}950 \pm 0{,}005$
$(CH_3)_6C_2$	$9{,}130 \pm 0{,}007$	$(CH_3)_6Ge_2O$	$9{,}700 \pm 0{,}010$
$(CH_3)_6Si_2$	$9{,}963 \pm 0{,}002$	$(CH_3)_6Sn_2O$	$9{,}730 \pm 0{,}002$

Die von SCHMIDBAUR und SCHMIDT[1] gefundene geringe Abschirmung der Protonen der Brückensiloxy-Gruppen in den tris-Trimethylsiloxy-Verbindungen des Aluminiums (I) und des Galliums führen die Autoren darauf zurück, daß zu den fraglichen Si-O-Bindungen keine $d\pi-p\pi$-Bindungsanteile mehr beitragen können, wie es sonst bei Siloxanen der Fall ist.

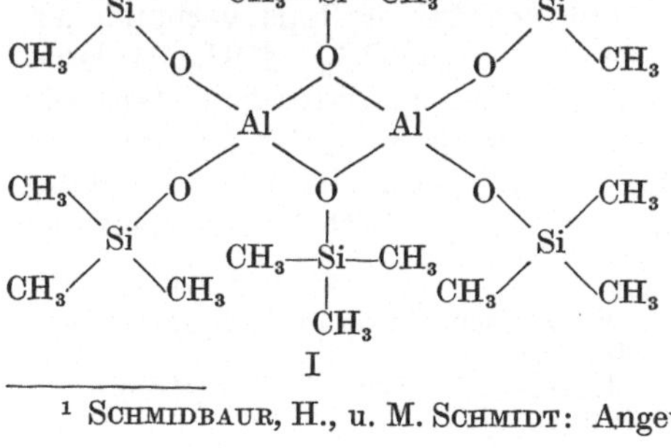

I

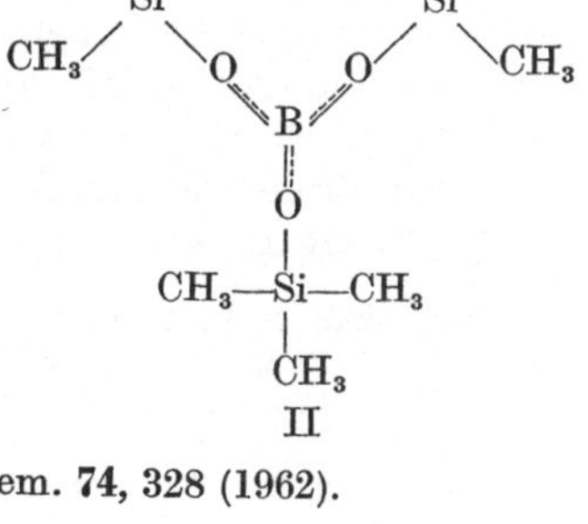

II

___

[1] SCHMIDBAUR, H., u. M. SCHMIDT: Angew. Chem. **74**, 328 (1962).

Dagegen sind in den Si-O-Bindungen der entsprechenden Borverbindung (II) noch $d\pi - p\pi$-Bindungsanteile wirksam, was sich in der stärkeren Abschirmung der Methylprotonen bemerkbar macht. Die τ-Werte der drei erwähnten tris-Trimethylsiloxy-Verbindungen sind in Tab. 18 verzeichnet.

Das eingehende Studium der Protonenresonanzspektren von Tetraäthylzinn und Tetraäthylblei durch NARASIMHAN und ROGERS[1] ergab, daß in diesen Molekülen

$$M(CH_2^B CH_3^A)_4$$

Tabelle 18. *Chemische Verschiebungen τ der tris-Trimethylsiloxy-Verbindungen von Bor, Aluminium und Gallium*

Verbindung	τ	
	Brücken-Siloxy-Gruppen	endständige Siloxy-Gruppen
$\{[(CH_3)_3SiO]_3Al\}_2$	9,717	9,930
$\{[(CH_3)_3SiO]_3Ga\}_2$	9,725	9,942
$[(CH_3)_3SiO]_3B$		9,880

J_{AX} und J_{BX} verschiedene Vorzeichen haben und darüber hinaus die absoluten Werte von J_{AX} größer als die von J_{BX} sind, obwohl die Kerne H^A durch drei Bindungen, die Kerne H^B dagegen nur durch zwei Bindungen von M getrennt sind. Die gleiche Beobachtung war schon früher an $(C_2H_5)_2$ Hg gemacht worden[2]. Tab. 19 gibt die Kopplungskonstanten für die Äthylverbindungen $X(C_2H_5)_n$ verschiedener Elemente. Die Werte J_{AX} in $^{117}Sn(C_2H_5)_4$ und $^{119}Sn(C_2H_5)_4$ verhalten sich wie die gyromagnetischen Verhältnisse $\gamma(^{117}Sn) : \gamma(^{119}Sn) = 1 : 1,048$ (vgl. S. 32).

Tabelle 19. *Spin-Spin-Kopplungskonstanten in Verbindungen $X(CH_2^B CH_3^A)_n$ [Hz]*

Verbindung	J_{AB}	J_{AX}	J_{BX}	Relative Vorzeichen von J_{AX} und J_{BX}
$P(C_2H_5)_3$	7,6	13,7	0,5	entgegengesetzt
$^{117}Sn(C_2H_5)_4$	8,2	68,1	30,8	entgegengesetzt
$^{119}Sn(C_2H_5)_4$	8,2	71,2	32,2	entgegengesetzt
$^{199}Hg(C_2H_5)_2$	7,0	115,2	87,6	entgegengesetzt
$^{207}Pb(C_2H_5)_4$	8,2	125,0	41,0	entgegengesetzt

Für die relative chemische Verschiebung der CH_3- und CH_2-Protonen ($\Delta CH_3 - \Delta CH_2$) einer Äthylgruppe, die an elektronenziehende Atome gebunden ist, fanden DAILEY und SHOOLERY[3] die empirische, lineare Beziehung Gl. (84)

$$e = 0,02315 \,(\Delta CH_3 - \Delta CH_2) + 1,71, \qquad (84)$$

wenn e die Elektronegativität des mit der Äthylgruppe verbundenen Atoms ist. Die relative chemische Verschiebung ($\Delta CH_3 - \Delta CH_2$) ist dabei in Hz bei einer Radiofrequenz von 30 MHz auszudrücken. Daß die Gleichung auch die relative chemische Verschiebung der Methyl- und Methylenprotonen in Metall-Äthylen voraussagen kann, konnte BAKER[4] bestätigen. Ist die Elektronegativität $e > 1,71$, so tritt die Resonanz der

[1] NARASIMHAN, P. T., u. M. T. ROGERS: J. Chem. Phys. **34**, 1049 (1961).
[2] NARASIMHAN, P. T., u. M. T. ROGERS: J. Chem. Phys. **31**, 1431 (1959); vgl. auch E. B. BAKER: J. Chem. Phys. **26**, 960 (1957).
[3] DAILEY, B. P., u. J. N. SHOOLERY: J. Am. Chem. Soc. **77**, 3977 (1955).
[4] BAKER, E. B.: J. Chem. Phys. **26**, 960 (1957).

Methylprotonen bei höherem Feld als die der Methylenprotonen ein. Wird dagegen $e < 1{,}71$, dann wird die Differenz $(\varDelta CH_3 - \varDelta CH_2) < 0$, und die Lagen der CH_2- und CH_3-Resonanzen sind vertauscht. Dies ist z. B. der Fall bei Diäthylaluminiumchlorid und Triäthylaluminium. Nach Gl. (81) findet man aus der Differenz der chemischen Verschiebungen von Methyl- und Methylenprotonen für die Gruppe AlCl eine effektive Elektronegativität von 1,2, während sich für Aluminium aus der Größe $(\varDelta CH_3 - \varDelta CH_2)$ in Triäthylaluminium eine solche von 1,4 errechnet. Ist die Elektronegativität des Metalls 1,71, so wird die Differenz $(\varDelta CH_3 - \varDelta CH_2) = 0$. Dieser Fall tritt bei Tetraäthylblei ein, in dessen Spektrum für die Methyl- und Methylenprotonen die gleiche chemische Verschiebung beobachtet wird. Die Resonanzlinie ist lediglich durch Kopplung mit dem einzigen magnetischen Isotop des Bleis, ^{207}Pb, dessen Spin 1/2 und dessen natürliche Häufigkeit 20,11% beträgt, in ein Dublett aufgespalten.

h) „π-enyl“-Komplexe

Sehr erfolgreich erwies sich der Versuch zur Bestimmung der Strukturen von „π-enyl“-Komplexen der Übergangsmetalle aus den kernmagnetischen Resonanzspektren der Verbindungen. FISCHER und WERNER[1] sowie DUBECK und FILBEY[2] studierten die Spektren der Verbindung $PdC_{11}H_{14}$. Später haben WILKINSON u. Mitarb.[3] die Ergebnisse der ersten Untersuchungen bestätigt. Das Spektrum der Verbindung $PdC_{11}H_{14}$ zeigt drei Banden mit den in Tab. 20 wiedergegebenen τ-Werten.

Tabelle 20. *Chemische Verschiebungen τ der Protonen in den Verbindungen $PdC_{11}H_{14}$, $NiC_{10}H_{12}$ und $[Pd(C_6H_9)Cl]_2$*

Verbindung	Chem. Verschiebung τ	Intensitäts-verhältnis	Zuordnung der Protonen in den Abb. 40, 41 und 42
$PdC_{11}H_{14}$	4,16	5	H_C
(Cyclohexenyl-Palladiumcyclo-	4,93	3	$\begin{cases} H_A \\ H_D \end{cases}$
pentadienyl)	5,03		
	8,51	6	H_B
$NiC_{10}H_{12}$ (in Benzol)	4,72	5	H_C
(Cyclopentadienyl-Cyclopentenyl-	4,87	3	$\begin{cases} H_A \\ H_X \end{cases}$
Nickel)	6,04		
	8,93	4	H_B
$[Pd(C_6H_9)Cl]_2$	4,49	1	H_A
(Cyclohexenyl-Palladiumchlorid)	4,78	2	H_B
	8,20	6	H_C

Die Intensitätsverhältnisse der Linien zeigen sofort, daß die Resonanzlinie mit dem niedrigsten τ-Wert von 4,22 den fünf äquivalenten Protonen H_C des Cyclopentadienylsystems entspricht, wenn man der

---

[1] FISCHER, E. O., u. H. WERNER: Tetrahedron Letters **1961**, 17; Chem. Ber. **95**, 695 (1962).

[2] DUBECK, M., u. A. H. FILBEY: J. Am. Chem. Soc. **83**, 1257 (1961).

[3] JONES, D., G. W. PARSHALL, L. PRATT u. G. WILKINSON: Tetrahedron Letters **1961**, 48.

Verbindung die in Abb. 45 dargestellte Struktur von Cyclohexenyl-Palladium-Cyclopentadienyl zuschreibt. Die mittlere Bande, die aus zwei sich überlappenden Linien mit den τ-Werten 5,04 und 5,18 besteht, rührt von den „olefinischen" Protonen H_A und H_D her, während die Linie mit dem größten τ-Wert von den stark abgeschirmten „aliphatischen" Protonen hervorgerufen wird.

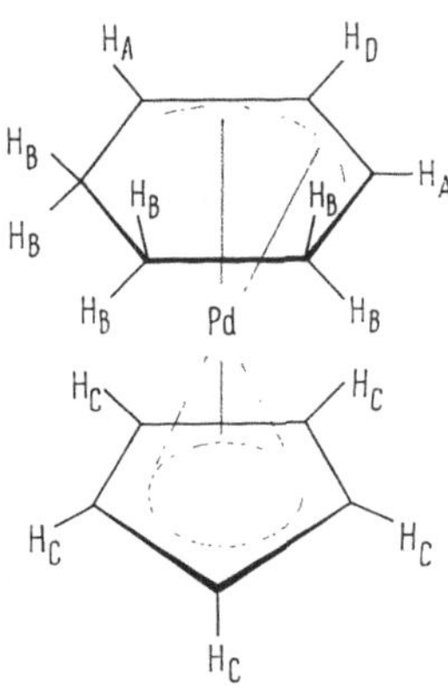

Abb. 45. Cyclohexenyl-Palladium-Cyclopentadienyl, $PdC_{11}H_{14}$

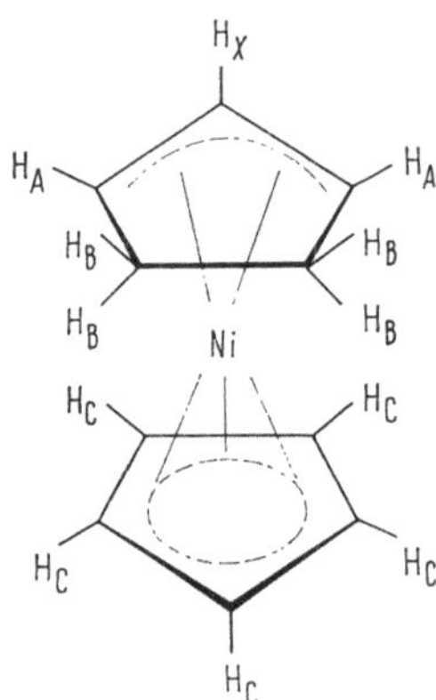

Abb. 46. Cyclopentadienyl-Cyclopentenyl-Nickel, $NiC_{10}H_{12}$

In ganz analoger Weise erfolgt die Zuordnung der Resonanzlinien im Spektrum der Verbindung $NiC_{10}H_{12}$, die als Cyclopentadienyl-Cyclopentenyl-Nickel (Abb. 46) aufzufassen ist.

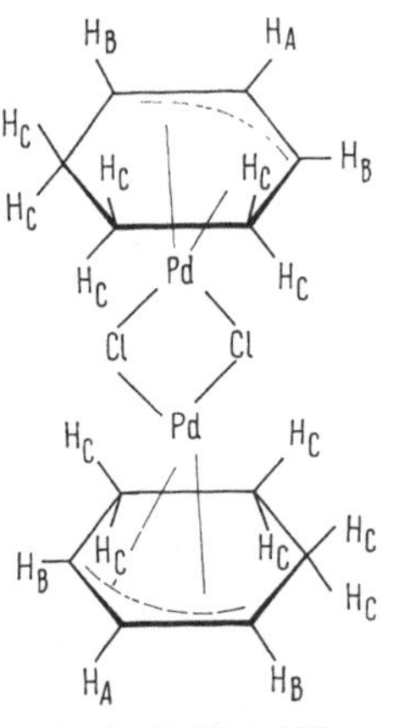

Abb. 47. $[Pd(C_6H_9)Cl]_2$

Ebenso ist das von WILKINSON u. Mitarb.[1] für $[Pd(C_6H_9)Cl]_2$ gefundene, in Tab. 20 wiedergegebene Spektrum für die in Abb. 47 dargestellte Struktur der Verbindung beweisend.

Tabelle 21. *Chemische Verschiebung τ der Verbindung $NiC_{12}H_{16}$*

Chem. Verschiebung τ	Intensitätsverhältnis	Zuordnung der Protonen in Abb. 48
4,90	5	$(4\,H_S + H_X)$
6,19	2	H_A
7,99	3	H_T
8,32	1	H_C
8,65	3	H_D
8,86	2	H_B

Die durch Umsetzung von Methylcyclopentadien und $Ni(CO)_4$ im Molverhältnis 4 : 1 in Benzol entstehende rote Verbindung der Zusammensetzung $NiC_{12}H_{16}$ hat das in Tab. 21 beschriebene Protonenresonanzspektrum.

<hr>

[1] JONES, D., G. W. PARSHALL, L. PRATT u. G. WILKINSON: Tetrahedron Letters **1961**, 48.

FISCHER und WERNER[1] nehmen auf Grund dieses Spektrums für die
Verbindung $NiC_{12}H_{16}$ eine Struktur an, wie sie in Abb. 48 dargestellt ist.
Die Protonen der beiden Methylgruppen differieren in ihren τ-Werten
um 0,66. Dieser Unterschied wird darauf zurückgeführt, daß die Methylgruppen an verschiedenartigen Ringliganden gebunden sind.

Die "Sandwich"-Struktur neuar-
tiger, von SCHRAUZER und THYRET[2]
erhaltener Durochinon-Nickel(0)-
Komplexe mit cyclischen Dienen

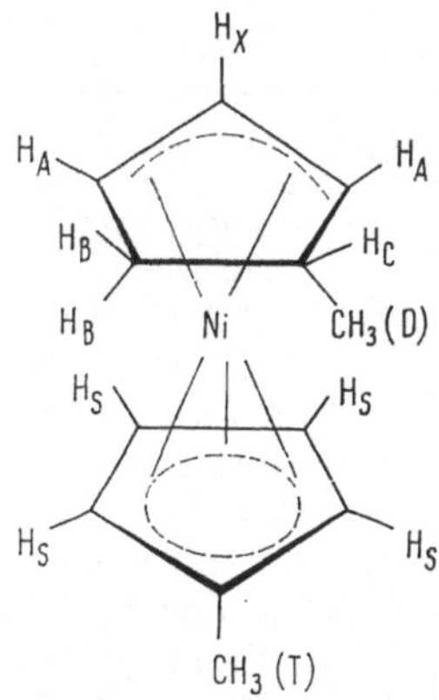

Abb. 48. Methylcyclopentadienyl-
Methylcyclopentenyl-Nickel

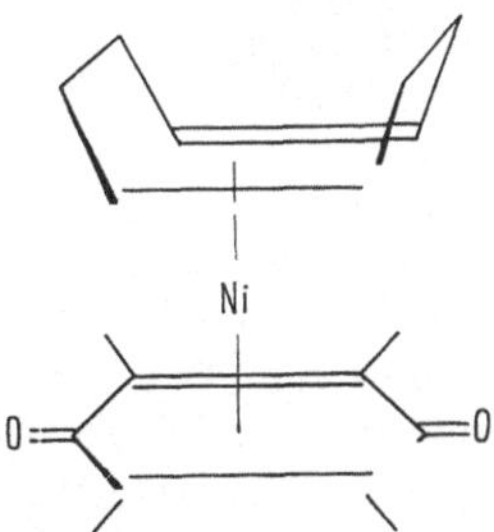

Abb. 49. Cyclooctadien-Durochinon-Nickel(0)

konnte ebenfalls mit Hilfe ihrer kernmagnetischen Protonenresonanzspektren bewiesen werden. Es treten im Spektrum drei Reonanzlinien
mit den τ-Werten 6,30; 7,63 und 7,83 auf. Das Intensitätsverhältnis der
Linien beträgt 4:8:12. Die beiden ersten Signale sind demnach offenbar
den Protonen des symmetrisch an Nickel gebundenen Cyclooctadiens
zuzuordnen, während die Resonanzlinie mit $\tau = 7,83$ den 12 Protonen
des Durochinons zuzuschreiben ist (Abb. 49). Bis-Durochinon-Nickel(0)
zeigt im Resonanzspektrum nur eine einzelne Resonanzlinie bei $\tau = 8,20$.

Diese wenigen Beispiele mögen genügen, um aufzuzeigen, wie ein-
deutige Aussagen die kernmagnetischen Resonanzspektren derartiger
Verbindungen zulassen. Neben einer Reihe anderer Komplexe konnten
so z. B. FRITZ, KEILER und FISCHER[3] die Struktur des früher als
$(C_5H_6)_2Cr(CO)_2$ formulierten Komplexes[4] als die von Cyclopentadienyl-
Cyclopentenyl-Chrom-Dicarbonyl, (C_5H_5) $(C_5H_7)Cr(CO)_2$, sichern.

Abschließend sei noch auf einige interessante Züge der Spektren von
Dicyclopentadienyl-metall-hydriden hingewiesen. WILKINSON u. Mitarb.[5]
untersuchten die Protonenresonanzspektren von Dicyclopentadienyl-
rhenium-hydrid $(C_5H_5)_2ReH$ und dem durch Protonenanlagerung daraus
entstehenden Kation $[(C_5H_5)_2ReH_2]^+$ sowie die analogen Dicyclopen-
tadienyl-hydride von Molybdän, Wolfram und Tantal und die durch

[1] FISCHER, E. O., u. H. WERNER: Chem. Ber. 95, 695 (1962).
[2] SCHRAUZER, G. N., u. H. THYRET: Z. Naturforsch. 17 b, 73 (1962).
[3] FRITZ, H. P., H. KEILER u. E. O. FISCHER: Naturwiss. 48, 518 (1961).
[4] FISCHER, E. O., u. K. ULM: Z. Naturforsch. 15 b, 59 (1960).
[5] GREEN, M. L. H., J. A. McCLEVERTY, L. PRATT u. G. WILKINSON: J. Chem.
Soc. (London) 1961, 4854.

Protonenanlagerung entstehenden Kationen $[(C_5H_5)_2MoH_3]^+$ und $[(C_5H_5)_2WH_3]^+$. Die Daten der Resonanzspektren der Tantal-, Wolfram- und Molybdänverbindungen sind in Tab. 22 verzeichnet.

Tabelle 22. *Kernmagnetische Protonenresonanzspektren von Dicyclopentadienyl-metall-hydriden*

Verbindung	Chem. Verschiebung τ		Lösungsmittel
$(C_5H_5)_2TaH_3$	5,24	11,63 13,02	Benzol
$(C_5H_5)_2MoH_2$	5,64	18,76	Benzol
$[(C_5H_5)_2MoH_3]^+$	4,38	16,08	CF_3COOH
$(C_5H_5)_2WH_2$	5,76	22,28	Benzol
$[(C_5H_5)_2WH_3]^+$	4,39	16,08 16,44	conc. HCl

Alle Spektren zeigen zwei Gruppen von Resonanzlinien. Die Gruppe bei niedrigem Feld ist den Protonen der Cyclopentadienylsysteme zuzuordnen, während die Gruppe bei hohem Feld von den an das Übergangsmetall gebundenen Wasserstoffatomen herrührt. Die von den Protonen der Cyclopentadienylringe stammende Bande zeigt in den Spektren der Dihydride eine Feinstruktur infolge der Spin-Spin-Wechselwirkung mit den beiden direkt an das Metallatom gebundenen Wasserstoffatomen. Ähnliche Aufspaltungen der beobachteten Größenordnung von 1 Hz wurden schon in den Spektren von $(C_5H_5)_2ReH$[1] und $[(C_5H_5)_2FeH]^{+}$[2] gefunden. Bei hohem Feld erscheint in den Spektren der Dihydridverbindungen von Re, Mo und W im wesentlichen immer nur eine einzelne Resonanzbande, wie sie auch im Spektrum von $(C_5H_5)_2ReH$ und $[(C_5H_5)_2FeH]^+$ zu finden ist. Im Falle der Rhenium- und Wolframverbindung ist eine von der Spin-Spin-Kopplung mit den Cyclopentadienylprotonen herrührende Feinstruktur der Bande zu erkennen. Daraus geht hervor, daß die beiden am Übergangsmetall sitzenden Protonen in den Dihydriden chemisch äquivalent sind. Im Gegensatz dazu zeigen die Resonanzbanden der entsprechenden Protonen in den Verbindungen $(C_5H_5)_2TaH_3$ und $[(C_5H_5)_2WH_3]^+$ eine typische AB_2-Struktur. Abb. 50 zeigt den von den an das Übergangsmetall gebundenen Wasserstoffatomen herrührenden Teil des Spektrums der beiden Verbindungen. Man sieht, daß zwei der drei Protonen chemisch äquivalent sind, während das dritte Proton verschieden davon ist.

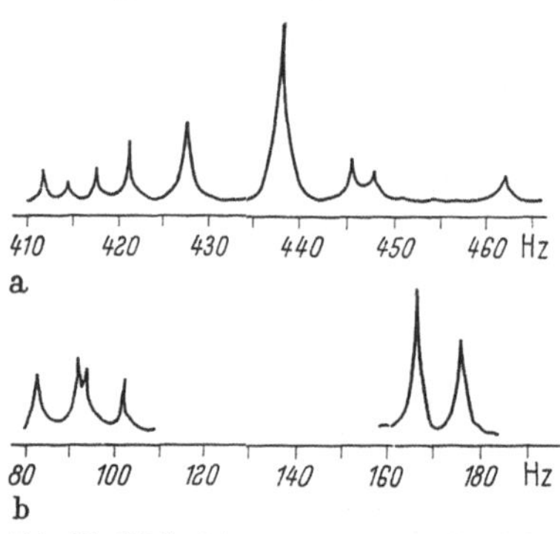

Abb. 50. ^{1}H-Spektrum von a $(\pi-C_5H_5)_2WH^+$ und b $(\pi-C_5H_5)_2TaH_3$ im Bereich des hohen Feldes [56, 45 MHz] [nach WILKINSON et al.]

---

[1] GREEN, M. L. H., L. PRATT u. G. WILKINSON: J. Chem. Soc. (London) 1958, 3916.

[2] CURPHEY, T. J., J. O. SANTER, M. ROSENBLUM u. J. H. RICHARDS: J. Am. Chem. Soc. 82, 5249 (1960).

Ein bei der Reduktion von Bis-äthylendiamin-dichlor-rhodium(III)-Chlorid mit Natriumboranat in wäßriger Lösung nach der Reaktionsgleichung

$$[Rh^{III}en_2Cl_2]^+ + BH_4^- \rightarrow [Rh^{III}en_2ClH]^+ + Cl^- + BH_3$$

entstehender Hydridkomplex des Rhodiums zeigt im Bereich, in dem an Übergangsmetalle gebundener Wasserstoff zu erwarten ist, eine in ein Dublett aufgespaltene Resonanzlinie[1]. Die chemische Verschiebung beträgt $\tau = 31$. Die Existenz einer Rh—H-Bindung wird durch die zu 31 ± 1 Hz gemessene Aufspaltung der Resonanzbande gesichert, die von der Kopplung mit dem Spin des ^{103}Rh-Kerns ($I = 1/2$) herrührt.

Pentacyanohydrid-Komplexe von Kobalt(I) und Rhodium(I), $[HCo^I(CN)_5]^{3-}$ und $[HRh^I(CN)_5]^{3-}$, erhielten GRIFFITH und WILKINSON[2] durch Reduktion cyanidhaltiger Lösungen von Co^{++} bzw. Rh^{+++}. Die Lösungen zeigen Resonanzlinien mit den τ-Werten 22,04 und 20,29, wobei die Resonanzlinie im letzteren Falle wieder ein Dublett darstellt, dessen Aufspaltung $13,1 \pm 1$ Hz beträgt. Das Auftreten des Dubletts zeigt, daß das an das Metall gebundene Proton in diesem Zustand eine Lebensdauer von mindestens 0,01 sec haben muß.

Ein typisches AX_4-Spektrum, bestehend aus einem symmetrischen Quintett für A und einem Dublett für X, fanden NORDLANDER und ROBERTS[3] für Allylmagnesiumbromid. Die Kopplungskonstante J_{AX} wurde zu 12 ± 1 Hz bestimmt. Die im Spektrum beobachtete Äquivalenz der 1,3-Protonen wird von den Autoren auf eine sehr kurze Lebensdauer der beiden in einem dynamischen Gleichgewicht stehenden kovalenten Formen

$$BrMg—CH_2—CH=CH_2 \rightleftharpoons CH_2=CH—CH_2—MgBr$$

zurückgeführt ($\tau \ll 0,01$ sec). Darüber hinaus verlangt die Äquivalenz, daß die Lebensdauern genügend lang sind, um die Rotation um die 1,2 C—C-Bindung zu erlauben, da sonst für cis- und trans-ständige Protonen Unterschiede in der Abschirmung zu erwarten wären.

Für das bei der Umsetzung von $NaCo(CO)_4$ mit Allylbromid in Äther entstehende Allylkobalttricarbonyl, dessen magnetisches Protonenresonanzspektrum drei Arten von Wasserstoff mit dem Zahlenverhältnis $2:2:1$ erkennen läßt, ist die folgende Struktur anzunehmen[4,5]:

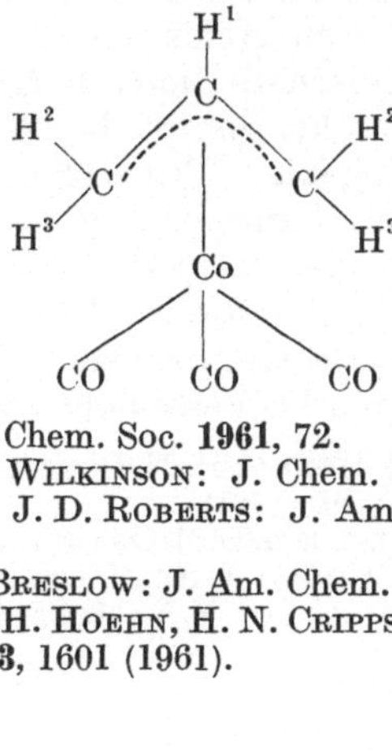

---

[1] WILKINSON, G.: Proc. Chem. Soc. **1961**, 72.

[2] GRIFFITH, W. P., u. G. WILKINSON: J. Chem. Soc. (London) **1959**, 2757.

[3] NORDLANDER, J. E., u. J. D. ROBERTS: J. Am. Chem. Soc. **81**, 1769 (1959); **82**, 6427 (1960).

[4] HECK, R. F., u. D. S. BRESLOW: J. Am. Chem. Soc. **82**, 750 (1960).

[5] McCLELLAN, W. R., H. H. HOEHN, H. N. CRIPPS, E. L. MUETTERTIES u. B. W. HOWK: J. Am. Chem. Soc. **83**, 1601 (1961).

Die beiden von den Wasserstoffen H^2 und H^3 herrührenden Resonanzsignale sind infolge der Kopplung mit dem Proton H^1 jeweils in Dubletts aufgespalten[1]. Dagegen ist die Kopplungskonstante $J_{H^2H^3}$ nicht beobachtbar. Dies entspricht den theoretischen Erwägungen von KARPLUS et al.[2], wonach die Kopplungskonstante J_{HH} sehr klein ist, wenn der Winkel zwischen den beiden am gleichen Kohlenstoffatom sitzenden Wasserstoffen etwa 120° beträgt. Die Resonanzbande des Wasserstoffatoms H^1 hat eine aus 9 Linien bestehende Multiplettstruktur.

Spektren des gleichen Typs zeigen auch Allylkomplexe des Mangans wie $CH_2{=}CHCH_2Mn(CO)_5$[2], des Palladiums wie $[CH_2{=}CHCH_2PdCl]_2$[3] oder $(C_5H_5)PdCH_2CH{=}CH_2$[2] oder des Nickels wie π-Allyl-π-cyclopentadienyl-Nickel, $(C_5H_5)NiCH_2CH{=}CH_2$[2].

11. Bor

Das Isotop ^{10}B hat die Spinzahl $I = 3$, das Isotop ^{11}B die Spinzahl $I = 3/2$. Die natürliche Häufigkeit des ersteren beträgt 18,83%, die des letzteren 81,17%.

a) Chemische Verschiebung

Tab. IIa (Anhang) enthält die chemischen Verschiebungen einer großen Zahl von Borverbindungen. Sie erstrecken sich über einen Bereich von etwa $130 \cdot 10^{-6}$. Die verschieden starke Abschirmung der Kerne ist hauptsächlich Änderungen im paramagnetischen Term in RAMSEYs Formel zuzuschreiben[4]. Den Werten der Tab. IIa (Anhang) ist zu entnehmen, daß die Abschirmung ihr Minimum bei Trimethylbor, $(CH_3)_3B$, erreicht, während das Boranation, $[BH_4]^-$, die stärkste Abschirmung unter allen Verbindungen aufweist. In Trimethylbor wird für die Bindung, wenn man von evtl. Effekten der Hyperkonjugation absieht, ein sp^2-Hybrid verwendet, während das bindende Hybrid im tetraedrischen $[BH_4]^-$-Ion ein sp^3-Hybrid ist. Wird die Abschirmung nun tatsächlich weitgehend durch den paramagnetischen Term bestimmt, so ist zu erwarten, daß die chemischen Verschiebungen aller Borverbindungen zwischen denen dieser beiden Verbindungen, d. h. zwischen $-68,2 \cdot 10^{-6}$ und $+61,0 \cdot 10^{-6}$ liegen. Dies wird tatsächlich beobachtet. Lediglich die chemische Verschiebung des im Molekül B_5H_9 an der Pyramidenspitze sitzenden Boratoms fällt außerhalb dieses Bereiches.

Wenn man von BF_3 absieht, nimmt die Abschirmung des Borkerns in der Reihe der Borhalogenide $BCl_3 < BBr_3 < BJ_3$ zu. Die starke Abschirmung in BF_3 ist darauf zurückzuführen, daß die nichtbindenden Elektronen des Fluors teilweise das p_z-Orbital des Bors besetzen, d. h. daß zwischen Bor und Fluor teilweise Doppelbindungen ausgebildet werden. Ganz analoge Verhältnisse beobachtet man bei den Tetrahalogenoborationen, deren chemische Verschiebungen im übrigen sehr stark

[1] MCCLELLAN, W. R., H. H. HOEHN, H. N. CRIPPS, E. L. MUETTERTIES u. B. W. HOWK: J. Am. Chem. Soc. **63**, 1601 (1961).

[2] GUTOWSKY, H. S., M. KARPLUS u. D. M. GRANT: J. Chem. Phys. **31**, 1278 (1959).

[3] DEHM, H. C., u. J. C. W. CHIEN: J. Am. Chem. Soc. **82**, 4429 (1960).

[4] PHILLIPS, W. D., H. C. MILLER u. E. L. MUETTERTIES: J. Am. Chem. Soc. **81**, 4496 (1959).

von der Natur des Lösungsmittels abhängen[1]. Auch in den Addukten von BH_3 an Amine und Äther wird das p_z-Orbital des Bors durch das freie Elektronenpaar der Lewis-Base aufgefüllt, so daß der paramagnetische Term weniger Gewicht gewinnt. In der gleichen Richtung wirkt sich aber auch die Änderung der Hybridisierung von sp^2 nach sp^3 aus.

Andererseits ist die Hybridisierung jedoch nicht allein für die chemische Verschiebung maßgebend, wie die verschiedenen Werte für die Ionen $[BF_4]^-$ ($\delta_{AgBF_4} = 20,3 \cdot 10^{-6}$ bezogen auf $\delta_{B(OCH_3)_3} = 0$) und $[BH_4]^-$ ($\delta_{NaBH_4} = 61 \cdot 10^{-6}$ bezogen auf $\delta_{B(OCH_3)_3} = 0$) zeigen, in denen jeweils sp^3-Hybride die Bindung bewerkstelligen. Bei verschiedenen Elektronegativitäten der Liganden verändert sich vielmehr der diamagnetische Term in RAMSEYs Gleichung. So bewirken die stark elektronegativen Fluoratome in $[BF_4]^-$ gegenüber den elektropositiveren Wasserstoffatomen in $[BH_4]^-$ eine Verkleinerung des Lambschen Terms. Die verminderte Abschirmung des Bors kommt darin zum Ausdruck, daß die Resonanz bei einer wesentlich niedrigeren Feldstärke eintritt. Ähnliche chemische Verschiebungen wie $[BF_4]^-$-Ionen haben auch BF_3-Addukte von Aminen und Äthern, so daß für die letzteren eine ähnliche Elektronenkonfiguration und tetraedrische Struktur mit einer semipolaren Bindung von Stickstoff oder Sauerstoff zu Bor angenommen werden kann: $F_3B^- \leftarrow N^+R_3$. Die BF_3-Adduktbildung von Alkoholen und Wasser bei tiefen Temperaturen wurde von DIEHL und OGG[2] studiert.

Der Einfluß der Ringströme in aromatischen Systemen, wie der Phenylgruppe, auf die chemische Verschiebung von Bor ist verhältnismäßig klein[3] (vgl. S. 194). So erfolgt die Resonanz von $C_6H_5B(OH)_2$ gegenüber $C_4H_9B(OH)_2$ bei einer nur um $0,9 \cdot 10^{-6}$ geringeren Feldstärke. Auffallend ist die schwache Abschirmung des Borkerns in Tetraphenylboranat, $[B(C_6H_5)_4]^-$, das in wäßriger Lösung eine chemische Verschiebung von $16,1 \cdot 10^{-6}$ aufweist.

b) Spin-Spin-Kopplung

Die Spin-Spin-Kopplungskonstanten zwischen Bor und Wasserstoff, die für zahlreiche Verbindungen in Tab. Ib (Anhang) zusammengestellt sind, zeigen, daß die Kopplungskonstanten im allgemeinen kleiner sind, wenn für die Bindungen hybridisierte sp^3-Orbitale anstelle von sp^2-Orbitalen verwendet werden. So wird für das Ion $[BH_4]^-$ eine Kopplungskonstante $J_{11_B1_H} = 81$ Hz gefunden, während man dagegen bei Borazol oder N-Trimethylborazol die größeren Werte $J_{BH} = 136$ bzw. 134 beobachtet. In den BH_3-Addukten, bei denen am Bor Hybridisierungen zwischen sp^2 und sp^3 angenommen werden[4], mißt man Kopplungskonstanten, die zwischen 136 Hz und 81 Hz liegen. Im allgemeinen sind die Linienbreiten der Bor-Resonanzlinien wegen der Quadrupol-Relaxationseffekte ziemlich groß, so daß Kopplungskonstanten zwischen Bor

---

[1] DAVIS, J. C.: Privatmittlg.; vgl. M. E. L. L. O. N. M. R. **47**, 26 (1962).

[2] DIEHL, P., u. R. A. OGG: Nature **180**, 1114 (1957).

[3] PHILLIPS, W. D., H. C. MILLER u. E. L. MUETTERTIES: J. Am. Chem. Soc. **81**, 4496 (1959).

[4] DAS, T. P.: J. Chem. Phys. **27**, 1 (1957).

und Wasserstoff über mehr als eine Bindung hinweg bisher nicht beobachtet werden konnten. Beispielsweise wird in den Borwasserstoffen die Aufspaltung der Borresonanzlinie durch direkt benachbarte Brückenwasserstoffatome, die etwa 20—50% der Kopplungskonstante zwischen Bor und einem endständigen Wasserstoffatom beträgt, in vielen Fällen nicht mehr aufgelöst. Dies steht mit der Ansicht im Einklang, daß die Größe der Kopplungskonstanten zwischen Wasserstoff und anderen direkt gebundenen Atomen mit einem magnetischen Moment vom s-Charakter des bindenden Hybrids des letzteren Atoms abhängig ist[1].

c) Bor-Wasserstoff-Verbindungen

$[BH_4]^-$-Ion. Das ^{11}B-Spektrum einer wäßrigen Lösung von $NaBH_4$ sollte theoretisch aus 16 Linien[2] bestehen. Die experimentelle Beobachtung von fünf Liniengruppen, deren Intensitäten sich wie $1:4:6:4:1$ verhalten, ist ein Beweis für die chemische Äquivalenz der vier Wasserstoffatome im $[BH_4]^-$-Ion (Abb. 51).

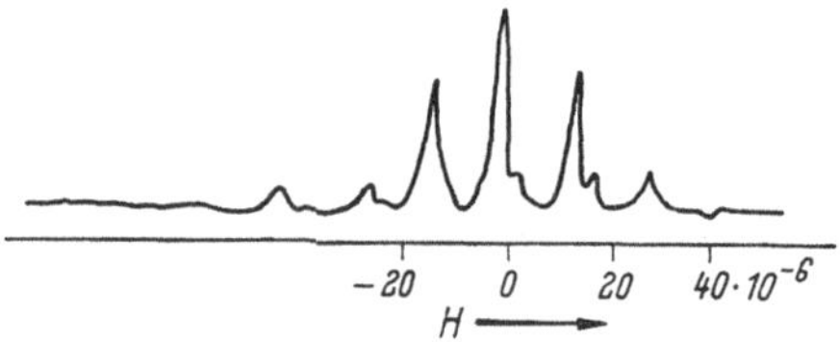

Abb. 51. ^{11}B-Resonanzspektrum von NaBH₄ in H₂O (Radiofrequenz 6 MHz) [nach Ogg]

Die Protonenresonanzspektren einer Lösung von $NaBH_4$ in Wasser und D_2O zeigen die in Abb. 52 und Abb. 53 wiedergegebene Struktur. Die Multiplettstruktur rührt von der Spin-Spin-Wechselwirkung der Protonen mit dem Kern des Boratoms her. Das Isotop ^{11}B mit der Spinzahl 3/2 und einer natürlichen Häufigkeit von etwa 80% verursacht ein aus vier intensitätsgleichen Linien bestehendes Multiplett, während das in der Natur zu 20% vorkommende Borisotop ^{10}B mit der Spinzahl $I = 3$ sieben schwache Linien

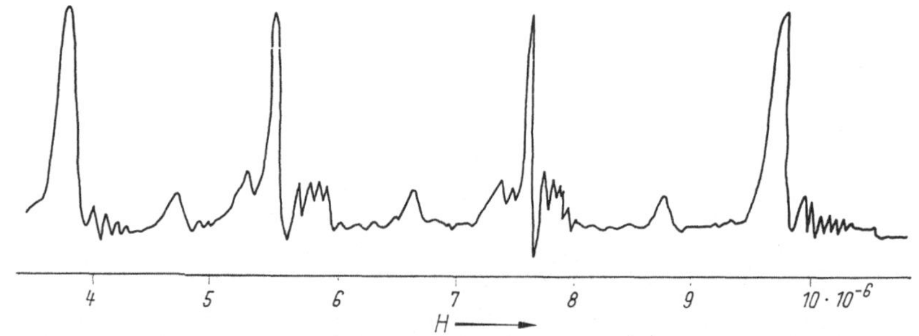

Abb. 52. ^1H-Resonanzspektrum einer Lösung von NaBH₄ in Wasser (40 MHz Radiofrequenz). Die Verschiebung bezieht sich auf Wasser als Standard [nach Ogg]

ergibt. Diese werden jedoch nur bei starker Auflösung sichtbar. Die Aufspaltungen des Quartetts und des Septetts sind in guter Übereinstimmung mit den bekannten gyromagnetischen Verhältnissen der zwei Borisotope[2].

---

[1] GUTOWSKY, H. S., D. W. McCALL u. C. P. SLICHTER: J. Chem. Phys. **21**, 279 (1953).

[2] OGG, R. A.: J. Chem. Phys. **22**, 1933 (1954).

Strahlt man während der Aufnahme des Protonenresonanzspektrums die Resonanzfrequenz der ^{11}B-Kerne ein, so verschwindet das Quartett, und es tritt an seiner Stelle nur eine einzelne Resonanzlinie auf.

Aus den kleinen Linienbreiten läßt sich auf die tetraedrische Anordnung der Wasserstoffatome schließen. Bei pyramidaler oder ebener Anordnung würde die starke Winkelabhängigkeit der elektrischen Feldgradienten am Bor wegen dessen großen elektrischen Quadrupolmoments zu breiten Resonanzlinien führen.

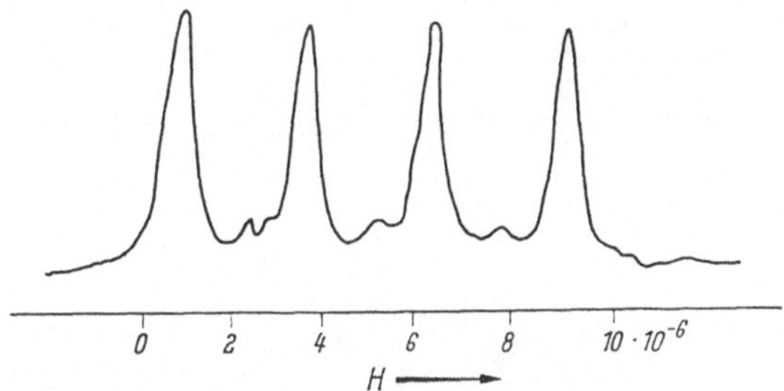

Abb. 53. ^{1}H-Resonanzspektrum einer Lösung von $NaBH_4$ in D_2O (Radiofrequenz 30 MHz). Die Verschiebung bezieht sich auf Wasser als Standard [nach OGG]

Diboran, B_2H_6. Das Protonenresonanzspektrum von Diboran, B_2H_6, ist in Abb. 54a gezeigt[1,2]. Es steht, wie wir im folgenden sehen werden, in Übereinstimmung mit dem jetzt allgemein angenommenen Brückenmodell für das Molekül mit zwei Dreizentrenbindungen $B-H-B$:

Tatsächlich unterscheiden sich die beiden Protonenarten, nämlich die mit jeweils nur einem Boratom verbundenen endständigen vier Protonen und die jeweils mit zwei Boratomen verbundenen Brückenwasserstoffatome, im kernmagnetischen Resonanzspektrum.

Der natürlichen Häufigkeit der beiden Borisotope ^{10}B und ^{11}B entsprechend, ergeben sich für die relative Wahrscheinlichkeit der Konfigurationen ^{11}B—H—^{11}B, ^{11}B—H—^{10}B und ^{10}B—H—^{10}B die Zahlenverhältnisse 16:8:1. In den zwei ^{11}B-Kerne enthaltenden Molekülen ist die von den Brückenwasserstoffen herrührende Resonanzlinie in 16 Linien aufgespalten, die im Spektrum als 7 Linien mit dem Intensitätsverhältnis 1:2:3:4:3:2:1 erscheinen (Abb. 54d). Die Wasserstoffbrückenatome in den Molekülen mit zwei verschiedenen Borisotopen verursachen 28 Linien mit nur zufälligen Koinzidenzen. Die Linien sind jedoch nur halb so intensiv wie die schwächste Linie des vorerwähnten Septetts, so daß sie nur unwesentlich zur Struktur des Spektrums beitragen. Wasserstoffbrückenatome in der dritten Konfiguration sollten schließlich 49 Linien

[1] KELLY, J., J. D. RAY u. R. A. OGG: Phys. Rev. **94**, 767 (1954).
[2] SHOOLERY, J. N.: Disc. Faraday Soc. **19**, 215 (1955).

mit der Intensitätsverteilung $1:2:3:4:5:6:7:6:5:4:3:2:1$ ergeben. Sie
sind aber alle zu intensitätsschwach, um beobachtet werden zu können.

Die Überlappung der eben beschriebenen Multipletts mit dem
1—1—1—1-Quartett, das von den direkt an ^{11}B-Atome gebundenen
endständigen Wasserstoffatomen herrührt (Abb. 54b) und dem

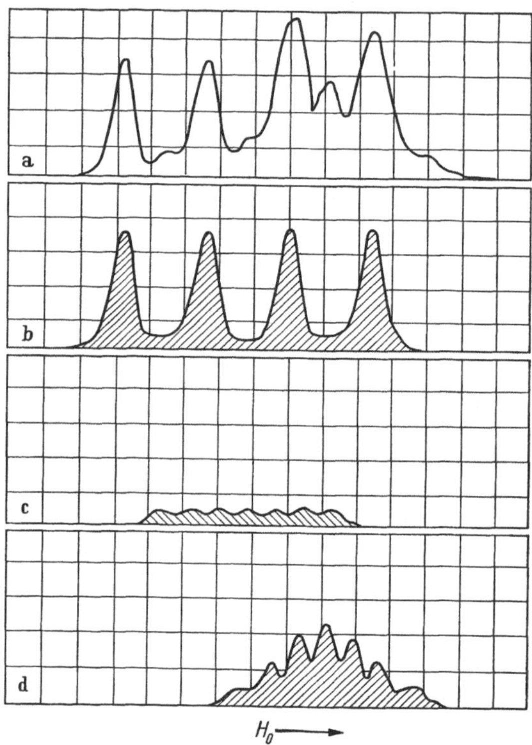

Abb. 54a—d. ^{1}H-Resonanzspektrum von B_2H_6 (Radiofrequenz 30 MHz), a beobachtetes Spektrum,
b endständige Protonen an ^{11}B,   c endständige Protonen an ^{10}B,   d Brückenprotonen zwischen
zwei ^{11}B [nach SHOOLERY]

1—1—1—1—1—1—1-Septett, das von den an ^{10}B-Atome ($I = 3$) gebundenen endständigen Wasserstoffatomen verursacht wird (Abb. 54c),
ergibt, wie es in Abb. 54a dargestellt ist, die Struktur des beobachteten
Spektrums.

Diese ist natürlich von der Frequenz, bei der das Spektrum untersucht wird, abhängig, da die relative chemische Verschiebung der beiden
Wasserstoffarten dieser proportional ist. Bei höherer Frequenz und der
damit verbundenen größeren relativen chemischen Verschiebung lassen
sich z. B. nicht nur eine, sondern zwei der rechten Linien des Septetts
beobachten.

Die Aufspaltung des von den endständigen Wasserstoffen herrührenden Quartetts beträgt 125 Hz, die von den Brückenwasserstoffen der
^{11}B—H—^{11}B-Moleküle herrührende Aufspaltung des Septetts 43 Hz.

Die Interpretation der Multiplettstruktur läßt sich durch ein Doppelresonanz-Experiment bestätigen. Werden die Kerne ^{11}B während der Aufnahme des ^{1}H-Resonanzspektrums zur Resonanz angeregt, so beobachtet man im wesentlichen nur noch zwei Protonen-Resonanzlinien, wie es in Abb. 55 gezeigt ist. Das Intensitätsverhältnis der beiden Linien beträgt etwa 2 : 1.

Auch die Gestalt des ^{11}B-Resonanzspektrums[1] ergibt sich, von dem Brückenmodell des Moleküls ausgehend, zwanglos. Die endständigen Protonen spalten die Bor-Resonanzlinie in ein 1—2—1-Triplett ($J_{11_B1_{Hend}}$ = 125 Hz), dessen Komponenten durch das Paar der Brückenwasserstoffe wieder in kleine 1—2—1-Tripletts aufgespalten sind (Abb. 56). Der

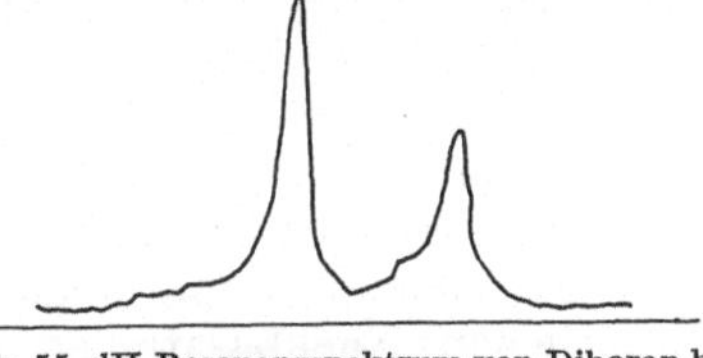

Abb. 55. ^{1}H-Resonanzspektrum von Diboran bei 30 MHz unter gleichzeitiger Anregung der ^{11}B-Kerne mit 9,6257 MHz [nach SHOOLERY]

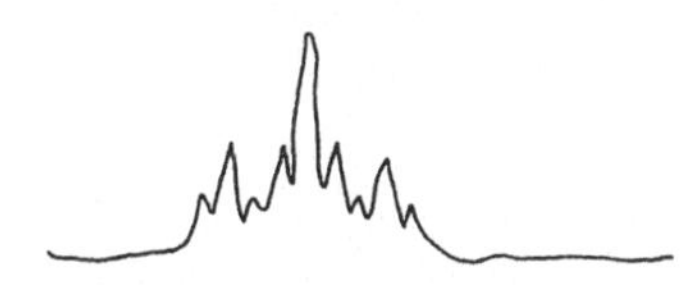

Abb. 56. ^{11}B-Resonanzspektrum von Diboran (Radiofrequenz 12,3 MHz) [nach SHOOLERY]

Abstand der Linien der letzteren Tripletts beträgt jeweils 43 Hz. Die geringen Linienbreiten in den Protonen- und Borresonanzspektren lassen sich nur durch eine nahezu tetraedrische Anordnung der Protonen um jedes Boratom erklären. Die Resonanz der Brückenprotonen ist gegenüber der der endständigen Protonen nach hohem Feld verschoben. Dies deutet auf eine stärkere Abschirmung der ersteren hin. Chemisch gesehen bedeutet dies, daß die Brückenwasserstoffe dem Hydridion ähnlicher sind als die mit nur einem Boratom verbundenen Wasserstoffatome. Dafür sprechen auch die Kopplungskonstanten.

$B_2H_6 \cdot 2NH_3$. Auch die Entscheidung in der lange Zeit umstrittenen Frage nach der Struktur des Diammoniakats von Diboran, $B_2H_6 \cdot 2NH_3$, konnte mit Hilfe des ^{11}B-Resonanzspektrums eindeutig getroffen werden[2]. Es bestätigte einen kürzlich von PARRY u. a.[3]. gemachten Vorschlag, der Verbindung die Struktur eines Salzes

$$\left[\begin{array}{c} H \diagdown \diagup NH_3 \\ B \\ H \diagup \diagdown NH_3 \end{array} \right] \left[\begin{array}{c} H \diagdown \diagup H \\ B \\ H \diagup \diagdown H \end{array} \right]$$

zuzuschreiben.

Abb. 57a zeigt das ^{11}B-Resonanzspektrum der in flüssigem Ammoniak gelösten Verbindung. Es besteht aus einem 1—2—1-Triplett und einem 1—4—6—4—1-Quintett.

Die Spin-Spin-Kopplungskonstante des Quintetts, die zu $J = 80$ Hz gemessen wurde und die damit praktisch gleich groß ist wie diejenige in $NaBH_4$ ($I_{BH} = 82$ Hz) oder $LiBH_4$ ($J_{BH} = 75$ Hz)[4], wie auch seine

[1] SHOOLERY, J. N.: Disc. Faraday Soc. **19**, 215 (1955).

[2] ONAK, T. P., u. I. SHAPIRO: J. Chem. Phys. **32**, 952 (1960).

[3] SCHULTZ, D. R., u. R. W. PARRY: J. Am. Chem. Soc. **80**, 4 (1958).

[4] ONAK, T. P., H. LANDESMAN, R. E. WILLIAMS u. I. SHAPIRO: J. Phys. Chem. **63**, 1533 (1959).

chemische Verschiebung relativ zu $BF_3 \cdot (C_2H_5)_2O$ von $+39,3 \cdot 10^{-6}$, die ganz ähnlich groß ist wie die von $NaBH_4$ (in wäßriger Lösung $+38,7 \cdot 10^{-6}$) oder $LiBH_4$ (in Äther $+38,2 \cdot 10^{-6}$), zeigen, daß es seine Anwesenheit der Existenz von $[BH_4]^-$-Ionen verdankt. Das 1—2—1-Triplett rührt vom Kation $[H_2B(NH_3)_2]^+$ her. Die Kopplungskonstante $J = 120$ Hz ist charakteristisch für Boratome, die mit 2 Wasserstoffatomen verbunden sind. So beträgt z.B. die Kopplungskonstante in B_4H_{10} J_{BH}=123 Hz oder in $[H_2BN(CH_3)_2]_2$ $J_{BH} = 110$ Hz. Die chemische Verschiebung relativ zu $BF_3 \cdot (C_2H_5)_2O$ beträgt $+ 14,6 \cdot 10^{-6}$. Ähnliche chemische Verschiebungen wurden auch für die tetraedrischen Boratome mit ähnlichen Nachbaratomen in $H_3BNH(CH_3)$ $(+15,1 \cdot 10^{-6}$ bezogen auf $BF_3 \cdot (C_2H_5)_2O)$ und in $[H_2BN(CH_3)_2]_2$ $(-6,0 \cdot 10^{-6}$ bezogen auf $BF_3 \cdot (C_2H_5)_2O)$ gemessen. Diese Befunde, zusammen mit dem bei schwachem hochfrequentem Feld gefundenen Intensitätsverhältnis der beiden Banden von 1:1 zeigen, daß dem Diammoniakat des Diborans $B_2H_6 \cdot 2NH_3$ die Struktur $[H_2B(NH_3)_2]$ $[BH_4]$ zukommt.

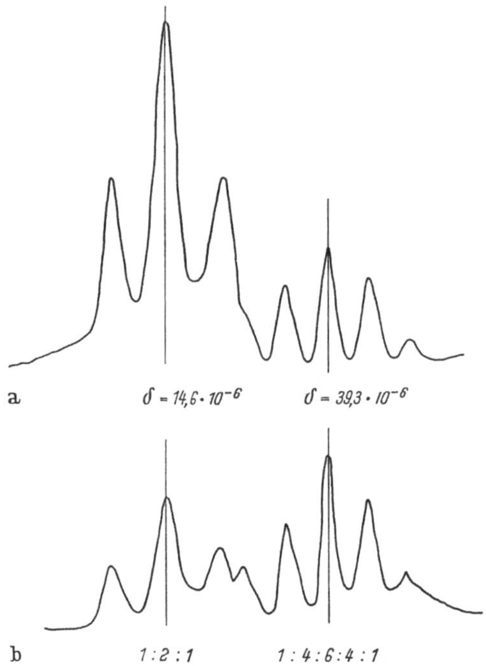

Abb. 57a u. b. ^{11}B-Spektrum von $B_2H_6 \cdot 2NH_3$; die chem. Verschiebung δ bezieht sich auf $\delta_{BF_3 \cdot O (C_2H_5)_2} = 0$. a teilw. Sättigung, b minimale Sättigung [nach ONAK u. SHAPIRO]

Bemerkenswert ist noch, daß sich durch Änderung der Intensität des hochfrequenten Feldes bis zu den Bedingungen teilweiser Sättigung das Intensitätsverhältnis von Quintett und Triplett wegen der verschiedenen Relaxationszeiten der beiden Borkerne verschieben läßt (vgl. Abb. 57b).

$B_2H_5N(CH_3)_2$. Das ^{11}B-Resonanzspektrum der von PHILLIPS, MILLER und MUETTERTIES[1] untersuchten Verbindung $B_2H_5N(CH_3)_2$ ist in Abb. 58 gezeigt. Es läßt sich auf der Basis der folgenden Struktur deuten:

$$CH_3 \diagdown \quad \diagup CH_3$$

Durch die beiden endständigen Protonen wird die Resonanzlinie des

---

[1] PHILLIPS, D. W., H. C. MILLER u. E. L. MUETTERTIES: J. Am. Chem. Soc. 81, 4496 (1959).

Bors in ein 1—2—1-Triplett aufgespalten, dessen Komponenten durch das Brückenwasserstoffatom weiter in Dubletts mit dem Abstand von 29 Hz aufgelöst sind. Das ^{14}N-Brückenatom ($I = 1$) führt lediglich zu einer Verbreiterung der Resonanzlinien. Das Spektrum ist temperaturabhängig. Mit steigender Temperatur verbreitern sich die Resonanzbanden, und schon bei 40° sind die Dubletts verschwunden. Diese Erscheinung hängt mit Austauschprozessen zusammen.

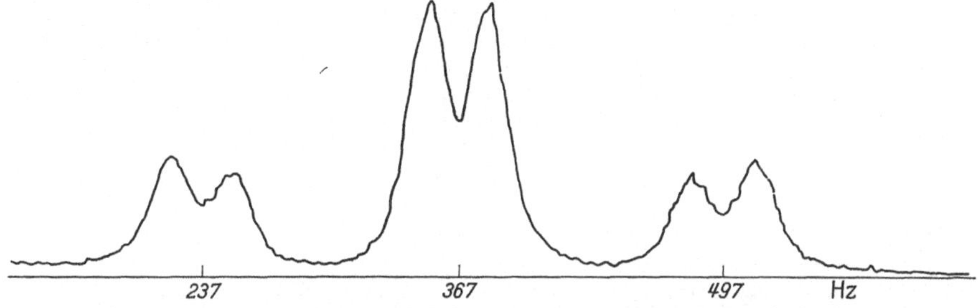

Abb. 58. ^{11}B-Resonanzspektrum von $B_2H_5 \cdot N(CH_3)_2$ bei —10° C [nach PHILLIPS, MILLER u. MUETTERTIES]

Mit NaCN reagiert Diboran in Äther unter Bildung der festen Verbindung $NaCN \cdot B_2H_6 \cdot 2R_2O$, der die Autoren[1] auf Grund des aus zwei Quartetten bestehenden ^{11}B-Resonanzspektrums die Struktur $[H_3B \cdot CN \cdot BH_3]\,Na \cdot 2R_2O$ zuschreiben. Eines der beiden Quartette ist verbreitert und rührt wahrscheinlich von dem an Stickstoff gebundenen Boratom her. Zu den ^{11}B-Spektren der Reaktionsprodukte von B_2H_6 mit Ammoniumsalzen vergleiche[1].

Ein besonderes Interesse unter den Borverbindungen beanspruchen die höheren Borwasserstoffe, deren Strukturen erst in jüngster Zeit aufgeklärt worden sind. Die ^{11}B-Spektren von Pentaboran-9, B_5H_9, Pentaboran-11, B_5H_{11}, und Dekaboran, $B_{10}H_{14}$, sind von SHOOLERY[2], SCHAEFFER, SHOOLERY und JONES[3] sowie WILLIAMS, GIBBINS und SHAPIRO[4] untersucht worden.

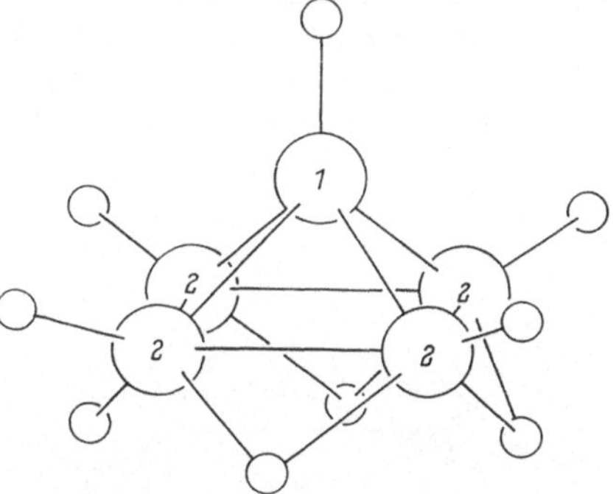

Abb. 59. Struktur des Pentaborans-9, B_5H_9

B_5H_9. Die einfachste Struktur unter den komplizierter gebauten Borwasserstoffen hat das Pentaboran-9. Das in Abb. 59 gezeigte Molekül

---

[1] AFTANDILIAN, V. D., H. C. MILLER u. E. L. MUETTERTIES: J. Am. Chem. Soc. 83, 2471 (1961).

[2] SHOOLERY, J. N.: Disc. Faraday Soc. 19, 215 (1955).

[3] SCHAEFFER, R., J. N. SHOOLERY u. R. JONES: J. Am. Chem. Soc. 79, 4606 (1957).

[4] WILLIAMS, R. E., S. G. GIBBINS u. I. SHAPIRO: J. Chem. Phys. 30, 320 (1959).

enthält nur *zwei* chemisch voneinander verschiedene Arten von Boratomen, nämlich das an der Spitze der Pyramide befindliche Boratom B_1 und die vier äquivalenten Boratome B_2, die die Basis der Pyramide bilden. Beide Arten von Boratomen sind mit je einem Wasserstoffatom verbunden, das jeweils ihnen allein zugeordnet ist. Darüber hinaus sind

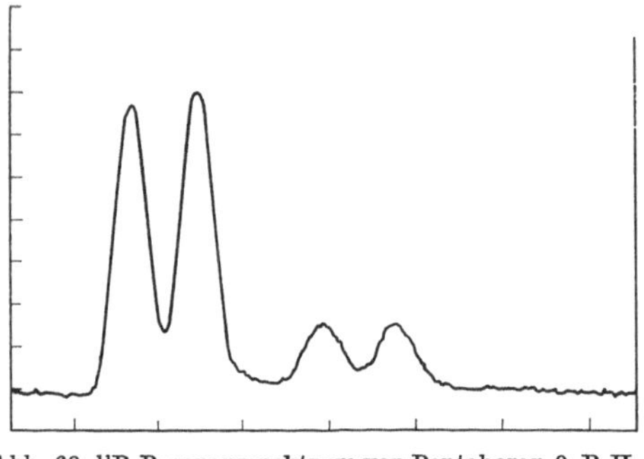

Abb. 60. ^{11}B-Resonanzspektrum von Pentaboran-9, B_5H_9 [nach SCHAEFFER et al.]

Abb. 61. ^{11}B-Resonanzspektrum der Verbindung B_5H_8Br [nach SCHAEFFER et al.]

die Boratome an der Basis der Pyramide noch über Brückenwasserstoffatome verbunden. Da die letzteren keine Aufspaltung der Bor-Resonanzlinie erkennen lassen, sind zwei 1—1-Dubletts zu erwarten, deren Intensitäten sich wie 4:1 verhalten. Ein derartiges Spektrum wird tatsächlich beobachtet. Es ist in Abb. 60 wiedergegeben. Das kleine Dublett rührt von dem Boratom B_1 an der Spitze der Pyramide her. Auch in den Spektren der im folgenden besprochenen Borwasserstoffe B_5H_{11} und B_6H_{10} tritt bei der gleichen Feldstärke jeweils ein Dublett auf.

Das Bromderivat des Pentaborans-9 mit der Zusammensetzung B_5H_8Br zeigt das an Abb. 61 dargestellte Spektrum, das sofort erkennen läßt, daß im Molekül des B_5H_9 das an der Pyramidenspitze sitzende

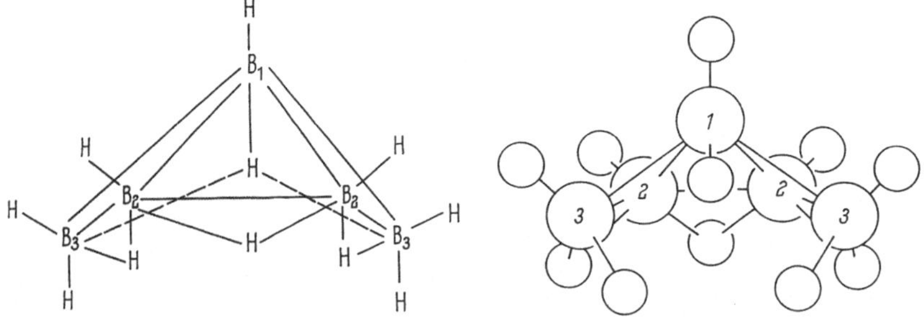

Abb. 62. Struktur des Pentaborans-11, B_5H_{11}

Wasserstoffatom durch Brom substituiert ist. Die Aufspaltung der Resonanzlinie des betreffenden Boratoms ist beseitigt[1,2]. Das Analoge gilt auch für das Monojodid des Pentaborans-9, B_5H_8J [2].

---

[1] NMR and EPR Spectroscopy. S. 33. Oxford: Pergamon Press 1960.
[2] SCHAEFFER, R., J. N. SHOOLERY u. R. JONES: J. Am. Chem. Soc. **80**, 2670 (1958).

B_5H_{11}. Das Molekül des Pentaborans-11, B_5H_{11}, enthält drei Typen von Boratomen. Seine Struktur ist in Abb. 62 dargestellt. Das Boratom B_1 ist mit *einem* einzelnen Wasserstoffatom verbunden[1] und verursacht eine in ein Dublett aufgespaltene Resonanzbande bei hohem Feld. Die beiden Boratome B_2 sind ebenfalls mit je einem endständigen Wasserstoffatom verbunden und sollten ein Dublett mit der doppelten Intensität wie das von B_1 herrührende ergeben, während die mit zwei endständigen Wasserstoffatomen verbundenen Boratome B_3 schließlich ein 1—2—1-Triplett hervorrufen sollten[2]. Es ist von WILLIAMS et al.[3] darauf hingewiesen worden, daß die Linie 4 im Spektrum von B_5H_{11}, das in Abb. 63 wiedergegeben ist, mit großer Wahrscheinlichkeit von Pentaboran-9 herrührt, das eines der Zersetzungsprodukte des sehr instabilen Pentaborans-11 ist. Die noch verbleibenden drei Linien des Spektrums 1, 2 und 3 wurden von ihnen als aus der Überlagerung eines Tripletts und eines Dubletts entstanden interpretiert. Das Intensitätsverhältnis der drei Linien beträgt etwa 1 : 4 : 3. Es setzt sich aus einem 1—2—1-Triplett und einem

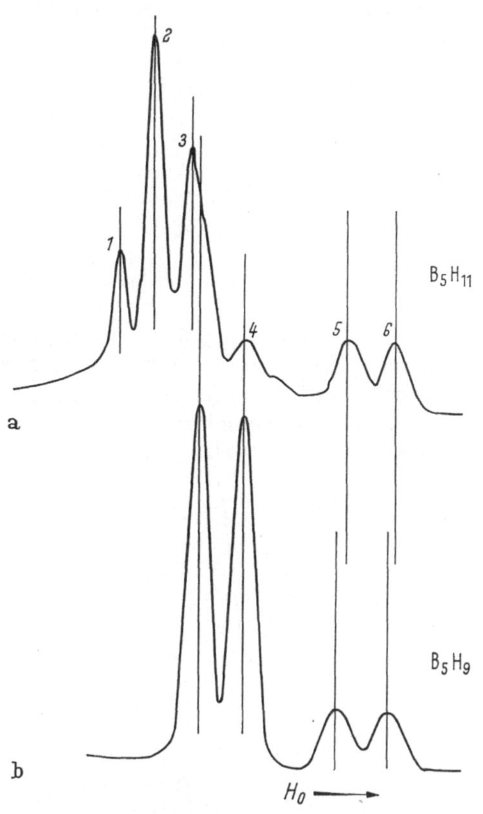

Abb. 63. ^{11}B-Spektren von B_5H_{11} und B_5H_9 [nach WILLIAMS, GIBBINS u. SHAPIRO]

2—2-Dublett (1—1-Dublett von gleicher Intensität wie das Triplett), das unter die zwei rechten Linien des Tripletts fällt, zusammen, woraus sich das beobachtete Intensitätsverhältnis erklärt.

$B_{10}H_{14}$. Das ^{11}B-Resonanzspektrum von $B_{10}H_{14}$, Dekaboran, das in Abb. 64 gezeigt ist, kann so gedeutet werden[2, 4, 5], daß das Dublett (Resonanzlinien D und E) bei hohem Feld den äquivalenten Boratomen

---

[1] Vgl. hierzu L. R. LAVINE u. W. N. LIPSCOMB: J. Chem. Phys. **22**, 614 (1962).

[2] SCHAEFFER, R., J. N. SHOOLERY u. R. JONES: J. Am. Chem. Soc. **79**, 4606 (1957).

[3] WILLIAMS, R. E., S. G. GIBBINS u. I. SHAPIRO: J. Chem. Phys. **30**, 320 (1959).

[4] SHOOLERY, J. N.: Disc. Faraday Soc. **19**, 215 (1955).

[5] WILLIAMS, R. E., u. I. SHAPIRO: J. Chem. Phys. **29**, 677 (1958).

B_2 und B_4 in dem in Abb. 66 dargestellten Molekül der Verbindung zuzuordnen ist. Das Triplett (Resonanzlinien A, B und C) rührt von einer zufälligen Überlagerung zweier weiterer Dubletts her, die von den Boratomen B_5, B_7, B_8, B_{10} bzw. B_6, B_9, B_1 und B_3 verursacht sind. Die Herkunft des Tripletts von einem oder mehreren mit *zwei* Wasserstoffen verbundenen Boratomen würde mehr Protonen erfordern als im Molekül

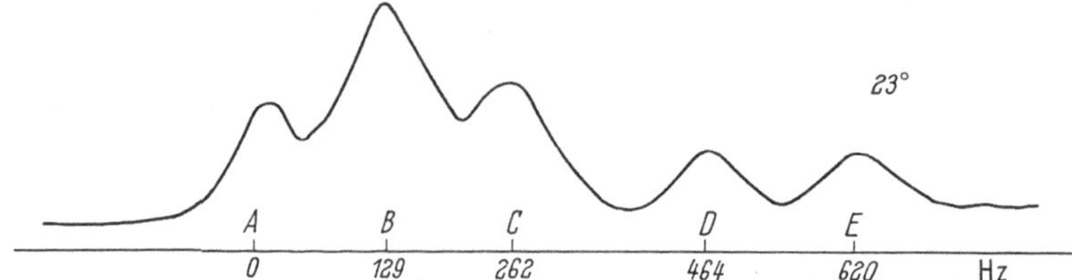

Abb. 64. ^{11}B-Resonanzspektrum von Dekaboran in Benzol bei Zimmertemperatur (Radiofrequenz 10 MHz; $\delta_{B(CH_3O)_3} = 0$) [nach Phillips, Miller u. Muetterties]

vorhanden sind. Die gegebene Interpretation eines aus drei Dubletts bestehenden Spektrums verlangt, daß die strukturell verschiedenen Boratome B_1 und B_3 einerseits und B_6 und B_9 andererseits praktisch die gleiche chemische Verschiebung haben, so daß sich die Dubletts dieser beiden Atompaare überlagern.

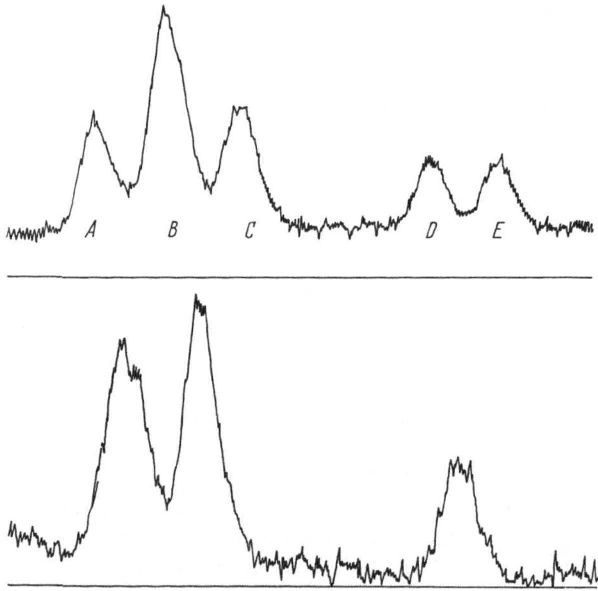

Abb. 65. ^{11}B-Resonanzspektrum von gewöhnlichem (oben) und deuteriertem (unten) Dekaboran [nach Williams u. Shapiro]

Das ^{11}B-Resonanzspektrum von deuteriertem Dekaboran ist in Abb. 65 mit demjenigen von gewöhnlichem Dekaboran verglichen. Die Spin-Spin-Kopplung zwischen Deuterium und Bor ist vernachlässigbar klein, so daß im Spektrum anstelle jedes Dubletts ein Singulett erscheint. Man beobachtet, daß die bei der kleinsten Feldstärke auftretende Resonanzlinie teilweise aufgelöst ist, so daß sie vermutlich von den Borpaaren B_1, B_3 und B_6, B_9 herrührt, während die Nachbarlinie von den vier äquivalenten Boratomen B_5, B_7, B_8 und B_{10} verursacht wird. Der Austausch von Wasserstoff gegen Deuterium als Funktion der Zeit wurde eingehend von SHAPIRO, LUSTIG und WILLIAMS[1] studiert. Dabei

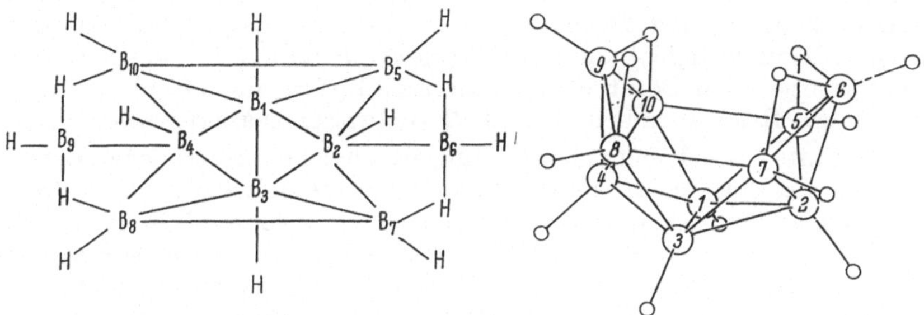

Abb. 66. Struktur von Dekaboran, $B_{10}H_{14}$

zeigte es sich, daß die Brückenwasserstoffe im Gegensatz zu den endständigen Wasserstoffen sehr rasch ausgetauscht werden. Die Austauschgeschwindigkeiten der letzteren konnten aus dem Kollabieren der jeweiligen Dubletts geschätzt werden. Sie sind am größten bei den Protonen der Boratome 6 und 9 und nehmen dann in der Reihenfolge der Gruppen 5, 7, 8, 10; 2,4 und 1,3 ab.

PHILLIPS, MILLER und MUETTERTIES[2] bemerkten, daß das ^{11}B-Spektrum von in Aceton gelöstem $B_{10}H_{14}$ stark temperaturabhängig ist. Abb. 67 zeigt das ^{11}B-Resonanzspektrum einer Lösung von $B_{10}H_{14}$ in Aceton bei Zimmertemperatur. Bei Temperaturen von etwa 60° und mehr ist kein Unterschied zwischen den Spektren der Lösung von $B_{10}H_{14}$

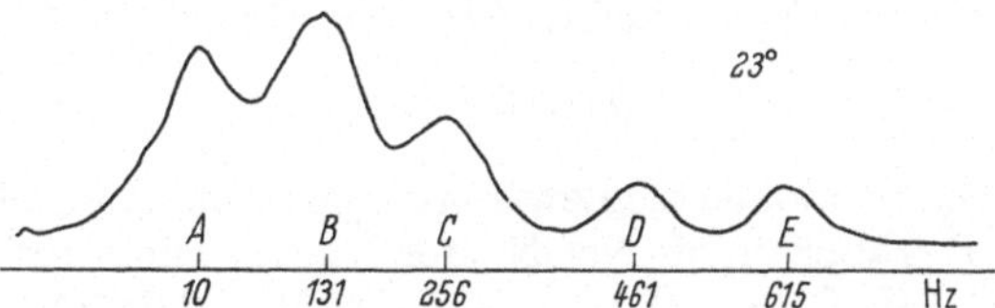

Abb. 67. ^{11}B-Resonanzspektrum von Dekaboran in Aceton bei Zimmertemperatur (Radiofrequenz 10 MHz; $\delta_{B(CH_3O)_3} = 0$) [nach PHILLIPS, MILLER u. MUETTERTIES]

in Benzol oder Aceton festzustellen. Mit abnehmender Temperatur wird aber die bei der niedrigsten Feldstärke auftretende Resonanzlinie A intensitätsstärker, während die Resonanzlinie C des Spektrums an Intensität verliert. Bei etwa −50° ist die Linie A schließlich ebenso

[1] SHAPIRO, I., M. LUSTIG u. R. E. WILLIAMS: J. Am. Chem. Soc. 81, 838 (1959).
[2] PHILLIPS, W. D., H. C. MILLER u. E. L. MUETTERTIES: J. Am. Chem. Soc. 81, 4496 (1959).

intensiv wie die Linie B, während die Resonanzlinie C fast ganz verschwunden ist. Die Autoren führen diese Erscheinung auf eine starke Wechselwirkung zwischen dem Lösungsmittel Aceton und $B_{10}H_{14}$ zurück.

Mit abnehmender Temperatur verschiebt sich offenbar das Gleichgewicht

$$B_{10}H_{14} + \text{Aceton} \rightleftharpoons B_{10}H_{14} \cdot \text{Aceton}$$

nach der Seite des $B_{10}H_{14}$-Aceton-Komplexes. Dieser Interpretation entsprechend werden demnach bei der Komplexbildung die vier Boratome, die ursprünglich die Linie B (diese nur teilweise) und die Linie C verursachten, den Boratomen magnetisch äquivalent, die im Spektrum durch die Resonanzlinien A und B (teilweise) charakterisiert waren.

Derivate des Dekaborans. Die Strukturen halogensubstituierter Borane wurden von SCHAEFFER, SHOOLERY und JONES[1] aufgeklärt. Die Autoren konnten zeigen, daß die Halogenatome im Monobromid $B_{10}H_{13}Br$ und in einem der beiden bekannten Monojodide $B_{10}H_{13}J$ des Dekaborans am Boratom B_2 sitzen. Im zweiten Monojodid des Dekaborans konnte die Lage des Jodatoms nicht eindeutig bestimmt werden. Es ist aber sehr wahrscheinlich, daß die Substitution am Boratom B_1 erfolgt ist. Im Dijodid $B_{10}H_{12}J_2$ sind die Protonen an den Boratomen B_2 und B_4 substituiert.

Interessant ist zu beobachten, daß sich die Resonanzbande bei hohem Feld in der Reihe des Monobromids, des unsubstituierten Hydrids und des Monojodids nach höheren Feldstärken verschiebt, was einer zunehmenden Elektronendichte am Boratom B_2 zugeschrieben und als Verzerrung der p-Elektronen in der Bindungsrichtung gewertet werden könnte.

Dekaboran, $B_{10}H_{14}$, reagiert mit Lewisbasen L, wie Acetonitril, Phosphinen, Phosphinoxiden, Aminen, Amiden usw. nach der Reaktionsgleichung

$$B_{10}H_{14} + 2L \rightarrow B_{10}H_{12} \cdot 2L + H_2$$

zu Verbindungen des Typs $B_{10}H_{12} \cdot 2L$, also beispielsweise zu

$$B_{10}H_{12} \cdot 2(CH_3)_2S.$$

Mit anorganischen Anionen als Lewisbasen entstehen ionische Verbindungen. So bildet Dekaboran mit NaCN oder NaH in Dimethylsulfid die Verbindungen $NaB_{10}H_{12}CN \cdot (CH_3)_2S$ bzw. $NaB_{10}H_{13} \cdot (CH_3)_2S$, oder mit NaCN in Wasser die Verbindung $Na_2B_{10}H_{13}CN$ [d. h. $Na_2B_{10}H_{12}(H)(CN)$].

Die Verbindungen haben sehr wahrscheinlich alle eine analoge Struktur, gleichgültig ob die Lewisbase ein Ion oder ein neutrales Molekül ist. Die ^{11}B-Resonanzspektren der ionischen Verbindungen in Wasser sind weitgehend identisch. Ein typisches Spektrum ist in Abb. 68 gezeigt. Die Resonanzbande läßt vier Komponenten erkennen. Die Autoren[2]

---

[1] SCHAEFFER, R., J. N. SHOOLERY u. R. JONES: J. Am. Chem. Soc. **80**, 2670 (1958).

[2] KNOTH, W. H., u. E. L. MUETTERTIES: J. Inorg. & Nuclear Chem. **20**, 66 (1961).

nehmen an, daß das im Spektrum des Dekaborans (vgl. Abb. 64 und 65) bei hohem Feld auftretende Dublett nach niedrigeren Feldstärken verschoben und der linken Hälfte des Triplett überlagert ist. Ein ganz ähnliches, ebenfalls aus vier Komponenten bestehendes Spektrum liefert

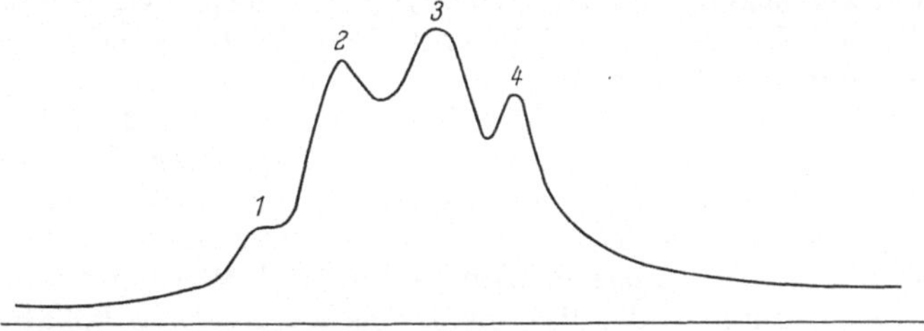

Abb. 68. ^{11}B-Resonanzspektrum der Verbindungen $NaB_{10}H_{12}CN \cdot (CH_3)_2S$, $NaB_{10}H_{13} \cdot (CH_3)_2S$ und $Na_2B_{10}H_{13}CN$ in Wasser [nach KNOTH u. MUETTERTIES]

$B_{10}H_{12} \cdot 2(CH_3)_2S$. Die chemischen Verschiebungen der vier beobachtbaren Komponenten der im einzelnen vorerwähnten Verbindungen sind in Tab. I a (Anhang) angegeben.

Mit Hilfe besser aufgelöster Spektren zeigten NEAR-COLIN und HEYING[1] durch Vergleich der Spektren von $B_{10}H_{12} \cdot 2\,(C_2H_5SC_2H_5)$ (Abb. 69) und $B_{10}H_{11}(C_2H_5SC_2H_5)$ Br, daß das den Boratomen B_2 und B_4 (Abb. 66) entsprechende Dublett (Resonanzlinien D und E) im Gegensatz zum freien Boran tatsächlich bei der kleinsten Feldstärke auftritt, während die scharfen Linien B und C wahrscheinlich das von den Boratomen B_1 und B_3 herrührende Dublett darstellen. Ihr Auftreten bei hohen Feldstärken ist plausibel, wenn man beachtet, daß für die Boratome B_1 und B_3 eine höhere Symmetrie als für die substituierten Boratome B_6 und B_9 erwartet werden muß.

Einen anderen Verbindungstyp, nämlich $B_{10}H_{12} \cdot L$ fanden KNOTH und MUETTERTIES[2]. Er wird durch die Verbindung $B_{10}H_{12} \cdot (CH_3)_2S$

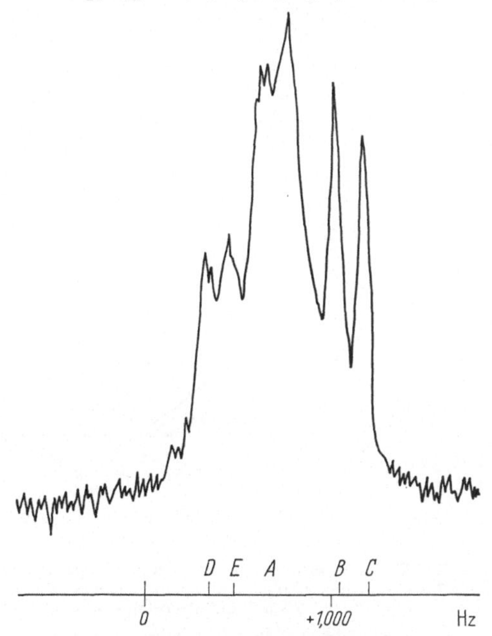

Abb. 69. ^{11}B-Resonanzspektrum der Verbindung $B_{10}H_{12} \cdot 2(C_2H_5SC_2H_5)$ [Radiofrequenz 19,3 MHz] [nach NEAR-COLIN u. HEYING]

---

[1] NEAR-COLIN, C., u. T. L. HEYING: J. Am. Chem. Soc. (in Vorber.).

[2] KNOTH, W. H., u. E. L. MUETTERTIES: J. Inorg. & Nuclear Chem. **20**, 66 (1961).

verkörpert. Das ^{11}B-Resonanzspektrum dieser Verbindungsklasse besteht aus vier Komponenten und ist identisch mit dem Spektrum der ionischen Verbindung [(CH$_3$)$_4$N] B$_{10}$H$_{13}$, so daß für die beiden Verbindungen eine analoge Struktur angenommen werden kann. Die Autoren schlagen vor, daß das Schwefelatom in B$_{10}$H$_{12}$ · (CH$_3$)$_2$S eine Brücke zwischen den Boratomen B$_6$ und B$_9$ oder B$_7$ und B$_8$ (vgl. Abb. 66) bildet oder aber endständig am Boratom B$_6$ sitzt.

Die bei der Reaktion einer ätherischen Lösung von Dekaboran mit Boranaten entstehenden Verbindungen des Typs MeB$_{11}$H$_{14}$ zeigen im ^{11}B-Resonanzspektrum ein symmetrisches Dublett, dessen Aufspaltung unabhängig von der Feldstärke ist und als Maximalwert der B—H-Kopplungskonstante angesehen wird ($\sim$130 Hz)[1]. Werden die Protonen während der Aufnahme des ^{11}B-Spektrums angeregt, so kollabiert das Dublett zu einer breiten Resonanzbande, die als aus zwei nahe beieinanderliegenden Resonanzlinien bestehend interpretiert wird.

Das Protonenspektrum der Lösungen von B$_{11}$H$_{\overline{14}}$ besteht aus vier diffusen Maxima im Abstand von je ungefähr 140 Hz und einer sich auf der Seite der höheren Feldstärke anschließenden Schulter. Bei Anregung der Borkerne kollabiert das Quartett zu zwei scharfen Resonanzlinien, die relativ zu Wasser um $2{,}37 \cdot 10^{-6}$ und $2{,}92 \cdot 10^{-6}$ verschoben sind,

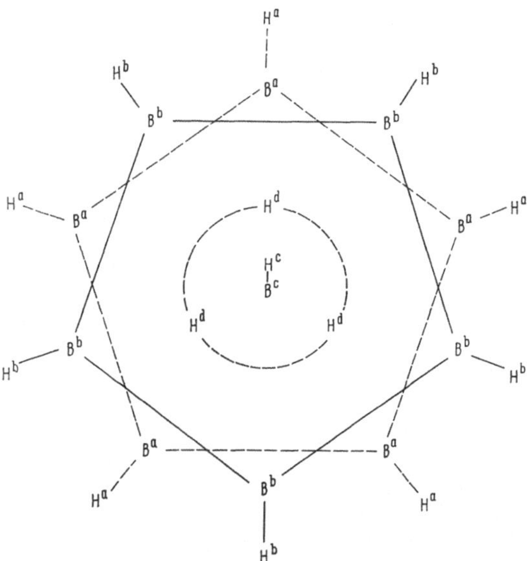

Abb. 70. Wahrscheinliche Struktur des Ions B$_{11}$H$_{\overline{14}}$. Die Symmetrieachse verläuft durch das zentrale Boratom und steht senkrecht auf der Papierebene. Ein Tunneleffekt erlaubt die freie Rotation der H$_3^d$-Gruppe, wodurch die Atome B^b äquivalent werden [nach AFTANDILIAN et al.]

während anstelle der Schulter bei $7{,}62 \cdot 10^{-6}$ eine schwache, breite Bande erscheint. Die Summe der Intensitäten der beiden scharfen Linien verhält sich zur Intensität der Bande bei hohem Feld wie etwa 11:3.

[1] AFTANDILIAN, V. D., H. C. MILLER, G. W. PARSHALL u. E. L. MUETTERTIES: Inorg. Chem. 1, 734 (1962).

Aus diesen und anderen Spektraldaten schließen die Autoren auf die in Abb. 70 gezeigte Struktur für das Ion $B_{11}H_{14}^{-}$.

B_6H_{10}. Das ^{11}B-Spektrum des Hexaborans, B_6H_{10}, für das die in Abb. 71 dargestellte Struktur einer unregelmäßigen pentagonalen Pyramide vorgeschlagen wurde[1], ist in Abb. 72 gezeigt und dem Spektrum von B_5H_9 gegenübergestellt. Das Spektrum läßt die für Boratome, die mit einem endständigen Wasserstoffatom verbunden sind, charakteristischen Dubletts erkennen. Die Abwesenheit von Tripletts im Spektrum beweist, daß die Verbindung keine Boratome enthält, die mit zwei endständigen Wasserstoffatomen verbunden sind. Aus dem Intensitätsverhältnis der Dubletts geht hervor, daß das kleinere Dublett bei höherem Feld durch das Boratom an der Spitze der Pyramide verursacht wird. Bei ungefähr der gleichen Feldstärke erscheinen auch in den ^{11}B-Spektren der Borwasserstoffe B_5H_9 und

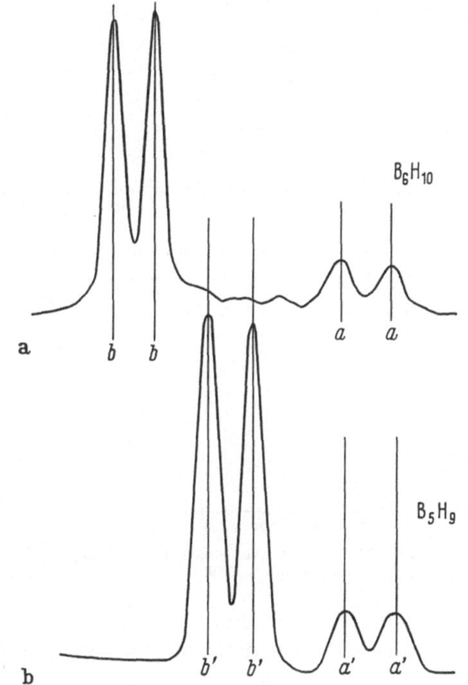

Abb. 71a u. b. ^{11}B-Resonanzspektrum von a B_6H_{10}, b B_5H_9

B_5H_{11} kleine Dubletts. Auch für das große Dublett im Spektrum des Hexaborans findet sich im Spektrum des Pentaborans-9, B_5H_9, eine analoge Bande, die jedoch bei etwas höherem Feld liegt.

In allen Fällen stehen also die Spektren der Borwasserstoffe mit der vorgeschlagenen Struktur in Einklang und stützen diese.

Abb. 72. Struktur von Hexaboran, B_6H_{10} [nach LIPSCOMB et al.]

---

[1] HIRSHFELD, F. L., K. ERIKS, R. E. DICKERSON, E. L. LIPPERT u. W. N. LIPSCOMB: J. Chem. Phys. **28**, 56 (1958).

Von den im vorigen beschriebenen Borwasserstoffen wurden auch die Protonenresonanzspektren untersucht. Sie erweisen sich als sehr komplex und sind nicht genügend aufgelöst, um sie gründlich analysieren zu

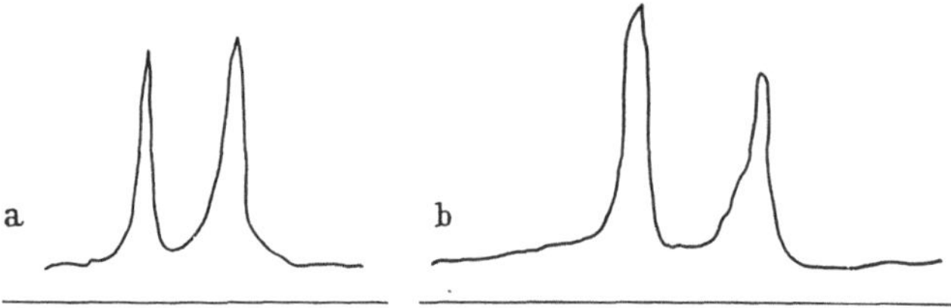

Abb. 73a u. b. ^{1}H-Resonanzspektrum von a B_5H_9 und b $B_{10}H_{14}$ unter Anregung der ^{11}B-Kerne
[nach SHOOLERY]

können. Ihre komplizierte Struktur rührt von der Kopplung mit den Kernen der zwei Borisotopen, die beide verhältnismäßig große Spinzahlen haben, her. Erst wenn man während der Aufnahme der Protonen-

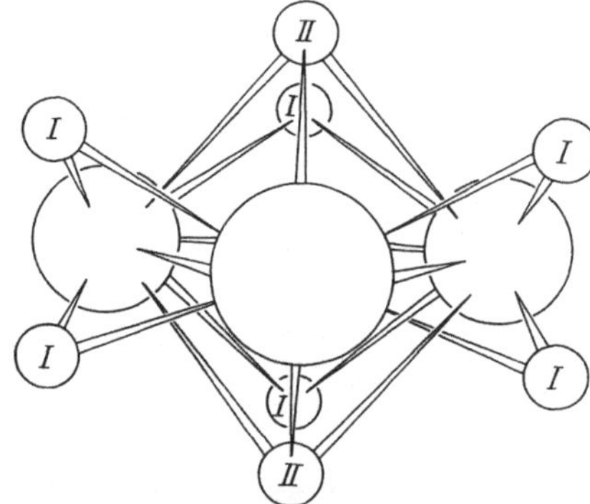

Abb. 74. ^{11}B-Resonanzspektrum von $B_3H_8^-$ in Äther
[nach PHILLIPS, MILLER u. MUETTERTIES]

resonanzspektren die Resonanzfrequenz der ^{11}B-Kerne bei der verwendeten Feldstärke einstrahlt, vereinfachen sich die ^{1}H-Spektren grundlegend. Die in Abb. 73a u. b gezeigten Spektren von Pentaboran-9 und Dekaboran, die so erhalten wurden, zeigen im wesentlichen nur noch zwei Resonanzlinien, die einerseits von den endständigen und andererseits von den brückenbildenden Wasserstoffatomen herrühren.

NaB$_3$H$_8$. Das ^{11}B-Resonanzspektrum einer ätherischen Lösung von NaB$_3$H$_8$ scheint aus einer in 7 Komponenten aufgespaltenen Resonanzbande zu bestehen[1], während das von $B_3H_7 \cdot O(C_2H_5)_2$ zu erhaltende Spektrum ein Sextett darstellt. Die Abstände der einzelnen Komponenten der Banden sind in beiden Spektren ungefähr gleich groß. Eine mit allen bekannten Daten der Verbindungen in Übereinstimmung zu bringende

Abb. 75. Mögliche Struktur von $B_3H_8^-$
[nach PHILLIPS, MILLER u. MUETTERTIES]

Interpretation steht jedoch noch aus. Möglicherweise ist in den Verbindungen ein Tunneleffekt wirksam, wie er im folgenden zu Erklärung des Resonanzspektrums von AlB_3H_{12} angenommen worden ist. Das

[1] PHILLIPS, W. D., H. C. MILLER u. E. L. MUETTERTIES: J. Am. Chem. Soc. 81, 4496 (1959).

^{11}B-Resonanzspektrum von $B_3H_8^-$ in Äther zeigt Abb. 74. Abb. 75 stellt eine mit dem beobachteten Spektrum in Einklang zu bringende Struktur des Anions $B_3H_8^-$ dar, das keine endständigen Wasserstoffatome mehr enthalten würde.

AlB_3H_{12}. Eingehende Untersuchungen der ^{11}B- und der ^{1}H-Resonanzspektren haben OGG und RAY[1] dem flüssigen Aluminiumboranat AlB_3H_{12} und der von ihnen im Laufe der Untersuchungen entdeckten Verbindung $Al_2B_4H_{18}$ gewidmet. Auch in diesem Falle erleichterte der Gebrauch der Doppelresonanz-Technik, die zur Sättigung der ^{11}B- oder der ^{27}Al-Kerne angewendet wurde, wie auch die Untersuchung der teilweise deuterierten Verbindungen die Interpretation der Spektren. Das Ergebnis, daß alle Protonen des Moleküls AlB_3H_{12} chemisch äquivalent sind und sowohl mit den Borkernen wie auch mit dem Aluminiumkern koppeln, und weiter die Kerne der Boratome mit jeweils vier äquivalenten Wasserstoffkernen in Wechselwirkung treten, läßt sich nicht mit der Annahme eines statischen Moleküls vereinbaren. Es muß vielmehr ein stetiger Austausch von endständigen und brückenbildenden Protonen stattfinden, wobei energetische Überlegungen die Autoren zu der Hypothese veranlassen, daß dabei ein quantenmechanischer Tunneleffekt wirksam wird. Hierdurch brauchen die Potentialbarrieren der BH_4-Rotation nicht überschritten zu werden: Die Kopplung zwischen Wasserstoff und Aluminium bleibt intakt. Der Tunnelprozeß muß selbstverständlich mit genügend großer Geschwindigkeit, d. h. mit einer größeren Frequenz als sie dem Linienabstand der brückenbildenden und der endständigen Wasserstoffatome im Spektrum entspricht, ablaufen. Ähnliche strukturelle Verhältnisse scheinen auch in der mit AlB_3H_{12} und B_2H_6 im Gleichgewicht stehenden Verbindungen $Al_2B_4H_{18}$ vorzuliegen.

d) Borazol

$$\begin{array}{c}
H \\
| \\
B \\
\diagup \quad \diagdown \\
HN \qquad NH \\
| \qquad | \\
HB \qquad BH \\
\diagdown \quad \diagup \\
N \\
| \\
H
\end{array}$$

I

Das Protonen- und ^{11}B-Resonanzspektrum von Borazol (I) wurde von ITO, WATANABE und KUBO[2, 3] untersucht. Das Borspektrum besteht aus zwei Linien, deren Abstand von 140 Hz der Kopplungskonstante J_{BH} entspricht. Die chemischen Verschiebungen der an Bor und an Stickstoff gebundenen Protonen sind ähnlich groß und betragen auf Cyclohexan bezogen $-3,0_7$ bzw. $-4,0_5$. Die Resonanzbande der BH-Protonen ist in ein Quartett aufgespalten, aus dem die Kopplungskonstante J_{BH} in

[1] OGG, R. A., u. J. D. RAY: Disc. Faraday Soc. **19**, 239 (1955).
[2] ITO, K., H. WATANABE u. M. KUBO: J. Chem. Phys. **32**, 947 (1960).
[3] ITO, K., H. WATANABE u. M. KUBO: Bull. Chem. Soc. Japan **33**, 1588 (1960).

guter Übereinstimmung mit dem aus dem Borspektrum entnommenen Wert zu 138 Hz bestimmt wurde. Die Resonanzbande des NH-Protons ist den $2I + 1$ Orientierungen des ^{14}N-Spins mit $I = 1$ entsprechend in ein Triplett aufgespalten, aus dessen Linienabständen sich die Kopplungskonstante $J_{^{14}N^1H} = 56$ Hz ergibt. Eine ähnliche Kopplungskonstante wird auch in $^{14}NH_3$ (46 Hz) beobachtet[1].

Die gleichen Autoren untersuchten weiter die Protonen-Resonanzspektren von 10 Borazol-Derivaten[2]. In N-Trimethylborazol beträgt die chemische Verschiebung der BH-Protonen gegenüber $C_6H_{12} -3,0_5$, die Kopplungskonstante $J_{BH} = 125$. Die letztere Größe war früher aus dem Borspektrum der Verbindung zu 134 Hz gemessen worden[3]. Sie ist damit ganz ähnlich groß wie die Kopplungskonstante J_{BH} der endständigen Protonen in Diboran (125 Hz)[4].

e) $(CH_3)_2PH \cdot BH_3$

Die Struktur der aus Diboran und Dimethylphosphin entstehenden Additionsverbindung $(CH_3)_2PH \cdot BH_3$ wurde von SHOOLERY[5] aus den ^{1}H-, ^{31}P- und ^{11}B-Spektren ermittelt (I). Die Spektren sind alle sehr

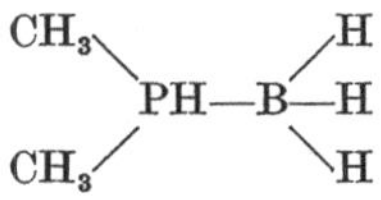

$$
\begin{array}{ccc}
CH_3\diagdown & & \diagup H \\
& PH\!-\!B\!-\!H & \\
CH_3\diagup & & \diagdown H \\
& I &
\end{array}
$$

linienreich, da zwölf der vierzehn Kerne des Moleküls ein magnetisches Moment aufweisen. So setzt sich z. B. das ^{31}P-Spektrum aus zwei Gruppen von je 112 Linien zusammen.

12. Kohlenstoff

Kohlenstoff hat nur ein Isotop mit einem magnetischen Moment, nämlich ^{13}C. Seine Spinzahl beträgt $I = 1/2$. Wegen der kleinen natürlichen Häufigkeit des Isotops, die nur 1,1% beträgt und dadurch die Messung der kernmagnetischen Resonanz gegenüber anderen Kernsorten, wie ^{1}H, ^{19}F oder ^{31}P, erschwert, sind bis heute nur wenige Untersuchungen an ^{13}C-Verbindungen durchgeführt worden. Trotzdem konnten LAUTERBUR[6] und HOLM[7] die chemischen Verschiebungen und Kopp-

[1] OGG, R. A., u. J. D. RAY: J. Chem. Phys. **26**, 1515 (1957).

[2] ITO, K., H. WATANABE u. M. KUBO: J. Chem. Phys. **34**, 1043 (1961).

[3] PHILLIPS, W. D., H. C. MILLER u. E. L. MUETTERTIES: J. Am. Chem. Soc. **81**, 4496 (1959).

[4] OGG, R. A.: J. Chem. Phys. **22**, 1933 (1954).

[5] SHOOLERY, J. N.: Disc. Faraday Soc. **19**, 215 (1955).

[6] LAUTERBUR, P. C.: J. Chem. Phys. **26**, 217 (1957).

[7] HOLM, C. H.: J. Chem. Phys. **26**, 707 (1957).

lungskonstanten einer größeren Anzahl von Verbindungen tabellieren. Eine Auswahl dieser Werte ist in Tab. 23 zusammengestellt. Die chemischen Verschiebungen sind sehr groß und fallen in für bestimmte Verbindungstypen oder -gruppen gut definierte Bereiche. Auch die Kopplungskonstanten zwischen Kohlenstoff und direkt gebundenem Wasserstoff sind recht beträchtlich.

Die chemischen Verschiebungen von ^{13}C, die für CBr_4, $C^*(CH_3)_4$ (das Kohlenstoffatom, auf das sich die Messung bezieht, ist mit einem * gekennzeichnet) und CCl_4 gefunden worden sind, zeigen, daß die Annahme, der paramagnetische Term in der Ramseyschen Formel sei für ein Atom mit einer Umgebung von tetraedrischer Symmetrie vernachlässigbar, keine unbeschränkte Gültigkeit hat, sondern auch in der Abwesenheit von nicht im Gleichgewicht befindlichen p-Elektronen sehr gewichtig sein kann. Die gleiche Beobachtung wird auch an Siliciumverbindungen, die tetraedrisch von ihren Liganden umgeben sind, gemacht, z. B. an $Si(CH_3)_4$, $Si(OC_2H_5)_4$ und

Tabelle 23. *Chemische Verschiebungen der ^{13}C-Resonanz und Spin-Spin-Kopplungskonstanten J_{13C1H}* [1]

($\delta_{CH_3C^*OOH} = 0$) Verbindung	$\delta \cdot 10^{-6}$	J (Hz)
CBr_4	205	
CH_3J	198	151
$(CH_3)_4Sn$	187	126
$(CH_3)_4Si$	179	120
$[(CH_3)_2SiO]_x$	178	125
CH_3Br	168	153
C^*H_3COOH	158	131
CH_2Br_2	156	185
$C^*(CH_3)_4$	151	
C_6H_{12}	150	140
CH_3OH	129	144
CH_2Cl_2	124	162
$[(CH_3)_4N]Cl$, wäßr. Lsg.	123	146
CH_3NO_2	113	137
CCl_3Br	109	
$CHCl_3$	98 ± 5	193
$[H_2CO]_3$, wäßr. Lsg.	83	
CCl_4	76 ± 5	
C_6H_6	50	159
$HCOOH$, wäßr. Lsg.	11	218
CH_3C^*OOH	0	
CS_2	-15	

$Si[OSi(CH_3)_3]_4$. Betrachtet man Verbindungsreihen CH_xBr_{4-x} oder CH_xCl_{4-x} oder schließlich $CH_x(OR)_{4-x}$, so fällt auf, daß die chemischen Verschiebungen stets negativer sind, als man erwarten würde, wenn die Verschiebung durch Addition von Inkrementen für die Liganden berechnet würde. Das gleiche gilt auch für die Verschiebungen der Siliciumresonanz in analogen Reihen, wie z. B. $Si(CH_3)_x(OC_2H_5)_{4-x}$.

HOLM[2] weist darauf hin, daß im Kohlenstoffatom sowohl s- und p-Elektronen zum diamagnetischen Term beitragen, während für die Größe des paramagnetischen Terms nur p-Elektronen eine Rolle spielen. Da an der Bindung sowohl s- wie auch p-Elektronen beteiligt sind, heben sich die beiden Terme teilweise auf, so daß der Bereich der chemischen Verschiebungen von ^{13}C verhältnismäßig klein und nur etwa halb so groß wie der für ^{14}N- und ^{17}O-Verbindungen ist, bei denen die Verschiebungen hauptsächlich auf den paramagnetischen Term zurückzuführen sind.

---

[1] LAUTERBUR, P. C.: Ann. N. Y. Acad. Sci. **70**, 841 (1958).
[2] HOLM, C. H.: J. Chem. Phys. **26**, 707 (1957).

Die chemische Verschiebung δ_{13_C} einer Methylgruppe hängt von der Elektronegativität des Atoms, das mit dem betreffenden C-Atom verbunden ist, ab. Dies zeigt, daß die Verschiebungen durch Änderung des ionischen Charakters der Bindungen verursacht werden. Abb. 76 zeigt die chemischen Verschiebungen von Tetramethylderivaten des Stickstoffs, Kohlenstoffs, Siliciums und Zinns sowie die der Methylhalogenide in Abhängigkeit von der Elektronegativität der mit den Methylgruppen verbundenen Atome. In beiden Verbindungsgruppen findet man eine weitgehend lineare Funktion. Je größer die Elektronegativität des Zentralatoms bzw. des Halogens wird, desto stärker verschiebt sich die Resonanz nach niedrigen Feldstärken.

In den Reihen $CCl_4 \rightarrow CH_3Cl$, $CBr_4 \rightarrow CH_3Br$ und $CHJ_3 \rightarrow CH_3J$ liegen die chemischen Verschiebungen der einzelnen Glieder auf schwach gekrümmten Kurven, wie es in Abb. 77 graphisch dargestellt ist.

Andererseits führt der stufenweise Ersatz von Chlor durch Brom, ausgehend von CCl_4, zu chemischen Verschiebungen, die auf einer Geraden liegen, d. h. die sich aus Inkrementen addieren, die man für Chlor bzw. Brom als charakteristisch ansehen kann. Das gleiche gilt für die Verbindungsreihen $CHCl_3 \rightarrow CHBr_3$ oder $CH_2Cl_2 \rightarrow CH_2Br_2$. Die chemischen Verschiebungen δ_{13_C} von Chlorbrommethanen sind in Abb. 78 graphisch dargestellt.

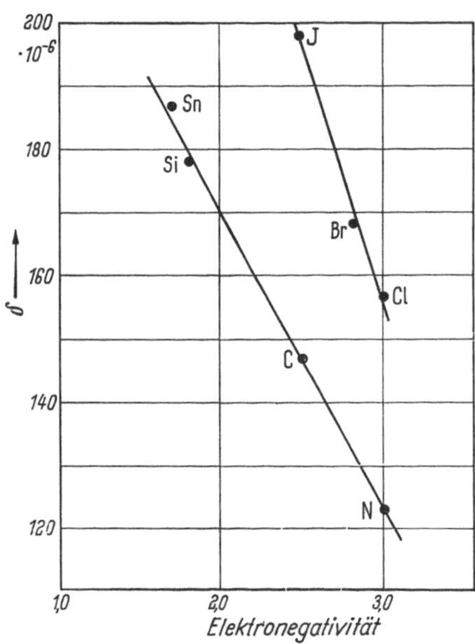

Abb. 76. δ_{13_C} in $(CH_3)_4X$ (X = Sn, Si, C, N) und CH_3Y (Y = J, Br, Cl) als Funktion der Elektronegativität von X bzw. Y [nach LAUTERBUR]

Die Kopplungskonstanten für $^{13}C-{}^1H$ liegen in gesättigten Verbindungen zwischen 140 und 170 Hz, in ungesättigten Verbindungen zwischen 180 und 210 Hz und hängen in gewissem Maße von den restlichen Substituenten am Kohlenstoffatom ab. Die Spin-Spin-Kopplung zwischen Kohlenstoff und direkt gebundenen Wasserstoffen ist ähnlich groß wie die zwischen anderen Kernen und Wasserstoff. Sie nimmt mit kleiner werdender Abschirmung der Protonen zu.

Bis jetzt konnte eine Kopplung mit Wasserstoff nur beobachtet werden, wenn dieser direkt an Kohlenstoff gebunden war.

In allen untersuchten Verbindungen wurden longitudinale Relaxationszeiten T_1 beobachtet, die in der Größenordnung von Minuten liegen.

Besonders hingewiesen sei noch auf das ^{13}C-Resonanzspektrum von Benzol, das wegen der indirekten Spin-Spin-Kopplung jedes Kohlenstoff-

atoms mit dem direkt gebundenen Wasserstoffatom aus einem Dublett
besteht. Die beiden Komponenten des Dubletts haben jedoch eine
ungleiche Intensität. Diese Erscheinung, die erstmals von McConnell

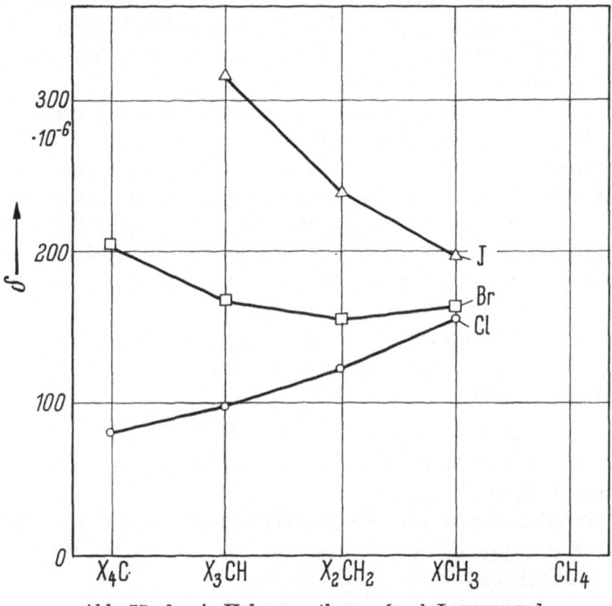

Abb. 77. $\delta_{^{13}C}$ in Halogenmethanen [nach Lauterbur]

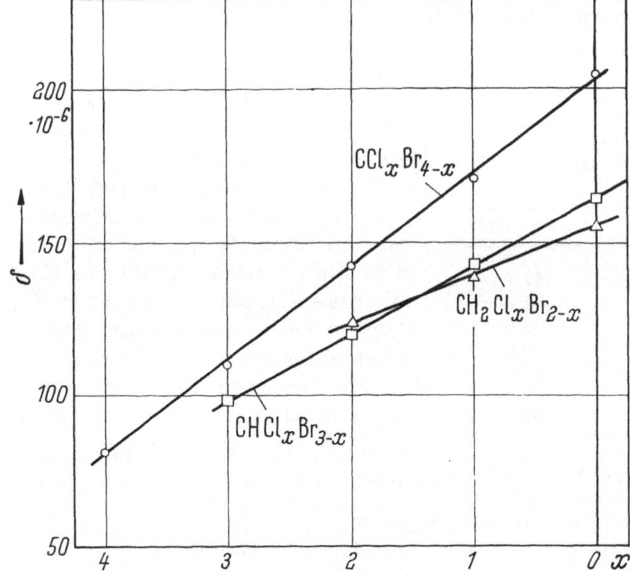

Abb. 78. Chemische Verschiebungen $\delta_{^{13}C}$ in Chlorbrommethanen [nach Lauterbur]

und THOMPSON[1] beschrieben worden ist, rührt von einem Sättigungseffekt her, der seine Ursache in der kürzeren Relaxationszeit des Protonenspins, der mit dem Spin des Kohlenstoffkerns koppelt, hat.

Ist ein solcher Effekt wirksam, so wird die beispielsweise bei niedrigerem Felde auftretende stärkere Komponente des Dubletts die schwächere, wenn das Spektrum einmal bei ansteigendem Feld und dann bei fallendem Feld aufgenommen wird.

Indirekte Spin-Spin-Kopplung zwischen Protonen und ^{13}C-Kernen sind für eine Reihe von Kohlenwasserstoffen von MULLER und PRITCHARD[2] gemessen worden. Die Ergebnisse lassen sich auf der Basis einer halbempirischen Gleichung, die die Kopplungskonstante mit der Menge s-Charakter der an der Bindung beteiligten Orbitale des Kohlenstoffatoms in Beziehung setzt, verstehen. Dabei scheint die Größe der Kopplungskonstante vom teilweisen Ionencharakter einer Bindung weitgehend unabhängig zu sein.

MULLER und PRITCHARD[2] haben weiter die Kopplungskonstanten und die C—H-Zwischenkernabstände zueinander in Beziehung gesetzt und Gl. (85) entwickelt:

$$r(\text{C}-\text{H}) = (1{,}133 - 3{,}12 \cdot 10^{-4} \cdot J_{CH}) \text{ Å}. \tag{85}$$

Es lassen sich so aus dem Wert der Kopplungskonstanten die C—H-Abstände bestimmen.

MALINOWSKI[3] konnte für die Substituenten X, Y und Z der Verbindungen vom Typ HCXYZ Inkremente ermitteln, deren Addition zu der Kopplungskonstanten $J_{13_{CH}}$ führt:

$$J_{13_{CH}} = \zeta_X + \zeta_Y + \zeta_Z. \tag{86}$$

Einige der ζ-Werte sind in Tab. 24 aufgeführt.

Die experimentell gefundenen und die mit Hilfe der ζ-Werte berechneten Kopplungskonstanten zeigen fast immer eine sehr gute Übereinstimmung. So errechnet sich z. B. für Methylchlorid eine Kopplungskonstante $J_{13_{CH}}$ = 152 Hz, während eine solche von 150 Hz beobachtet wird. Die entsprechenden Werte für Chloroform sind 206 und 209 Hz.

Die Kopplungskonstanten zwischen Kohlenstoff und Fluor $J_{13_C19_F}$ wurden von HOLM[4] für einige Fluorbenzole zu 600 ± 20 Hz gefunden.

Weitere Kopplungskonstanten $J_{13_C19_F}$ in gesättigten Verbindungen sind von TIERS[5] und FRANKISS[6] sowie von HARRIS[7] gemessen worden. HARRIS weist darauf hin, daß die Kopplungskonstante $J_{13_C19_F}$ mit zunehmendem

Tabelle 24. *Inkremente der Substituenten in Verbindungen des Typs $H^{13}CXYZ$ zur Kopplungskonstanten $J_{13_{CH}}$*

Substituent	ζ-Wert (Hz)
—H	41,7
—F	65,6
—Cl	68,6
—Br	68,6
—J	67,6
—OH	59,6
—CN	52,6

[1] McCONNELL, H. M., u. D. D. THOMPSON: J. Chem. Phys. **26**, 958 (1957).
[2] MULLER, N., u. D. E. PRITCHARD: J. Chem. Phys. **31**, 768 (1959).
[3] MALINOWSKI, E. R.: J. Am. Chem. Soc. **83**, 4479 (1961).
[4] HOLM, C. H.: J. Chem. Phys. **26**, 707 (1957).
[5] TIERS, G. V. D.: J. Phys. Soc. Japan **15**, 354 (1960).
[6] FRANKISS, S. G.: (in Vorbereitung).
[7] HARRIS, R. K.: J. Phys. Chem. **66**, 768 (1962).

Atomgewicht eines Substituenten innerhalb einer bestimmten Gruppe des periodischen Systems [z. B. $(CF_3S)_2$, $(CF_3Se)_2$] wächst, während sie mit zunehmendem Atomgewicht eines Substituenten innerhalb einer gegebenen Reihe des periodischen Systems [z. B. CF_4, $(CF_3)_2NNO_2$; oder $(CF_3)_2PCl$, $(CF_3S)_2$] kleiner wird.

Ähnlich wie die Kopplungskonstanten $J_{13_C1_H}$ lassen sich auch die Kopplungskonstanten $J_{13_C19_F}$ mit befriedigendem Ergebnis aus Inkrementen additiv zusammensetzen, die den direkt an C gebundenen Substituenten zukommen. Lediglich für Wasserstoff ergeben sich stark variierende ζ-Werte. Die Kopplungskonstanten $J_{13_C19_F}$ und die daraus ermittelten ζ-Werte sind für eine größere Anzahl von Verbindungen in Tab. 25 wiedergegeben.

Tabelle 25. *Kopplungskonstanten $J_{13_C19_F}$ [Hz] und ζ-Werte*

Verbindung	$J_{13_C19_F}$ (Hz)	ζ-Wert	an ^{13}C gebundenes Atom des Substituenten, auf den sich ζ bezieht
CF_3H	274,3	101,5	H
CF_2H_2	234,8	74,2	H
CFH_3	157,4	52,5	H
CF_3CCl_3	282,5	109,7	C
CF_3CO_2H	283,2	110,4	C
$(CF_3)_2NNO_2$	273,6	100,8	N
$(CF_3)_2PCl$	320,2	147,4	P
$(CF_3S)_2$	313,8	141,0	S
$(CF_3S)_2Hg$	308,3	135,5	S
CF_3SNCO.	309	136	S
$(CF_3)_2Se$	331,3	158,5	Se
$(CF_3Se)_2$	337,1	164,3	Se
$(CF_3Se)_2Hg$	332,5	159,7	Se
CF_4	259,2	86,4	F
CCl_3F	336,5	112,2	Cl
$(CF_2Cl)_2$	299,0	104,4	Cl
$(CF_2Br)_2$	311,6	115,7	Br

Die oben bezüglich des Einflusses der Atomgewichte erwähnten Regelmäßigkeiten spiegeln sich in den ζ-Werten der substituierenden Gruppen bzw. Elemente, bei denen sich die Reihen $\zeta_P > \zeta_S > \zeta_{Cl}$; $\zeta_{Se} > \zeta_{Br}$; und $\zeta_{Br} > \zeta_{Cl} > \zeta_F$ ergeben.

Die Möglichkeit, Kopplungskonstanten durch Addition empirischer Inkremente in guter Annäherung abschätzen zu können, ist bei Strukturfragen natürlich von großem Wert.[1]

13. Stickstoff

Das häufigste Stickstoffisotop, dessen natürliche Häufigkeit 99,635% beträgt, ist ^{14}N mit der Spinzahl $I = 1$. Das Isotop ^{15}N mit einer natürlichen Häufigkeit von 0,365% hat die Spinzahl $I = 1/2$.

---

[1] *Anmerkung bei der Korrektur:* vgl. hierzu jedoch N. MULLER u. P. I. ROSE: J. Phys. Chem. **84**, 3973 (1962).

Für die Untersuchung chemischer Probleme werden sowohl das Isotop ^{14}N wie auch das Isotop ^{15}N verwendet. Dabei ist es im allgemeinen notwendig, das letztgenannte in den fraglichen Verbindungen anzureichern.

Die erste Beobachtung der chemischen Verschiebung an ^{14}N-Verbindungen wurde von PROCTOR und YU[1] gemacht. Systematische Untersuchungen, die später von MASUDA und KANDA[2] sowie von HOLDER und KLEIN[3] durchgeführt worden sind, führten zu den in Tab. 26 aufgeführten chemischen Verschiebungen. Sie beziehen sich auf das Nitration, NO_3^-, als Standard, d. h. es gilt $\delta_{NO_3^-} = 0$.

HOLDER und KLEIN nehmen an, daß die chemischen Verschiebungen der Stickstoff-Verbindungen weitgehendst den Veränderungen des paramagnetischen Terms in RAMSEYs Gleichung zugeschrieben werden muß. Der diamagnetische Term wird durch die s-Elektronen bestimmt, die, wenn überhaupt, nur wenig für die Bindungsbildung benutzt werden. Der Wert des diamagnetischen Terms wird deshalb nicht oder nur sehr wenig variieren.

Die größte positive chemische Verschiebung unter allen bis heute gemessenen Stickstoffverbindungen hat das Ammoniumion. In ihm ist der Anteil des paramagnetischen Terms an der Abschirmung am kleinsten. Dies ist wohl darauf zurückzuführen, daß es bezüglich der elektronischen Umgebung des Stickstoffs fast Edelgasstruktur hat, d.h. einem Atom gleicht, das eine abgeschlossene Elektronenschale und daher den Orbital-Drehimpuls 0 hat. Mit zunehmender Elektronegativität der mit dem Stickstoff verbundenen Atome oder Atomgruppen nimmt der Ionencharakter der Bindung ab. Die Abnahme des Ionencharakters und die

Tabelle 26. *Chemische Verschiebungen von ^{14}N-Verbindungen* $[\delta_{NO_3^-} = 0]$

Verbindung	$\delta \cdot 10^{-6}$	Literatur
NH_4OH, 28%ig . . .	364	1
	372	2
NH_4^+	303	1
	346	2
	348	3
$N_2H_4 \cdot H_2O$	346	2
$(C_3H_7)_2NH$, $(C_2H_5)_3N$.	321	3
N_2H_4	312	3
C_2H_5NNN	310, 160, 130	4
$(CH_3)_4NBr$	298	3
NH_3	290	3
$(NH_2)_2CO$	303	1
	346	2
	282	3
NNN^- (NaN_3, wäßr.) .	280, 130	4
$NH_2OH \cdot HCl$	266	3
CH_3CONH_2	244	3
SCN^-	151	2,3
CH_3CN	131	3
CN^-	61	1
	112	2
	126	3
HNO_3 (100%)	52	2
$C(NO_2)_4$, $C_2(NO_2)_6$ . .	46	3
C_5H_5N	22	3
N_2	14	3
NO_3^-	0,00	
CH_3NO_2	0	2
$C_6H_5NO_2$	—2	3
n-$C_3H_7NO_2$	—26	3
NO_2^-	—254	3

[1] PROCTOR, W. G., u. F. C. YU: Phys. Rev. **81**, 20 (1951).
[2] MASUDA, Y., u. T. KANDA: J. Phys. Soc. Japan **8**, 432 (1953).
[3] HOLDER, B. E., u. M. P. KLEIN: J. Chem. Phys. **23**, 1956 (1955).

damit parallel einhergehende Zunahme des kovalenten Charakters der Bindung führt zu Asymmetrien in der Elektronenstruktur und einer damit verbundenen Zunahme des Orbital-Drehimpulses: Das Resonanzsignal verschiebt sich nach niedrigeren Feldstärken. Die chemischen Verschiebungen von NO_3^-, NO_2^- und NH_4^+ sind konzentrations- und p_H-abhängig. Aus diesen Funktionen können Rückschlüsse auf Dissoziations- und Austauschreaktionen gezogen werden.

Im allgemeinen sind die Resonanzlinien von ^{14}N wegen des elektrischen Quadrupolmoments, das der Kern ($I = 1$) aufweist, sehr breit. Abb. 79 zeigt das ^{14}N-Resonanzspektrum von sorgfältig

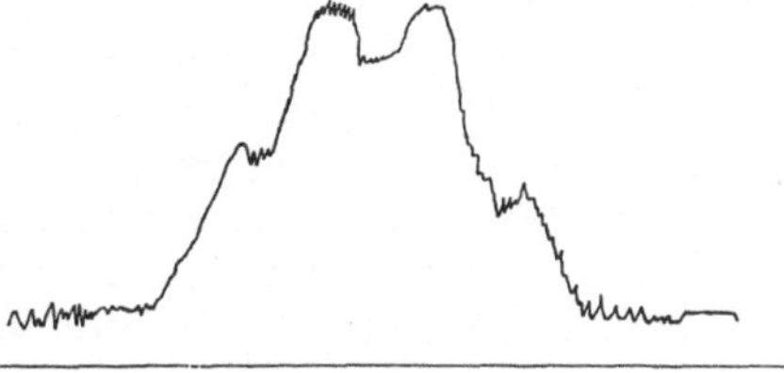

Abb.79. ^{14}N-Resonanzspektrum von Ammoniak, NH_3 [nach OGG u. RAY]

getrocknetem Ammoniak. Die breite Resonanzbande läßt gerade noch die Aufspaltung in vier Komponenten erkennen, die von der Kopplung mit drei Protonen herrührt. Das wenig aufgelöste 1—3—3—1-Quartett hat die gleiche Aufspaltung, wie sie von OGG und RAY[1] aus dem Protonenspektrum von trockenem Ammoniak entnommen worden ist. Enthält das Ammoniak auch nur Spuren von Wasser, so wird die Multiplettstruktur durch Protonenaustauschprozesse sowohl im ^{14}N- wie auch im ^1H-Resonanzspektrum beseitigt. Kleinere Linienbreiten findet man im ^{14}N-Spektrum

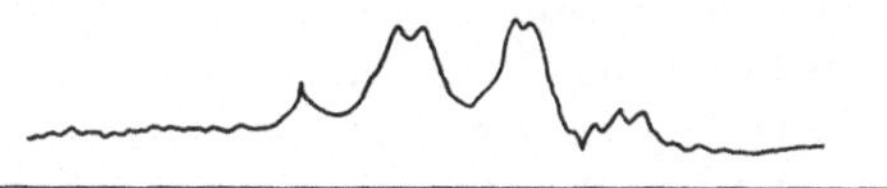

Abb.80. ^{14}N-Resonanzspektrum von Methylammoniumion, $CH_3NH_3^+$ [nach OGG u. RAY]

des Methylammoniumions, $CH_3NH_3^+$, das in Abb. 80 gezeigt ist. Dies ist so zu interpretieren, daß das freie Elektronenpaar, das im NH_3-Molekül eine Tetraederecke „besetzt", eine größere Asymmetrie des Elektronenfeldes verursacht als die Methylgruppe. Das ^{14}N-Spektrum des Ammoniumions, NH_4^+, in dem der Stickstoff tetraedrisch von den Wasserstoffen umgeben ist und die Elektronenkonfiguration am Stickstoff eine hohe Symmetrie aufweist, besteht, wie Abb. 81 zeigt, aus fünf ziemlich scharfen Resonanzlinien.

Auch das von seinen Liganden symmetrisch umgebene Tetramethylammoniumion, $(CH_3)_4N^+$, ergibt eine scharfe Resonanzlinie. Wird eine

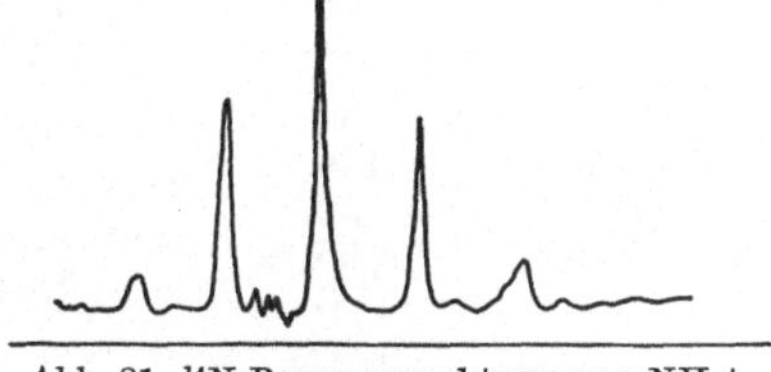

Abb. 81. ^{14}N-Resonanzspektrum von NH_4^+ [nach OGG u. RAY]

Methyl- durch eine Phenylgruppe substituiert, so bleibt die Linienbreite fast gleich[2]. Man wird dies erwarten, wenn berücksichtigt wird, daß die Abhängigkeit der Quadrupolrelaxation vom elektrischen Feldgradienten mit dem Faktor $1/r^3$ verbunden ist[3]. In den Spektren der Mono-, Di- und

[1] OGG, R. A., u. J. D. RAY: J. Chem. Phys. **26**, 1515 (1957).
[2] OGG, R. A., u. J. D. RAY: J. Chem. Phys. **26**, 1339 (1957).
[3] GORDY, W.: Disc. Faraday Soc. **19**, 14 (1955).

Trimethylammoniumionen sind die Linienbreiten als Folge der elektrischen Quadrupolrelaxation durch den ^{14}N-Kern sehr beträchtlich. Vergleiche auch[1].

Das ^{14}N-Resonanzspektrum einer wäßrigen Lösung von Natriumazid und dasjenige von Äthylazid wurden von KANDA, SAITO und KAWAMURA[2] studiert.

Natriumazid zeigt im Spektrum zwei Resonanzlinien bei $130 \cdot 10^{-6}$ und $280 \cdot 10^{-6}$ (bezogen auf eine wäßrige Lösung von NO_3^-), deren Intensitäten sich wie $1:2$ verhalten und die dem mittleren bzw. den beiden endständigen Stickstoffatomen im linearen Azidion $[N{=}N{=}N]^-$ zugeordnet werden. Äthyljodid ergibt ein aus drei Resonanzlinien bestehendes Spektrum, die den drei nicht äquivalenten Stickstoffatomen des Moleküls $R{-}\overline{N}{=}N{=}\overline{N}$ zukommen. Die chemischen Verschiebungen gegenüber NO_3^- betragen $\overline{130} \cdot 10^{-6}$, $160 \cdot 10^{-6}$ und $310 \cdot 10^{-6}$.

Sowohl im Spektrum von Azid wie auch von Äthyljodid ergaben sich aus den Linienbreiten für die einzelnen Kerne verschiedene Relaxationszeiten T_1.

Neben dem Studium der kernmagnetischen Protonen-Resonanzspektren des Systems $HNO_3{-}H_2O$ durch GUTOWSKY und SAIKA[3] sowie durch HOOD, REDLICH und REILLY[4] sind die wasserstofffreien Komponenten des Systems mittels der ^{15}N-Resonanzen direkt von OGG und RAY[5] beobachtet worden.

N_2O_5 zeigt, in Tetrachlorkohlenstoff gelöst, nur eine einzelne Resonanzlinie und bestätigt die symmetrische Struktur des Moleküls. In HNO_3 ist jedoch N_2O_5 vollkommen in NO_2^+- und NO_3^--Ionen dissoziiert. Lösungen von N_2O_5 in HNO_3 zeigen im ^{15}N-Resonanzspektrum nur ein einzelnes Resonanzsignal, dessen Position durch die Konzentration von HNO_3, NO_2^+ und NO_3^- bestimmt ist. Das Auftreten nur einer einzelnen Resonanzlinie beweist den extrem raschen Austausch zwischen den stickstoffhaltigen Komponenten der Lösung.

Die Resonanzbande des Nitrylions, NO_2^+, ist wahrscheinlich infolge von elektrischer Quadrupolrelaxation stark verbreitert.

Die chemischen Verschiebungen der Komponenten des Systems $N_2O_5{-}NO_3^-{-}NO_2^-{-}H_2O$ sind in Tab. 27 enthalten. Die Werte beziehen sich auf $\delta_{NO_3^-} = 0$ (gesättigte, wäßrige Lösung von NH_4NO_3).

Tabelle 27. *Chemische Verschiebungen* δ_{15N}

Molekül, Ion	$\delta \cdot 10^{-6}$
N_2O_5 in CCl_4 .	50
NO_2^+	125
HNO_3 (100%)	50
HNO_3 (65%) .	25
NO_3^-	0

14. Sauerstoff

Das einzige Isotop des Sauerstoffs mit einem magnetischen Moment ist ^{17}O. Seine Spinzahl beträgt $I = 5/2$, seine natürliche Häufigkeit nur

[1] OGG, R. A., u. J. D. RAY: J. Chem. Phys. **26**, 1340 (1957).
[2] KANDA, T., Y. SAITO u. K. KAWAMURA: Bull. Chem. Soc. Japan **35**, 172 (1962).
[3] GUTOWSKY, H. S., u. A. SAIKA: J. Chem. Phys. **21**, 1688 (1953).
[4] HOOD, G. C., O. REDLICH u. C. A. REILLY: J. Chem. Phys. **22**, 2067 (1954).
[5] OGG, R. A., u. J. D. RAY: J. Chem. Phys. **25**, 1285 (1956).

0,037%. Bis heute wurde nur eine relativ kleine Anzahl von Verbindungen untersucht. Ihre chemischen Verschiebungen, die von WEAVER, TOLBERT und LA FORCE[1] bestimmt wurden, sind in Tab. 28 enthalten. Die Werte beziehen sich auf Wasser $H_2^{17}O$ als Standardsubstanz, d. h. $\delta_{H_2^{17}O} = 0$, dessen Resonanz, verglichen mit den anderen untersuchten Verbindungen, bei der höchsten Feldstärke eintritt. Dies kann so interpretiert werden, daß die Valenzelektronen des Sauerstoffs wegen des teilweisen Ionencharakters der O—H-Bindung ein System von hoher Symmetrie bilden, so daß der Paramagnetismus zweiter Ordnung klein bleibt.

Die in den Spektren von Äthyl- und n-Butylnitrat auftretenden zwei Resonanzlinien, deren Intensitäten sich etwa wie 2:1 verhalten, sind den chemisch nicht äquivalenten Sauerstoffen O_A und O_B der Nitratgruppe

Tabelle 28. *Chemische Verschiebungen $\delta_{17}O$ in Sauerstoffverbindungen*

Verbindung	$\delta \cdot 10^{-6}$
H_2O	0,000
$(CH_3O)_4Si$	—20
$[(CH_3)_2SiO]_4$	—80
n-Butylnitrat	—170, —380
H_2O_2 (30%)	—190
Essigsäure.	—220
Ameisensäure	—270
Natriumformiat . . .	—300
Formamid.	—320
Äthylnitrat	—340, —470
$NaNO_3$	—430
SO_2, flüssig	—540
Aceton	—600
$NaNO_2$	—690

zuzuordnen.

Die natürliche thermische Relaxationszeit der ^{17}O-Kerne war fast in allen Fällen genügend kurz, um die Messungen bei langsamen Feldanstieg ausführen zu können. Die Linienbreiten lagen bei der verwendeten Feldstärke des äußeren Feldes von etwa 10000 Gauss in der Größenordnung von 0,3 Gauss.

Untersuchungen von JACKSON et al.[2] haben gezeigt, daß durch die ^{17}O-Resonanzspektren wäßriger Lösungen gewisser Kationen zwischen Wassermolekülen in der Hydratationssphäre und den Wassermolekülen des Mediums unterschieden werden kann. Daß die ^{17}O-Resonanzlinie von Wasser in wäßrigen Lösungen der paramagnetischen Gadoliniumionen eine Verschiebung nach niedrigeren Feldstärken erfährt, war schon früher von SHULMAN und WYLUDA[3] festgestellt worden. Für gewisse Kationen, wie Al^{+++}, bei denen das Hydratationswasser genügend unbewegt ist (Lebensdauer $\tau > 10^{-4}$ sec), tritt im Spektrum der Lösung für das Hydratationswasser eine besondere Resonanzlinie auf, wenn die Lösungsmittellinie durch den Zusatz paramagnetischer Ionen verschoben ist.

Ganz besonders deutlich wird der Effekt in Lösungen von Aquokomplexen, wie z. B. $[(NH_3)_5Co(H_2O)]\,Cl_3$. Dieser an ^{17}O angereicherte Komplex zeigt in wäßriger Lösung eine, gegenüber der Resonanzlinie

---

[1] WEAVER, H. E., B. M. TOLBERT u. R. C. LA FORCE: J. Chem. Phys. **23**, 1956 (1955).

[2] JACKSON, J. A., J. F. LEMONS u. H. TAUBE: J. Chem. Phys. **32**, 553 (1960).

[3] SHULMAN, R. G., u. B. J. WYLUDA: J. Chem. Phys. **30**, 335 (1959).

von Wasser um $130 \cdot 10^{-6}$ verschobene, gut definierte Resonanzlinie. Daraus muß geschlossen werden, daß der Sauerstoff des Wassermoleküls sehr fest an das Zentralatom gebunden ist. Die Lage des Resonanzsignals von $H_2^{17}O$ der Lösungsmittelmoleküle wird durch das Komplexsalz nicht wesentlich beeinflußt.

Durch Zufügen paramagnetischer Ionen wie Co^{++} wird das ^{17}O-Resonanzsignal der Lösungsmittel-Wassermoleküle um $-330 \cdot 10^{-6}$ verschoben, während das Resonanzsignal der in den $[(NH_3)_5Co(H_2O)^{+++}$-Ionen gebundenen Wassermoleküle keine Verschiebung erfährt. Dies hängt offenbar mit dem raschen Austausch zwischen den Wassermolekülen der Ionen $[Co(H_2O)_6]^{++}$ und denen des Lösungsmittels zusammen, so daß man entsprechend der Konzentration der beiden Sorten von Wassermolekülen einen Durchschnittswert der chemischen Verschiebung erhält, während andererseits das Wasser im Ion $[(NH_3)_5Co(H_2O)]^{+++}$ nur langsam austauscht.

Die Wirkung paramagnetischer Ionen auf die Linienbreite des ^{17}O-Resonanzsignals von Wassermolekülen untersuchten CONNICK et al.[1, 2]. Aus den Linienbreiten berechnete transversale Relaxationszeiten führten zu den unteren Grenzen der Geschwindigkeit des Austausches von Wassermolekülen zwischen Lösungsmittel und erster Sphäre der Kationen.

15. Fluor

Fluor gehört zu den Reinelementen und besteht nur aus dem Isotop ^{19}F. Der Fluorkern besitzt den Spin $I = 1/2$. Die chemischen Verschiebungen von Fluorverbindungen nehmen einen weiten Bereich von etwa 600 Hz ein. Tab. IIa (Anhang) faßt die meisten der bis heute veröffentlichten chemischen Verschiebungen anorganischer und die einiger wichtiger organischer Fluorverbindungen zusammen. Als Bezugssubstanz werden in der ^{19}F-Resonanzspektroskopie leider noch eine ganze Reihe von Stoffen verwendet. Viele Literaturangaben beziehen sich auf Trifluoressigsäure als Standard. Die Resonanzlinie dieser Verbindung wurde bei den in Tab. IIa (Anhang) verzeichneten chemischen Verschiebungen auch bei solchen Verbindungen als Bezugslinie verwendet, die in der Literatur auf andere Standardsubstanzen bezogen sind. In einzelnen wenigen Fällen war eine Umrechnung der Literaturwerte nicht möglich, da die Verschiebung der dabei verwendeten Bezugssubstanz gegenüber Trifluoressigsäure unbekannt war. In diesen Fällen ist die Bezugssubstanz jeweils vermerkt.

Die chemische Verschiebung von Fluorverbindungen kann durch das Lösungsmittel ganz erheblich beeinflußt werden. So ist die Resonanz von gasförmigem CF_4 gegenüber in Schwefelkohlenstoff gelöstem CF_4 (extrapoliert für die Verdünnung ∞) um 369 ± 2 Hz (Radiofrequenz 40 MHz) nach höherem Feld verschoben. Auch bei den Fluorresonanzen anderer Fluorverbindungen wurde eine starke Abhängigkeit vom Lösungsmittel

---

[1] CONNICK, R. E., u. R. E. POULSON: J. Chem. Phys. **30**, 759 (1959).
[2] CONNICK, R. E., u. E. D. STOVER: J. Phys. Chem. **65**, 2075 (1961).

beobachtet. Dabei können die Verschiebungen chemisch nicht äquivalenter Fluoratome auch des gleichen Moleküls durchaus verschieden sein. In Tab. 29 sind die von EVANS[1] gefundenen Verschiebungen der ^{19}F-Resonanz von Benzotrifluorid in verschiedenen Lösungsmitteln relativ zu reinem, flüssigem Benzotrifluorid wiedergegeben.

FILIPOVICH und TIERS[2] führten für die Tabellierung der chemischen Verschiebungen von Fluorverbindungen die Größe Φ ein. Als Bezugssubstanz (Standard) wählten sie das sich durch eine scharfe Resonanzlinie auszeichnende Trichlorfluormethan, CCl_3F, das zugleich für die meisten fluorierten Stoffe ein sehr gutes Lösungsmittel darstellt. CCl_3F wird als innerer Standard verwendet. Für die chemische Verschiebung Φ^* der Resonanzsignale der untersuchten Substanze gilt

Tabelle 29. *Chemische Verschiebungen* ^{19}F *in Hz (Radiofrequenz 40 MHz) von gelöstem Benzotrifluorid relativ zu reinem Benzotrifluorid (extrapoliert für die Verdünnung* ∞ *)*

Lösungsmittel	Verschiebung (Hz)
Methylenjodid	222
Bromoform	152,1
CS_2	83,9
CCl_4	59,2
CH_2Cl_2	48,0
Benzol	43,5
Äthanol	—2,2
n-Heptan	—8,9
Äther	—12,1
Perfluorheptan . . .	—107

$$\Phi^* = \frac{H_S - H_{CCl_3F}}{H_{CCl_3F}}, \tag{87}$$

wobei Φ^* bei unendlicher Verdünnung gleich Φ wird. Steigende Werte von Φ bedeuten zunehmende Abschirmung des Fluorkerns. Die Abhängigkeit der Φ^*-Werte von der Konzentration der Lösung ist in vielen Fällen vernachlässigbar klein, wie aus den in Tab. 30 verzeichneten Meßdaten zu erkennen ist.

Insbesondere ist die Differenz zwischen Φ^* und Φ für verdünnte Lösungen (2—10%) kaum größer als der experimentelle Fehler, so daß sich eine Extrapolation der Werte erübrigt. Auch die Gegenwart von 1%

Tabelle 30. *Chemische Verschiebungen* Φ^* *in Abhängigkeit von der Konzentration der Lösung*

Verbindung	Konzentration Vol.-% in CCl_3F	Φ^*
$CFBr_3$	3	—7,384 $\pm$ 0,004
	20	—7,309 $\pm$ 0,002
	40	—7,231 $\pm$ 0,007
	60	—7,143 $\pm$ 0,003
	80	—7,052 $\pm$ 0,003
$C_6H_5SO_2F$	5	—65,509 $\pm$ 0,005
	20	—65,547 $\pm$ 0,006

oder weniger einer Fremdsubstanz bleibt ohne Einfluß auf die Φ-Werte. Will man deshalb z. B. in der gleichen Substanzprobe auch die τ-Werte bestimmen, so kann von vornherein etwa 1% Tetramethylsilan zugesetzt werden.

Dagegen können die an reinen, flüssigen Substanzen mit einem äußeren Standard gemessenen Werte der chemischen Verschiebungen nicht

---

[1] EVANS, D. F.: Proc. Chem. Soc. (London) **1958**, 115.
[2] FILIPOVICH, G., u. G. V. D. TIERS: Phys. Chem. **63**, 761 (1959).

ohne weiteres in Φ-Werte übergeführt werden. Eine Reihe scheinbarer, unter Verwendung von CCl_3F als äußeren Standard erhaltener chemischer Verschiebungen sind in Tab. 31 mit den durch Extrapolation und Verwendung von CCl_3F als inneren Standard erhaltenen Werten gegenübergestellt. Wie man sieht, können die Abweichungen (z. B. bei $CFBr_3$ oder CF_3COOH) recht erheblich sein.

Tabelle 31. *Chemische Verschiebungen Φ (innerer Standard, Konz. $= 0$). Vergleich mit den scheinbaren, mit CCl_3F als äußerem Standard, beobachteten Werten*

Verbindung	Φ	Scheinbare chem. Verschiebung (CCl_3F als äuß. Standard)
$C_6H_5SO_2F$	$-65{,}497 \pm 0{,}007$	$-65{,}38 \pm 0{,}02$
$CFBr_3$	$-7{,}397 \pm 0{,}004$	$-8{,}85 \pm 0{,}005$
CF_2Br_2	$-6{,}768 \pm 0{,}002$	—
$BrCF_2CF_2Br$	$+63{,}403 \pm 0{,}006$	$+63{,}32 \pm 0{,}01$
$C_6H_5CF_3$	$+63{,}747 \pm 0{,}003$	$+63{,}95 \pm 0{,}01$
$CFCl_2CFCl_2$	$+67{,}750 \pm 0{,}008$	$+67{,}27 \pm 0{,}02$
CF_3COOH	$+76{,}539 \pm 0{,}007$	$+78{,}45 \pm 0{,}02$
CF_3CCl_3	$+82{,}204 \pm 0{,}002$	—
C_6H_5F	$+113{,}123 \pm 0{,}002$	$+113{,}68 \pm 0{,}01$
$(CF_2CCl_2)_2$	$+114{,}086 \pm 0{,}010$	—
$(C_2H_5)_3SiF$	$+\;176{,}24 \pm 0{,}03$	$+176{,}78 \pm 0{,}02$
$n\text{-}C_6H_{13}F$	$+219{,}022 \pm 0{,}009$	$+219{,}42 \pm 0{,}01$

a) Chemische Verschiebung

Chemische Verschiebungen von Fluorverbindungen wurden zuerst von DICKINSON[1] und wenig später an zahlreichen Verbindungen von GUTOWSKY und HOFFMAN[2, 3] gemessen. Die gefundenen Werte ließen erkennen, daß ein Zusammenhang mit der Elektronegativität des Bindungspartners bestand. Je kleiner der Ionencharakter der Bindung, d. h. je kovalenter die Bindung ist, desto kleiner ist im allgemeinen die beobachtete Abschirmung. Fluorionen dagegen sind außerordentlich stark abgeschirmt. So zeigt z. B. das Fluormolekül, in dem die beiden Atome kovalent gebunden sind, relativ zu Fluorwasserstoff mit teilweise ionischer Bindung eine chemische Verschiebung von $-625 \cdot 10^{-6}$. Die Annahme, daß dieser Effekt nur mit der Elektronendichte am Fluoratom zusammenhängt, ließ sich jedoch nicht quantitativ bestätigen, obwohl zunehmende Elektronendichte eine Verschiebung nach höheren Feldstärken bewirkt. Der zunehmende Ionencharakter der Bindung vergrößert zwar die Elektronendichte am Fluoratom und damit den Lambschen Term, die Berechnung zeigt jedoch, daß die Zunahme der Elektronendichte um ein $2p$-Elektron beim Übergang von F_2 zu F^- die Größe des beobachteten Effektes bei weitem nicht erklärt.

[1] DICKINSON, W. C.: Phys. Rev. **77**, 736 (1950).
[2] GUTOWSKY, H. S., u. C. J. HOFFMAN: Phys. Rev. **80**, 110 (1950).
[3] GUTOWSKY, H. S., u. C. J. HOFFMAN: J. Chem. Phys. **19**, 1259 (1951).

SAIKA und SLICHTER[1] entwickelten deshalb eine Theorie, wonach sie die Änderung der chemischen Verschiebung der Veränderlichkeit des paramagnetischen Terms in RAMSEYs Formel zuschrieben. Für das kugelsymmetrische Fluorion ist dieser Term gleich null, während er für ein kovalent gebundenes Atom zu einer kleineren Abschirmung führt. So ist z. B. im Fluormolekül die Elektronenverteilung um die Bindungsachse symmetrisch und daher zwar der paramagnetische Anteil null, wenn die Molekülachse in der Feldrichtung liegt, $\neq 0$ jedoch, wenn die beiden Richtungen verschieden sind.

Die Autoren berechneten für ein kovalent gebundenes Fluoratom und ein Fluorion eine relative chemische Verschiebung von $2000 \cdot 10^{-6}$, wobei das Fluorion Resonanz bei hohem Feld zeigt. Tatsächlich tritt die Resonanz von elementarem Fluor bei kleinerer Feldstärke ein als bei fast allen seinen Verbindungen. Andererseits ist aber die Verschiebung von HF wesentlich kleiner, als der für Fluorionen berechnete Wert erwarten läßt, auch wenn man berücksichtigt, daß in dieser Verbindung der kovalente Bindungsanteil beträchtlich ist. Vor allem ist aber nicht damit in Einklang zu bringen, daß Fluorionen in wäßriger Lösung relativ zu HF eine negative chemische Verschiebung aufweisen. Hier mag die Hydratation des Ions eine Rolle spielen. Im übrigen muß man aber nach der Theorie von SAIKA und SLICHTER den beobachteten linearen Zusammenhang zwischen der Elektronegativität und der chemischen Verschiebung erwarten, da mit zunehmendem Elektronegativitätsunterschied der Ionencharakter und damit der paramagnetische Anteil der Abschirmung vergrößert wird. Jedenfalls scheint die chemische Verschiebung der einzelnen Verbindungen stärker durch den paramagnetischen Term als durch den Lambschen Term bestimmt zu werden. Andererseits können jedoch offenbar, wie die starken Abweichungen in einzelnen Fällen zeigen, auch andere Faktoren maßgebend werden.

Wenn nun der paramagnetische Anteil tatsächlich weitgehend allein für die chemische Verschiebung maßgeblich ist, wie SAIKA und SLICHTER annehmen, sollte zwischen ihr und der Elektronegativität des mit dem Fluor verbundenen Atoms, wie gesagt, ein enger Zusammenhang bestehen. Diesen Zusammenhang bestätigen im wesentlichen tatsächlich die von GUTOWSKY und HOFFMAN[2] gemessenen chemischen Verschiebungen binärer Fluoride, wie sie in Tab. 32 oder Tab. IIa (Anhang) zusammengefaßt sind. In Abb. 82 sind die chemischen Verschiebungen

Tabelle 32. *Chemische Verschiebungen δ_{19_F} der binären Fluoride von Elementen der zweiten Periode [bezogen auf $\delta_{CF_3COOH} = 0$]*

Verbindung	$\delta \cdot 10^{-6}$
BeF_2	92,0
BF_3	48,4
CF_4	— 11,9
NF_3	—222,1
OF_2	—320,0
F_2	—507,1

verschiedener Fluoride gegen die Elektronegativität des Bindungspartners aufgetragen. Die verzeichneten Werte beziehen sich auf elementares Fluor als Standard. Man sieht, daß die Resonanz aller Verbindungen bei höherem Feld als die des Fluormoleküls selbst eintritt. Je niedriger die

---

[1] SAIKA, A., u. C. P. SLICHTER: J. Chem. Phys. **22**, 26 (1954).

[2] GUTOWSKY, H. S., u. C. J. HOFFMAN: J. Chem. Phys. **19**, 1259 (1951).

Elektronegativität des Bindungspartners von Fluor — und je größer damit der Elektronegativitätsunterschied zwischen den beiden Elementen — ist, desto stärker verschiebt sich die Resonanz nach höherem Feld. Zunehmender Elektronegativitätsunterschied gegenüber dem Bindungspartner bedeutet, daß die Bindung ionischer wird, d. h. daß sich die Ladungsverteilung am Fluor immer mehr derjenigen im Fluorion nähert.

Im letzteren hat aber der paramagnetische Anteil den Wert null, d. h. die Abschirmung erreicht im Fluorion ihren maximalen Wert. Die Fluorresonanz in wäßrigen Lösungen, die F^-, HF_2^- und NH_4^+ enthalten, wurden von WANG I-CH'IU[1] eingehend untersucht. Insbesondere bestätigt sich die allgemeine Annahme, daß die Abschirmung bei den zweiatomigen Fluoriden mit zunehmendem Ionencharakter der Bindung größer wird, während in den vielatomigen Fluoriden, wie JF_5 oder SbF_5, andere Mechanismen, wie die magnetische Anisotropie und dergleichen, eine Rolle spielen[2]. Betrachtet man die chemische Verschiebung der binären Fluoride der Elemente einer bestimmten Periode, so sieht man im Einklang mit der gemachten Annahme, daß

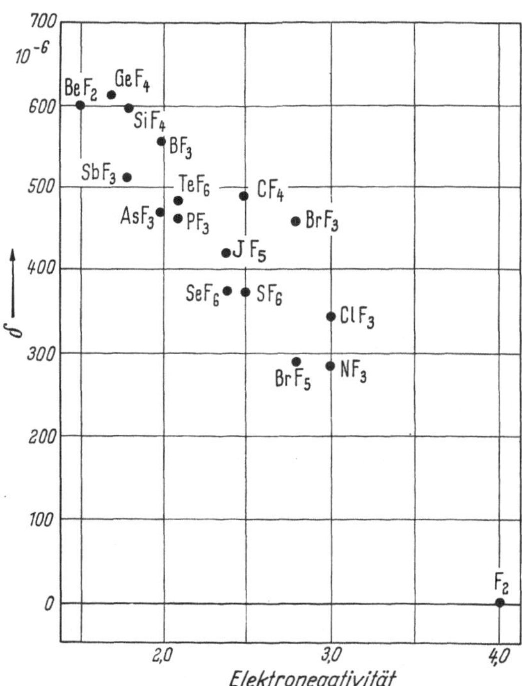

Abb. 82. δ_{19F} binärer Fluorverbindungen als Funktion der Elektronegativität des Bindungspartners von Fluor [nach GUTOWSKY u. HOFFMAN]

sich die Fluorresonanz mit steigender Atomzahl nach kleineren Feldstärken verschiebt. Dies demonstriert Tab. 32 für die Fluoride der Elemente der zweiten Periode.

Untersuchungen von MEYER und GUTOWSKY[3] an Halogenmethanen führten ebenfalls zu dem Ergebnis, daß sich die Fluorresonanz mit zunehmender Elektronegativität des Atoms bzw. der Atomgruppe, mit denen das Fluoratom verbunden ist, in Richtung niedrigerer Feldstärken verschiebt. Mit zunehmendem Ersatz von Wasserstoff durch Fluor verschiebt sich in der Reihe der Fluormethane CFH_3, CF_2H_2, CF_3H und CF_4 die Resonanz des Fluors nach niedrigeren Feldstärken. Dies ist die Reihenfolge, in der die Elektronegativität der Gruppen CH_3-, CH_2F-,

[1] WANG I-CH'IU: Zhur. strukt. Khim. 2, 367 (1961).
[2] POPLE, J. A.: Proc. Roy. Soc. (London) A 239, 541 (1957).
[3] MEYER, L. H., u. H. S. GUTOWSKY: J. Phys. Chem. 57, 481 (1953).

CHF_2- und CF_3- zunimmt. Die chemischen Verschiebungen der Fluormethane sind in Tab. 33 aufgeführt.

Andererseits beobachtet man in der Reihe der Verbindungen $CFCl_3$, CF_2Cl_2, CF_3Cl und CF_4, daß sich die Resonanz des Fluors trotz der zunehmenden Elektronegativität der Gruppen CCl_3-, $CFCl_2-$, CF_2Cl-, CF_3- nach höherem Feld verschiebt. Dies kann nur damit erklärt werden, daß der Einfluß der Elektronegativität des Bindungspartners auf die chemische Verschiebung durch einen zweiten Effekt überlagert wird. Die Ursache dafür sehen MEYER und GUTOWSKY[1] darin, daß Resonanzstrukturen, wie sie durch Strukturformel I angedeutet werden, eine wichtige Rolle spielen. Diese teilweise Ausbildung von Doppelbindungen vom Fluor zum Zentralatom bewirkt, daß der Ionencharakter der $C-F$-Bindungen beim Übergang von CF_4 nach $CFCl_3$ abnimmt. Die

Tabelle 33. *Chemische Verschiebungen δ_{19F} der Fluormethane (bezogen auf $\delta_{CF_4} = 0$)*

Verbindung	$\delta \cdot 10^{-6}$
CF_4	0
CF_3H	18,2
CF_2H_2	80,9
CFH_3	210,0

Außerachtlassung von Strukturen, wie sie durch die Resonanzformel II charakterisiert sind, ist dadurch gerechtfertigt, daß Chlor bekanntermaßen verglichen mit Fluor viel weniger dazu neigt, Doppelbindungen auszubilden. Ähnliche Resonanzstrukturen, wie sie durch I dargestellt werden, mögen auch bei den Fluormethanen von Bedeutung sein. Die Wirkung auf die chemische Verschiebung läuft aber dort parallel zur Wirkung der Elektronegativitätsunterschiede, d. h. die Bindungen

$$Cl^- \qquad\qquad\qquad Cl$$
$$Cl-C=F^+ \qquad\qquad \overset{+}{Cl}=C \quad F^-$$
$$Cl \qquad\qquad\qquad Cl$$
$$I \qquad\qquad\qquad\qquad II$$

werden beim Übergang von CF_4 nach CFH_3 ionischer. MEYER und GUTOWSKY weisen darauf hin, daß die chemische Verschiebung in der Reihe der Fluormethane CFH_3, CF_2H_2, CF_3H, CF_4 mit abnehmendem $C-F$-Bindungsabstand ebenfalls abnimmt. Nach PAULING ist die Verkürzung des Bindungsabstandes eine Folge des zunehmenden Doppelbindungscharakters. Damit steht im Einklang, daß die damit verbundene Verringerung der Elektronendichte in der Reihe $CFH_3 \rightarrow CF_4$ zu Verschiebungen der Fluorresonanz nach niedrigeren Feldstärken führt.

Bemerkenswert ist die von SHOOLERY[2] für UF_6 gefundene chemische Verschiebung von $-330 \cdot 10^{-6}$, bezogen auf F_2. Diese starke Verschiebung nach niedrigem Feld mag damit zusammenhängen, daß in UF_6 niedrig liegende Anregungszustände existieren.

b) Spin-Spin-Kopplung

Die verhältnismäßig großen chemischen Verschiebungen bei Fluor sind mit recht großen Kopplungskonstanten verbunden. So beobachtet

---

[1] MEYER, L. H., u. H. S. GUTOWSKY: J. Phys. Chem. **57**, 481 (1953).
[2] SHOOLERY, J. N.: Varian Techn. Inf. Bull. **1** (3) (1955).

man z. B. in den Spektren von PF_3 und PF_5 infolge der Kopplung mit dem Kernspin des Phosphoratoms 1—1-Dubletts mit Kopplungskonstanten von 1400 bzw. 930 Hz. Wie man aus Tab. II b (Anhang) sieht, sind in allen Fällen, in denen Fluor direkt mit einem Atom verbunden ist, dessen Kern ein magnetisches Moment besitzt, ähnlich große Kopplungskonstanten beobachtet worden. Liegen zwischen den beiden gekoppelten Kernen zwei Bindungen, d. h. sind die fraglichen Atome durch *ein* anderes Atom getrennt, so sind die Kopplungskonstanten um etwa eine Größenordnung kleiner. In den Molekülen BrF_5 und JF_5, in denen zwei Gruppen von Fluoratomen mit verschiedenen chemischen Verschiebungen existieren, betragen die Kopplungskonstanten 76 Hz bzw. 84 Hz. Darüber hinaus lassen sich aber oft auch noch Multipletts auflösen, die von der Kopplung mit einem anderen Kernspin über drei oder vier Atome hinweg herrühren. Zwischen der chemischen Verschiebung eines Fluoratoms und der Kopplungskonstanten scheint kein einfacher allgemeingültiger Zusammenhang zu bestehen, obwohl z. B. in den in Tab. 34 aufgeführten Verbindungsreihen die Kopplungskonstanten J_{PF} bzw. J_{HF} mit zunehmender Abschirmung des Fluors, d. h. mit der Verschiebung der Resonanz nach höheren Feldstärken die Kopplungskonstanten kleiner werden.

Tabelle 34. *Chemische Verschiebungen und Kopplungskonstanten in Phosphorylfluoriden und Fluormethanen*

	J_{PF} (Hz)	$\delta \cdot 10^{-6}$ ($\delta CF_3COOH = 0$)		J_{HF} (Hz)	$\delta \cdot 10^{-6}$ ($\delta CF_3COOH = 0$)
$OPCl_2F$	1175	—69,0	CHF_3	81	6,3
$OPClF_2$	1120	—30,4	CH_2F_2	53	69,0
OPF_3	1055	+15,8	CH_3F	44	198,1

In zahlreichen Fluoriden, wie z. B. BrF_5, JF_5 oder SF_4 sind die Fluoratome als Folge der Struktur dieser Verbindungen magnetisch ungleichwertig. Sie weisen deshalb verschiedene chemische Verschiebungen auf, und die Spins der Fluorkerne beeinflussen sich gegenseitig.

Nicht immer ist die Zahl der zwischen koppelnden Kernen liegenden Bindungen maßgeblich für die Größe der Kopplungskonstante. So beobachtet man[1] z. B. bei der Verbindung

$$F_3^A C \diagdown N - CF_2^B - CF_3^C \diagup F_3^A C$$

daß das Resonanzsignal der Atome F^C durch Kopplung mit den sechs Kernen der Atome F^A in ein Septett (J ~ 6 Hz) aufgespalten ist. Ebenso bildet die Resonanzbande der F^B-Kerne ein Septett (J ~ 16 Hz), während die Kopplung zwischen F^A und F^B oder F^B und F^C keine beobachtbare Aufspaltung hervorruft. Auch in der Verbindung $CF_3^A CF_2^B CF^C JCl$[2]

[1] SAIKA, A., u. H. S. GUTOWSKY: J. Am. Chem. Soc. 78, 4818 (1956).
[2] CRAPO, L. M., u. C. H. SEDERHOLM: J. Chem. Phys. 33, 1583 (1960).

ist die Kopplungskonstante $J_{F^A F^B} \approx 0$. Die gleiche Erscheinung wurde noch an zahlreichen anderen gesättigten, perfluorierten organischen Verbindungen beobachtet[1]. PETRAKIS und SEDERHOLM[1] schlossen aus diesen Beobachtungen, daß die Kopplung zwischen den Fluorkernen hauptsächlich direkt durch den Raum und weniger über die zwischen ihnen liegenden Bindungen erfolgt. Für diese Annahme scheinen auch die Ergebnisse der Untersuchungen von Perfluoralkylderivaten des Schwefelhexafluorids (s. S. 142 ff.) zu sprechen[2]. Die beobachteten Kopplungskonstanten J_{FF} lassen keinen einfachen Zusammenhang zwischen ihnen und der Zahl der zwischen den Kernen liegenden Bindungen erkennen. ROGERS und GRAHAM[2] nehmen deshalb an, daß die Wechselwirkung zwischen Fluorkernen, die durch drei oder vier Einfachbindungen voneinander getrennt

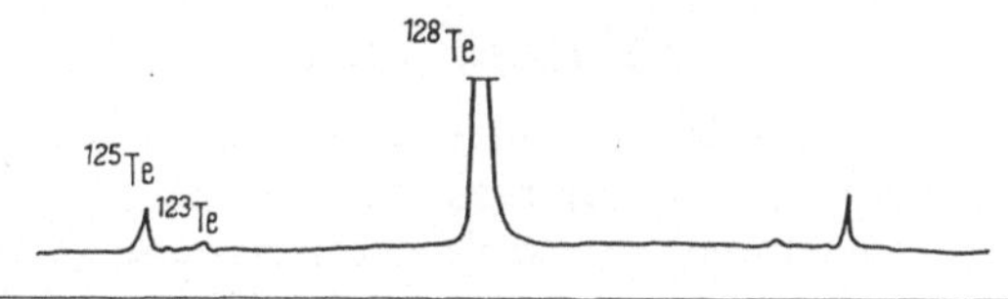

Abb. 83. ^{19}F-Resonanzspektrum von TeF$_6$ [nach MUETTERTIES u. PHILLIPS]

sind, sowohl durch die Vermittlung der dazwischen liegenden Bindungen wie auch direkt durch den Raum erfolgt, daß aber die Bedeutung des ersten Mechanismus mit zunehmender Bindungszahl rasch abnimmt und die Wechselwirkung zwischen zwei durch fünf Bindungen getrennten Kernen schließlich nur noch durch den Raum vor sich geht. Eine stichhaltige Erklärung für die schwache Kopplung zwischen den Fluorkernen einer Perfluoräthylgruppe steht noch aus. Möglicherweise heben sich die durch die Bindungen vermittelte und die direkt durch den Raum zustande kommende Wechselwirkung auf[2].

Die Spin-Spin-Kopplungskonstanten einer Reihe binärer Fluoride sind in Tab. II b (Anhang) zusammengestellt[3]. Abb. 83 zeigt das kernmagnetische ^{19}F-Resonanzspektrum von Tellurhexafluorid, TeF$_6$. Die starke Resonanzlinie im Zentrum des Spektrums rührt von den Fluoratomen her, die an das häufigste Isotop des Tellurs, ^{128}Te, gebunden sind. ^{128}Te hat die Spinzahl $I = 0$. Das Dublett mit einer Aufspaltung von 3688 Hz wird durch die Fluoratome verursacht, die an ^{125}Te ($I = 1/2$, natürliche Häufigkeit 7,03%) gebunden sind, während die an das Isotop ^{123}Te ($I = 1/2$, natürliche Häufigkeit 0,89%) gebundenen Fluoratome ein Dublett mit einer Aufspaltung von 3052 Hz hervorrufen. Das Verhältnis der gemessenen Kopplungskonstanten $J_{^{125}Te^{19}F}/J_{^{123}Te^{19}F} = 1{,}208$ entspricht ziemlich genau dem Verhältnis der kernmagnetischen Momente, das 1,206 beträgt. Die Intensitäten der Resonanzbanden stimmen mit den aus der Häufigkeit der Isotopen erwarteten Werten gut überein.

---

[1] PETRAKIS, L., u. C. H. SEDERHOLM: J. Chem. Phys. **35**, 1243 (1961).

[2] ROGERS, M. T., u. J. D. GRAHAM: Privatmitteilung

[3] MUETTERTIES, E. L., u. W. D. PHILLIPS: J. Am. Chem. Soc. **81**, 1084 (1959).

GUTOWSKY, MCCALL und SLICHTER[1] nehmen an, daß für eine Verbindungsreihe MF_x, wobei M gegeben und x variabel ist, die Kopplungskonstanten J_{MF} davon abhängen, inwieweit an dem bindenden Hybrid von M p-Orbitale beteiligt sind, da die p-Komponente des Hybrids mit dem $2p$-Orbital des Fluors in starkem Maße koppeln kann. Diese Annahme findet man sowohl bei den Phosphorfluoriden[1] wie auch bei SiF_4 und $[SiF_6]^{--}$[2] bestätigt. Da die bindenden Hybride des Siliciums in den beiden letzten Verbindungen sp^3- und sp^3d^2-Hybride sind, sollten sich die Kopplungskonstanten J_{SiF} wie $3/4 : 3/6 = 1,5$ verhalten. In guter Übereinstimmung damit beobachtet man ein Verhältnis von 1,6.

Eine sehr eingehende Untersuchung widmeten SOLOMON und BLOEMBERGEN[3] den Wechselwirkungen zwischen den Kernen im HF-Molekül.

c) Halogenfluoride

Das kernmagnetische ^{19}F-Resonanzspektrum von Chlortrifluorid wurde von MUETTERTIES und PHILLIPS[4] untersucht.

Mikrowellenuntersuchungen[5] und Elektronenbeugungsversuche[6] hatten gezeigt, daß das Molekül eben gebaut ist und die in Abb. 84 gezeigte Struktur hat. Das ClF_3-Molekül enthält demnach zwei äquivalente Fluoratome und ein von diesen verschiedenes Fluoratom. Wenn das Verhältnis von Kopplungskonstante zur relativen chemischen Verschiebung der beiden Fluorgruppen $J/\nu_0\delta$ genügend klein ist, d. h. wenn das Molekül dem Typ AX_2 zuzurechnen ist, sollte man ein aus einem Dublett

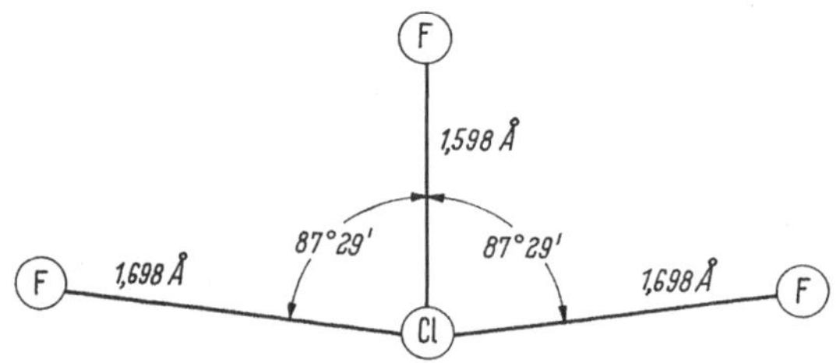

Abb. 84. Struktur des Moleküls ClF₃

und einem Triplett bestehendes Spektrum erwarten. Das Dublett, das von den beiden äquivalenten Fluoratomen herrührt, sollte die doppelte Intensität wie das von dem einzelnen Fluoratom hervorgerufene Triplett aufweisen. Weiter sollte der Abstand der Zentren der beiden Banden direkt die relative chemische Verschiebung der beiden Fluorgruppen ergeben. Tatsächlich beobachtet man weitgehend ein diesen Erwartungen entsprechendes Spektrum, obwohl die mittlere Linie des Tripletts bei starker Auflösung noch eine weitere Aufspaltung zu erkennen gibt.

[1] MCCALL, D. W., u. C. P. SLICHTER: J. Chem. Phys. 21, 279 (1953).
[2] MUETTERTIES, E. L., u. W. D. PHILLIPS: J. Am. Chem. Soc. 81, 1084 (1959).
[3] SOLOMON, I., u. N. BLOEMBERGEN: J. Chem. Phys. 25, 261 (1956).
[4] MUETTERTIES, E. L., u. W. D. PHILLIPS: J. Am. Chem. Soc. 79, 322 (1957).
[5] SMITH, D. F.: J. Chem. Phys. 21, 609 (1953).
[6] BURBANK, R. D., u. F. N. BENSEY: J. Chem. Phys. 21, 602 (1953).

Das bei 40 MHz beobachtete Spektrum ist in Abb. 85 wiedergegeben.
Abb. 86 und Abb. 87 zeigen die bei den Radiofrequenzen von 30 MHz und
10 MHz aufgenommenen Spektren von ClF_3. Die Spektren sind jetzt viel
komplexer, da das Verhältnis $J/\nu_0\delta$ größer geworden ist. Insbesondere
im letzten Fall kann das Spektrum nicht mehr als zum AX_2-Typ gehörig

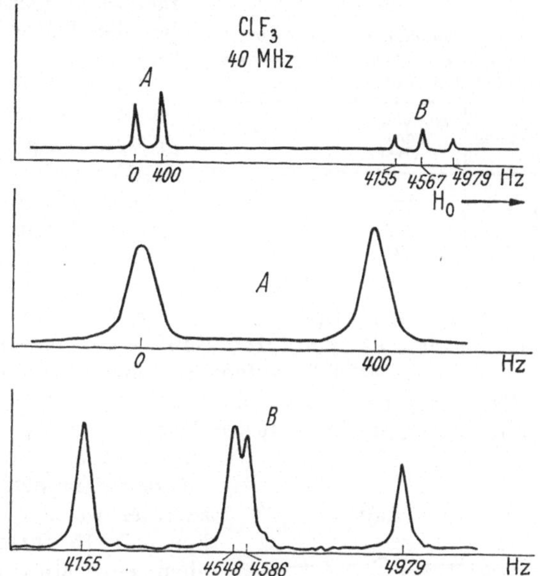

Abb. 85. ^{19}F-Resonanzspektrum von ClF_3 bei 40 MHz und —60°C [nach MUETTERTIES u. PHILLIPS]

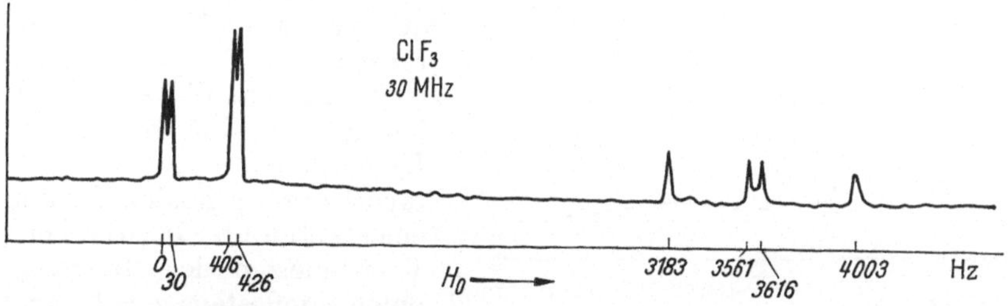

Abb. 86. ^{19}F-Resonanzspektrum von ClF_3 bei 30 MHz und —60°C [nach MUETTERTIES u. PHILLIPS]

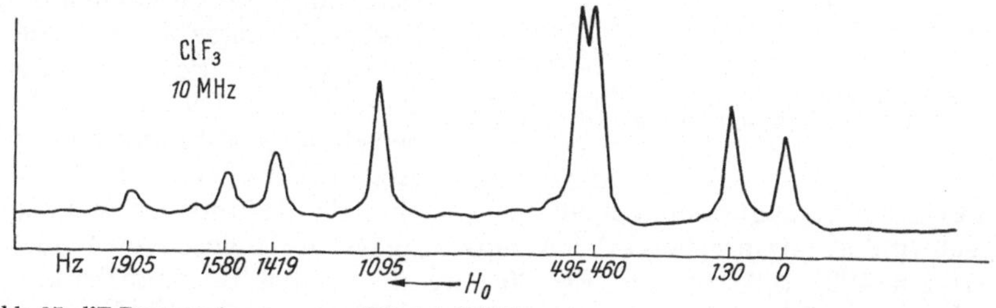

Abb. 87. ^{19}F-Resonanzfrequenz von ClF_3 bei 10 MHz und —60°C [nach MUETTERTIES u. PHILLIPS]

betrachtet werden. Es muß vielmehr als AB_2-Spektrum behandelt werden. Tab. 35 zeigt die Veränderung des Parameters $J/v_0\,\delta$ in Abhängigkeit von der verwendeten Radiofrequenz. Die scheinbare Abhängigkeit der Kopplungskonstante J von der Feldstärke und die der letzteren nicht ganz proportionale chemische Verschiebung beruhen auf experimentellen Schwierigkeiten bei der Untersuchung der Substanz.

Tabelle 35. *Relative chemische Verschiebung, Kopplungskonstante und der Parameter $J/v_0\,\delta$ von ClF_3 bei verschiedenen Radiofrequenzen*

Radio-frequenz (MHz)	Chem. Verschiebung (Hz)	Kopplungs-konst. (Hz)	$J/v_0\,\delta$
10	1114	378	0,339
30	3369	395	0,117
40	4216	435	0,103

Bei der Aufnahme der in den Abb. 85, 86 und 87 dargestellten Spektren wurde die Verbindung auf $-60°\,C$ gehalten. Beobachtet man das Spektrum von ClF_3 bei höheren Temperaturen, so erhält man je nach der gewählten Temperatur Spektren von verschiedener Struktur. Abb. 88 zeigt die bei den Temperaturen $-40°$, $-15°$, $0°$ und $+60°$ mit einer Radiofrequenz von 30 MHz aufgenommenen Spektren der Verbindung ClF_3. Bei Temperaturen oberhalb 60° tritt im Spektrum nur *eine* breite Bande auf. Unterhalb dieser Temperatur beobachtet man zwei Banden, die mit abnehmender Temperatur immer schärfer werden und schließlich bei $-15°$ ihrerseits gerade eben eine Multiplettstruktur erkennen lassen. Diese Abhängigkeit des Spektrums von der Temperatur ist auf den Austausch von Fluoratomen zurückzuführen. Wir haben früher gesehen, daß die mittlere Lebensdauer eines dem Austausch unterliegenden Kerns in einer bestimmten Position beim Verschmelzen der Resonanzlinien mindestens $\tau = 1/\sqrt{2}\,\pi\,\delta$ ist, wenn δ die chemische Verschiebung in Hz zwischen den beiden Resonanzlinien, die den verschiedenen Positionen entsprechen, ist. Die mittlere Lebensdauer der Fluoratome im Molekül ClF_3 in einer bestimmten Position beträgt demnach bei $-15°$, wo gerade die Multiplettstruktur verschwindet, entsprechend der Aufspaltung des Multipletts von 403 Hz, $\tau = 1/\sqrt{2}\,\pi \cdot 403 = 5{,}6 \cdot 10^{-4}$ sec. Bei 60°, wo die beiden Resonanzbanden, die bei einer Radiofrequenz von 30 MHz 3291 Hz auseinanderliegen, in

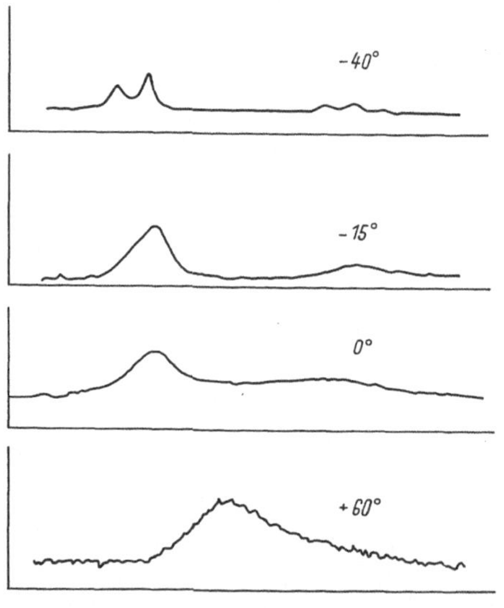

Abb. 88. ^{19}F-Resonanzspektrum von ClF_3 bei 30 MHz und verschiedenen Temperaturen [nach MUETTERTIES u. PHILLIPS]

eine breite Bande verschmelzen, beträgt die mittlere Lebensdauer nur noch $\tau = 1/\sqrt{2}\,\pi \cdot 3291 = 6{,}8 \cdot 10^{-5}$ sec.

Sind die Lebensdauern bei zwei verschiedenen Temperaturen bekannt, so läßt sich daraus nach Gl. (88)

$$\frac{1}{\tau} = \frac{1}{\tau_0}\, e^{-\frac{E}{RT}} \tag{88}$$

die Aktivierungsenergie für den Austausch der Fluoratome berechnen. Sie beträgt im vorliegenden Fall des ClF_3-Moleküls etwa 4,8 kcal/mol.

Das kernmagnetische ^{19}F-Resonanzspektrum von BrF_3 zeigt bei Zimmertemperatur nur eine einzelne scharfe Resonanzlinie. Dies kann bedeuten, daß die drei Fluoratome äquivalent sind oder aber, daß der Austausch der Fluoratome bei Zimmertemperatur schon außerordentlich rasch erfolgt. Da BrF_3 schon bei 8,8° fest wird, war eine Untersuchung bei tieferen Temperaturen nicht möglich.

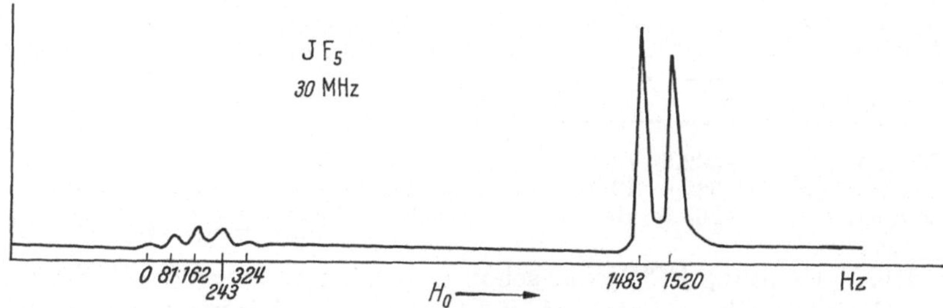

Abb. 89. ^{19}F-Resonanzspektrum von JF_5 bei 30 MHz [nach MUETTERTIES u. PHILLIPS]

Das ^{19}F-Resonanzspektrum von JF_5 ist in Abb. 89 gezeigt. Es wurde bei einer Radiofrequenz von 30 MHz erhalten und zeigt zwei Resonanzbanden, ein Quintett und ein Dublett, deren Intensitäten sich wie 1:4 verhalten. Dieses Spektrum ist in Übereinstimmung mit der schon früher ermittelten Struktur von Jodpentafluorid, dessen Molekül eine tetragonale Pyramide bildet, wie sie in Abb. 90 dargestellt ist. Die Kopplungskonstante zwischen den beiden Fluorgruppen, den vier Fluoratomen an der Basis der Pyramide und dem Fluoratom an der Pyramidenspitze, wurde zu 81 Hz bestimmt, während die relative chemische Verschiebung 1317 Hz beträgt. Die Aufspaltung der beiden Resonanzbanden verschwindet erst bei 115°, d. h. erst bei dieser Temperatur wird die mittlere

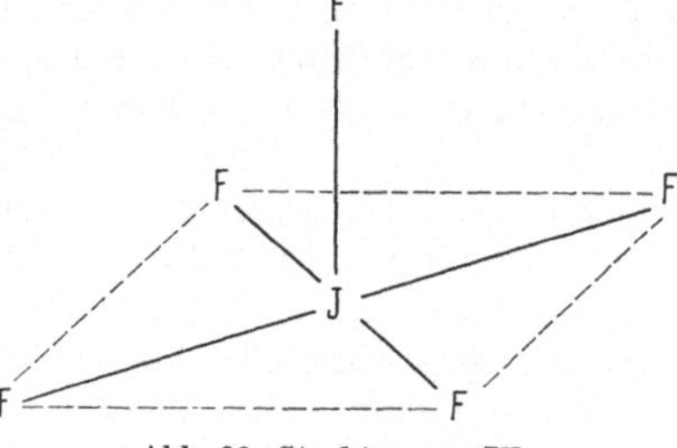

Abb. 90. Struktur von JF_5

Lebensdauer der Fluoratome in einer gegebenen Lage kleiner als $\tau = 1/\sqrt{2}\,\pi \cdot 81 = 27{,}8 \cdot 10^{-4}$ sec. Die Verschmelzung der beiden Banden zu einer einzigen Linie konnte nicht beobachtet werden.

Ein ganz analoges Spektrum wie für JF_5 beobachtet man auch für BrF_5. Die Multiplettstruktur verschwindet jedoch erst bei Temperaturen von $\sim 180°$.

d) Sauerstoff- und Schwefelfluoride, Wolframfluorid

Entsprechend der großen Elektronegativität des Sauerstoffs fanden AGAHIGIAN, GRAY und VICKERS[1] in Verbindungen mit Sauerstoff-Fluor-Bindungen große negative Verschiebungen der Fluorresonanz. Tab. 36 zeigt die chemischen Verschiebungen solcher Verbindungen. Wie man sieht, ist die Verschiebung der Fluorresonanz bei der Verbindung $FOClO_2$ nach der Seite des niedrigen Feldes größer als die irgendeiner anderen Fluorverbindung. Lediglich molekulares Fluor und die Fluorkerne in UF_6 sind noch weniger abgeschirmt. Daraus ist zu schließen, daß die Elektronegativität der $-OClO_2$-Gruppe ähnlich groß wie die von Fluor selbst ist.

Tabelle 36. *Chemische Verschiebung $\delta^{19}F$ von Fluor-Sauerstoffverbindungen (bezogen auf $\delta CFCl_3 = 0$)*

Verbindung	δ
$FOClO_3$	$-302{,}5 \cdot 10^{-6}$
FOF	$-326{,}6 \cdot 10^{-6}$
$FOClO_2$	$-363{,}6 \cdot 10^{-6}$

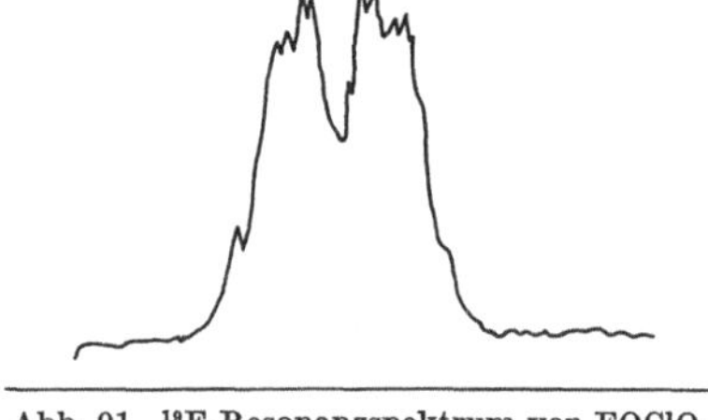

Abb. 91. ^{19}F-Resonanzspektrum von $FOClO_2$ [nach BROWNSTEIN]

Die Verbindung $FClO_2$ war schon früher eingehender von S. BROWNSTEIN[2] untersucht worden. Abb. 91 zeigt das kernmagnetische ^{19}F-Resonanzspektrum der Substanz. Es ist von besonderem Interesse, da hier zum ersten Mal Spin-Spin-Kopplung zwischen einem Fluorkern und einem Chlorkern beobachtet werden konnte.

Wie früher (Abschnitt 5) ausgeführt worden ist, koppeln die Spins zweier magnetischer Kerne, wenn die entsprechenden Atome direkt oder nur über einige wenige andere Atome miteinander verbunden sind. Sind die beiden Kerne magnetisch nicht äquivalent, so beobachtet man eine Aufspaltung der Resonanzlinien. Koppelt ein Kern mit dem Spin $I = 1/2$ mit einem zweiten Kern, dessen Spin $I < 1/2$ ist, so kann man jedoch, wie ebenfalls ausgeführt worden ist, im allgemeinen keine Aufspaltung der Resonanzlinie des ersten Kerns beobachten. Dies hängt damit zusammen, daß Kerne mit $I < 1/2$ infolge ihres elektrischen Quadrupolmoments sehr unsymmetrische elektrische Feldgradienten haben. Diese wiederum erlauben eine sehr schnelle Relaxation. Spin-Spin-Kopplungseffekte würden nur dann sichtbar werden, wenn die Ladungsverteilung kugelsymmetrisch wäre. Bei niedrigerer Symmetrie verbreitern sich aber die diskreten Resonanzlinien immer mehr und verschmelzen schließlich bei ganz rascher Relaxation zu einer einzigen sehr scharfen Resonanzlinie. Im allgemeinen ist dies bei Chlor der Fall. Im vorliegenden Beispiel jedoch beobachtet man tatsächlich eine Aufspaltung der Resonanzlinie des Fluors.

[1] AGAHIGIAN, H., A. P. GRAY u. G. D. VICKERS: Can. J. Chem. **40**, 157 (1962).
[2] BROWNSTEIN, S.: Can. J. Chem. **38**, 1597 (1960).

Theoretisch sind bei langen Relaxationszeiten im Spektrum eines Kerns, der mit einem zweiten Kern mit $I = 3/2$ koppelt, vier Linien gleicher Intensität zu erwarten. Da beide stabilen Isotope von Chlor den Spin $I = 3/2$ besitzen, sollten zwei Gruppen mit je 4 Linien auftreten. Die Kopplungskonstanten müssen sich wie $J_{^{35}Cl}/J_{^{37}Cl} = \mu_{^{35}Cl}/\mu_{^{37}Cl} = 0{,}821/0{,}683$ verhalten.

Die relativen Intensitäten der Quartetts entsprechen dem Isotopenverhältnis und verhalten sich bei Chlor wie $3:1$. Die Überlagerung der beiden Quartetts führt zu einer Resonanzbande, wie sie in Abb. 92 schematisch dargestellt ist. Infolge der kurzen Relaxationszeiten der Chlorkerne muß jedoch mit einer starken Verbreiterung der Linien gerechnet werden, so daß wahrscheinlich aus diesem Grund nur zwei schlecht ausgelöste Maxima beobachtet werden.

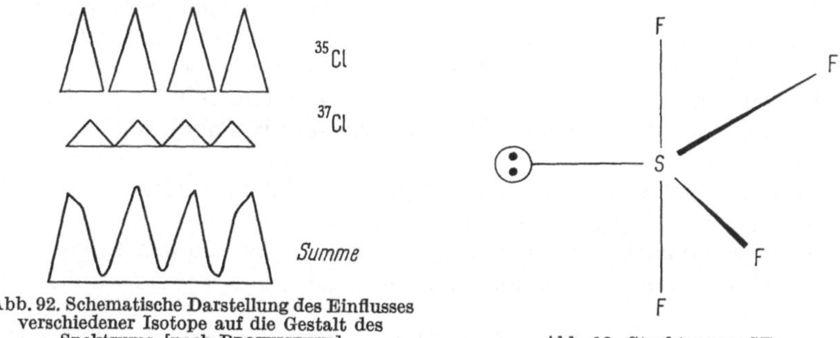

Abb. 92. Schematische Darstellung des Einflusses verschiedener Isotope auf die Gestalt des Spektrums [nach BROWNSTEIN]

Abb. 93. Struktur von SF$_4$

Ähnliche Verhältnisse, wie sie bei den Halogenfluoriden vorliegen, fanden COTTON, GEORGE und WAUGH[1] auch bei der Untersuchung von Schwefeltetrafluorid, SF$_4$. Auch in diesem Molekül sind nicht alle Fluoratome magnetisch äquivalent. Bei $-100°$ besteht das ^{19}F-Resonanzspektrum der Verbindung aus zwei weit getrennten 1—2—1-Tripletts. Der Abstand der Zentren der beiden Bande wurde zu $52 \cdot 10^{-6}$ bestimmt, während der Abstand der einzelnen Linien der Tripletts 78 Hz beträgt. Das Spektrum zeigt, daß das Molekül der Symmetrie C_{2v} haben muß, wie man sie erwarten sollte, wenn die fünf Valenzelektronenpaare in sp^3d-Hybridorbitalen lokalisiert werden und eine der äquatorialen Koordinationsstellen der trigonalen Bipyramide durch ein freies Elektronenpaar „besetzt" wird, wie es Abb. 93 zeigt. Die Struktur des Spektrums hängt von der Temperatur ab. Bei $-94\pm1°$ verschwindet die Triplettstruktur der beiden Banden, bei weiterem Erwärmen verbreitern sich auch die letzteren, bis sie schließlich bei etwa $-20\pm20°$ C zu einer einzigen Bande verschmelzen. Die Temperaturabhängigkeit ist wieder auf den Austausch der Fluoratome zwischen den verschiedenen Koordinationslagen zurückzuführen.

Die eingehende Untersuchung der Temperaturabhängigkeit des Spektrums bei verschiedenen Konzentrationen von gelöstem SF$_4$ zeigte[2],

[1] COTTON, F. A., J. W. GEORGE u. J. S. WAUGH: J. Chem. Phys. 28, 994 (1958).
[2] MUETTERTIES, E. L., u. W. D. PHILLIPS: J. Am. Chem. Soc. 81, 1084 (1959).

daß der bei höheren Temperaturen rasch verlaufende Austauschprozeß von Fluoratomen intermolekular verlaufen muß. Während in reinem SF_4 bei $-47°$ anstelle einer einzelnen breiten Resonanzbande zwei Resonanzbanden sichtbar werden, die mit sinkender Temperatur schärfer und schließlich bei $-85°$ in je ein Triplett aufgelöst werden, tritt die Auflösung der einzelnen Resonanzbande in zwei getrennte Banden in SF_4-Lösungen [CCl_4, $CH_3C_6H_5$ oder $(C_2H_5)_2O$] je nach der Konzentration schon bei Temperaturen zwischen $60°$ und $25°$ auf. Eine solche Konzentrationsabhängigkeit kann aber nur erwartet werden, wenn der Austauschprozeß von höherer Ordnung ist, d. h. intermolekular verläuft.

Selentetrafluorid, SeF_4, zeigt in reinem Zustand oberhalb $-9°$ nur eine einzelne Resonanzlinie. Im Spektrum einer Lösung von SeF_4 in Propan[1] treten bei $-200°$ zwei Resonanzlinien auf, die schon bei $\sim -190°$ zu einer einzelnen Bande verschmelzen. Obwohl es nicht möglich war, die Lösungen bei noch tieferer Temperatur zu untersuchen, ist anzunehmen, daß SeF_4, ebenso wie SF_4, die Symmetrie C_{2v} besitzt. Der Austausch von Fluor erfolgt jedoch in SeF_4 offenbar mit viel größerer Geschwindigkeit. TeF_4 zeigt auch bei den tiefsten in Toluol noch erreichbaren Temperaturen von etwa $-100°$ nur eine einzelne, ziemlich scharfe Resonanzlinie, so daß die Austauschgeschwindigkeiten offenbar in der Reihenfolge $SF_4 < SeF_4 < TeF_4$ zunehmen.

Die ^{19}F-Resonanzspektren von SF_4-Lösungen in Aminen zeigen nur eine einzelne Resonanzlinie und sind weitgehend temperaturabhängig ($\sim -100°$ bis $+50°$)[1].

Die zuerst untersuchten Derivate des Schwefelhexafluorids, SF_6, waren Perfluoralkylderivate vom Typ R_FSF_5 und $(R_F)_2SF_4$ (R_F = Perfluoralkylgruppe), deren Spektren von MULLER, LAUTERBUR und SVATOS[2] sowie von DRESDNER und YOUNG[3] beschrieben sind. Indirekte Spin-Spin-Kopplung führt bei den Verbindungen des ersten Typs zu einem ungewöhnlich komplexen Resonanzmultiplett für die ^{19}F-Kerne der SF_5-Gruppe. Berechnungen zeigten, daß die beobachtete Feinstruktur mit der Annahme übereinstimmt, daß die Fluoratome eine tetragonale Pyramide (I) bilden. Dies bedeutet, daß die an Schwefel gebundenen

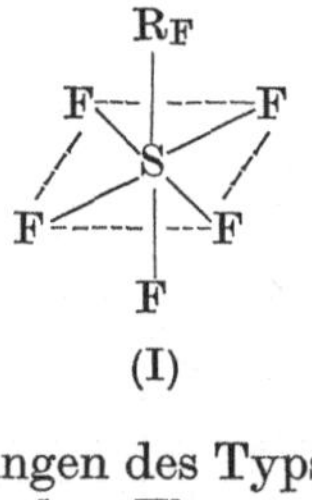

$$
\begin{array}{c}
R_F \\
F\!\!-\!\!-\!\!-\!\!|\!\!-\!\!-\!\!-\!\!F \\
S \\
F\!\!-\!\!-\!\!-\!\!|\!\!-\!\!-\!\!-\!\!F \\
F
\end{array}
$$

(I)

Fluoratome in den Verbindungen des Typs R_FSF_5 nicht äquivalent sind. Das an der Spitze der von den Fluoratomen gebildeten tetragonalen Pyramide sitzende Fluoratom zeigt vielmehr eine andere chemische

[1] MUETTERTIES, E. L.: J. Am. Chem. Soc. 82, 1082 (1960).

[2] MULLER, N., P. C. LAUTERBUR u. G. F. SVATOS: J. Am. Chem. Soc. 79, 1043 (1957).

[3] DRESDNER, R. P., u. J. A. YOUNG: J. Am. Chem. Soc. 81, 574 (1959).

Verschiebung wie die an den Ecken der Pyramidenbasis angeordneten Fluoratome, so daß die fünf Fluoratome ein AB_4-Spinsystem darstellen.

Zu dem gleichen Ergebnis gelangten auch MERRILL, WILLIAMSON, CADY und EGGERS[1] sowie HARRIS und PACKER[2], die eine große Anzahl von Verbindungen mit der Pentafluoroschwefelgruppe, $-SF_5$, untersuchten.

Die Struktur eines AB_4-Spektrums ist ausschließlich von dem Verhältnis $J/v_0\,\delta$ abhängig. Während für den Fall eines AX_4-Spektrums fünf von A und zwei von X herrührende Linien zu erwarten sind, bewirken die Störungen bei der Annäherung an den Fall AB_4 das Auftreten von neun A- und zwölf X-Linien, die tatsächlich oft in den Spektren von SF_6-Derivaten, die die SF_5-Gruppe enthalten, zu beobachten sind. Dagegen sind die theoretisch zusätzlich zu erwartenden vier Kombinationslinien zu intensitätsschwach, um im Spektrum beobachtet werden zu können.

Das axiale Fluoratom verursacht neun gut unterscheidbare Resonanzlinien, während die den vier äquivalenten äquatorialen Fluoratomen der SF_5-Gruppe entsprechende Bande im wesentlichen ein Dublett darstellt. Die Komponenten dieses Dubletts sind weiter in jeweils sechs Linien aufgespalten.

Die chemischen Verschiebungen der Derivate des Schwefelhexafluorids sind in Tab. IIa (Anhang) verzeichnet. Im allgemeinen zeigen die äquatorialen Fluoratome gegenüber den axialen eine negative chemische Verschiebung. Eine Ausnahme machen die CH_2-Gruppen enthaltenden Verbindungen $FC_2H_4OSF_5$ und $FClC_2H_3OSF_5$ sowie die Verbindung $SF_5OC_6H_5$, bei denen die Resonanz der axialen Fluoratome bei niedrigerem Feld als die der äquatorialen Fluoratome eintritt.

Besonders bemerkenswert ist die Tatsache, daß die chemischen Verschiebungen sowohl der axialen wie auch der äquatorialen Fluoratome fast aller untersuchten Derivate des Schwefelhexafluorids, bezogen auf dieses selbst, negativ sind. Da die Substitution von Fluor durch eine andere Gruppe eine Abnahme der effektiven Elektronegativität des Schwefels bewirkt, würde man zunächst eine Verschiebung nach höheren Feldstärken erwarten. Daß die Substitution aber eine Verschiebung des Resonanzsignals in der entgegengesetzten Richtung bewirkt, zeigt besonders deutlich, daß die Elektronegativitätsunterschiede zwischen Fluor und dem Bindungspartner nicht immer der dominierende Faktor für die chemische Verschiebung ist. Lediglich bei drei der untersuchten Verbindungen, nämlich bei SF_5OSO_2F, $SF_5O-SO_2-OSF_5$ und SF_5OOSF_5 erscheint das Resonanzsignal des axialen Fluoratoms bei einer etwas größeren Feldstärke als das von SF_6. In der letztgenannten Verbindung ist darüber hinaus auch die Resonanzbande der äquatorialen Fluoratome gegenüber SF_6 nach höheren Feldstärken verschoben.

Die Spin-Spin-Kopplungskonstante zwischen den beiden Typen von Fluoratomen in der SF_5-Gruppe ist in allen Verbindungen weitgehend

[1] MERRILL, C. I., S. M. WILLIAMSON, G. H. CADY u. D. F. EGGERS: Inorg. Chem. 1, 215 (1962).
[2] HARRIS, R. K., u. K. J. PACKER: J. Chem. Soc. (London) 1961, 4736.

konstant und beträgt etwa 150 Hz. Unter Verwendung dieses durchschnittlichen Wertes für J haben MERRILL et al.[1] die Lagen der Resonanzlinien für alle Werte $J/\nu_0\delta$ zwischen 0,15 und 0,7 graphisch aufgetragen.

Als Beispiele aus der Verbindungsklasse SF_5—X seien die u. a. von HARRIS und PACKER[2] untersuchten ^{19}F-Resonanzspektren des Pentafluoroschwefelphenoxids, $SF_5OC_6H_5$, des Schwefelchloridpentafluorids, SF_5Cl, und der Verbindung SF_5O—SO_2F angeführt.

Die Verbindung $SF_5OC_6H_5$, deren Struktur in Abb. 94 dargestellt ist und in der Schwefel oktaedrisch von den sechs Liganden umgeben ist,

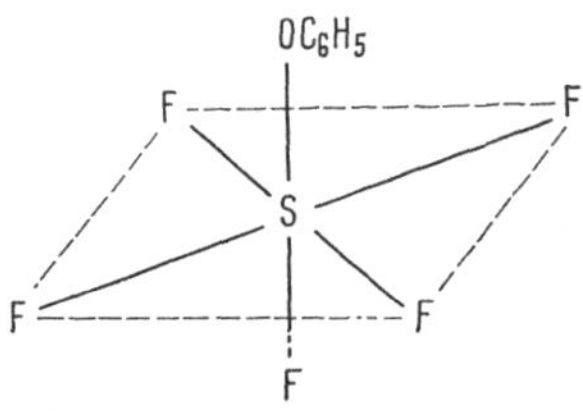

Abb. 94. Struktur von $SF_5OC_6H_5$

zeigt das in Abb. 95a dargestellte Spektrum. Die von dem axialen Fluoratom herrührenden Linien treten bei niedrigerem Feld auf als das den äquatorialen Fluorkernen entsprechende, mit einer Feinstruktur versehene Dublett. Umgekehrt liegen dagegen die Verhältnisse bei den Verbindungen SF_5Cl und SF_5OSO_2F. Bei ihnen tritt die Resonanz der axialen Fluorkerne bei höherem Feld als die der äquatorialen auf. Das Spektrum von SF_5Cl (vgl. Abb. 95b) läßt einerseits noch die komplexere Struktur eines AB_4-Moleküls erkennen, nähert sich jedoch schon sehr dem Grenzfall AX_4, da das Verhältnis $J/\nu_0\delta$ nur noch etwa 0,06 beträgt. Es sei darauf hingewiesen, daß die Feldstärke in den Abb. 95b und 95c von rechts nach links ansteigt, um den Vergleich der Spektren mit dem der Abb. 95a zu erleichtern.

Das kernmagnetische Resonanzspektrum der Verbindung SF_5OSO_2F ist in Abb. 95c gezeigt. Es ist dem Molekültyp AB_4X zuzuordnen, da die chemische Verschiebung des Fluoratoms der SO_3F-Gruppe gegenüber den Fluoratomen der SF_5-Gruppe, verglichen mit den entsprechenden Kopplungskonstanten J_{AX} und J_{BX}, groß ist. Erstere beträgt etwa 0,9 Hz, letztere 7,2±0,2 Hz. Die von der SO_3F-Gruppe herrührende Bande besteht dementsprechend infolge der Spin-Spin-Kopplung mit den äquatorialen Fluoratomen aus einem Quintett, während die Linien der äquatorialen Fluoratome als Dubletts auftreten. Die Kopplungskonstante J_{AX} ist zu klein, als daß die von den axialen Fluoratomen der SF_5-Gruppen herrührenden Linien sichtbar aufgespalten würden.

Bezüglich der Linienbreiten im Spektrum eines Moleküls vom Typ AB_4, die innerhalb eines Spektrums variieren können, sei auf die Arbeit von HARRIS und PACKER[2] verwiesen.

Besonders komplex werden die Spektren, wenn die Fluoratome der SF_5-Gruppe mit Kernen der Substituenten koppeln, wie es in den Perfluoralkylderivaten[3,4,5] des SF_6 der Fall ist.

[1] MERRILL, C. I., S. M. WILLIAMSON, G. H. CADY u. D. F. EGGERS: Inorg. Chem. 1, 215 (1962).

[2] HARRIS, R. K., u. K. J. PACKER: J. Chem. Soc. (London) 1961, 4736.

[3] MULLER, N., P. C. LAUTERBUR u. G. F. SVATOS: J. Am. Chem. Soc. 79, 1043 (1957).

[4] DRESDNER, R. P., u. J. A. YOUNG: J. Am. Chem. Soc. 81, 574 (1959).

[5] ROGERS, M. T., u. J. D. GRAHAM: (in Vorbereitung).

MERRILL et al.[1] beobachteten, daß im Spektrum von CF_3SF_5 alle Resonanzlinien der SF_5-Gruppe durch Wechselwirkung mit den Fluorkernen der Trifluormethylgruppe in Quartette aufgespalten werden. Die Kopplungskonstante zwischen den Fluoratomen der CF_3-Gruppe und

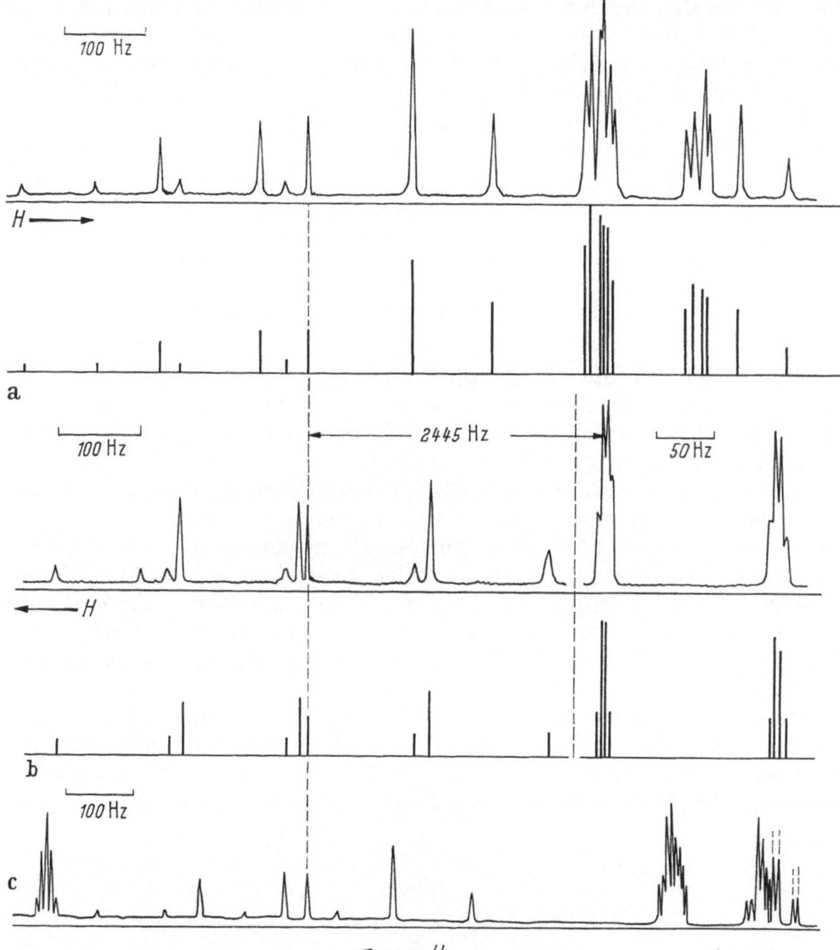

Abb. 95a—c. a ^{19}F-Resonanzspektrum von $SF_5OC_6H_5$, beobachtet und berechnet, b ^{19}F-Resonanzspektrum von SF_5Cl, berechnet und beobachtet, c ^{19}F-Resonanzspektrum von SF_5OSO_2F, beobachtet [nach HARRIS u. PACKER]

dem axialen Fluoratom der SF_5-Gruppe beträgt 6,4 Hz, die zwischen dem ersteren und den äquatorialen Fluoratomen der SF_5-Gruppe 22 Hz.

Im Falle der Verbindung $CF_3CF_2SF_5$ (I) beträgt die relative chemische Verschiebung des axialen, an Schwefel gebundenen Fluoratoms gegenüber den vier in einer Ebene angeordneten Fluoratomen $19,5 \cdot 10^{-6}$, die

---

[1] MERRILL, C. I., S. M. WILLIAMSON, G. H. CADY u. D. F. EGGERS: Inorg. Chem. 1, 215 (1962).

entsprechende Kopplungskonstante 152,9 Hz[1]. Das axiale Fluoratom erscheint im Spektrum als ein aus 27 Linien bestehendes Multiplett, da die infolge der Kopplung mit den vier äquivalenten Fluoratomen am Schwefel auftretenden neun Linien durch Kopplung mit den Fluorkernen der CF_2-Gruppe jeweils wieder in Tripletts aufgespalten sind. Die den vier äquivalenten Fluoratomen der SF_5-Gruppe entsprechende Bande stellt im wesentlichen ein Dublett dar, dessen Komponenten eine unaufgelöste Feinstruktur zeigen. Die Resonanzbande der CF_2-Gruppe

$$CF_3 - CF_2 - SF_5$$

I

ist zunächst durch die SF_4-Gruppe in ein Quintett aufgespalten. Durch das axiale Fluoratom am Schwefel sind die Komponenten weiter in Dubletts aufgespalten, während die Resonanzbande der CF_3-Gruppe schießlich ein einfaches Quintett darstellt[1].

Auch in der Verbindung $C_2F_5OSF_5$ konnte die Kopplung zwischen der CF_2- und der SF_5-Gruppe, die hier über ein weiteres Atom hinweg erfolgen muß, noch beobachtet werden. Die Kopplungskonstanten wurden zwischen der CF_2-Gruppe und den axialen bzw. den äquatorialen Fluoratomen der SF_5-Gruppe zu 3 bzw. 10 Hz gemessen. Andererseits verursachen die Protonen der CH_2-Gruppe in der Verbindung $FCH_2-CH_2-OSF_5$ keine beobachtbare Aufspaltung der Resonanzlinien der SF_5-Gruppe.

In den Verbindungen des Typs $(R_F)_2SF_4$ [R_F = Perfluoralkylgruppe] erscheint die Resonanzbande der SF_4-Gruppe als einzelne Linie, wenn der C—S—C-Winkel nahezu 180° beträgt, während ein charakteristisches Paar von Tripletts auftritt, wenn dieser Winkel bei etwa 90° liegt.

$$CF_3 - CF_2 - SF_4 - CF_2 - CF_3$$

II

Vertreter des Verbindungstyps $(R_F)_2SF_4$ sind die Verbindungen $(C_2F_5)_2SF_4$ oder $(C_3S_7)_2SF_4$. In diesen Verbindungen sind die Perfluoralkylgruppen in trans-Stellung angeordnet (vgl. II). Im Spektrum tritt

---

[1] ROGERS, M. T., u. J. D. GRAHAM: (in Vorbereitung).

für die 4 an Schwefel gebundenen Fluoratome nur eine einzelne Resonanzbande auf. Die Feinstruktur dieser Bande rührt von der Kopplung mit den Fluorkernen der Perfluoralkylgruppen her. Aus dem Auftreten einer einzigen Bande ist zu schließen, daß die 4 Fluoratome äquivalent sind, d. h. an den Ecken der Äquatorebene des Oktaeders sitzen. Der C—S—C-Winkel beträgt 180°[1].

Eine größere Auflösung der ^{19}F-Resonanzspektren von Verbindungen des Typs $(R_F)_2SF_4$ konnten in der Folge ROGERS und GRAHAM[2] bei 56,4 und 60,0 MHz erzielen.

Nach ihren Untersuchungen besteht das ^{19}F-Resonanzspektrum der Verbindung $(CF_3CF_2)_2SF_4$ aus 3 Liniengruppen, nämlich zwei Quintetten und einem komplexen Multiplett. Die beiden ersteren Banden rühren von den CF_3- bzw. CF_2-Gruppen her, die mit den 4 an Schwefel gebundenen Fluoratomen koppeln, während die Bande mit der komplexen Struktur von der SF_4-Gruppe verursacht wird. Die Fluorkerne dieser Gruppe koppeln mit den 6 äquivalenten Fluoratomen der CF_3- und den 4 äquivalenten Fluoratomen der CF_2-Gruppe. Dagegen beobachtet man keine Kopplung zwischen den Fluorkernen der CF_3- und der CF_2-Gruppe.

Trans-Konfiguration besitzen auch die beiden Verbindungen $CF_3SF_4CF_2COOCH_3$ und $CF_3SF_4CF_2CF_3$. Das ^{19}F-Resonanzspektrum der ersten Verbindung besteht aus zwei Quintetten für die CF_3- und CF_2-Gruppe und einem aus 12 Linien gebildeten Multiplett für die SF_4-Gruppe, während dasjenige der zweiten Verbindung 3 Quintette für die 3 C—F-Gruppierungen und ein komplexes Multiplett für die SF_4-Gruppe aufweist.

Im Gegensatz zu den Spektren der bisher erwähnten Verbindungen vom Typ $(R_F)_2SF_4$ besteht im Falle der Verbindung

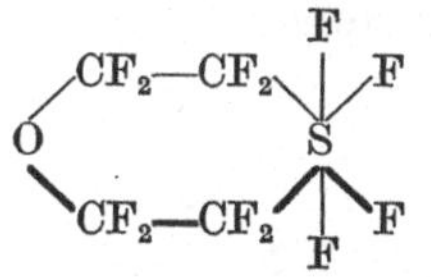

$$
\begin{array}{c}
\qquad\qquad\qquad F \\
O\!\!<\!\!\begin{array}{c} CF_2\!-\!CF_2 \\[4pt] CF_2\!-\!CF_2 \end{array}\!\!>\!\!S\!\!<\!\!\begin{array}{c} F \\[4pt] F \end{array} \\
\qquad\qquad\qquad F
\end{array}
$$

der von der SF_4-Gruppe herrührende Teil des ^{19}F-Spektrums aus zwei Tripletts, die durch indirekte Spin-Spin-Wechselwirkung der zwei nicht äquivalenten Paare von Fluoratomen in dieser Gruppe hervorgerufen wird. Der C—S—C-Winkel muß etwa 90° betragen. Zwei der an Schwefel gebundenen Fluoratome kommen etwa in die C—S—C-Ebene zu liegen, während sich die anderen beiden Fluoratome unterhalb bzw. oberhalb dieser Ebene befinden. Jedes Paar von Fluoratomen verursacht dann wegen der Kopplung mit zwei nicht äquivalenten Fluoratomen das Auftreten eines Tripletts. Die Kopplungskonstante J_{FF} beträgt 93 Hz[1].

Die chemischen Verschiebungen und Kopplungskonstanten aller erwähnten Derivate des Schwefelhexafluorids sind in Tab. II a und II b (Anhang) tabelliert.

---

[1] MULLER, N., P. C. LAUTERBUR u. G. F. SVATOS: J. Am. Chem. Soc. **79**, 1043 (1957).

[2] ROGERS, M. T., u. J. D. GRAHAM: Privatmitteilung.

Die von SAIKA und SLICHTER[1] getroffene Feststellung, daß Verschiebungen nach niedrigeren Feldstärken im allgemeinen eine Abnahme des ionischen und parallellaufend eine Zunahme des kovalenten Charakters der Fluorbindung bedeuten, scheinen die Spektren der von DUDLEY, SHOOLERY und CADY[2] untersuchten Schwefeloxyfluoride SO_3F_2, SOF_4 und SOF_6 zu reflektieren. Die Fluorresonanzen dieser Verbindungen, deren chemische Verschiebungen gegenüber Perfluorcyclobutan in Tab. 37 verzeichnet sind, erscheinen alle bei relativ niedrigen Feldstärken. Die O—F-Bindung wird erwartungsgemäß kovalenter als die S—F-Bindung gefunden, obwohl die letztere noch einen hohen kovalenten Bindungsanteil hat und z. B. weniger ionisch als die C—F-Bindung in Perfluorocyclobutan ist.

Tabelle 37. *Chemische Verschiebungen $\delta^{19}F$ von Schwefeloxyfluoriden [bezogen auf $\delta_{(CF_2)_4} = 0$]*

Verbindung	$\delta \cdot 10^{-6}$	
SO_3F_2	—369	—169 (2 Dubletts)
SOF_4	—226	
SOF_6	—312	—180 (Quintett und Dublett)
$S_2O_6F_2$	—176	

Das Spektrum von SO_3F_2 besteht aus zwei gleich intensiven Resonanzbanden, die sich bei großer Auflösung als Dubletts erweisen. Der Verbindung ist demgemäß die Struktur $FO—SO_2F$ zuzuschreiben.

Das Spektrum der Verbindung SOF_4 zeigt nur eine einzige Resonanzlinie, so daß die Fluoratome alle als chemisch äquivalent angesehen werden müssen. Der Verbindung muß demnach die Struktur $F_4S{=}O$ zugesprochen werden, wenn nicht ein sehr rascher Austausch der Fluoratome deren Gleichwertigkeit etwa in einem Molekül $FO—SF_3$ vortäuscht. Ist dies jedoch nicht der Fall, so ist für die Verbindung $F_4S{=}O$ eine pyramidale Struktur anzunehmen.

$$\begin{array}{ccc} & OF & \\ F & \diagdown\,|\,\diagup & F \\ & S & \\ F\diagup & | & \diagdown F \\ & F & \end{array}$$

(I)

Das Spektrum der Verbindung SOF_6 (I) weist zwei Resonanzbanden mit dem Intensitätsverhältnis 5:1 auf. Die stärkere Bande erweist sich bei genügend großer Auflösung als Dublett, während die schwächere Bande ein Sextett darstellt. Die Multipletts sind unsymmetrisch. Eine eingehende Analyse des stärker aufgelösten Spektrums der Verbindung durch HARRIS und PACKER[3] zeigte, daß die Unsymmetrie der Multipletts eine Folge des AB_4X-Systems ist. Die von der FO-Gruppe herrührende Resonanzlinie liegt im gleichen Gebiet wie die Resonanzlinie der Fluorsulfonatgruppen.

---

[1] SAIKA, A., u. C. P. SLICHTER: J. Chem. Phys. **22**, 26 (1954).
[2] DUDLEY, F. B., J. N. SHOOLERY u. G. H. CADY: J. Am. Chem. Soc. **78**, 568 (1956).
[3] HARRIS, R. K., u. K. J. PACKER: J. Chem. Soc. (London) **1962**, 3077.

Als AB_4-Spektrum läßt sich das ^{19}F-Resonanzspektrum von Bis-pentafluoro-schwefelperoxyd, SF_5OOSF_5[1, 2] behandeln, während das ^{19}F-Resonanzspektrum von Schwefeldekafluorid, S_2F_{10}, sehr komplex ist.

Bemerkenswert ist, daß bei den Verbindungen des Typs SF_5X offensichtlich keine Beziehung zwischen der relativen chemischen Verschiebung der äquatorialen Fluoratome und des axialen Fluoratoms einerseits und der Größe und Elektronegativität von X andererseits besteht.

In den ^{19}F-Resonanzspektren der Verbindungen

$$O=\overset{\overset{O}{\|}}{\underset{\underset{F}{|}}{S}}-O-O-\overset{\overset{O}{\|}}{\underset{\underset{F}{|}}{S}}=O\ [3]\ ,\quad O=\overset{\overset{O}{\|}}{\underset{\underset{F}{|}}{S}}-NH-\overset{\overset{O}{\|}}{\underset{\underset{F}{|}}{S}}=O\ [4]\quad \text{und}\quad O=\overset{\overset{O}{\|}}{\underset{\underset{F}{|}}{S}}-O-\overset{\overset{O}{\|}}{\underset{\underset{F}{|}}{S}}=O\ [5]$$

wird die Symmetrie des Moleküls durch die Existenz nur *einer* Resonanzlinie bewiesen. Die Tatsache, daß im Spektrum der Imidodifluorschwefelsäure keine Kopplung mit dem Proton zu beobachten ist und daraus auf einen raschen Protonenaustausch geschlossen werden kann, ist im Einklang mit dem sauren Charakter des Wasserstoffs in der Verbindung. So läßt sich z. B. leicht ein Ammoniumsalz der Verbindung herstellen.

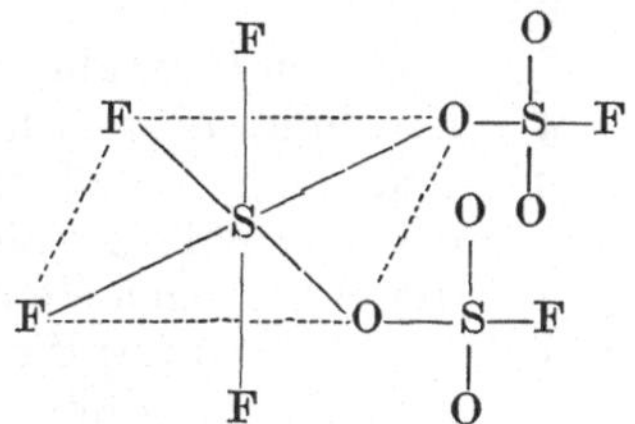

Abb. 96. Struktur der Verbindung $S_3O_6F_6$

Fluorsulfonatgruppen enthält auch die von SHREEVE und CADY[6] hergestellte Verbindung $S_3O_6F_6$, der die Autoren auf Grund des kernmagnetischen Resonanzspektrums die in Abb. 97 dargestellte Struktur zuschreiben. Abb. 97b zeigt das bei 23° und einer Radiofrequenz von 40 MHz aufgenommene ^{19}F-Resonanzspektrum der Verbindung. Der von der SF_4-Gruppe herrührende Teil des Spektrums ist ein typisches A_2B_2-Spektrum. Die Fluoratome bilden daher offenbar zwei strukturell verschiedene Atompaare. Man erhält ein mit dem beobachteten Spektrum gut übereinstimmendes theoretisches Spektrum, wenn für die relative chemische Verschiebung der beiden Fluorgruppen ein Wert von 501 Hz und für die Kopplungskonstante $J_{FF} = 156$ Hz angenommen werden. Das mit diesen Werten berechnete Spektrum ist in Abb. 97a wiedergegeben. Im beobachteten Spektrum der Verbindung sind die Linien

[1] HARRIS, R. K., u. K. J. PACKER: J. Chem. Soc. (London) **1962**, 3077.
[2] MERRILL, C. I., u. G. H. CADY: J. Am. Chem. Soc. **83**, 298 (1961).
[3] DUDLEY, F. B., u. G. H. CADY: J. Am. Chem. Soc. **79**, 513 (1957).
[4] APPEL, R., u. G. EISENHAUER: Chem. Ber. **95**, 246 (1962).
[5] MUETTERTIES, E. L., u. D. D. COFFMAN: J. Am. Chem. Soc. **80**, 5914 (1958).
[6] SHREEVE, J. M., u. G. H. CADY: J. Am. Chem. Soc. **83**, 4521 (1961).

der SF_4-Gruppe wegen der Kopplung mit den Fluorkernen der Fluorsulfonatgruppe weiter in Tripletts aufgespalten. Andererseits zeigt auch die Resonanzbande der SO_3F-Gruppen durch Spin-Spin-Kopplung eine komplexe Multiplettstruktur.

Beim Einleiten von BF_3 in flüssiges Schwefeltrioxyd erhielten LEHMANN und KOLDITZ[1] neben überschüssigem SO_3 eine feste, weiße Substanz. Fügt man 70%ige Schwefelsäure hinzu, so bilden sich zwei Schichten, von denen die untere aus Polysulfurylfluoriden besteht. GILLESPIE, OUBRIDGE und ROBINSON[2] untersuchten die ^{19}F-Spektren dieser Verbindungen, die, wie es die kettenförmige Struktur (I)

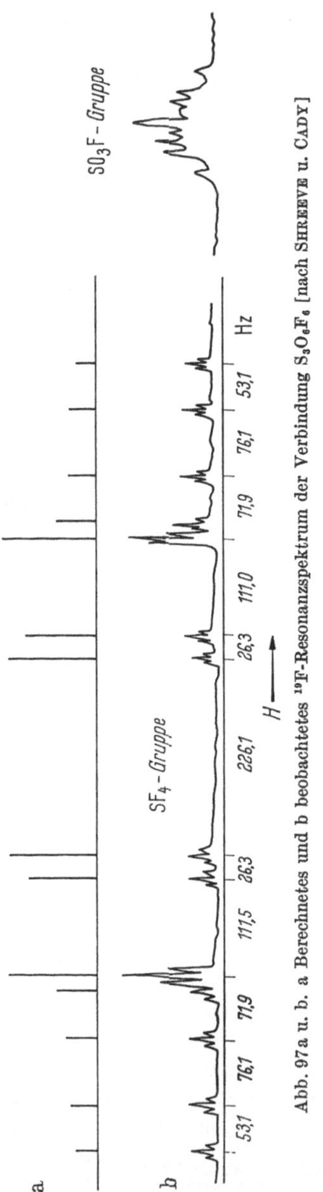

Abb. 97 a u. b. a Berechnetes und b beobachtetes ^{19}F-Resonanzspektrum der Verbindung $S_3O_8F_2$ [nach SHREEVE u. CADY]

erwarten läßt, alle nur eine einzelne Resonanzlinie aufweisen. Die chemische Verschiebung der Fluorkerne ist jedoch von der Kettenlänge abhängig. Tab. 38 zeigt die chemischen Verschiebungen der höheren Polysulfurylfluoride gegenüber Dischwefelsäuredifluorid [in Hz] bei einer Radiofrequenz von 56,4 Hz. Die Unterschiede in der chemischen Verschiebung

Tabelle 38. *Chemische Verschiebung der Polysulfurylfluoride bei 56,4 MHz (in Hz), bezogen auf $S_2O_5F_2$*

$S_2O_5F_2$	0
$S_3O_8F_2$	—80
$S_4O_{11}F_2$	—109
$S_5O_{14}F_2$	—118
$S_6O_{17}F_2$	—123
$S_7O_{20}F_2$	—125

werden mit zunehmender Kettenlänge kleiner, aber auch zwischen den Verbindungen $S_6O_{17}F_2$ und $S_7O_{20}F_2$ beträgt sie immer noch 2,5 Hz, obwohl die elektronische

[1] LEHMANN, H.-A., u. L. KOLDITZ: Z. anorg. u. allgem. Chem. **272**, 73 (1953).
[2] GILLESPIE, R. J., J. V. OUBRIDGE u. E. A. ROBINSON: Proc. Chem. Soc. (London) **1961**, 428.

Umgebung des Fluors in beiden Verbindungen sicherlich sehr weitgehend ähnlich ist. Die ^{19}F-Resonanzspektren der Reaktionsprodukte von SO_3 und SbF_5, AsF_3, KBF_4 und CaF_2 zeigten, daß auch in diesen Reaktionen Polysulfurylfluoride gebildet werden können. Die chemische Verschiebung von $S_3O_8F_2$ gegenüber $(CF_2)_5$ beträgt $-31,7$[1].

Ganz analog wie in den Polysulfurylfluoriden verschiebt sich die Fluorresonanz auch in den Fluorpolyschwefelsäuren $H(SO_3)_nF$ mit zunehmender Kettenlänge, d. h. mit wachsendem n nach niedrigeren Feldstärken[2]. Stets beobachtet man im System $SO_3-SO_2(OH)F$ nur eine einzelne Resonanzlinie, die mit zunehmender Konzentration des Systems an SO_3 nach der Seite der niedrigeren Feldstärke wandert. Daß für die einzelnen Polysäuren keine individuellen Resonanzlinien beobachtet werden, muß auf rasche Austauschprozesse zurückgeführt werden, die wahrscheinlich durch die folgende Reaktionsgleichung charakterisiert sind:

$$H(SO_3)_nF + SO_3 \rightleftharpoons H(SO_3)_{n+1}F$$

Ein destillierbares Reaktionsprodukt von AsF_3 und SO_3, das die Zusammensetzung $2\,AsF_3 \cdot 3\,SO_3$[3] hat, zeigt ein aus drei Resonanzlinien bestehendes ^{19}F-Spektrum[4, 5]. Die relativen Intensitäten der Linien verhalten sich wie $3:2:1$. Die stärkste Linie liegt in einem Bereich, der für $S-F$-Bindungen in Fluorsulfonaten und Schwefeloxyfluoriden charakteristisch ist, während die anderen zwei Resonanzlinien in dem für $As-F$-Bindungen typischen Gebiet erscheinen. GILLESPIE und OUBRIDGE[5] schlagen für die Verbindung auf Grund des kernmagnetischen Resonanzspektrums, das schematisch in Abb. 98 gezeigt ist, die Strukturformel I vor.

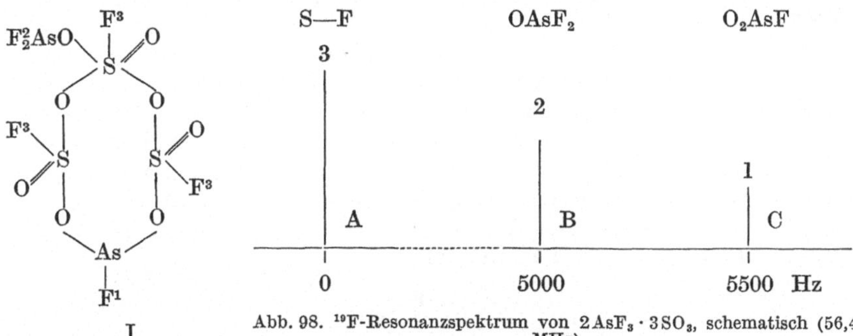

Abb. 98. ^{19}F-Resonanzspektrum von $2\,AsF_3 \cdot 3\,SO_3$, schematisch (56,4 MHz)

Die Fluoratome F^3 in Formel I sind nicht ganz, aber nahezu äquivalent, so daß keine sichtbare Aufspaltung der Resonanzlinie erwartet zu werden braucht. Vollkommen äquivalent sind die Fluoratome F^2. Bei 56,4 MHz beträgt die chemische Verschiebung von F^1 gegenüber AsF_3 $+670$ Hz, die von F^2 $+150$ Hz. Diese Reihenfolge der Resonanzfrequenzen ist auf

[1] ROBERTS, J. E., u. G. H. CADY: J. Am. Chem. Soc. 81, 4166 (1959).
[2] GILLESPIE, R. J., u. E. A. ROBINSON: Can. J. Chem. 40, 675 (1962).
[3] ENGELBRECHT, A., A. AIGNESBERGER u. E. HAYEK: Monatsh. 86, 470 (1955).
[4] MUETTERTIES, E. L., u. D. D. COFFMAN: J. Am. Chem. Soc. 80, 5914 (1958).
[5] GILLESPIE, R. J., u. J. V. OUBRIDGE: Proc. Chem. Soc. 1960, 308.

Grund der abnehmenden Elektronegativität der Gruppen in der Reihenfolge $-AsF_2$, $-OAsF$, $-OAsFO-$ zu erwarten. Das Spektrum stützt somit die postulierte Strukturformel in allen Punkten. Mischungen von SO_3 und AsF_3 im Molverhältnis $1:1$ zeigen dagegen im ^{19}F-Resonanzspektrum in dem Bereich, wo die an Arsen gebundenen Fluoratome zu suchen sind, nur eine einzelne Resonanzlinie. Diese hat die doppelte Intensität wie die S—F-Linie. Ihre Lage zeigt an, daß die Verbindung eine $-OAsF_2$-Gruppierung enthalten muß und die Autoren schlagen für die Verbindung die Strukturformel I vor.

$$
\begin{array}{c}
\text{O} \\
F_2AsO \diagdown \| \diagup F \\
S \\
\diagup \quad \diagdown \\
\text{O} \qquad \text{O} \\
F \diagdown \qquad \diagup OAsF_2 \\
O{=}S \qquad S{=}O \\
\diagup \qquad \diagdown \\
F_2AsO \qquad \text{O} \qquad F \\
\end{array}
$$

I

Beim Erhitzen der Verbindung $2\,AsF_3 \cdot 3\,SO_3$ verbreitern sich die Linien B und C des in Abb. 98 gezeigten Spektrums und vereinigen sich bei $50°$ schließlich zu einer einzigen Bande, während die Linie A ihre Gestalt unabhängig von der Temperatur beibehält. Diese Erscheinung ist auf den inter- oder intramolekularen Austausch der an Arsen gebundenen Fluoratome zurückzuführen[1]. Die mittlere Lebensdauer der Atome in ihrer jeweiligen Lage beträgt bei der Temperatur von $50°$ demnach etwa $\tau = 1/2\,\pi\delta \sim 10^{-3}$ sec.

RICHERT und GLEMSER[2] zogen die kernmagnetischen ^{19}F-Resonanzspektren einiger Schwefel-Stickstoff-Fluorverbindungen zur Ermittlung ihrer Konstitution heran. Die Verbindungen $S_3N_3F_3$ und $S_4N_4F_4$ zeigen nur jeweils ein Resonanzsignal. Die damit erwiesene Äquivalenz der Fluoratome in den Molekülen steht mit dem bislang angenommenen, ringförmigen, symmetrischen Bau der Moleküle (Strukturformel II und III) in Einklang. Das Resonanzsignal liegt in einem für S—F-Bindungen charakteristischen Bereich.

II   III   IV

Auch das Spektrum der monomeren Verbindung SNF besteht nur aus einer einzelnen Resonanzlinie. Die Autoren nehmen an, daß das Fluor an

---

[1] MUETTERTIES, E. L., u. D. D. COFFMAN: J. Am. Chem. Soc. **80**, 5914 (1958).
[2] RICHERT, H., u. O. GLEMSER: Z. anorg. u. allgem. Chem. **307**, 328 (1961).

Stickstoff gebunden ist und erklären das Ausbleiben einer Hyperfeinstruktur infolge Kopplung mit dem Spin des Stickstoffkerns damit, daß
in der flüssigen Verbindung ein rascher Fluoraustausch stattfindet.

Drei Banden von ungefähr gleicher Intensität bilden das ^{19}F-Reso-
nanzspektrum der Verbindung NSF_3. Der Abstand der Linien untereinander beträgt 27 Hz. Das Spektrum spricht für eine Struktur der
Verbindung mit chemisch äquivalenten Fluoratomen, wie sie durch
Formel IV beschrieben wird, wenn die Aufspaltung der Resonanzlinie
als eine Folge der Spin-Spin-Kopplung zwischen dem Stickstoff- und den
Fluorkernen über zwei Bindungen hinweg betrachtet wird.

Es sei gestattet, an dieser Stelle noch auf Fluoride eines Elements der
6. Nebengruppe, nämlich des Wolframs, zu sprechen zu kommen. Wolf-
ramhexafluorid bildet mit Lewisbasen L Komplexe des Typs $WF_6 \cdot L$ wie
z. B. $WF_6 \cdot P(C_6H_5)_3$. Die ^{19}F-Resonanzspektren dieser Verbindungsklasse
bestehen aus einem Dublett, einem Quintett und einem Singulett, deren
Intensitäten sich wie $4:1:1$ verhalten[1]. In Übereinstimmung mit der
elektrolytischen Leitfähigkeit der Lösungen dieser Komplexe läßt sich
das Spektrum leicht auf Grund der ionischen Struktur V mit einem

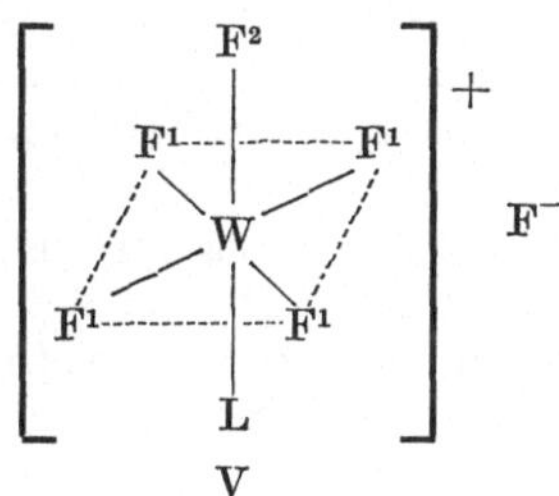

V

oktaedrisch gebauten Kation interpretieren. Das bei der niedrigsten
Feldstärke auftretende Dublett rührt von den äquatorialen und äquival-
ten Fluoratomen F^1 her, während das Quintett dem axialen Fluoratom
F^2 zuzuschreiben ist. Das Singulett, das bei hohem Feld auftritt, ist vom
anionischen Fluor verursacht.

e) Stickstoff- und Phosphorfluoride, Antimonfluorid

Das kernmagnetische ^{19}F-Resonanzspektrum von NF_3 wurde von
MUETTERTIES und PHILLIPS[2] untersucht. Es ist temperaturabhängig und
zeigt bei Zimmertemperatur ein Triplett. Die Multiplettstruktur verschwindet bei Temperaturen unterhalb $-180°$. Diese Erscheinung ist
auf die Quadrupol-Relaxation am ^{14}N-Kern zurückzuführen und ist von
ROBERTS auch für Protonen an Aminen beobachtet worden[3].

[1] MUETTERTIES, E. L.: "Advances in the Chemistry of the Coordination
Compounds", S. 509. New York: Macmillan 1961.
[2] MUETTERTIES, E. L., u. W. D. PHILLIPS: J. Am. Chem. Soc. 81, 1084 (1959).
[3] ROBERTS, J. D.: J. Am. Chem. Soc. 78, 4495 (1956).

Nach POPLE[1] kollabiert ein durch Kopplung mit dem ^{14}N-Kern ($I = 1$) hervorgerufenes Multiplett, wenn die Lebensdauer eines gegebenen Spinzustandes des ^{14}N-Kerns

$$\tau \cong 5/(2\,\pi J) \tag{89}$$

beträgt. J bedeutet in Gl. (89) die Kopplungskonstante $J_{^{14}\mathrm{N}^{19}\mathrm{F}}$ (bzw. $J_{^1\mathrm{H}^{19}\mathrm{F}}$) in Hz. Im Falle des Stickstofftrifluorids ist demnach die Lebensdauer eines gegebenen Spinzustandes bei Temperaturen unterhalb $-180°$ kleiner als etwa 10^{-3} sec.

In sehr einfacher Weise ließ sich die lange strittige Frage nach der Struktur von Nitrylfluorid, FNO_2, durch die Untersuchung des kernmagnetischen Resonanzspektrums der Verbindung durch OGG und RAY[2] klären. Die nach der Reaktionsgleichung

$$NaF + N_2O_5 \rightarrow NaNO_3 + FNO_2$$

entstehende Substanz zeigt unmittelbar oberhalb ihres Schmelzpunktes das in Abb. 99 wiedergegebene ^{19}F-Resonanzspektrum.

Abb. 99. ^{19}F-Resonanzspektrum von Nitrylfluorid, FNO_2 [nach OGG u. RAY]

Die Aufspaltung der Fluor-Resonanzlinie in drei intensitätsgleiche Linien, deren Abstand jeweils 112,5 Hz beträgt, wird durch die Spin-Spin-Kopplung des Fluorkerns mit dem Stickstoffkern verursacht. Die große Kopplungskonstante beweist eindeutig, daß das Fluor- und das Stickstoffatom direkt aneinander gebunden sind, so daß für das Molekül nur die Struktur

in Frage kommen kann. Wären die fraglichen Atome über Sauerstoff gebunden, so müßte die Kopplungskonstante viel kleiner sein. Die beobachtete Kopplungskonstante ist aber von der gleichen Größenordnung, wie sie auch bei NF_3 gemessen wurde.

Dagegen beobachtet man im ^{19}F-Resonanzspektrum der Verbindung ONF — auch bei Temperaturen von etwa $-37°$ — keine Aufspaltung des Resonanzsignals[3]. Die Verbindung hat eine sehr große Verschiebung nach niedrigen Feldbereichen, die sogar noch diejenige von elementarem Fluor übertrifft.

Die von FRAZER, HOLDER und WORDEN[4] aus CF_3J, NO und N_2F_4 erhaltene Verbindung CF_4N_2O hat nach dem in Abb. 100 gezeigten

[1] POPLE, J. A.: Mol. Phys. 1, 168 (1958).
[2] OGG, R. A., u. J. D. RAY: J. Chem. Phys. 25, 797 (1956).
[3] RICHERT, H., u. O. GLEMSER: Z. anorg. u. allgem. Chem. 307, 328 (1961).
[4] FRAZER, J. W., B. E. HOLDER u. E. F. WORDEN: J. Inorg. & Nuclear Chem. 24, 45 (1962).

^{19}F-Resonanzspektrum die Struktur eines N-Fluor-N'-Trifluormethyl-N'-oxids (I).

$$F_3C\!-\!\overset{\overset{\textstyle O}{\uparrow}}{N}\!=\!NF$$
$$I$$

Durch Anregung der Stickstoffkerne mit einer Radiofrequenz von 3,072,050$\pm$25 Hz vereinfacht sich die Struktur des Resonanzbande B zu einem Dublett, so daß die ursprüngliche Multiplettstruktur der Bande offenbar von Fluorkernen herrührt, die mit einem Stickstoffkern ($I = 1$) und weiter mit einem Kern, der die Spinzahl $I = 1/2$ besitzt, koppeln. Bei dem letzteren muß es sich um einen einzelnen Fluorkern handeln, da andere Kerne mit $I = 1/2$ nicht im Molekül vorhanden sind. Es wird daher angenommen, daß die Bande B den Fluoratomen der Trifluormethylgruppe in I zukommt. Daß auch der einzelne Fluorkern mit einem Stickstoffkern, und zwar mit einem anderen als dem durch das eben

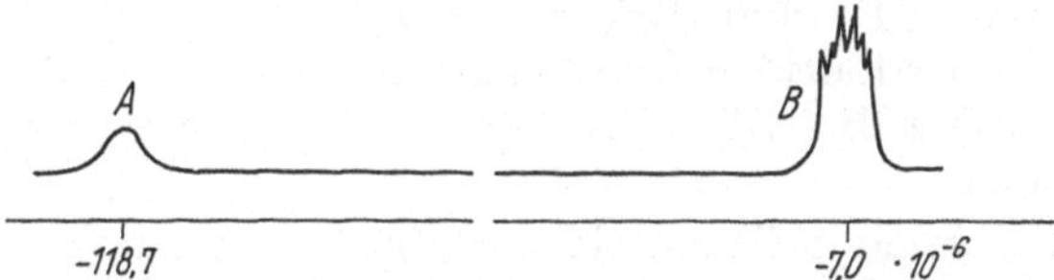

Abb. 100. ^{19}F-Resonanzspektrum der Verbindung CF$_3$NONF bei 40 MHz (bezogen auf CF$_3$COOH) [nach FRAZER, HOLDER u. WORDEN]

erwähnte Doppelresonanz-Experiment angeregten, koppelt, konnte wieder durch Doppelresonanz gezeigt werden. Es war eine Radiofrequenz von 3,071,930$\pm$25 Hz notwendig, damit die durch die Kopplung des einzelnen Fluorkerns mit einem Stickstoff- und drei Fluorkernen erzeugte unaufgelöste breite Struktur der ihm entsprechenden Bande A gerade eben eine Multiplettstruktur erkennen ließ, d. h. die Kopplung mit dem Stickstoffkern aufgehoben wurde. Da das äußere Magnetfeld für die Fluorresonanz des einzelnen Kerns gegenüber den Kernen der Fluormethylgruppe um 111,7 · 10^{-6} vermindert werden mußte und damit auch die Präzessionsfrequenz des mit der Trifluormethylgruppe verbundenen Stickstoffatoms im gleichen Maßstab verkleinert worden war, hätte man eine um 342 Hz verminderte Präzessionsfrequenz erwarten müssen, wenn es sich um das gleiche Stickstoffatom gehandelt hätte. Tatsächlich mußte aber die Präzessionsfrequenz nur um 120 Hz auf 3,071,930 Hz vermindert werden, um die Entkopplung zu erreichen. Die Kopplungskonstanten wurden im vorliegenden System zu $J_{\mathrm{CF_3-NF}}$ = 7,1$\pm$0,5 Hz, $J_{\mathrm{CF_3N}}$ = 11,9$\pm$0,5 Hz und J_{NF} = 50 Hz gemessen. Die in Abb. 100 angegebenen chemischen Verschiebungen beziehen sich auf Trifluoressigsäure als Standard. Sowohl die chemischen Verschiebungen wie auch die Kopplungskonstanten lassen sich am besten mit der Struktur I der Verbindung erklären, während andere denkbare Strukturen ausgeschieden werden können.

Im Gegensatz zu den bisher besprochenen binären Nichtmetallfluoriden zeigt das von MAHLER und MUETTERTIES[1] untersuchte Phos-

---

[1] MAHLER, W., u. E. L. MUETTERTIES: J. Chem. Phys. **33**, 636 (1960).

phorpentafluorid im ^{19}F-Resonanzspektrum nur eine einzige Resonanzlinie, obwohl die trigonal-bipyramidale Struktur für das Molekül bewiesen ist und für die äquatorialen und axialen Fluoratome an den Spitzen der Bipyramide verschiedene chemische Verschiebungen erwartet werden sollten. Das Auftreten nur einer Resonanzlinie kann verschiedene Ursachen haben: 1. die chemische Verschiebung zwischen den axialen und äquatorialen Fluoratomen ist außerordentlich klein, 2. sehr rascher intermolekularer Austausch der Fluoratome, 3. sehr rascher intramolekularer Austausch der Fluoratome und 4. die Kopplungskonstante $J_{F_{ax}F_{äq}}$ ist sehr groß gegen die relative chemische Verschiebung der beiden Fluorgruppen. Von diesen Möglichkeiten lassen sich im Augenblick nur die zweite und dritte auf Grund der Tatsache ausschließen, daß zwischen Fluor und Phosphor Spin-Spin-Kopplung beobachtet wird, was bei einem raschen Austausch nicht möglich wäre.

Tatsächlich unterliegen im Gegensatz zu SbF_5, AsF_5 oder SbF_3 die Phosphorfluoride PF_3 und PF_5 weder in reinem Zustand noch bei Anwesenheit von Fluoriden, die bekanntermaßen den Fluoraustausch katalysieren, wie z. B. AlF_3, CsF oder BF_3, einem raschen Austausch von Fluoratomen.

Mit Aminen, Amiden, Thioamiden, Oximen und Sulfoxiden bildet PF_5 1:1-Additionsverbindungen, wie z. B. $PF_5 \cdot N(CH_3)_3$, $PF_5 \cdot (CH_3)_2NCHO$, $PF_5 \cdot (CH_3)_2NCHS$, $PF_5 \cdot (CH_3)_2CNOH$, $PF_5 \cdot (CH_3)_2SO$ usw.[1]. Bei allen diesen Komplexen besteht das ^{19}F-Resonanzspektrum der Acetonitrillösungen aus einem Dublett und einem Quintett, deren Intensitäten sich wie 4:1 verhalten. Ein solches Spektrum muß man für oktaedrische Komplexe erwarten, die vier äquivalente, koplanare Fluoratome enthalten. Ein weiteres Fluoratom besetzt *eine* Spitze des Oktaeders, während die andere Spitze durch die Lewisbase besetzt wird. Die Kopplungskonstanten $J_{^{31}P^{19}F}$ variieren bei den einzelnen Komplexen zwischen 710 Hz und 765 Hz. Sie sind damit ganz ähnlich groß wie die Kopplungskonstante J_{PF} in $[PF_6]^-$, so daß in den Molekülkomplexen auf eine ganz ähnliche Hybridisierung geschlossen werden kann, wie sie in $[PF_6]^-$ vorliegt. Die Kopplungskonstante ist ja maßgeblich von der Beteiligung der p-Elektronen am bindenden Hybrid abhängig, da nur diese wirksam werden. Die Kopplungskonstante zwischen den zwei verschiedenen Fluorsorten im Molekül beträgt bei den verschiedenen Komplexen im Mittel 55 Hz.

Lösungen von PF_5 in Äthern, Estern oder Nitrilen zeigen dagegen im ^{19}F-Resonanzspektrum bei Zimmertemperatur nur ein Dublett, da das dynamische Gleichgewicht

$$PF_5 + \text{Lewisbase} \rightleftharpoons PF_5 \cdot \text{Lewisbase}$$

die Fluoratome praktisch äquivalent werden läßt. Andererseits wird aber die Kopplung zwischen Phosphor und Fluor nicht beeinflußt, da im System keine P—F-Bindungen gelöst werden.

---

[1] MUETTERTIES, E. L., T. A. BITHER, M. W. FARLOW u. D. D. COFFMAN: J. Inorg. & Nuclear Chem. **16**, 52 (1960).

Das ^{19}F-Resonanzspektrum einer wäßrigen Lösung von Ammonium-hexafluorophosphat zeigt ein 1—1-Dublett, das p_H- (2 bis 10) und temperaturunabhängig (20—80°) ist[1]. Das gleiche gilt auch für das Quartett im Spektrum einer wäßrigen Lösung von $AgAsF_6$. Die Multi-plettstruktur der Spektren zeigt, daß, wenn überhaupt ein Austausch von Fluoratomen stattfindet, dieser mit Geschwindigkeiten erfolgen muß, die kleiner als 10^2/sec sind.

Das ^{19}F-Resonanzspektrum der zu PF_5 isologen Verbindung CF_3PF_4 besteht aus einem Paar überlappender Quartette, die von den Fluor-atomen F^2, F^3, F^4 und F^5 herrühren (vgl. Abb. 101)[2]. Der Abstand der beiden Zentren der Quartetts entspricht der Kopplungskonstante

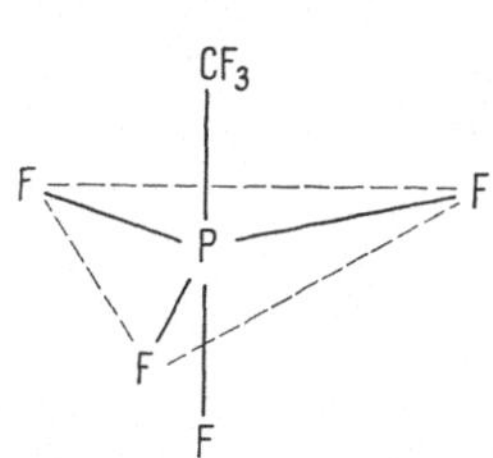

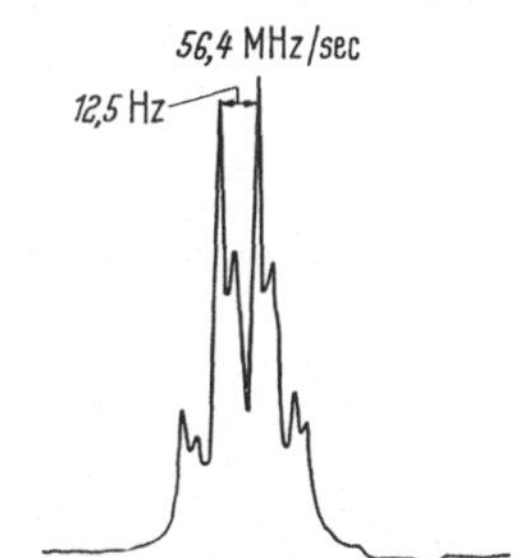

Abb. 101. Struktur der Verbindung CF_3PF_4

Abb. 102. Teil des ^{19}F-Spektrums von CF_3PF_4 [nach MAHLER u. MUETTERTIES]

$J_{PF^{2-5}}$, während der Abstand der Linien jedes Multipletts die Kopplungs-konstante $J_{F^1F^{2-5}}$ darstellt. Erstere beträgt 1103 Hz, die letztere 12 Hz. Weiter treten im Spektrum noch zwei überlappende Quartette auf, die von den drei Fluoratomen F^1 herrühren. Der Abstand der Zentren dieser beiden Quartette wurde zu 170 Hz bestimmt und entspricht der Kopp-lungskonstanten J_{F^1P}. Die chemischen Verschiebungen der drei Arten von Fluoratomen gegenüber Trifluoressigsäure betragen $\delta_{F^1} = -3{,}37 \cdot 10^{-6}$, $\delta_{F^{2,3,4}} = -10{,}00 \cdot 10^{-6}$ und $\delta_{F^5} = -9{,}93 \cdot 10^{-6}$. Abb. 102 zeigt eines der Paare der sich überlagernden Quartette der Fluorkerne F^{2-5}.

Das Spektrum stimmt mit der angenommenen, in Abb. 101 wieder-gegebenen Struktur einer trigonalen Bipyramide überein, bei der eine Spitze durch die CF_3-Gruppe besetzt ist. Das die andere Pyramiden-spitze besetzende Fluoratom hat nahezu die gleiche chemische Ver-schiebung wie die äquatorialen Fluoratome. Die relative chemische Verschiebung zwischen den beiden an Phosphor gebundenen Fluorarten ist temperaturunabhängig (gemessen zwischen -100 und $+25°$). In dem höher symmetrischen Molekül PF_5 ist die Verschiebung zwischen den äquatorialen und axialen Fluoratomen wahrscheinlich noch kleiner und beträgt wohl kaum mehr als $0{,}05 \cdot 10^{-6}$.

Das ^{19}F-Resonanzspektrum von Antimonpentafluorid wurde von HOFFMAN, HOLDER und JOLLY[3] untersucht und gedeutet. SbF_5 bildet bei

[1] MUETTERTIES, E. L., u. W. D. PHILLIPS: J. Am. Chem. Soc. 81, 1084 (1959).
[2] MAHLER, W., u. E. L. MUETTERTIES: J. Chem. Phys. 33, 636 (1960).
[3] HOFFMAN, C. J., B. E. HOLDER u. W. L. JOLLY: J. Phys. Chem. 62, 364 (1958).

Zimmertemperatur eine viscose Flüssigkeit. Abb. 103 zeigt die bei etwa $-10°$, bei Zimmertemperatur und bei etwa $80°$ aufgenommenen ^{19}F-Resonanzspektren der Verbindung. Die Struktur des bei tiefer Temperatur erhaltenen Spektrums, das aus den drei Hauptbanden A, B und C mit den relativen Intensitäten $1:1:2$ besteht, weist auf die Existenz dreier nicht äquivalenter Fluorgruppen in Antimonpentafluorid hin. Die chemischen Verschiebungen der drei Banden gegenüber Trifluoressigsäure betragen (A) $8,5 \cdot 10^{-6}$, (B) $26,8 \cdot 10^{-6}$ und (C) $52,8 \cdot 10^{-6}$.

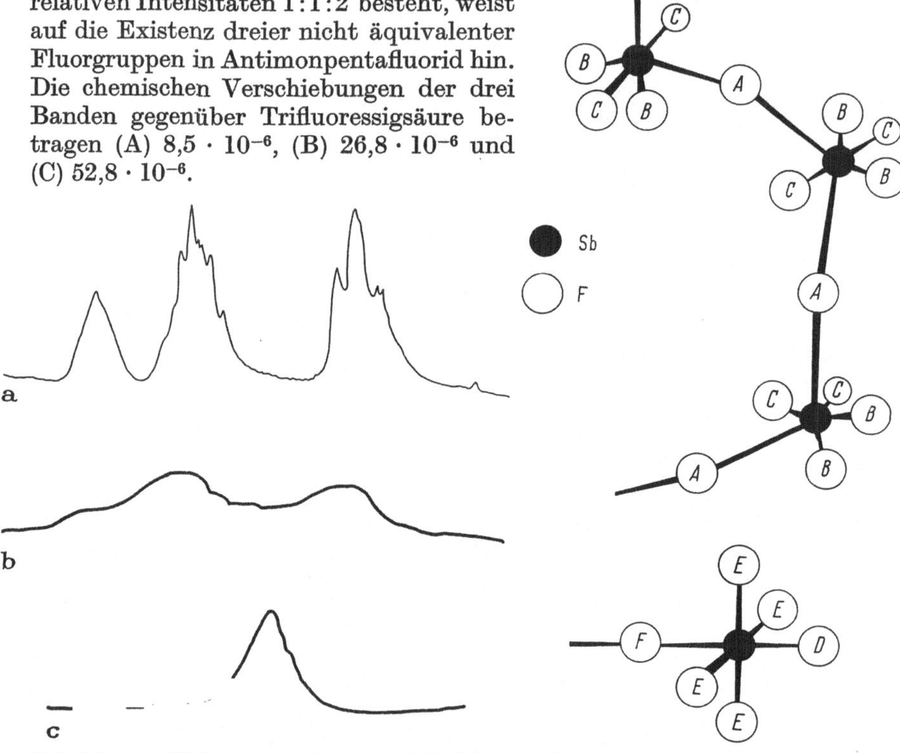

Abb. 103a — c. ^{19}F-Resonanzspektrum von SbF$_5$ bei a $-10°$C, b Zimmertemperatur, c $80°$C [nach HOFFMAN, HOLDER u. JOLLY]

Abb. 104. Strukturmodell für SbF$_5$ [nach HOFFMAN, HOLDER u. JOLLY]

Von mehreren Modellen, die das Spektrum erklären können, halten die Autoren das in Abb. 104 gezeigte für das wahrscheinlichste. SbF$_5$ besteht danach aus langen Ketten. Jedes Antimonatom ist von sechs Fluoratomen umgeben, von denen es jeweils zwei mit seinen Nachbarn teilt. Die Brücken-Fluoratome sind der Bande A, die in trans-Stellung zu diesen befindlichen Fluoratomen der Bande B und die zueinander in trans-Stellung angeordneten Fluoratome der Bande C zugeordnet.

Die Spin-Kopplungskonstanten zwischen den verschiedenen Typen von Fluoratomen wurden zu $J_{AB} = 70 \pm 10$ Hz, $J_{AC} < 30 \pm 10$ Hz und $J_{BC} = 130 \pm 15$ Hz geschätzt. Die Bande A ist durch die Fluoratome B in ein Quintett aufgespalten, dessen Komponenten jeweils einen Abstand von 70 ± 10 Hz haben. Die Linien dieses Multipletts sind aber weiter durch die C-Atome aufgespalten, so daß sich insgesamt eine breite, nicht aufgelöste Bande ergibt. Die Bande B ist durch Kopplung mit den C-Atomen in ein Triplett mit dem Linienabstand 130 ± 15 Hz aufgespalten. Die Komponenten des Tripletts sind weiter durch die A-Atome noch einmal in Tripletts aufgespalten (70 ± 10 Hz). Das Septett der Bande mit der Intensitätsverteilung $1:2:3:4:3:2:1$ entsteht offenbar durch die Überlappung zweier Linienpaare, da $J_{BC} \approx 2 J_{AB}$ ist. Die Bande C ist schließlich durch die B-Atome in ein Triplett (Linienabstand je 130 Hz) aufgespalten, während die weitere Feinstruktur, die vom Einfluß der Atome A herrührt, nicht mehr aufgelöst werden konnte.

Die Kopplung zwischen dem Spin des Antimonkerns und den Fluorkernen ist bezüglich einer Aufspaltung der Fluor-Resonanzlinien unwirksam, da das elektrische Feld in der Umgebung des Antimonkerns sehr unsymmetrisch ist, so daß eine starke Relaxations-Wechselwirkung mit dem relativ großen elektrischen Quadrupolmoment des Antimonkerns erwartet werden muß.

Das ^{121}Sb-Resonanzspektrum einer wäßrigen Lösung von Kaliumhexafluoroantimonat zeigt ein starkes Septett infolge der Kopplung zwischen Fluor und ^{121}Sb, während im ^{19}F-Resonanzspektrum nur eine einzelne breite Bande erscheint, die im einzelnen keine Feinstruktur erkennen läßt. Dies ist wohl der Überlappung der durch Kopplung mit ^{121}Sb und ^{128}Sb entstehenden Multipletts zuzuschreiben.

f) Kohlenstoff- und Siliciumfluoride

Die chemischen Verschiebungen $\delta_{^{19}F}$ in Fluorkohlenstoffverbindungen sind von MULLER, LAUTERBUR und SVATOS[1] sowie von TIERS[2] an zahlreichen Beispielen [vgl. Tab. IIa (Anhang)] untersucht worden. Dabei fallen die großen Unterschiede der chemischen Verschiebungen primärer, sekundärer und tertiärer Fluoratome auf. Es ist deshalb ohne Schwierigkeiten möglich, die verschiedenen Fluoratome aus dem Spektrum zu identifizieren. TIERS weist darauf hin, daß für die chemische Verschiebung neben der Elektronegativität der dem Fluor benachbarten Atome oder Gruppen auch Faktoren eine Rolle spielen, die offenbar sterischen Ursprungs und ohne Beziehung zu den Elektronegativitäten der Substituenten sind. Ebenso zeigen auch die Kopplungskonstanten eine starke Abhängigkeit von den sterischen Verhältnissen im Molekül.

Die chemischen Verschiebungen $\delta_{^{19}F}$ sehr zahlreicher substituierter Fluorbenzole sind von GUTOWSKY, McCALL, McGARVEY und MEYER[3] sowie von GUTOWSKY et al.[4] tabelliert worden. Die Autoren haben dabei insbesondere den Zusammenhang zwischen den chemischen Verschiebungen und der Hammet-Konstante untersucht. Charakteristische

---

[1] MULLER, N., P. C. LAUTERBUR u. G. F. SVATOS: J. Am. Chem. Soc. **79**, 1807 (1957).

[2] TIERS, G. V. D.: J. Am. Chem. Soc. **78**, 2914 (1956).

[3] GUTOWSKY, H. S., D. W. McCALL, B. R. McGARVEY u. L. H. MEYER: J. Am. Chem. Soc. **74**, 4809 (1952).

[4] GUTOWSKY, H. S., C. H. HOLM, A. SAIKA u. G. A. WILLIAMS: J. Am. Chem. Soc. **79**, 4596 (1957).

chemische Verschiebungen für zahlreiche fluorhaltige Gruppen organischer Verbindungen finden sich bei KONSTANTINOV[1]. Fluorderivate des Cyclobutans sind von SHOOLERY[2] und PHILLIPS[3] studiert worden.

VAN METER und CADY[4] verwendeten die kernmagnetischen ^{19}F-Resonanzspektren, um die Strukturen neuer Verbindungen aufzuklären, die bei der Reaktion von Trifluormethylhypofluorit, CF_3OF, mit SO_3 und SO_2 entstehen, sowie zur Bestimmung des Fluorgehaltes in diesen Verbindungen. Die Reaktionsprodukte sind

$$CF_3OOSO_2F \qquad\qquad CF_3OSO_2F$$
$$CF_3OSO_2OCF_3 \qquad\qquad CF_3OSO_2OSO_2F$$
$$CF_3OSO_2OSO_2OCF_3$$

Zur quantitativen Analyse wurde unmittelbar vor oder nach der Aufnahme des Spektrums der zu untersuchenden Substanz ein Spektrum von Perfluorcyclopentan, C_5F_{10}, aufgenommen. Es besteht aus einem Singulett, dessen Intensität der Zahl der Fluoratome pro Milliliter der Substanz proportional ist. Die Intensität der Resonanzlinie(n) der unbekannten Substanz erlaubte dann, die Zahl der Fluoratome pro Milliliter zu berechnen, so daß bei bekannten Molvolumina direkt die Zahl der Fluoratome pro Molekül erhalten wird. Das Spektrum zeigte weiter in allen Fällen sofort, wie viele Fluoratome im Molekül an Kohlenstoff bzw. an Schwefel gebunden sind. Zusammen mit anderen spektroskopischen Daten führten diese Ergebnisse zu den oben angedeuteten Strukturformeln für die Verbindungen.

Außer von den auf S. 142 ff. beschriebenen Perfluoralkylderivaten des Schwefelhexafluorids sind die chemischen Verschiebungen und Kopplungskonstanten vieler anderer Fluorkohlenstoffsulfide bestimmt worden.

$$\underset{\text{I}}{CF_3\overset{\displaystyle S-S}{C=C}CF_3} \qquad\qquad \underset{\text{II}}{HF_2C(CF_2)_3CF_2\overset{\displaystyle S-S}{C=C}CF_2(CF_2)_3CF_2H}$$

$$\underset{\text{III}}{ClCF_2CF_2\overset{\displaystyle S-S}{C=C}CF_2CF_2Cl} \qquad\qquad \underset{\text{IV}}{\begin{array}{c} CF_3\diagdown\quad S(Se)\quad\diagup CF_3 \\ C=C \\ CF_3\diagup\quad S(Se)\quad\diagdown CF_3 \end{array}}$$

$$\underset{\text{V}}{[(CF_3)_2C=C(CF_3)-]\,S_{2-3}}$$

[1] KONSTANTINOV, YU. S.: Dokl. Akad. Nauk. SSSR **134**, 868 (1960); Chem. Abstr. **55**, 14064 (1961).

[2] SHOOLERY, J. N.: Disc. Faraday Soc. **19**, 215 (1955).

[3] PHILLIPS, W. D.: J. Chem. Phys. **25**, 949 (1956).

[4] VAN METER, W. P., u. G. H. CADY: J. Am. Chem. Soc. **82**, 6005 (1960).

Tiers[1] tabellierte die Daten der Verbindungen $(n-C_3F_7)_2S_{1-3}$, $(n-C_7F_{15})_2S_2$, $(CF_2)_4S$ und $1,4-(CF_2)_4S_2$, während Hauptschein und Braid[2] die chemischen Verschiebungen von $C_{12}F_{24}S_2$ und $C_{12}F_{26}S_2$ ermittelten. Die Strukturen einer Reihe ungewöhnlicher Fluorkohlenstoffsulfide, wie sie z. B. durch die Formeln I—V beschrieben werden, konnten von Krespan[3] sowie von Krespan und McKusick[4] auf Grund ihrer kernmagnetischen ^{19}F-Resonanzspektren aufgeklärt oder erhärtet werden.

Den ersten Perfluoro-π-enyl-Metallkomplex erhielten Wilkinson et al.[5] bei der Umsetzung von $Fe_3(CO)_{12}$ mit Oktafluorocyclohexa-1,3- oder 1,4-dien. Der Komplex hat die Zusammensetzung $C_6F_8Fe(CO)_3$. Sein kernmagnetisches ^{19}F-Resonanzspektrum ist in Abb. 105 gezeigt.

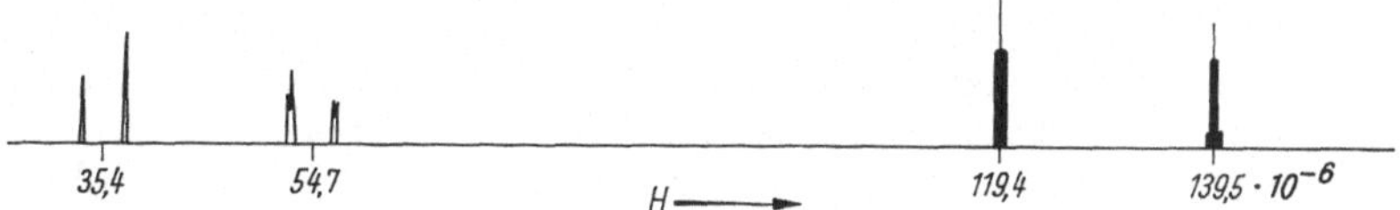

Abb. 105. ^{19}F-Resonanzspektrum der Verbindung $C_6F_8Fe(CO)_3$ [nach Wilkinson et al.]

Es stützt die durch Formel I dargestellte Struktur der Verbindung. Der linke Teil des Spektrums hat eine typische AB-Struktur und wird von den beiden CF_2-Gruppen verursacht. Da je ein Fluoratom der „aliphatischen" CF_2-Gruppen zwangsläufig im Komplex dem Metallatom der $Fe(CO)_3$-Gruppe näher steht, sind die beiden Fluoratome einer CF_2-Gruppe nicht äquivalent und verursachen die große Spin-Spin-Aufspaltung der Bande von 250 Hz. Die einzelnen Komponenten der AB-Struktur sind weiter, wahrscheinlich durch die Fluoratome F^1 bzw. F^4, in kleine Dubletts aufgespalten.

$$F^1$$
$$F^6_2 - - F^2$$
$$ - Fe(CO)_3$$
$$F^5_2 - - F^3$$
$$F^4$$

I

Der rechte Teil des Spektrums besteht aus einem Triplett und einem Quintett. Das erstere rührt von den Fluoratomen F^2 und F^3 her, deren Kernspin mit den benachbarten CF_2-Gruppen koppelt, während das Quintett den Fluoratomen F^1 und F^4 und ihrer Kopplung mit den Atomen F^2 und F^3 sowie den benachbarten CF_2-Gruppen zuzuschreiben ist.

Behandelt man den soeben beschriebenen Komplex $C_6F_8Fe(CO)_3$ mit CsF in Tetrahydrofuran, so läßt er sich in ein stabiles Ion

[1] Tiers, G. V. D.: J. Phys. Chem. 66, 764 (1962).
[2] Hauptschein, M., u. M. Braid: J. Am. Chem. Soc. 80, 853 (1958).
[3] Krespan, C. G.: J. Am. Chem. Soc. 83, 3434 (1961).
[4] Krespan, C. G., u. B. C. McKusick: J. Am. Chem. Soc. 83, 3438 (1961).
[5] Hoehn, H. H., L. Pratt, K. F. Watterson u. G. Wilkinson: J. Chem. Soc. (London) 1961, 2738.

$[C_6F_9Fe(CO)_3]^-$ überführen, dem auf Grund des ^{19}F-Resonanzspektrums die Strukturformel I zugeordnet werden muß[1].

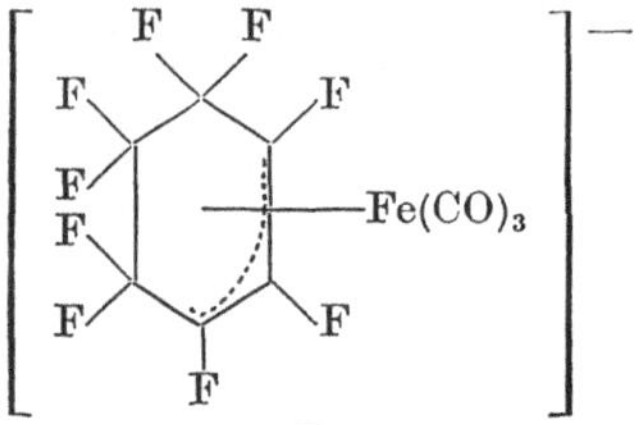

I

Das kernmagnetische Fluorresonanzspektrum einer wäßrigen Lösung von $(NH_4)_2SiF_6$ besteht aus einer starken Resonanzlinie, die von den an ^{28}Si $(I = 0)$ gebundenen Fluoratomen herrührt[2]. Daneben treten zwei korrespondierende Resonanzlinien auf, die von den an ^{29}Si $(I = 1/2)$ gebundenen Fluoratomen verursacht werden. Das Auftreten des Dubletts zeigt, daß ein evtl. Austausch von Fluor zwischen den Anionen, wenn überhaupt, so nur sehr langsam erfolgt.

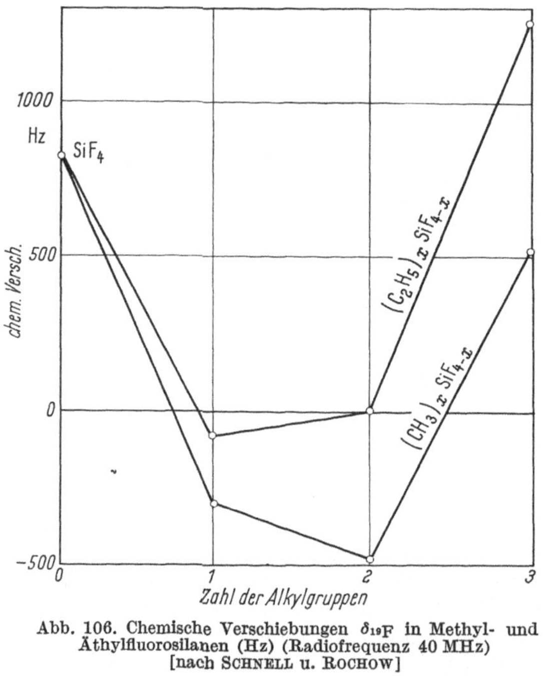

Die Untersuchung der ^{19}F-Resonanzspektren von Methyl- und Äthylfluorsilanen durch SCHNELL und ROCHOW[3] ergab, daß sich in den chemischen Verschiebungen der einzelnen Verbindungen die Überlagerung mehrerer Effekte spiegelt. Unter diesen spielt ein induktiver Effekt die größte Rolle. Mit zunehmender Zahl der als Elektronendonatoren fungierenden Alkylgruppen am Silicium wächst die Abschirmung der Fluorkerne. In gleicher Richtung wirkt sich der Ersatz von Methyl- durch stärkere Donatorgruppen, wie z. B. Äthylgruppen, aus. In umgekehrter Richtung wirkt sich dagegen die Ausbildung von $d\pi - p\pi$-Bindungen zwischen Fluor und Silicium aus, da sie mit einer Verminderung der Abschirmung der Fluorkerne verbunden ist. Die Summe beider Effekte wird graphisch in

Abb. 106. Chemische Verschiebungen δ_{19F} in Methyl- und Äthylfluorosilanen (Hz) (Radiofrequenz 40 MHz) [nach SCHNELL u. ROCHOW]

[1] PARSHALL, G. W., u. G. WILKINSON: J. Chem. Soc. **1962**, 1132.
[2] MUETTERTIES, E. L., u. W. D. PHILLIPS: J. Am. Chem. Soc. **81**, 1084 (1959).
[3] SCHNELL, E., u. E. G. ROCHOW: J. Am. Chem. Soc. **78**, 4178 (1956).

der Kurve reflektiert, die man erhält, wenn die chemischen Verschiebungen der Alkylsiliciumfluoride gegen die Zahl der Alkylgruppen in den Verbindungsreihen $SiF_4 \rightarrow Si(CH_3)_3F$ bzw. $SiF_4 \rightarrow Si(C_2H_5)_3F$ aufgetragen werden, wie es in Abb. 106 geschieht. Die chemischen Verschiebungen sind in Hz angegeben und beziehen sich auf die Standardsubstanz $(C_2H_5)_2SiF_2$ [$\delta_{(C_2H_5)_2SiF_2} = 0$]. Die Messungen wurden bei einer Radiofrequenz von 40 MHz gemacht. Die auf CF_3COOH bezogenen chemischen Verschiebungen der Verbindungen sind in Tab. II a (Anhang) enthalten.

g) Borfluoride

Die ^{19}F-Resonanzspektren von Borfluoriden sind von COYLE und STONE[1] untersucht worden.

Obwohl in binären Mischungen von Bortrihalogeniden die Liganden sehr rasch ausgetauscht werden und alle möglichen gemischten Borhalogenide gebildet werden, ist eine Isolierung der einzelnen Komponenten eines solchen Systems in reinem Zustand doch nicht möglich[2]. Systeme dieser Art lassen sich aber in vielen Fällen mit Hilfe der kernmagnetischen Resonanzspektroskopie qualitativ und quantitativ untersuchen, ohne daß das dynamische Gleichgewicht gestört wird. Die Methodik derartiger Untersuchungen ist ausführlich am Beispiel der Phosphortrihalogenide[3] (s. S. 179) gezeigt.

In den Mischungen von Bortrifluorid und Bortrichlorid sowie von Bortrifluorid und Bortribromid werden drei $1-1-1-1$-Quartette beobachtet, die für Verbindungen mit Bor-Fluor-Bindungen typisch sind[1]. Die Aufspaltung der Resonanzlinie des Fluors rührt von der Spin-Spin-Kopplung zwischen dem zu 81,2% natürlich vorkommenden [11]B-Isotop und dem ^{19}F-Kern her.

Die Quartette entsprechen den Verbindungen BF_3, BF_2Cl und $BFCl_2$ bzw. BF_3, BF_2Br und $BFBr_2$. Im ternären System $BF_3 - BCl_3 - BBr_3$ ist die von BF_3 herrührende starke Resonanzbande von vier Quartetten, die mit den aus den binären Mischungen bekannten Banden in Beziehung gebracht werden können, begleitet, während ein sechstes Quartett der bis dahin nicht beschriebenen Verbindung BBrClF zugeordnet werden muß.

Tabelle 39. *Chemische Verschiebungen δ^{19}F und Kopplungskonstanten J_{BF} in Borhalogeniden*

Verbindung	$\delta \cdot 10^{-6}$	J_{BF} (Hz)
BF_3	0	15 ± 2
BF_2Cl	$-51,5 \pm 0,2$	34 ± 1
BF_2Br	$-68,4 \pm 0,3$	56 ± 1
$BFCl_2$	$-99,0 \pm 0,6$	74 ± 1
$BFBr_2$	$-130,4 \pm 0,7$	108 ± 3
$BFClBr$	$-114,8 \pm 0,6$	92 ± 2

Tab. 39 gibt die chemischen Verschiebungen δ^{19}F der Fluorkerne und die Kopplungskonstanten $J_{[11]B[19]F}$ der Verbindungen im System BF_3–BCl_3–BBr_3.

[1] COYLE, T. D., u. F. G. A. STONE: J. Chem. Phys. **32**, 1892 (1960).
[2] LONG, L. H., u. D. DOLLIMORE: J. Chem. Soc. (London) **1954**, 4457.
[3] FLUCK, E., J. R. VAN WAZER u. L. C. D. GROENWEGHE: J. Am. Chem. Soc. **81**, 6363 (1959).

Bemerkenswert ist auch hier wieder die Verschiebung der Fluor-resonanz nach höherem Feld mit zunehmender Zahl der Fluorsubstitu-enten. Auf der Grundlage des induktiven Effektes allein wäre eine Ver-schiebung in entgegengesetzter Richtung zu erwarten, da die Elektro-negativität der Gruppen $-\mathrm{B}=<-\mathrm{BF}-<-\mathrm{BF_2}$ ja in dieser Reihenfolge zunimmt. Daß das Umgekehrte eintritt, beweist, daß auch in den Bor-halogeniden Fluor als besonders starker π-Elektronendonator wirkt. Chlor und Brom neigen dagegen nicht so sehr zur Ausbildung von Doppel-bindungen.

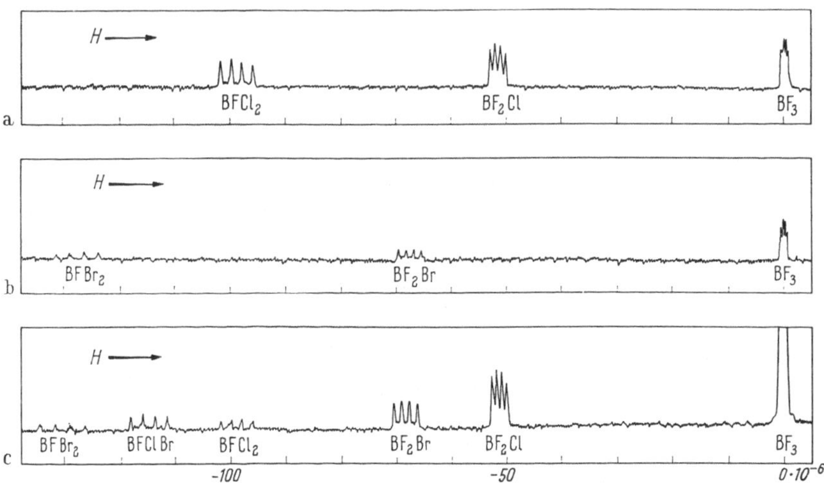

Abb. 107a—c. ¹⁹F-Resonanzspektren von Borfluoridhalogeniden [nach COYLE u. STONE]

Abb. 107 a—c zeigt die Spektren binärer Mischungen von Bortrifluorid mit Bortrichlorid (a) bzw. Bortribromid (b) und einer ternären Mi-schung der genannten Komponenten (c).

Auch das ^{19}F-Resonanzspektrum des Ions $[\mathrm{BF_4}]^-$ zeigt ein Quartett (Intensitätsverhältnis 1:1:1:1) mit einiger nicht aufgelöster Struktur, die von der Spin-Spin-Kopplung zwischen dem zu 18,8% vorhandenen ^{10}B-Kern und dem Fluorkern herrührt[1]. Das ^{19}F-Spektrum des Ions $[\mathrm{BF_3CF_3}]^-$ besteht aus zwei Quartetten gleicher Intensität[1], von denen eines den am C-Atom sitzenden Fluoratomen, das andere den mit dem Boratom verbundenen Fluoratomen zugeordnet wird. Die Kopplungs-konstante zwischen dem Borkern und den unmittelbar benachbarten Fluorkernen ist viel größer als im Ion $[\mathrm{BF_4}]^-$, da im letzteren die elek-trischen Feldgradienten am Bor wegen der tetraedrischen Anordnung der Liganden sehr klein sind.

Als wertvolles Hilfsmittel erweist sich die kernmagnetische Resonanz-spektroskopie immer wieder beim Studium der Bildung von Koordi-nationskomplexen. Die bei der Komplexbildung zu beobachtenden

[1] CHAMBERS, R. D., H. C. CLARK, L. W. REEVES u. C. J. WILLIS: Can. J. Chem. **39**, 258 (1961).

chemischen Verschiebungen lassen oft Rückschlüsse auf die Struktur und andere Eigenschaften der Koordinationskomplexe zu. Quantitative Auswertungen der Spektren erlauben Aussagen über die relative und absolute Stabilität von Koordinationsverbindungen sowie über die chemische Kinetik.

So untersuchten DIEHL und OGG[1] die Additionsverbindungen von Bortrifluorid an Verbindungen mit Sauerstoffatomen als Elektronendonatoren, wie Wasser, Alkohole, Äther oder Ketone. Leitet man in ein Gemisch zweier Donorverbindungen bekannter Zusammensetzung Bortrifluorid ein und sorgt dafür, daß die zugefügte Menge nicht ausreicht, um beide Donatorverbindungen vollständig zu sättigen, so beobachtet man im ^{19}F-Resonanzspektrum bei genügend niedriger Temperatur zwei Resonanzlinien. Besteht das Gemisch der Donatorverbindungen z. B. aus Methanol und Äthanol, so sind die beiden Resonanzlinien etwa 70 Hz voneinander entfernt. Die zwei Resonanzlinien entsprechen den beiden Koordinationsverbindungen $CH_3OH \cdot BF_3$ und $C_2H_5OH \cdot BF_3$. Die Bestimmung der Intensitäten der Linien in Mischungen verschiedener Zusammensetzung zeigten, daß sich zwischen den beiden Donatorsubstanzen und den ihnen entsprechenden Komplexen ein reversibles Gleichgewicht einstellt. Aus den Daten lassen sich leicht die Massenwirkungskonstante und durch Untersuchungen bei verschiedenen Temperaturen die fraglichen Enthalpie- und Entropieänderungen ermitteln, die ihrerseits die Einordnung der Donatorsubstanzen in eine BF_3-Affinitätsreihe erlauben. Man findet für eine gegebene Temperatur, daß die Stabilität von Komplexen mit BF_3 in folgender Reihe der untersuchten Liganden abnimmt:

$$H_2O > CH_3OH > C_2H_5OH > n{-}C_3H_7OH > n{-}C_4H_9OH$$

Mit steigender Temperatur beobachtet man im Spektrum der Gleichgewichtssysteme eine Verbreiterung und schließlich eine Verschmelzung der beiden Resonanzlinien, wie es für Austauschprozesse mit abnehmender Lebensdauer der Individuen charakteristisch ist.

Die Autoren untersuchten auch die ^{1}H-Resonanzspektren derartiger Systeme und fanden, daß sich z. B. die Bildung des BF_3-Komplexes von Äthanol durch eine Verschiebung der Hydroxylprotonenresonanz von über 100 Hz nach niedrigeren Feldstärken bemerkbar macht. Auch die von den Protonen der Methylengruppe herrührende Resonanzlinie verschiebt sich nach kleineren Feldstärken, wenn auch weniger stark, während die Methylprotonenresonanz ihre Position nicht verändert.

Auf analoge Weise hat MUETTERTIES[2] das Verhalten organischer Donor-Moleküle gegenüber verschiedenen Metall-Tetrafluoriden untersucht. Meist bilden die Tetrafluoride der Elemente der vierten Gruppe mit monofunktionellen Basen Komplexe im Molverhältnis 1:2, so daß das zentrale Metallatom die Koordinationszahl 6 erhält. Die ^{19}F-Resonanzspektren der meisten löslichen Titan- und Zinnkomplexe dieser Art unterstützen die Annahme der oktaedrischen Symmetrie. Lösungen der

---

[1] DIEHL, P., u. R. A. OGG: Nature **180**, 1114 (1957).
[2] MUETTERTIES, E. L.: J. Am. Chem. Soc. **82**, 1082, 6429 (1960).

Komplexe in Äther oder überschüssiger Base bestehen aus zwei Tripletts von gleicher Intensität. Die Komplexe enthalten demnach zwei Typen von Fluoratomen, die im Molekül zahlenmäßig gleich stark vertreten sind. Abb. 108 zeigt z. B. eines der beiden Tripletts im ^{19}F-Spektrum einer äthanolischen Lösung von $TiF_4 \cdot 2C_2H_5OH$ bei $-20°$. Die Spektren der Komplexe sind nur mit einer oktaedrischen Struktur in Einklang zu

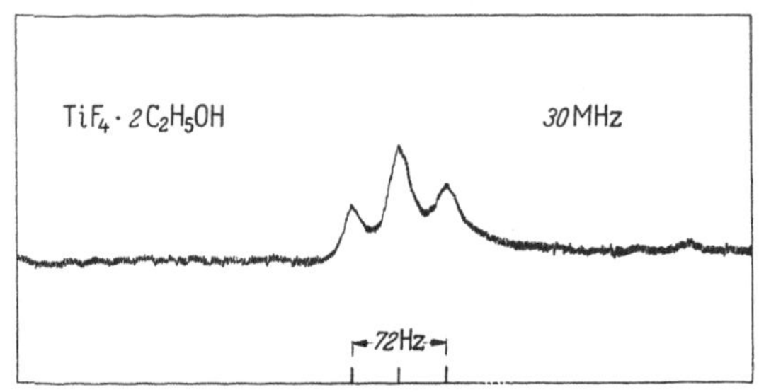

Abb. 108. Teil des Spektrums von $TiF_4 \cdot 2C_2H_5OH$ [nach MUETTERTIES]

bringen, bei der die beiden Moleküle der Base B in cis-Stellung zueinander stehen, wie es Strukturformel I zeigt. Die Kopplungskonstante J_{FF} dieses Titankomplexes beträgt 36 Hz. Ähnlich große Kopplungskonstanten, nämlich 37 und 39 Hz, wurden für die Komplexe $TiF_4 \cdot 2(CH_2)_4O$ und $TiF_4 \cdot 2CH_3CON(CH_3)_2$ gemessen. Die Struktur der Spektren von Lösungen der TiF_4- und SnF_4-Komplexe in Äther oder überschüssiger Base hängt von der Temperatur ab. Mit zunehmender Temperatur werden die Resonanzbanden breiter und kollabieren schließlich. Diese für Austauschprozesse charakteristische Erscheinung beruht auf einem raschen Austausch der Basenmoleküle (die Austauschgeschwindigkeit beträgt etwa 10^3 sec^{-1} bei $0\pm30°$).

$$
\begin{array}{c}
F \\
F{-}{-}Ti{-}{-}B \\
F{-}{-}{-}B \\
F
\end{array}
$$

I

Die ^{19}F-Spektren aller SiF_4- und GeF_4-Komplexe zeigen nur eine einzelne Fluor-Resonanzlinie, sowohl im Erstarrungsbereich der Lösungen wie auch bei höheren Temperaturen. Dies kann bedeuten, daß die Basenmoleküle in diesen Komplexen in trans-Stellung angeordnet sind, oder — wahrscheinlicher — daß ein sehr rascher Ligandenaustausch stattfindet.

Auf die Existenz geometrischer Isomerer in Lösungen der stabilen Addukte tertiärer Amine an Tellurhexafluorid schlossen MUETTERTIES und PHILLIPS[1] aus den kernmagnetischen Resonanzspektren dieser Verbindungen, die die Zusammensetzung $TeF_6 \cdot 2R_3N$ haben.

---

[1] MUETTERTIES, E. L., u. W. D. PHILLIPS: J. Am. Chem. Soc. **79**, 2975 (1957).

Das Addukt von Trimethylamin an Tellurhexafluorid zeigt im geschmolzenen Zustand nur eine einzelne scharfe Resonanzlinie im ^{19}F-Resonanzspektrum. Daß dies auf einen raschen Austausch der Amingruppe zurückzuführen ist, läßt sich daraus erkennen, daß eine Lösung des Komplexes in Dimethylformamid bei 25° eine breite Resonanzlinie ergibt, die mit steigender Temperatur schärfer wird und sich gleichzeitig in Richtung der Resonanz von TeF_6 verschiebt. Kühlt man die Lösung dagegen auf etwa $-180°$ ab, so treten drei breite Resonanzbanden auf, deren Intensitäten sich wie etwa $1:1:0,4$ verhalten. Mit steigender Temperatur verbreitern sich die Resonanzlinien rasch, bis sie schließlich zu einer einzigen breiten Bande verschmelzen.

Die Autoren schreiben die bei tiefen Temperaturen auftretenden Resonanzlinien der Existenz von geometrischen Isomeren des Komplexes mit acht Liganden zu. Bei höheren Temperaturen bewirkt die leichte Dissoziation der Komplexe einen raschen Aminaustausch, der bei den drei Isomeren mit verschiedener Geschwindigkeit verläuft. Dementsprechend beobachtet man, daß sich die drei Resonanzlinien mit steigender Temperatur verschieden rasch verbreitern. Bei Temperaturen oberhalb 25° ist der Komplex in Lösung schließlich weitgehend dissoziiert. Die zunehmende Dissoziation spiegelt sich in der Verschiebung der Resonanzlinie nach der Position des reinen TeF_6, so daß ihre Lage ein Maß für die Gleichgewichtskonstante darstellt.

Schließlich läßt das Spektrum auch noch den Schluß zu, daß die Fluoratome in dem betrachteten System nicht ausgetauscht werden. Man bemerkt nämlich, daß das schwache Dublett, das von der Spin-Spin-Kopplung des Fluorkerns mit dem Isotop ^{125}Te herrührt, auch noch bei Zimmertemperatur sichtbar ist.

16. Aluminium

Aluminium ist in vieler Hinsicht für kernmagnetische Resonanzuntersuchungen sehr geeignet. Es besteht nur aus dem Isotop ^{27}Al, und seine Kerne zeigen eine hohe Empfindlichkeit. Als Nachteil mag man die große Spinzahl 5/2 ansehen. Die chemischen Verschiebungen einer großen Anzahl von Aluminiumverbindungen wurden von O'REILLY[1] bei einer Feldstärke von 6490 Gauß und einer Frequenz von 7,20 MHz gemessen. Sie sind in Tab. 40 aufgeführt. Alle Werte beziehen sich auf eine angesäuerte Lösung von $AlCl_3 \cdot 6H_2O$ in Wasser. Die chemische Verschiebung dieser Verbindung ist von der Konzentration unabhängig.

Der Autor schreibt die schmalen Resonanzlinien Molekülen oder Komplexen zu, in denen das Aluminiumatom oktaedrisch oder tetraedrisch von den Liganden umgeben ist, während die breiten Resonanzlinien von Molekülen mit niedrigerer Symmetrie verursacht werden. Tatsächlich beobachtet man für verschiedene Komplexe mit bekannter Symmetrie, wie $[Al(H_2O)_6]^{3+}$, AlF^{2+}, $[Al(OH)_4]^-$ und $[AlH_4]^-$, schmale Resonanzlinien.

---

[1] O'REILLY, D. E.: J. Chem. Phys. **32**, 1007 (1960).

Fügt man zu einer angesäuerten wäßrigen Lösung von $AlCl_3 \cdot 6 H_2O$ Kaliumfluorid, so verbreitert sich die ursprüngliche, von hydratisierten Al^{3+}-Ionen herrührende, schmale Resonanzlinie. Diese Erscheinung ist offenbar auf die Bildung von AlF_2^+-Komplexen zurückzuführen, wie Betrachtungen der Gleichgewichtskonstanten für die Komplexe $[AlF_x]^{(3-x)+}$ $(0 < x < 6)$ und der Konzentrationen von Al^{3+} und F^- in der Lösung nahelegen.

Tabelle 40. *Chemische Verschiebungen $\delta^{27}Al$ von Aluminiumverbindungen*

Verbindung	in	$\delta \cdot 10^{-6}$ *	Linienbreite (Gauß)
$[Al(H_2O)_6]^{3+}$	Wasser, sauer	0,00	0,05
$Al(i\!-\!C_4H_9O)_3$	n-Heptan	—7	0,09
AlF^{2+}	$+ KF$	—15	(0,3)
Al_2J_6	Äther	—39	0,08
$[Al(OH)_4]^-$	Wasser, alk.	—80	0,08
$Al(i\!-\!C_4H_9)Cl_2$	Substanz	—86	3,7
$Al(OCH_3)Cl_2$	Substanz	—90	breit
$AlCl_3$	Toluol	—91	(0,3)
$Al(CH_3)_2Cl \cdot Al(CH_3)Cl_2$ . .	Substanz	—93	breit
Al_2Br_6	Äther	—96	0,09
Al_2Br_6	Brom	—101	0,3
$[AlH_4]^-$	$LiAlH_4$ in Äther	—103	0,06
Al_2Cl_6	Äther	—105	0,10
$Al(CH_3)_3$	Substanz	—156	0,4
$HAl(i\!-\!C_4H_9)_2$	Substanz	—162	8,9
$Al(C_2H_5)_3$	Substanz	—171	1,5
$Al(i\!-\!C_4H_9)_3$	Substanz	—220	5,4

* Die Fehlergrenzen für die Linien, deren Breite kleiner als 0,1 Gauss ist, liegen bei $\pm 3 \cdot 10^{-6}$, für die Linien mit einer größeren Breite bei $\pm 10 \cdot 10^{-6}$.

Die in frisch hergestellten ätherischen Lösungen von Aluminiumhalogeniden beobachteten schmalen Resonanzlinien zeigen, daß in diesen Lösungen vornehmlich das Dimere Al_2Cl_6 vorhanden ist, in dem jedes Aluminiumatom nahezu tetraedrisch von Halogen umgeben ist. Beim Altern einer Lösung von $AlCl_3$ verbreitert sich die Resonanzlinie, während sich die ursprünlich hellgelbe Lösung rotbraun färbt. Die dann auftretende breite Resonanzlinie wird dem Ätherat des Aluminiumchlorids $AlCl_3 \cdot (C_2H_5)_2O$ zugeschrieben.

Auch die schmale Resonanzlinie von $Al(i\!-\!C_4H_9O)_3$-Lösungen in n-Heptan zeigt, daß die Resonanz einem Polymeren zuzuschreiben ist, in dem Aluminium tetraedrisch umgeben ist. Möglicherweise dient Sauerstoff als Brückenatom zwischen zwei Aluminiumatomen.

Unter den Trialkylderivaten des Aluminiums zeigt nur die Trimethylverbindung eine verhältnismäßig schmale Resonanzlinie, so daß man eine Dimerisierung in der flüssigen Substanz annehmen kann. Die höheren Trialkylverbindungen haben beträchliche Linienbreiten und liegen demnach in monomerer Form vor.

Das ^{27}Al-Resonanzspektrum einer ätherischen Lösung von $LiAlH_4$ besteht aus fünf sich überlappenden Resonanzlinien, deren Intensitätsverhältnis etwa $1:4:6:4:1$ beträgt und die der Spin-Spin-Wechselwirkung zwischen dem Aluminiumkern und den vier unter sich äquivalenten Protonen zugeschrieben werden, die das Zentralatom tetraedrisch umgeben. Die Kopplungskonstante $J_{^{27}Al^1H}$ beträgt 110 Hz.

17. Silicium

Silicium hat nur ein Isotop mit einem magnetischen Moment, nämlich ^{29}Si. Seine Spinzahl ist 1/2, seine natürliche Häufigkeit 4,70%.

Tabelle 41. *Chemische Verschiebungen $\delta^{29}Si$ von Siliciumverbindungen*

Verbindung	$\delta \cdot 10^{-6}$
Siliciumdioxyd, amorph . . .	92
Cristobalit, polykrist.	92
Quarz	88
$[(CH_3)_3SiO]_4Si^*$	80 ± 4
Natriumsilikat, wäßrige Lösung	64
$(C_2H_5O)_4Si$	59
$C_6H_5SiH_3$	39
$(C_2H_5O)_3SiCH_3$	19
$C_6H_5Si(CH_3)H_2$	16
$[CH_3Si(H)O]_4$	12
$(C_6H_5)_2SiH_2$	12
$[C_6H_5Si(CH_3)O]_4$	11
$[(CH_3)_2SiO]_x$ (DC 200)	0
SiC, grün	0
$[(CH_3)_2SiO]_4$	-2
$C_6H_5Si(CH_3)_3$	-16
$(C_2H_5O)_2Si(CH_3)_2$	-16
$(CH_3)_3SiCH_2NH_2$	-20
$(CH_3)_4Si$	-21
$[(CH_3)_3Si]_2CH_2$	-22
$(CH_3)_3SiCH_2CH_2CH_2CH_3$ . . .	-22
$(CH_3)_3SiCH_2Cl$	-24
$[(CH_3)_3Si]_2O$	-26
$[(CH_3)_3Si]_2NH$	-26
$[(CH_3)_3Si^*O]_4Si$	-29
$(CH_3)_3SiJ$	-30
$[(CH_3)_3SiO]_3PO$	-35
$(CH_3)_3SiBr$	-45
$(CH_3)_3SiF$	-48

* gemessener Kern

Tabelle 42. *Kopplungskonstanten J_{SiH} und J_{SiF} (Hz)*

Verbindung	J (Hz)
$C_6H_5SiH_3$	211
$C_6H_5SiH_2CH_3$	194
$[CH_3Si(H)O]_4$	233
$(C_6H_5)_2SiH_2$	209
$(SiH_3)_2N \cdot CN$	225 ± 1
$(SiH_3)_2N \cdot CH_3$	212 ± 2
$(SiH_3)_3N$	212 ± 2
$SiH_3 \cdot N(CH_3)_2$	208 ± 2
$SiH_3 \cdot NCS$	240 ± 2
$(SiH_3)_2O$	$221,5 \pm 0,2$
$(SiH_3)_2S$	$224 \pm 0,3$
$(CH_3)_3SiF$	268

Bis heute ist nur eine verhältnismäßig kleine Anzahl von Siliciumverbindungen untersucht worden. HOLZMAN, LAUTERBUR, ANDERSON und KOTH[1] tabellierten die chemischen Verschiebungen, die sie bei Zimmertemperatur und einer Frequenz von 8 MHz erhalten haben. Die wichtigsten Werte sind in Tab. 41 wiedergegeben. Als Bezugssubstanz verwendeten die Autoren Silikonöl DC 200.

Die Verschiebungen konnten auf etwa $\pm 2 \cdot 10^{-6}$ genau bestimmt werden.

In allen Fällen, in denen Silicium direkt mit Wasserstoff oder Fluor verbunden ist, wird eine Aufspaltung der Resonanzlinie beobachtet, die von der Feldstärke unabhängig ist. Die Kopplungskonstanten sind in Tab. 42 verzeichnet, die weiter eine Reihe von Kopplungskonstanten

[1] HOLZMAN, G. R., P. C. LAUTERBUR, J. H. ANDERSON u. W. KOTH: J. Chem. Phys. **25**, 172 (1956).

zwischen Silicium und Wasserstoff enthält, die von EBSWORTH und MAYS[1] aus den Protonenspektren von Silylverbindungen ermittelt worden sind. Sehr zahlreiche, an halogensubstituierten Monosilanen, Disiloxanen, Disilylsulfiden und Trisilylaminen gemessene Kopplungskonstanten J_{HH}, J_{SiH}, J_{FH} und J_{SiF} wurden in neuester Zeit von EBSWORTH und TURNER[2] beschrieben.

Verbindungen, in denen Silicium direkt mit Stickstoff, Chlor, Brom oder Jod verbunden ist, geben schwache und sehr breite Silicium-Resonanzbanden. Der Effekt hängt von der Zahl dieser Atome am Silicium ab und ist am ausgeprägtesten bei Chlor. So ließen sich z. B. die chemischen Verschiebungen der Tetrahalogenide, des Silicochloroforms oder des Hexamethyldisilazans bis jetzt nicht bestimmen.

EBSWORTH und MAYS[1] fanden bei der Untersuchung der Protonenspektren von Silylverbindungen, daß die Resonanz der Silyl-Wasserstoffe in allen Verbindungen, in denen Silicium an Stickstoff gebunden ist, sehr ähnliche Verschiebungen untereinander aufweisen. Tab. 43 verzeichnet die τ-Werte einer Anzahl von Silylverbindungen.

Tabelle 43. *Chemische Verschiebungen τ_{1H} in Silylverbindungen*

Verbindung	$\tau(\pm 0{,}01)$
$(SiH_3)_2N \cdot CN$	5,55
$(SiH_3)_3N$	5,56
$(SiH_3)_2N \cdot CH_3$	5,56
$SiH_3 \cdot N(CH_3)_2$	5,66 ($\pm 0{,}04$)
$SiH_3 \cdot NCS$	5,55
$(SiH_3)_2O$	5,39
$(SiH_3)_2S$	5,66

18. Phosphor

a) Allgemeines

Phosphor hat nur *ein* stabiles Isotop, nämlich ^{31}P mit der Kernspinzahl $I = 1/2$. Die chemischen Verschiebungen von Phosphor und seinen Verbindungen erstrecken sich über einen Bereich von etwa $700 \cdot 10^{-6}$. Als Standard dient in der Phosphor-Kernresonanzspektroskopie fast stets 85%ige wäßrige Phosphorsäure, H_3PO_4. Insbesondere beziehen sich alle chemischen Verschiebungen, die im vorliegenden Abschnitt angegeben sind, auf $\delta_{H_3PO_4} = 0$. Die bis jetzt gemessenen chemischen Verschiebungen von Phosphorverbindungen sind in Tab. IIIa (Anhang) zusammengefaßt.

Beim Studium der Tabelle fällt auf, daß die chemischen Verschiebungen der Phosphorverbindungen mit der Koordinationszahl 3 einen sehr weiten Bereich einnehmen, auch wenn man von weißem Phosphor absieht, während die Verbindungen, in denen Phosphor die Koordinationszahl 4 hat, alle ähnliche chemische Verschiebungen aufweisen. Verbindungen, in denen Phosphor die Koordinationszahlen 5 und 6 besitzt, sind bis heute nur wenig untersucht worden.

---

[1] EBSWORTH, E. A. V., u. M. J. MAYS: J. Chem. Soc. (London) **1961**, 4879.
[2] EBSWORTH, E. A. V., u. J. J. TURNER: J. Chem. Phys. **36**, 2628 (1962).

b) Chemische Verschiebung

Daß der Phosphorkern in verschiedenen chemischen Verbindungen verschiedenen Resonanzbedingungen genügt, ist zuerst von KNIGHT[1] beobachtet worden. In der Folge hat dann DICKINSON[2] die starke Abhängigkeit der chemischen Verschiebung von der Wertigkeit des Phosphors festgestellt. Die Zahl der bis heute veröffentlichten Werte von chemischen Verschiebungen δ_{31P} beläuft sich auf etwa 500.

α) Einfluß des Lösungsmittels

Die chemischen Verschiebungen von Phosphorverbindungen hängen mit vereinzelten Ausnahmen nur wenig von der Natur des Lösungsmittels ab, wenn man den großen Bereich betrachtet, den sie umfassen.

Tabelle 44. *Chemische Verschiebungen von $(CH_3O)_3PO$ in verschiedenen Lösungsmitteln (Konzentration 50 Vol-%)*

Lösungsmittel	$\delta \cdot 10^{-6}$	Lösungsmittel	$\delta \cdot 10^{-6}$
Ohne	2,4	Aceton	1,9
H_2O	2,7	CH_3COOH	2,1
3N HCl	2,7	$CH_3COOC_2H_5$	1,9
3N NaOH	2,7	$CHCl_3$	2,1
CH_3OH	2,0	$(C_2H_5)_2O$	2,0
C_2H_5OH	1,7	$C_6H_5CH_3$	1,9
C_5H_5N	2,3	CCl_4	2,1

So fanden JONES und KATRITZKY[3] für Trimethylphosphat in verschiedenen Lösungsmitteln die in Tab. 44 verzeichneten chemischen Verschiebungen.

Die Einflüsse des Lösungsmittels hängen möglicherweise mit der Ausbildung von Wasserstoffbrückenbindungen zusammen, denn in den Lösungsmitteln Schwefelkohlenstoff oder Tetrachlorkohlenstoff beobachtet man im allgemeinen die gleichen chemischen Verschiebungen, die auch die reinen, flüssigen Verbindungen zeigen. Ebenso ist in diesen beiden Lösungsmitteln die chemische Verschiebung weitgehend konzentrationsunabhängig.

β) Phosphor mit der Koordinationszahl 3

Am übersichtlichsten liegen die Verhältnisse bezüglich der chemischen Verschiebungen bei den Verbindungen, in denen Phosphor die Koordinationszahl 3 hat. Die chemischen Verschiebungen der Phosphoratome lassen sich bei ihnen oft in guter Annäherung durch Addition von Inkrementen erhalten, die den einzelnen Liganden zukommen. VAN WAZER, CALLIS, SHOOLERY und JONES[4] haben den Liganden die sich aus Abb. 109

---

[1] KNIGHT, W. D.: Phys. Rev. **76**, 1259 (1949).
[2] DICKINSON, W. C.: Phys. Rev. **81**, 717 (1951).
[3] JONES, R. A. Y., u. A. R. KATRITZKY: Angew. Chem. **74**, 60 (1962).
[4] VAN WAZER, J. R., C. F. CALLIS, J. N. SHOOLERY u. R. C. JONES: J. Am. Chem. Soc. **78**, 5715 (1956).

ergebenden Inkremente zugeteilt. Diese beziehen sich auf 85%ige wäßrige Phosphorsäure als Standard. Die chemischen Verschiebungen

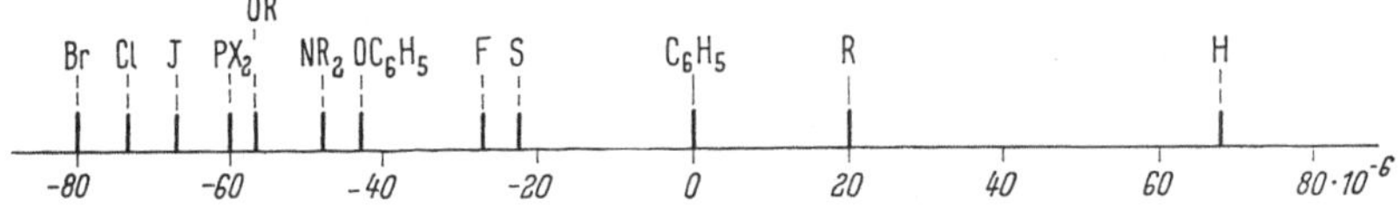

Abb. 109. Inkremente der Substituenten dreiwertiger Phosphorverbindungen zur chemischen Verschiebung [nach Van Wazer et al.]

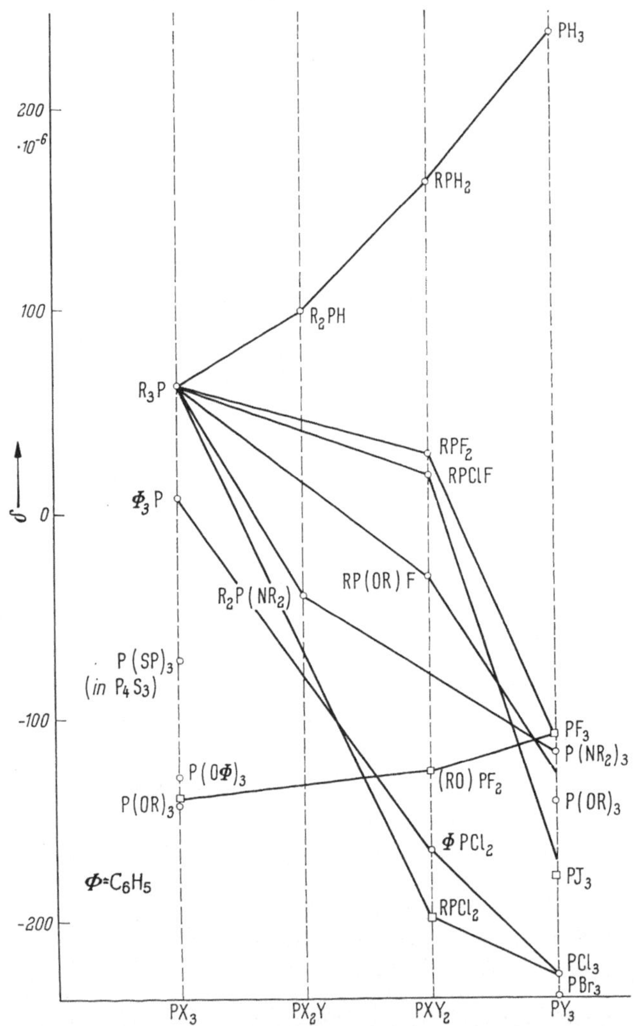

Abb. 110. Chemische Verschiebungen $\delta_{31}P$ dreiwertiger Phosphorverbindungen [nach Van Wazer et al.]

von P^{III}, die man durch Addition dieser Inkremente erhält, liegen fast immer innerhalb einer Fehlergrenze von $\pm(10-20)\cdot 10^{-6}$. Die Diskrepanz zwischen den berechneten und den beobachteten chemischen Verschiebungen kommt darin zum Ausdruck, daß beim sukzessiven Ersatz der Liganden X in der Verbindung PX_3 durch den Liganden Y die chemischen Verschiebungen der Verbindungen PX_3, PX_2Y, PXY_2 und PY_3 im allgemeinen nicht auf einer Geraden, sondern auf einer etwas gekrümmten Kurve liegen, wenn für die Verbindungen z. B. auf der Abszisse gleiche Abstände gewählt werden. Abb. 110 und 111 zeigen

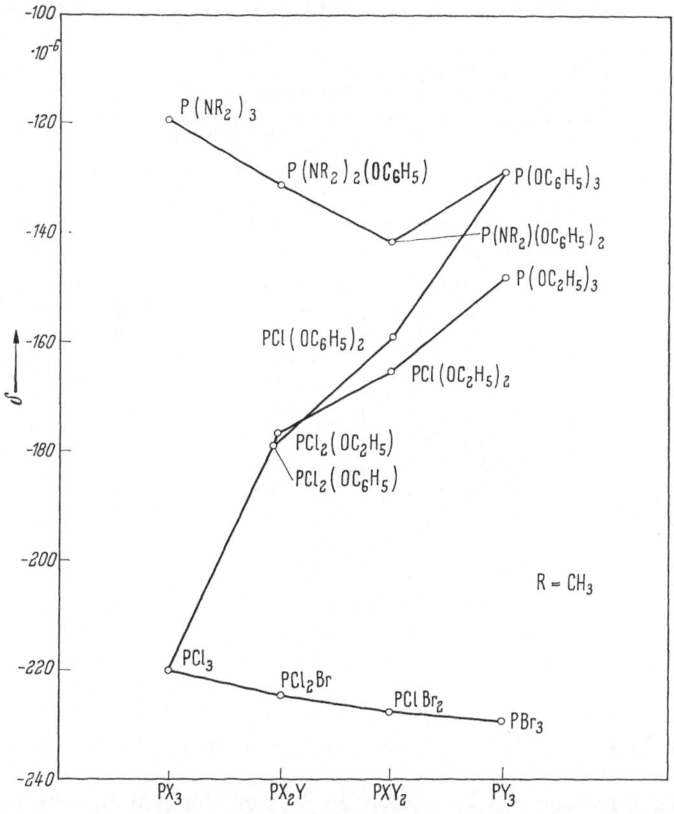

Abb. 111. Chemische Verschiebungen $\delta_{31}P$ dreiwertiger Phosphorverbindungen

solche sich aus beobachteten Werten homologer Reihen ergebender Kurven. Auffallend groß ist die Abweichung des berechneten vom beobachteten Wert bei der Verbindung RPClF, für die sich aus den Inkrementen der Abb. 109 eine chemische Verschiebung von $-85 \cdot 10^{-6}$ errechnet, während eine solche von $+20 \cdot 10^{-6}$ beobachtet wird.

Bringt man die Inkremente mit den Elektronegativitäten der Liganden in Zusammenhang, so findet man, daß die Abschirmung durch den Liganden ein Minimum durchläuft, wenn seine Elektronegativität etwa 2,8 (Elektronegativität des Broms) beträgt. Bei Liganden mit einer Elektronegativität <2,8 nimmt die Abschirmung des Phosphors mit zunehmender Elektronegativität des Liganden ab. Die umgekehrten

Verhältnisse liegen vor, wenn die Elektronegativität der Liganden >2,8 ist. Die Abschirmung des Phosphors ist jetzt um so stärker, je größer die Elektronegativität ist.

Auch beim schrittweisen Ersatz von Alkyl- oder Aryl-Gruppen X in Phosphinen oder Halogenphosphinen durch andere Alkyl- oder Arylgruppen Y beobachtet man systematische Verschiebungen, die für ein bestimmtes Ligandenpaar charakteristisch sind[1]. Die für eine Reihe von Phosphinen und Halogenphosphinen beim Austausch von Alkyl- bzw.

Tabelle 45. *Beobachtete Verschiebung des Resonanzsignals beim schrittweisen Austausch der Alkyl-Gruppen R und R' in Phosphinen und Halogenphosphinen*

Ausgangsverbindung R_3P bzw. R_2PX	Substituierte Endverbindung $R_3'P$ bzw. $R_2'PX$	Chemische Verschiebung ($\delta \cdot 10^{-6}$)		
		1. Substitution zu $R_2R'P$ bzw. $RR'PX$	2. Substitution zu $RR_2'P$ bzw. $R_2'PX$	3. Substitution zu $R_3'P$
$(CH_3)_3P$	$(C_2H_5)_3P$	—13,5	—14,5	—13,6
$(C_2H_5)_3P$	$(C_6H_5)_3P$	—5,3	—1,6	—6,5
$(CH_3)_3P$	$(C_6H_5)_3P$	—15,0	—19,0	—21,0
$(CH_3)_2PH$	$(C_2H_5)_2PH$	—22,5	—21,5	
$(CH_3)_2PH$	$(C_4H_9)_2PH$	—19,8	—10,3	
$(CH_3)_2PH$	$(C_6H_5)_2PH$	—27,2	—31,2	
$(CH_3)_2PCl$	$(C_2H_5)_2PCl$	—13,8	—13,2	
$(CH_3)_2PCl$	$(C_6H_5)_2PCl$	+ 8,6	+1,9	
$(C_2H_5)_2PCl$	$(C_6H_5)_2PCl$	+22,0	+15,5	
$(CH_3)_2PBr$	$(C_2H_5)_2PBr$	—10,6	—17,7	
$(CH_3)_2PBr$	$(C_6H_5)_2PBr$	+10,7	+6,2	

Aryl-Gruppen beobachteten Verschiebungen sind in Tab. 45 wiedergegeben. So verschiebt sich beispielsweise das Resonanzsignal von Trimethylphosphin beim Ersatz einer Methylgruppe durch eine Äthylgruppe um $-13,5 \cdot 10^{-6}$. Wird eine zweite Methylgruppe durch eine Äthylgruppe substituiert, so verschiebt sich das Resonanzsignal weiter um den Betrag von $14,5 \cdot 10^{-6}$ nach der Seite des niedrigeren Feldes, während die Resonanzlinie von Triäthylphosphin noch einmal um $-13,6 \cdot 10^{-6}$ verschoben ist.

Charakteristisch scheinen auch die Verschiebungen zu sein, die man bei Halogenphosphinen vom Typ RR'PCl oder $RPCl_2$ (R und R' = Alkyl- oder Arylgruppe) beim Austausch der Halogene beobachtet. Ersetzt man in RR'PCl Chlor durch Brom, so beträgt die Verschiebung bei den bisher beobachteten Beispielen $+(6 \pm 2,7) \cdot 10^{-6}$, während bei der Substitution der beiden Chlor-Gruppen in $RPCl_2$ durch Brom die chemische Verschiebung im Bereich von $(6,6 \pm 3,9) \cdot 10^{-6}$ liegt (3 Beispiele).

Andererseits ist jedoch zu beachten, daß der Ersatz einer bestimmten Alkyl- oder Aryl-Gruppe durch eine andere in verschiedenen Verbindungen durchaus verschiedene Verschiebungen zur Folge haben kann. So beobachtet man z. B. beim Ersatz einer Methyl- durch eine Phenyl-

---

[1] GROENWEGHE, L. C. D., L. MAIER u. K. MOEDRITZER: J. Phys. Chem. **66**, 901 (1962).

Gruppe in Dimethylphosphin eine Verschiebung von $-27,2 \cdot 10^{-6}$, während der Ersatz einer Methyl- durch eine Phenylgruppe in Dimethylchlorphosphin das Resonanzsignal um $+8,6 \cdot 10^{-6}$ verschiebt. Ebenso bewirkt der Ersatz der Methylgruppe durch die Phenylgruppe in den Verbindungen $CH_3(C_6H_5)PH$ und $CH_3(C_6H_5)PBr$ Verschiebungen von $-31,2$ bzw. $+6,2 \cdot 10^{-6}$.

Bemerkt sei an dieser Stelle noch, daß unter den aliphatischen Resten die Äthylgruppe insofern eine Sonderstellung einnimmt, als die äthylsubstituierten Phosphorverbindungen mit der Koordinationszahl 3 manchmal gegenüber den Verbindungen mit Methyl- oder höheren Alkylgruppen nach niedrigeren Feldstärken verschoben sind.

MULLER, LAUTERBUR und GOLDENSON[1] hatten schon früher auf der Grundlage der von RAMSEY entwickelten Theorie versucht, die chemischen Verschiebungen der Phosphorverbindungen mit der Elektronenstruktur der Moleküle in Beziehung zu setzen. Allerdings ist es nicht möglich, die Ramseysche Theorie in ihrer allgemeinsten Form zu benützen, da sie bei der Anwendung auf kompliziertere Moleküle zu große rechnerische Schwierigkeiten bereitet. Um trotzdem Zusammenhänge zwischen den chemischen Verschiebungen und Bindungseigenschaften, wie Einfachbindung, Mehrfachbindung, Ionencharakter, Hybridisierung usw., herzustellen, ist es notwendig, halbempirische Größen zu verwenden. So haben GUTOWSKY und McCALL[2] die chemische Verschiebung auf eine empirische Elektronendichte am Phosphorkern bezogen, während MULLER u. Mitarb. die von SAIKA und SLICHTER am Beispiel der Fluorresonanz durchgeführte Vereinfachung der Ramseyschen Theorie auf das Problem der Phosphor-Resonanz angewandt haben.

Theoretisches

SAIKA und SLICHTER[3] nahmen an, daß Veränderungen der chemischen Verschiebung hauptsächlich auf Unterschiede im paramagnetischen Term (vgl. S. 24) zurückzuführen ist, so daß sich die chemische Verschiebung linear mit dieser zu ermittelnden paramagnetischen Korrektur ändert, und zwar mit zunehmender Größe der paramagnetischen Korrektur nach negativen Werten wandert. Weiter hatten SAIKA und SLICHTER gezeigt, daß s-Elektronen keinen Einfluß auf diesen Term haben und daß Elektronen, die abgeschlossenen Schalen angehören, ebenfalls nur von geringer Wirkung sind. MULLER u. Mitarb. schlossen, daß die gleichen Annahmen auch für das Phosphoratom gültig sein müßten. Auch hier sollte sich im wesentlichen nur der paramagnetische Term ändern, und zu dessen Berechnung sollte die Berücksichtigung der $3p$-Valenzelektronen genügen. Es ist weiter die Annahme gemacht, daß Valenzelektronen von Nachbaratomen genügend weit vom Phosphorkern entfernt sind, so daß ihre Wirkung vernachlässigt werden kann. Ebenso bleiben $3d$-Elektronen des Phosphors unberücksichtigt, da wegen der

---

[1] MULLER, N., P. C. LAUTERBUR u. J. GOLDENSON: J. Am. Chem. Soc. 78, 3557 (1956).

[2] GUTOWSKY, H. S., u. D. W. McCALL: J. Chem. Phys. 22, 162 (1954).

[3] SAIKA, A., u. C. P. SLICHTER: J. Chem. Phys. 22, 26 (1954).

weitgehend tetraedrischen Bindungsanordnung angenommen werden kann, daß d-Orbitale bei der Hybridisierung keine sehr große Rolle spielen.

Da die Aktivierungsenergien der Bindungen, die in den paramagnetischen Term eingehen, im allgemeinen nicht bekannt sind, drücken MULLER u. Mitarb.[1] die chemische Verschiebung durch Gl. (90) aus:

$$\delta = a - bD \tag{90}$$

D ist die Zahl der sich nicht im Gleichgewicht befindlichen p-Elektronen, während a und b empirische Konstanten sind.

Die Größe D ergibt sich aus dem Ausmaß der Hybridisierung der bindenden Atomorbitale, wobei dann noch der Ionencharakter der Bindung berücksichtigt wird. Dies geschieht dadurch, daß für eine rein kovalente Bindung das Atomorbital als von einem Elektron besetzt betrachtet wird, während für eine teilweise ionische Bindung nur ein Teil eines Elektrons das Atomorbital besetzen soll.

Auf Verbindungen mit der Koordinationszahl 3 angewandt, stellen sich die Verhältnisse ziemlich einfach dar. Das an der Bindung zum i-ten Liganden beteiligte Atomorbital des Phosphors (i kann 1,2 oder 3 sein) kann als Hybrid Gl. (91)

$$\psi_i = \sqrt{1 - \alpha^2}\, s + \alpha \cdot p_i \tag{91}$$

formuliert werden. Das Ausmaß der Hybridisierung ist durch α gegeben, s ist das $3s$-Orbital, p_i ein $3p$-Orbital des Phosphors in Richtung der Bindungsachse. Das freie Elektronenpaar benützt ein hybridisiertes Atomorbital Gl. (92)

$$\psi = \sqrt{1 - \beta^2}\, s + \beta \cdot p_z, \tag{92}$$

wenn p_z ein $3p$-Orbital in Richtung der dreizähligen Achse des Moleküls, die die z-Achse sein soll, ist.

Damit die Orthogonalität der Funktionen gewahrt bleibt, muß gelten:

$$\beta^2 = 3\,(1 - \alpha^2) = \frac{-3\cos\theta}{1 - \cos\theta}\,, \tag{93}$$

wobei θ der X—P—X-Bindungswinkel ist. Ist dieser bekannt, so läßt sich β aus Gl. (93) ermitteln.

Weiter wird zur Berücksichtigung des Ionencharakters der Bindung ein Parameter so definiert, daß $1 + \varepsilon$ die Zahl der Elektronen in jeder P—X-Bindung wiedergibt, die zum Phosphoratom gehören. Der absolute Wert von ε entspricht dem ionischen Anteil der P—X-Bindung und kann aus dem Elektronegativitätsunterschied von P und X abgeschätzt werden. Für zweiatomige Moleküle gilt nach COULSON Gl. (94):

$$|\varepsilon| = 0{,}16\,|X_A - X_B| + 0{,}035\,|X_A - X_B|^2 \tag{94}$$

wenn X_A und X_B die Elektronegativitäten der beiden Atome A und B sind.

---

[1] MULLER, N., P. C. LAUTERBUR u. J. GOLDENSON: J. Am. Chem. Soc. 78, 3557 (1956).

Sollen nun x- und y-Achse senkrecht auf der oben definierten z-Achse stehen, und ist jedes $3p_i$-Orbital eine Kombination der drei Orbitale $3p_x$, $3p_y$ und $3p_z$, so findet man, daß die $3p_x$- und $3p_y$-Atomorbitale je $(1 + \varepsilon)$ Elektronen enthalten, während das $3p_z$-Orbital $(1 + \varepsilon)(1 - \beta^2) + 2\beta^2$ Elektronen enthält, so daß sich die Zahl der sich nicht im Gleichgewicht befindlichen Elektronen aus der Differenz Gl. (95) ergibt:

$$D = \left| (1 + \varepsilon)(1 - \beta^2) + 2\beta^2 - (1 + \varepsilon) \right| = \left| \beta^2(1 - \varepsilon) \right| . \tag{95}$$

Die beiden Konstanten a und b in Gl. (90) erhielten MULLER u. Mitarb. aus den für die Moleküle PH_3 und PCl_3 ermittelten chemischen Verschiebungen. In PH_3 beträgt der $H-P-H$-Winkel $93°$. In PCl_3 ist der $Cl-P-Cl$-Winkel zu $100°$ bestimmt worden. Die Elektronegativitätsunterschiede zwischen den Elementen H und P einerseits und zwischen Cl und P andererseits betragen $X_H - X_P = 0$ und $X_{Cl} - X_P = 0,9$. Aus diesen Werten lassen sich jeweils β^2 und ε und hieraus schließlich D berechnen. Man erhält im Fall des Phosphins $(\theta = 93°, \varepsilon = 0)$ $\beta^2 = 0,15$, $\varepsilon = 0$ und nach Gl. (95) $D = 0,15$ und entsprechend für PCl_3 $\beta^2 = 0,45$, $\varepsilon = -0,17$ und $D = 0,53$. Mit Hilfe dieser Werte lassen sich die beiden Konstanten a und b bestimmen. Man findet

$$a = 4,2 \cdot 10^2 \quad \text{und} \quad b = 1,2 \cdot 10^3 ,$$

so daß für Gl. (90) geschrieben werden kann:

$$\delta = 4,2 \cdot 10^2 - 1,2 \cdot 10^3 D . \tag{96}$$

Diese Gleichung von MULLER, LAUTERBUR und GOLDENSON, die die chemische Verschiebung als Funktion von Molekülkonstanten behandelt, wurde von PARKS[1] verfeinert.

Auf der Annahme basierend, daß die Asymmetrie der Wellenfunktion des Phosphoratoms im PX_3-Molekül sowohl für p^3-$(\beta^2 = 0)$ wie auch für reine sp^3-$(\beta^2 = 3/4)$ Funktionen null ist und für einen Bindungswinkel von $98° 13'$ ein Maximum erreicht, schreibt PARKS anstelle von Gl. (95)

$$D' = \left[(3/4) - \beta^2 \right] \beta^2 (1 - \varepsilon) . \tag{97}$$

Für die Berechnung von β^2 und D bzw. D' benutzte PARKS die folgenden, für die Winkel $X-P-X$ gemessenen Werte.

Trägt man die chemischen Verschiebungen halblogarithmisch gegen D' auf, so erhält man eine Gerade. Daraus ergibt sich für die chemische Verschiebung δ gegenüber 85 %iger Phosphorsäure Gl. (98)

$$\delta = -230 + (29,0 \cdot 10^3 \cdot e^{-46,0\, D'}) . \tag{98}$$

X	Winkel (°)
H	93
Cl	$100,5 \pm 1,5$
Br	$101,5 \pm 1,5$
J	102 ± 2
F	104 ± 4

Wie Tab. 46 zeigt, stimmen die mit Hilfe von Gl. (98) berechneten chemischen Verschiebungen der Phosphortrihalogenide und des Phosphins tatsächlich sehr gut mit den beobachteten Werten überein, insbesondere auch die chemische Verschiebung von PF_3, die bei der Berechnung nach MULLER einen von der Messung stark abweichenden Wert

---

[1] PARKS, J. R.: J. Am. Chem. Soc. **79**, 757 (1957).

liefert. Weiter konnte Parks aus der gemessenen chemischen Verschiebung von Trimethylphosphin ($+62 \cdot 10^{-6}$) und Paulings Elektronegativitäten den Bindungswinkel C—P—C zu 102,5° berechnen. Dieser Wert stimmt mit dem gemessenen Winkel von $100° \pm 4°$ gut überein. Finegold weist jedoch darauf hin, daß die Ungenauigkeit der gemessenen Winkel die Voraussage der chemischen Verschiebungen sehr schwierig macht. Es ist durchaus denkbar, daß auch andere Faktoren, die nicht berücksichtigt sind, wie z. B. paramagnetische Einflüsse von Nachbaratomen und dergleichen, die berechneten Werte z. T. ungültig machen.

Tabelle 46. *Berechnete und beobachtete chemische Verschiebungen von Phosphorverbindungen mit der Koordinationszahl 3*

Verbindung	$\delta \cdot 10^{-6}$		
	beobachtet	ber. n. Muller, Gl. (96)	ber. n. Parks, Gl. (98)
PH_3	$+238$[1]	$+240$	$+230$
PF_3	-97[2]	-640	-114
PJ_3	-178[2]	-100	-201
PCl_3	-219[3]	-215	-201
PBr_3	-227[3]	-230	-227

Verbindungen des Phosphors mit der Oxydationszahl 5 lassen sich nicht in der analogen Weise behandeln, da die Anwendung ähnlicher Vereinfachungen wie bei dreiwertigem Phosphor zu willkürlich sind. So spielen z. B. bei den Verbindungen des fünfwertigen Phosphors zweifelsohne die d-Orbitale eine sehr wichtige Rolle. Berechnungen der chemischen Verschiebungen von Phosphorverbindungen mit P^V führen deshalb nicht zu befriedigenden Ergebnissen.

Aus Tab. 46 sieht man, daß die chemischen Verschiebungen der Phosphortrihalogenide in der Reihenfolge PF_3, PJ_3, PCl_3, PBr_3 negativere Werte annehmen. Ähnliche Sequenzen finden sich auch bei den halogenierten Kohlenwasserstoffen vom Typ CHX_3 und CH_2X_2 sowie bei den Halogenderivaten des Benzols. In der beobachteten Reihenfolge kommen zwei Effekte zum Ausdruck, die entgegengesetzt gerichtet sind und sich überlagern, nämlich die Wirkung des Ionencharakters der Bindung und die Neigung des Substituenten X, eine Doppelbindung auszubilden.

Der Ionencharakter der Bindung sollte einerseits mit steigender Elektronegativität des betreffenden Halogens, also in der Reihenfolge J, Br, Cl, F zunehmen. Mit zunehmendem Ionencharakter der Bindung sollte die Abschirmung schwächer werden, das Resonanzsignal sich also nach niedrigerem Feld verschieben. Andererseits nimmt die Neigung, Doppelbindungen auszubilden, in der gleichen Reihenfolge zu. Mit zunehmendem Doppelbindungscharakter nimmt aber die Abschirmung des

---

[1] Van Wazer, J. R., C. F. Callis, J. N. Shoolery u. R. C. Jones: J. Am. Chem. Soc. **78**, 5715 (1956).

[2] Gutowsky, H. S., u. D. W. McCall: J. Chem. Phys. **22**, 162 (1954).

[3] Muller, N., P. C. Lauterbur u. J. Goldenson: J. Am. Chem. Soc. **78**, 3557 (1956).

Phosphorkerns zu, d. h. das Resonanzsignal verschiebt sich nach höherem Feld. Dieser Effekt spielt insbesondere bei Fluor eine große Rolle, das in hohem Maße in der Lage ist, Doppelbindungen auszubilden.

Ligandenaustauschsysteme

In den Abb. 110 und 111 sind die chemischen Verschiebungen von Verbindungen des Phosphors mit der Koordinationszahl 3 graphisch dargestellt, die homologen Reihen angehören und in denen die Liganden X der ersten Verbindung PX_3 der Reihe nacheinander durch einen zweiten Liganden Y ersetzt sind.

Die Verbindungen mit verschiedenen Liganden PX_2Y und PXY_2 werden in vielen Fällen, ausgehend von Mischungen der Verbindungen PX_3 und PY_3, leicht durch Ligandenaustauschreaktionen erhalten. Die Verhältnisse in solchen Mischungen wurden von FLUCK, VAN WAZER und GROENWEGHE[1] mit Hilfe der kernmagnetischen Resonanzspektroskopie eingehend untersucht. Die Methodik sei an den folgenden Beispielen ausführlich geschildert, um darzutun, wie weitgehende und sichere Aussagen die Resonanzspektroskopie bei der Untersuchung derartiger Austauschsysteme zuläßt.

Mischt man Triphenylphosphit, $P(C_6H_5O)_3$, mit Phosphortrichlorid, PCl_3, z. B. im Molverhältnis 1:1, so beobachtet man unmittelbar nach der Herstellung der Mischung im kernmagnetischen Resonanzspektrum nur zwei Resonanzsignale, die den beiden Mischungskomponenten entsprechen. Das Verhältnis der Flächen unter der Resonanzkurve entspricht dem Molverhältnis 1:1 der eingesetzten Verbindungen (Abb.112a). Nach einiger Zeit findet man jedoch neben den beiden anfänglich vorhandenen Resonanzsignalen zwei weitere, zwischen diesen liegende Resonanzlinien (Abb. 112b). Im Laufe der Zeit nimmt die Intensität der bei den inneren Linien zu (Abb. 112c), während die beiden äußeren Linien intensitätsschwächer werden. Nach mehreren Wochen verändert sich das Spektrum nicht mehr. Es besteht jetzt aus vier Resonanzbanden. Die Flächenverhältnisse unter den Banden betragen 1:7:7:1. Die Frage, welchen chemischen Individuen die vier Resonanzbanden zuzuordnen sind, ist im vorliegenden Fall leicht zu entscheiden. Die beiden äußeren Resonanzlinien haben chemische Verschiebungen, die auch die Mischungskomponenten $P(C_6H_5O)_3$ und PCl_3 aufweisen. Die beiden inneren Resonanzbanden sind nach dem oben Gesagten fraglos den Verbindungen $PCl_2(C_6H_5O)$ und $PCl(C_6H_5O)_2$ zuzuordnen. Dies läßt sich beweisen, wenn man bei der Herstellung der Mischungen von anderen Molverhältnissen der Ausgangskomponenten ausgeht. So findet man z. B. beim Molverhältnis der Ausgangskomponenten $P(C_6H_5O)_3 : PCl_3 = 2:1$ nach der Einstellung des Gleichgewichts nur noch drei Resonanzmaxima, wie es in Abb. 113 gezeigt ist. Das der Verbindung PCl_3 entsprechende Resonanzmaximum ist verschwunden. Ordnen wir, zunächst auf Grund der sich mit zunehmender Zahl der elektropositiveren Liganden zu erwartenden

---

[1] FLUCK, E., J. R. VAN WAZER u. L. C. D. GROENWEGHE: J. Am. Chem. Soc. **81**, 6363 (1959).

Verschiebung der Resonanzmaxima nach höherem Feld, die Resonanzbanden so zu, wie es oben vorgeschlagen ist, so können wir nach einer
quantitativen Analyse des Spektrums sagen, daß die Mischung aus 21%

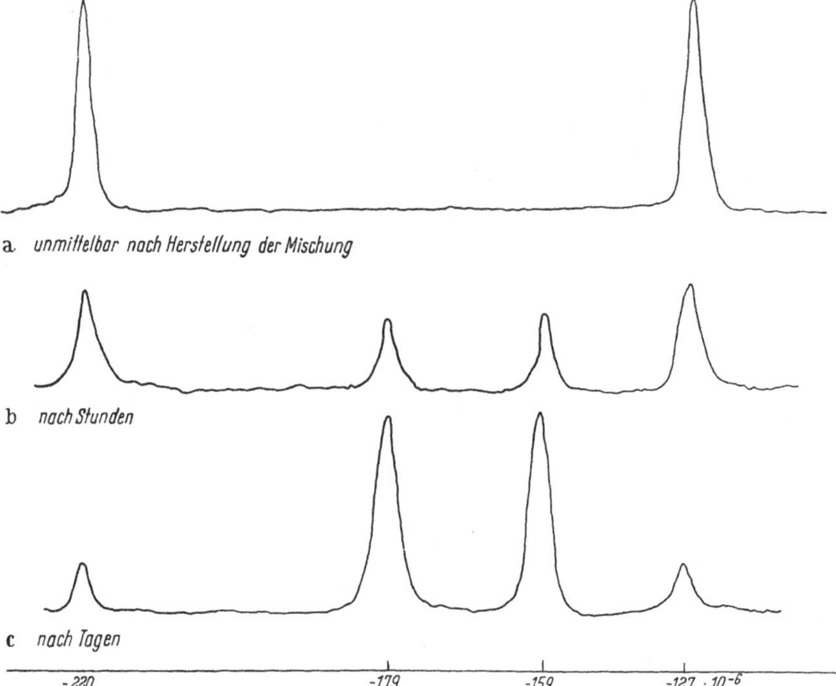

Abb. 112. ^{31}P-Resonanzspektrum einer äquimolaren Mischung von $P(C_6H_5O)_3$ und PCl_3 nach verschiedener Zeitdauer

$P(C_6H_5O)_3$, 60% $PCl(C_6H_5O)_2$ und 19% $P(C_6H_5O)Cl_2$ besteht. Daß die auf Grund der erwarteten chemischen Verschiebungen getroffene Zuordnung der Resonanzbanden richtig war, läßt sich jetzt durch eine einfache

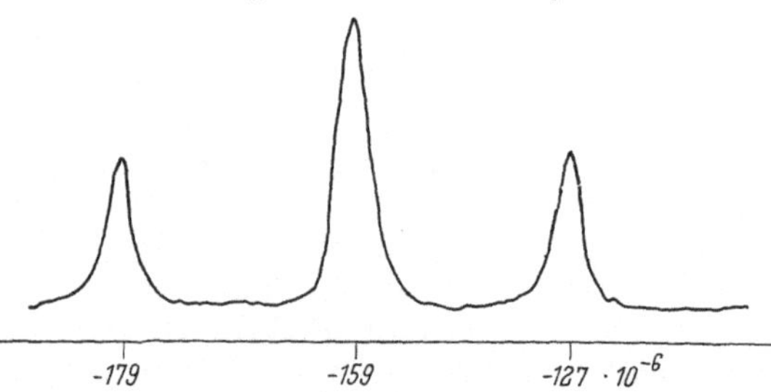

Abb. 113. ^{31}P-Resonanzspektrum einer Mischung von $P(C_6H_5O)_3$ und PCl_3 im Molverhältnis 2 : 1 nach Einstellung des Gleichgewichtes

stöchiometrische Materialbilanz bestätigen. Jede andere Zuordnung führt nicht zu dem Verhältnis $(C_6H_5O) : Cl = 2:1$, wie dies bei dem verwendeten Molverhältnis der Ausgangskomponenten der Fall sein muß.

Spektroskopische Untersuchungen dieser Art führen also zu dem Ergebnis, daß zwischen den Verbindungen $P(C_6H_5O)_3$ und PCl_3 ein Ligandenaustausch stattfindet. Dieser vollzieht sich bei dem vorliegenden System bei Zimmertemperatur mit nicht sehr großer Geschwindigkeit. Das Gleichgewicht stellt sich erst nach Wochen ein. Dies ist leicht daran zu erkennen, daß sich die Gestalt des Spektrums erst dann nicht mehr verändert. Viel rascher läßt sich die Einstellung eines Gleichgewichts bei höherer Temperatur erreichen.

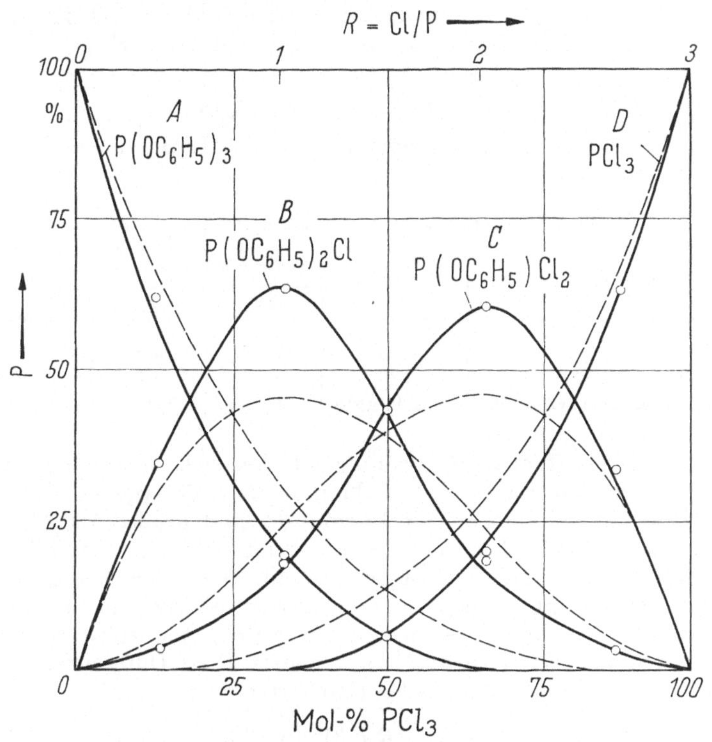

Abb. 114. Gleichgewicht im System $P(C_6H_5O)_3/PCl_3$ bei 180°

Aus den kernmagnetischen Resonanzspektren einer größeren Anzahl von Gleichgewichtsmischungen zweier Ausgangskomponenten in verschiedenen Molverhältnissen läßt sich ein Diagramm erhalten, wie es in Abb. 114 für das System $P(C_6H_5O)_3/PCl_3$ dargestellt ist. Die gestrichelten Linien in Abb. 114 entsprechen einer Ligandenverteilung, wie man sie zu erwarten hätte, wenn sie rein statistisch zufällig wäre. Man sieht, daß demgegenüber in Wirklichkeit die Verbindungen mit verschiedenen Liganden $P(C_6H_5O)_2Cl$ und $P(C_6H_5O)Cl_2$ in größerer Menge im Gleichgewicht vorhanden sind. So hätte man z.B. beim Molverhältnis $P(C_6H_5O)_3 : PCl_3 = 1:1$ bei statistischer Ligandenverteilung ein Molverhältnis der Endkomponenten $P(C_6H_5O)_3 : P(C_6H_5O)_2Cl : P(C_6H_5O)Cl_2 : PCl_3 = 1:3:3:1$ zu erwarten, während man tatsächlich ein solches von $1:7:7:1$ beobachtet.

Aus den Messungen können auf übliche Weise die Gleichgewichtskonstanten der Systeme für die Temperatur, bei der das System untersucht wurde, berechnet werden. Es gilt für ein Zweikomponentensystem

$$2\,PX_2Y \rightleftharpoons PX_3 + PXY_2$$

$$\frac{[PX_3]\,[PXY_2]}{[PX_2Y]^2} = K_{d(PX_2Y)}. \tag{99}$$

Aus den Gleichgewichtskonstanten K_d können dann die Gleichgewichtskonstanten K_f erhalten werden, die den Bildungsreaktionen der gemischten Verbindungen aus PX_3 und PY_3 entsprechen. Es gilt:

$$K_f = \frac{[PX_2Y]^3}{[PX_3]^2\,[PY_3]} = \frac{1}{(K_{d(PX_2Y)})^2\,K_{d(PXY_2)}}. \tag{100}$$

Man findet so z. B. für das System $PCl_3/P(C_6H_5O)_3$ die in Tab. 47 wiedergegebenen Daten.

Tabelle 47. *Gleichgewichtsdaten im System $P(C_6H_5O)_3/PCl_3$*

Verbindung	Temp.	Gleichgewichtskonstanten		ΔF (Kcal/mol)
		K_d	K_f	
$P(C_6H_5O)Cl_2$	180	0,13	460	—0,9
$P(C_6H_5O)_2Cl$	180	0,13	460	—0,9
statistische Ligandenverteilung	unabhängig	0,33	27	0,0

Bei statistischer Ligandenverteilung würden sich, unabhängig von der Temperatur, die Werte $K_d = 0,33$ und $K_f = 27$ ergeben. Die im vorliegenden Fall gefundenen Werte von K_f sind größer als 27, was bedeutet, daß die Verbindungen mit verschiedenen Liganden stabiler als die Verbindungen mit gleichen Liganden sind. Die freien Energien der gemischten Verbindungen sind dementsprechend niedriger als die Werte, die man durch Summation der geeigneten Anteile der freien Energien der ungemischten Verbindungen erhalten würde. Diese Differenzen in der freien Energie ΔF lassen sich aus Gl. (101) errechnen:

$$\Delta F = -\,(R\,T/3) \cdot \ln \frac{K_f}{27}. \tag{101}$$

Untersuchungen, wie die im vorigen beschriebenen, führen zu guten Werten für die ermittelten Größen. Das oben beschriebene System war tatsächlich früher schon einmal mit klassischen Methoden studiert worden. Die Analyse der Gleichgewichtsmischungen durch fraktionierte Destillation der Komponenten führte jedoch zu ganz anderen Werten, da — neben der Schwierigkeit, die Trennung quantitativ durchzuführen — während der Destillation die bei der Destillationstemperatur schon recht rasch verlaufenden Austauschprozesse zu einer dauernden Verschiebung des Gleichgewichts Anlaß geben.

Auf ganz analoge Weise wurden auch die Systeme PCl_3-PBr_3 und $P(C_6H_5O)_3-PBr_3$ sowie das ternäre System $PCl_3-PBr_3-P(C_6H_5O)_3$ untersucht. Im System PCl_3-PBr_3 verlaufen die Austauschprozesse schon bei Zimmertemperatur so rasch, daß sich das Gleichgewicht nach etwa 15 min eingestellt hat. Das ^{31}P-Resonanzspektrum einer sich im Gleichgewicht befindlichen äquimolaren Mischung von PCl_3, PBr_3 und $P(C_6H_5O)_3$ ist in Abb. 115 gezeigt. Die Zuordnungen der Linien zu den Verbindungen stehen im Einklang mit den beobachteten chemischen Verschiebungen. Die Molprozente der einzelnen Verbindungen wurden durch die Bestimmung der Flächen unter den Resonanzbanden erhalten. Dazu mußte das Spektrum zweckmäßigerweise bei langsamem Feldanstieg und mit großer Papiergeschwindigkeit aufgenommen werden. Die Prüfung der Materialbilanz bestätigte wieder die Richtigkeit der Zuordnung.

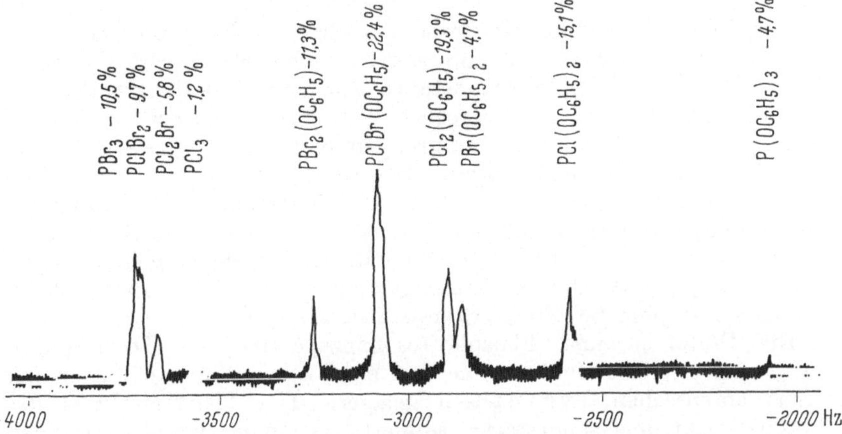

Abb. 115. ^{31}P-Resonanzspektrum einer sich im Gleichgewicht befindlichen äquimolaren Mischung von PCl_3. PBr_3 und $P(C_6H_5O)_3$ (180°)

Analoge Untersuchungen wurden von FLUCK und VAN WAZER[1] auch an den Systemen $PCl_3-P(C_2H_5O)_3$ und $P(C_6H_5O)_3-P[N(C_2H_5)_2]_3$ durchgeführt. Im ersten System treten, je nach dem Molverhältnis der Ausgangskomponenten, neben den Resonanzlinien der vier durch Ligandenaustausch im Gleichgewicht vorhandenen Verbindungen noch zwei weitere Resonanzlinien auf, die auf Gruppierungen $-O-P(C_2H_5O)_2$ und

$$\begin{matrix} -O \\ \end{matrix}\!\!\!> P(C_2H_5O)$$ in entstehenden Kondensationsprodukten zurückzuführen sind.

Koordinationszahl 3 am Phosphor finden wir auch in den Molekülen des weißen Phosphors, für den eine chemische Verschiebung von $+450 \cdot 10^{-6}$ beobachtet worden ist. Trägt man die chemischen Verschiebungen der Verbindungsreihe PJ_3, P_2J_4 und P_4 in ähnlicher Weise, wie es für andere homologe Reihen in den Abb. 110 und 111 geschehen ist, auf, so würde man für Phosphor, der mit drei anderen Phosphoratomen verbunden ist, eine chemische Verschiebung von etwa $(-20 \pm 30) \cdot 10^{-6}$ erwarten, wenn die Bindungen keine Spannung haben. Die Spannung in der P—P-Bindung, wie sie im Phosphormolekül P_4 vorliegt, wo der P—P—P-Winkel

---

[1] FLUCK, E., u. J. R. VAN WAZER: Z. anorg. u. allgem. Chem. **307**, 113 (1961).

$60°$ beträgt, verursacht demnach eine Verschiebung um $(450 + 120)/3$ $= 190 \cdot 10^{-6}$. Eine entsprechende Überlegung am Molekül P_4S_3, wo die chemische Verschiebung der Ring-Phosphoratome zu $+120 \cdot 10^{-6}$ gemessen wurde, während die Extrapolation für eine spannungsfreie Struktur eine chemische Verschiebung von $-110 \cdot 10^{-6}$ erwarten ließe, führt zu einem Verschiebungsinkrement pro gespannter Bindung, das etwa $115 \cdot 10^{-6}$ beträgt. In beiden Fällen beeinflußt offenbar die Spannung in der Bindung die Hybridisierung sehr stark.

Die Phosphine PH_3 und P_2H_4

Das kernmagnetische ^{1}H-Resonanzspektrum des Monophosphins, PH_3, ist von LYNDEN-BELL[1] untersucht worden. Es besteht aus einem Dublett mit der Kopplungskonstante $J_{PH} = 182,2 \pm 0,3$ Hz (für die reine Flüssigkeit bei Zimmertemperatur). Ersetzt man zwei der Wasserstoffatome durch Deuterium, dann ist jede Komponente des Dubletts in ein $1-2-3-2-1$-Quintett aufgespalten. Diese Aufspaltung ist eine Folge der Kopplung zwischen Wasserstoff und Deuterium. Die Kopplungskonstante J_{HD} wurde zu $2,03 \pm 0,1$ Hz gemessen. Die Tatsache, daß die Linien, die nur 2 Hz voneinander getrennt sind, noch aufgelöst werden können, zeigt, daß die Austauschgeschwindigkeit von Protonen in flüssigem Phosphin bei Zimmertemperatur klein ist.

Die Protonen- und Phosphorresonanzspektren des Diphosphins, P_2H_4, sind um ihre Zentren, die den chemischen Verschiebungen der Kerne entsprechen, symmetrisch gelagert. Das Hauptmerkmal des Protonenspektrums ist ein starkes Dublett, das von der Kopplung mit den Phosphorkernen herrührt, die jeweils direkt mit den Wasserstoffatomen verbunden sind. Analog zeigt das Phosphorspektrum ein Triplett mit der gleichen Aufspaltung. Das zweite Hauptmerkmal ist eine Serie von 8 Linien, die sich mit den gleichen Aufspaltungen zweimal im Protonen- und viermal im Phosphorspektrum wiederholen. Aus der Lage dieser Linien ergeben sich die übrigen Kopplungskonstanten des Systems. Die Kopplungskonstante J_{PH} zwischen Phosphor und einem direkt gebundenen Wasserstoffatom beträgt in P_2H_4 $186,5 \pm 0,3$ Hz und ist damit ähnlich groß wie J_{PH} in PH_3. In beiden Molekülen scheint demnach die Hybridisierung ganz ähnlich zu sein. Darüber hinaus ist anzunehmen, daß auch die Bindungsabstände der P—H-Bindungen in den beiden Verbindungen weitgehend die gleichen sind.

Substituierte Diphosphine

Tetraalkyl- oder Dialkyl-diaryl-Diphosphine erhielt MAIER[2] durch Reduktion substituierter Diphosphindisulfide mit Tributylphosphin:

$$(CH_3)RP\overset{\overset{S}{\|}}{}-\overset{\overset{S}{\|}}{P}R(CH_3) + 2\,(C_4H_9)_3P \rightarrow 2\,(C_4H_9)_3PS + (CH_3)RP-PR(CH_3)$$

Das kernmagnetische ^{31}P-Resonanzspektrum des erhaltenen Diphosphins

---

[1] LYNDEN-BELL, R. M.: Trans. Faraday Soc. **57**, 888 (1961).
[2] MAIER, L.: J. Inorg. & Nuclear Chem. **24**, 275 (1962).

besteht sowohl für P,P'-Dimethyl-P,P'-Diphenylphosphin wie auch für P,P'-Dimethyl-P,P'-Diäthylphosphin aus zwei Resonanzlinien gleicher Intensität, deren Abstand im ersten Fall $3,5 \cdot 10^{-6}$, im zweiten Fall $1,5 \cdot 10^{-6}$ beträgt. Da der Linienabstand der Feldstärke proportional ist, kann die Aufspaltung nicht von der Spin-Spin-Wechselwirkung zweier nichtäquivalenter Phosphoratome herrühren, zumal im letzteren Fall im allgemeinen mehr als zwei Resonanzlinien zu beobachten sein sollten. Der Autor schließt vielmehr auf die Existenz zweier isomerer Formen, die im Molverhältnis 1 : 1 vorliegen:

Bei der Umsetzung von Diphosphindisulfiden mit Tributylphosphin im Molverhältnis 1 : 1 entstehen in fast quantitativer Ausbeute Diphosphinmonosulfide

$$R = CH_3, C_2H_5$$

$$R' = CH_3, C_2H_5, C_6H_5$$

deren ^{31}P-Resonanzspektrum eine typische AB-Struktur aufweist.

γ) Phosphor mit der Koordinationszahl 4

Die chemischen Verschiebungen der Phosphorverbindungen, in denen der Phosphor vierbindig[1] ist, umfassen nur einen kleinen Bereich. Auch in dieser Verbindungsklasse läßt sich die chemische Verschiebung zu einem gewissen Grad additiv aus Inkrementen zusammensetzen, die den einzelnen Liganden zukommen. In Tab. 48 sind die chemischen Verschiebungen einer Reihe von sauerstoffhaltigen Verbindungen denjenigen der entsprechenden Verbindungen gegenübergestellt, bei denen der Sauerstoff durch ein anderes Element ersetzt ist. Wenn man von Fluor absieht, verschiebt sich die Resonanzlinie beim Ersatz von Sauerstoff durch ein anderes Element in allen Fällen nach niedrigerem Feld. Daraus folgt, daß die Abschirmung des Phosphorkerns durch andere Liganden schwächer als die durch Sauerstoff ist. Die Abschirmung des Phosphors durch die Liganden nimmt in der Reihe

$$Se < S < C_{aliph.} < C_{aromat.} \approx P < N \approx Cl < H < O < F$$

zu, nämlich in der Reihe zunehmender Elektronegativität der Liganden, wenn man von Wasserstoff und Phosphor absieht. Bei der Betrachtung

---

[1] Der Ausdruck „bindig" hat hier die gleiche Bedeutung wie die Koordinationszahl. Er beschränkt sich also auf die Angabe der Zahl der vorhandenen σ-Bindungen. Die tatsächliche Zahl der vom Phosphor ausgehenden Bindungen ist größer, da neben den σ-Bindungen ganze oder teilweise π-Bindungen ausgebildet werden. Da die π-Bindungsanteile jedoch in fast allen Fällen unbekannt und meist nicht durch eine ganze Zahl auszudrücken sind, ist es nicht sinnvoll, den Begriff der Bindigkeit mit dem klaren Begriff der Oxydationszahl gleichzusetzen, wie es oft geschieht. Dagegen ist in kovalenten Verbindungen die σ-Bindigkeit immer identisch mit der Koordinationszahl.

Tabelle 48. *Chemische Verschiebungen beim Ersatz von Sauerstoff durch andere Elemente in Phosphorverbindungen mit der Koordinationszahl 4*[1]

Ersatz von Sauerstoff durch	in der Verbindung	substituierte Verbindung	Gesamtverschiebung d. Subst. $\delta \cdot 10^{-6}$	Verschiebung pro subst. Atom $\delta \cdot 10^{-6}$
H	$C_6H_5PO(OH)_2$	$C_6H_5P(O)H(OH)$	—4	—4
	$HOPO_3^{--}$	$HOPH(O)_2^-$	—4	—4
	$HOPO_3^{--}$	$HOPH_2(O)$	—13	—7
	PO_4^{---}	$H_2PO_2^-$	—3	—2
	$(RO)_2PO_2^-$	$(RO)_2PH(O)$	—8	—8
$C_{ali.}$	PO_4^{---}	RPO_3^{--}	—22	—22
	$HOPO_3^{--}$	$RPO_2(OH)^-$	—32	—32
	$(R_2N)_3PO$	$(R_2N)_3PR^+$	—37	—37
$C_{arom.}$	$C_6H_5SPO(OR)_2$	$C_6H_5SPC_6H_5(O)(OR)$	—17	—17
	$HOPH(O)_2^-$	$C_6H_5PH(O)_2^-$	—18	—18
	$HOPO_3^{--}$	$HOPC_6H_5(O)_2^-$	—16	—16
	$(RO)_2PO_2^-$	$(RO)_2PC_6H_5(O)$	—19	—19
	$ROPO_3^{--}$	$ROP(C_6H_5)_2(O)$	—27	—14
	PO_4^{---}	$(C_6H_5)_3PO$	—18	—6
	$(R_2N)_3PO$	$(R_2N)_3PC_6H_5^+$ *	(—23)	(—23)
N	$(HO)_2PO_2^-$	$(HO)P(NH_2)(O)_2^-$	— 3	—3
	$(C_6H_5O)_2P(OR)(O)$	$(C_6H_5O)_2P(NHR)(O)$	—13	—13
	$\geqslant POP(O)_2^-OP\leqslant$	$\geqslant PNP(O)_2^-NP\leqslant$	—19	—10
	$(RO)_3PO$	$(RO)P(NR_2)_2(O)$	—21	—11
	$(RO)_2P(O)OP(O)(OR)_2$	$(R_2N)_2P(O)OP(O)(NR_2)_2$	—21	—11
	$(RO)_3PO$	$(R_2N)_3PO$	—27	—9
	$RPO(OR)_2$	$RP(NR_2)_3^+$	—31	—10
	$(X_3C)PO(OR)_2$	$(X_3C)P(NR_2)_3^+$	—37	—12
	$RC_6H_5CH_2PO(OH)_2$	$ClC_6H_5CH_2P(NR_2)_3^+$ **	—30	—10
F	$ROPO_3^{--}$	$ROPF_2(O)$	+20	+10
P	$(HO)_2(O)POP(O)(OH)_2$	$(HO)_2(O)PP(O)(OH)_2$	—19	—19
S	$(RO)_2PO(C_6H_5O)$	$(RO)_2PO(C_6H_5S)$	—26	—26
	$C_6H_5P(O)(OR)(C_6H_5O)$	$C_6H_5(O)(OR)(C_6H_5S)$	—25	—25
	$(RO)_3PO$	$(RO)_2P(RS)(O)$	—33	—33
	$C_6H_5PO(Cl)_2$	$C_6H_5PS(Cl)_2$	—46	—46
	Cl_3PO	Cl_3PS	—28	—28
	$(RO)_2PO_2^-$	$(RO)_2P(S)(O)^-$	—57	—57
	$(C_6H_5O)_3PO$	$(C_6H_5O)_3PS$	—71	—71
	$(RO)_2PO(C_6H_5O)$	$(RO)_2PS(C_6H_5O)$	—46	—46
	$RP(O)Cl_2$	$RP(S)Cl_2$	—37,5 ± 2,8	—37,5
	$RR'P(O)Cl$	$RR'P(S)Cl$	—31 ± 3,9	—31
	R_3PO	R_3PS	—8,9 ± 5,9	—8,9
Cl	$\geqslant PNP(O)_2^-NP\leqslant$	$\geqslant PNP(Cl)_2NP\leqslant$	—20	—10
	$(RO)PO_3^{--}$	$(RO)PCl_2(O)$	—6	—3
	$ClCH_2PO(OR)_2$	$ClCH_2PO(Cl)_2$	—18	—9
	$C_6H_5PO_2(OH)$	$C_6H_5PO(Cl)_2$	—16	—8
	PO_4^{---}	$OPCl_3$	0	0
Se	$(RO)_3PO$	$(RO)_3PSe$	—73	—73

* Die chemische Verschiebung von $(R_2N)_3PC_6H_5^+$ ist geschätzt auf Grund des Wertes von $(R_2N)_3PCH_2 \cdot C_6H_5 \cdot Cl$.

** Ein Substituent in *p*-Stellung beeinflußt die chem. Verschiebung im allgemeinen nicht wesentlich.

[1] VAN WAZER, J. R., C. F. CALLIS, J. N. SHOOLERY u. R. C. JONES: J. Am. Chem. Soc. **78**, 5715 (1956).

von Tab. 48 sieht man, daß der Ersatz von Sauerstoff durch Stickstoff eine chemische Verschiebung von $(+11 \pm 2) \cdot 10^{-6}$ bewirkt, während der Ersatz von Sauerstoff durch Schwefel zu sehr verschiedenen Werten der chemischen Verschiebung pro ersetztem Atom führt. Dies ist darauf zurückzuführen, daß in den Stickstoffverbindungen ein ganz ähnlicher Bindungstyp wie in den Sauerstoffverbindungen vorliegt, während dies beim Ersatz von Sauerstoff durch Schwefel nicht mehr der Fall ist. Immerhin ist der Ersatz eines Sauerstoffbrückenatoms durch Schwefel durch den ziemlich konstanten Wert der Verschiebung von $-25 \cdot 10^{-6}$ bis $-30 \cdot 10^{-6}$ gekennzeichnet. Dagegen hat der Ersatz von Sauerstoff durch Schwefel in einer isolierten Position, wie in $OPCl_3$, in verschiedenen Verbindungen sehr stark voneinander abweichende Verschiebungen zur Folge.

So beobachtet man z. B. beim Ersatz von Sauerstoff durch Schwefel in Phosphoroxytrichlorid, $OPCl_3$, eine Verschiebung von $-26,6 \cdot 10^{-6}$, während im Gegensatz dazu der Ersatz von Sauerstoff durch Schwefel in Phosphoroxytribromid, $OPBr_3$, eine Verschiebung von $8,4 \cdot 10^{-6}$ nach höheren Feldstärken verursacht. Die Änderungen der chemischen Verschiebungen hängen somit offensichtlich stark von der Natur der übrigen Liganden am Phosphor ab. Dies wird auch am Beispiel der Phosphoryl- bzw. Thiophosphorylhalogenide deutlich. Ausgehend von Phosphorylchlorid, $OPCl_3$, beobachtet man beim sukzessiven Ersatz von Chlor durch Brom jeweils eine Verschiebung von $(+35,2 \pm 3,4) \cdot 10^{-6}$ (vgl. Tab. 51), während im Falle der Thiophosphorylhalogenide die entsprechenden Substitutionsschritte durch eine jeweilige Verschiebung von $(+46,9 \pm 3,6) \cdot 10^{-6}$ gekennzeichnet sind (vgl. Tab. 51).

Die starke Abhängigkeit der chemischen Verschiebung bei der Substitution eines bestimmten Liganden durch einen anderen von der Natur der übrigen Liganden am Phosphor beruht auf der bekannten Tatsache, daß der π-Bindungsanteil der Bindungen sehr verschieden sein kann, wie es z. B. aus den Atomabständen in solchen Verbindungen hervorgeht. Die damit verbundene Beeinflussung der Hybridisierung verändert selbstverständlich in hohem Maße die Symmetrie der elektronischen Umgebung des Phosphorkerns.

Tab. 49 gibt die beim Ersatz von Phenyl- oder Methylgruppen, die direkt an Phosphor gebunden sind, durch andere organische Reste auftretenden Verschiebungen wieder. Die in der Tabelle angegebenen Bereiche schließen die bei mehreren, mindestens aber drei Verbindungen des jeweiligen Typs ermittelten Werte ein. Die Ausgangsverbindung und die substituierte Verbindung unterscheiden sich nur durch die organischen Liganden R und in einigen Fällen dadurch, daß X Brom anstelle von Chlor steht.

Tab. 50 gibt für eine Reihe von Verbindungstypen die bei der Substitution eines anorganischen Liganden durch einen anderen anorganischen oder einen organischen Liganden auftretenden chemischen Verschiebungen. Sie liegen für strukturell gleichartige Verbindungen, die sich nur durch ihre organischen Liganden R unterscheiden, in verhältnismäßig kleinen Bereichen.

Tabelle 49. *Chemische Verschiebungen beim Ersatz einer Alkyl- oder Arylgruppe durch eine andere in Phosphorverbindungen mit der Koordinationszahl 4* [1]

(R = Alkyl- oder Arylgruppe, X = Cl oder Br)

Ersatz von	in der Verbindung	substituierte Verbindung	Verschiebung durch Substitution $\delta \cdot 10^{-6}$
C_6H_5 durch R	C_6H_5RPSCl	C_2H_5RPSCl	$-16,1 \pm 2,1$
	C_6H_5RPOCl	C_2H_5RPOCl	$-16,7 \pm 0,9$
	C_6H_5RPSCl	$CH_2ClRPSCl$	$-1,1 \pm 3,3$
	C_6H_5RPOCl	$CH_2ClRPOCl$	$-3,7 \pm 1,7$
CH_3 durch R	CH_3RPOCl	C_2H_5ROPCl	$-7,0 \pm 1,8$
	CH_3R_2PS	$C_2H_5R_2PS$	$+1,5 \pm 1,3$
	CH_3RPSX	C_2H_5RPSX	$-12,8 \pm 4,5$
	CH_3RPOCl	$CH_2ClRPOCl$	$+7,2 \pm 0,8$
	CH_3RPSX	$CH_2ClRPSX$	$+2,9 \pm 1,0$
	CH_3RPOCl	C_6H_5RPOCl	$+10,8 \pm 1,3$
	CH_3RPSX	C_6H_5RPSX	$+5,2 \pm 2,5$

Tabelle 50. *Chemische Verschiebungen bei der Substitution eines anorganischen Liganden durch einen anderen anorganischen oder durch einen organischen Liganden in Phosphorverbindungen mit der Koordinationszahl 4* [1]

(R und R′ = Alkyl- oder Arylgruppen)

Ausgangsverbindung	Substituierte Verbindung	Verschiebung durch Substitution $\delta \cdot 10^{-6}$
$RP(O)Cl_2$	$RP(O)(OH)_2$	$+19,1 \pm 4,9$
$RP(O)(OH)_2$	$RP(O)(OC_2H_5)_2$	$+0,8 \pm 1,4$
$RP(O)Cl_2$	$RP(O)(OC_2H_5)_2$	$+18,9 \pm 2,7$
$RR'P(O)Cl$	$RR'P(O)(OH)$	$+12,6 \pm 5,1$
$RR'P(S)Cl$	$RR'P(S)Br$	$+18,2 \pm 4,6$
$R_2P(O)Cl$	$R_2P(O)CH_2Cl$	$+12,3 \pm 6,6$
$R_2P(O)Cl$	$R_2P(O)-O-P(O)R_2$	$+11,5 \pm 1,6$
$R_2P(O)CH_2Cl$	$R_2P(O)-O-P(O)R_2$	$-4,2 \pm 5,8$
$R_2P(O)(OH)$	$R_2P(O)-O-P(O)R_2$	$-1,3 \pm 6,1$
$R_2P(O)Cl$	$R_2P(O)(OH)$	$+12,6 \pm 4,4$
$RP(O)(OH)_2$	$(RPO_2)_n$	$+17,0 \pm 1,3$
$RP(O)Cl_2$	$(RPO_2)_n$	$+30,4 \pm 5,7$
$RP(O)(OC_2H_5)_2$	$(RPO_2)_n$	$+17,3 \pm 0,8$

In der Reihe $OPCl_3$, $OPCl_2F$, $OPClF_2$, OPF_3 verschiebt sich das Resonanzsignal mit zunehmender Zahl der Fluoratome im Molekül nach höherem Feld. GUTOWSKY und McCALL [2] führen dies auf den Doppelbindungscharakter der P—F-Bindung zurück, wie er in den Formeln I und II zum Ausdruck kommt. Auch die Abschirmung des Fluorkerns nimmt in der gleichen Reihenfolge zu, da mit zunehmendem Ersatz von Chlor durch Fluor der Doppelbindungsanteil pro Fluoratom zurückgedrängt wird. Analoge Verhältnisse hat man auch beim schrittweisen

---

[1] GROENWEGHE, L. C. D., L. MAIER u. K. MOEDRITZER: J. Phys. Chem. **66**, 901 (1962).

[2] GUTOWSKY, H. S., u. D. W. McCALL: J. Chem. Phys. **22**, 162 (1954).

Ersatz von Chlor durch Fluor in den Tetrahalogenmethanen. Trotz der Abnahme des Doppelbindungsanteils mit zunehmendem Ersatz von Chlor durch Fluor ist der Doppelbindungscharakter in den Fluorverbindungen insgesamt größer als in den entsprechenden Chlorverbindungen. Ganz vergleichbare Verhältnisse liegen in der Verbindungsreihe OPF_3, $OPF_2(OH)$, $OPF(OH)_2$, $OP(OH)_3$ vor.

$$\begin{array}{cc}
\overset{\displaystyle O^{\ominus}}{\underset{\displaystyle \underset{Cl}{|}}{Cl-\overset{|}{P}=F^{\oplus}}} & \overset{\displaystyle O}{\underset{\displaystyle \underset{Cl}{|}}{Cl^{\ominus}\quad \overset{\|}{P}=F^{\oplus}}} \\
\mathrm{I} & \mathrm{II}
\end{array}$$

Ligandenaustauschsysteme

Gemischte Phosphoryl- und Thiophosphorylbromidchloride entstehen bei Ligandenaustauschreaktionen in den Systemen $OPCl_3-OPBr_3$ und $SPCl_3-SPBr_3$, wie sie von GROENWEGHE und PAYNE[1] untersucht worden sind. In beiden Systemen wurden maximal vier Resonanzlinien beobachtet, die auf Grund der Materialbilanzen und auf Grund der zu erwartenden chemischen Verschiebungen so zugeordnet wurden, wie es in Tab. 51 gezeigt ist.

Tabelle 51. *Chemische Verschiebungen δ_{31P} von Phosphoryl- und Thiophosphorylhalogeniden*

Verbindung	$\delta \cdot 10^{-6}$	Verbindung	$\delta \cdot 10^{-6}$
$POCl_3$	$-2{,}2$	$PSCl_3$	$-28{,}8$
$POCl_2Br$	$+29{,}6$	$PSCl_2Br$	$+14{,}5$
$POClBr_2$	$+64{,}8$	$PSClBr_2$	$+61{,}4$
$POBr_3$	$+103{,}4$	$PSBr_3$	$+111{,}8$

Die Austauschreaktionen können durch chemische Gleichgewichte ausgedrückt werden, wie z. B.

$$2\ POCl_2Br \rightleftharpoons POCl_3 + POClBr_2$$
$$2\ POClBr_2 \rightleftharpoons POCl_2Br + POBr_3,$$

für die sich aus den quantitativen Analysen der Spektren die Gleichgewichtskonstanten berechnen lassen. Die quantitativen Daten aus fünf verschiedenen Mischungen von $POCl_3$ und $POBr_3$ führten zu dem in Abb. 116 dargestellten Diagramm. Die erhaltenen Meßpunkte liegen auf Kurven (ausgezogen), die praktisch mit den für eine statistische Ligandenverteilung zu erwartenden Kurven (gestrichelt) zusammenfallen. Zum gleichen Ergebnis führt auch die Untersuchung des Systems $PSCl_3-PSBr_3$. Die Gleichgewichte stellen sich bei 200° innerhalb weniger Stunden ein. Die Autoren konnten zeigen, daß unter geeigneten Bedingungen die Genauigkeit der quantitativen Bestimmung der einzelnen Komponenten eines Gemisches mit Hilfe der kernmagnetischen Resonanzspektren größer als ± 1 Mol-% ist.

---

[1] GROENWEGHE, L. C. D., u. J. H. PAYNE: J. Am. Chem. Soc. 81, 6357 (1959).

Ligandenaustauschreaktionen zwischen Monophosphorverbindungen mit den Koordinationszahlen 3 *und* 4 wurden von Schwarzmann und Van Wazer[1] an den Systemen $POCl_3-PBr_3$ und $POBr_3-PCl_3$ sowie am System $POCl_3-P(C_6H_5O)_3$ untersucht. Im letzten System wurden die

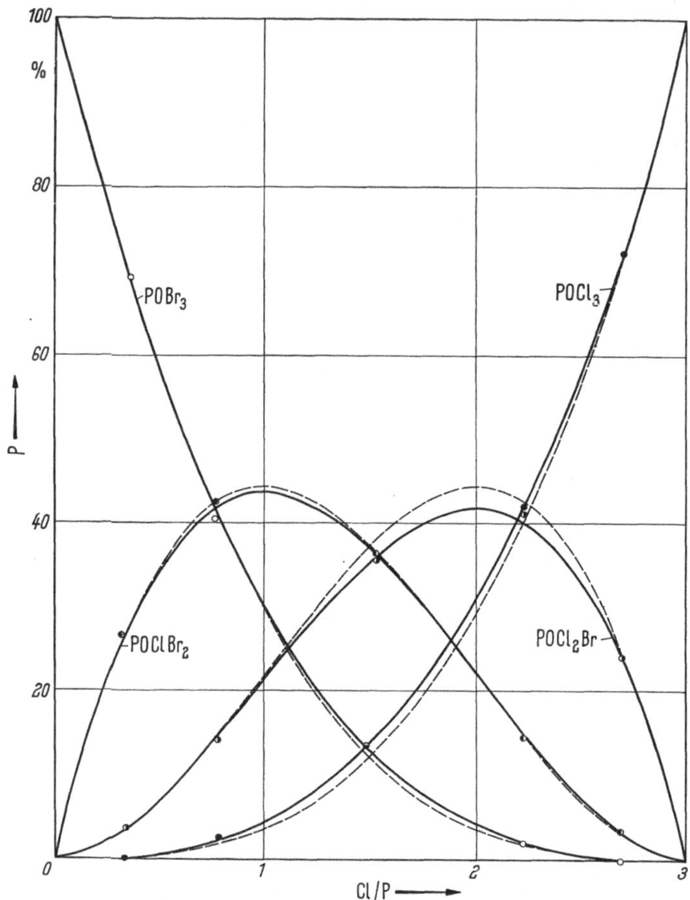

Abb. 116. Gleichgewicht im System $POCl_3$—$POBr_3$ [nach Groenweghe u. Payne]

chemischen Verschiebungen von Phenyldichlorphosphat, $OPCl_2(C_6H_5O)$, und Diphenylchlorphosphat, $OPCl(C_6H_5O)_2$ zu $-1{,}5 \cdot 10^{-6}$ und $+6{,}2 \cdot 10^{-6}$ bestimmt.

Donoreigenschaften organischer Gruppen

Die Messung der chemischen Verschiebung zahlreicher Phosphorsäuren und Phosphorsäureestern führt direkt zu quantitativen Aussagen

---

[1] Schwarzmann, E., u. J. R. Van Wazer: J. Am. Chem. Soc. 81, 6366 (1959).

über die Donoreigenschaften organischer Radikale[1]. Diese kommen in der Abschirmung des Phosphoratoms zum Ausdruck, mit dem sie verbunden sind, so daß die beobachteten chemischen Verschiebungen

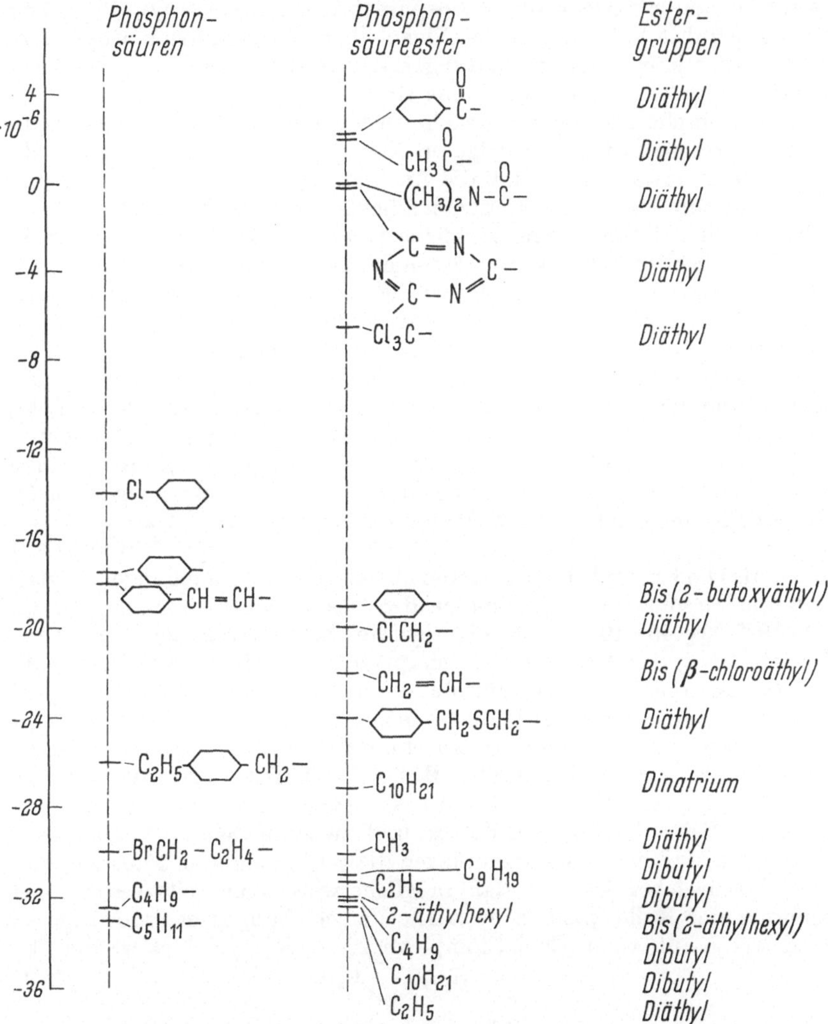

Abb. 117. Elektronen-Donorwirkung organischer Radikale [nach VAN WAZER et al.]

analoger Verbindungen ein relatives Maß für die Donorwirkung der Radikale darstellen. Aus den in Abb. 117 graphisch wiedergegebenen chemischen Verschiebungen zahlreicher Phosphorsäuren oder deren Ester sieht man, daß die gefundene Reihenfolge des Donorcharakters der Radikale so ist, wie man es unter Berücksichtigung induktiver Effekte erwarten muß.

[1] VAN WAZER, J. R., C. F. CALLIS, J. N. SHOOLERY u. R. C. JONES: J. Am. Chem. Soc. 78, 5715 (1956).

Phosphin-Donorkomplexe

Die Wirkung der Komplexbildung auf die chemische Verschiebung von Phosphinen untersuchten MERIWETHER und LETO[1], nachdem IR-Spektren von Nickelcarbonyl-Phosphinen des Typs $Ni(CO)_x(PL_3)_y$ zum Schluß geführt hatten, daß die Nickel-Phosphorbindungen weitgehend σ-Charakter haben und π-Bindungen nur in den Komplexen der Phosphorhalogenide und Phosphite eine Rolle spielen.

Die Komplexbildung verursacht fast immer eine Verschiebung der Phosphorresonanz nach niedrigeren Feldstärken, wie es angesichts der Tatsache zu erwarten ist, daß die Ausbildung einer Donorbindung vom Phosphor zum Metall die Elektronendichte am Phosphor und damit die Abschirmung dessen Kerns verkleinert. Bei der Interpretation der im einzelnen beobachteten Verschiebungen der Resonanzlinien der Phosphine infolge Komplexbildung wurden folgende Faktoren berücksichtigt: 1. eine temperaturunabhängige paramagnetische Komponente in den diamagnetischen Komplexen, 2. die Ausbildung einer σ-Bindung vom Phosphor zum Metall, 3. der Anteil der $d_\pi - d_\pi$-Donorbindung vom Metall zum Phosphor (vgl. SUTTON[2]), 4. aromatische Ringstromeffekte in den Phenylphosphinen, 5. induktive Effekte der Phosphinsubstituenten, 6. Hybridisierungseffekte infolge der Veränderung der Bindungswinkel am Phosphor bei der Verbindungsbildung, 7. die Elektronegativitäten der an Phosphor gebundenen Atome und 8. sterische Effekte.

Die an 11 verschiedenen Komplexen des Typs $Ni(CO)_2(PL_3)_2$ (L = Alkyl oder Aryl) beobachteten chemischen Verschiebungen zeigten, daß die Resonanzlinie gegenüber der des freien Phosphins PL_3 um $39 \cdot 10^{-6}$ bis $45 \cdot 10^{-6}$ nach niedrigerem Feld verschoben war. Diese Verschiebung der Resonanz ist hauptsächlich auf die Ausbildung der σ-Bindung vom Phosphor zum Metall zurückzuführen, während andere Effekte nur eine untergeordnete Rolle zu spielen scheinen. Ist L dagegen eine Alkoxy- oder Aroxygruppe, so ist die Verschiebung nach niedrigerem Feld weniger groß und beträgt z. B. bei $L = C_2H_5O$ $-20 \cdot 10^{-6}$ oder bei $L = C_6H_5O$ $-21 \cdot 10^{-6}$. Ist $L = Cl$, so erfolgt sogar eine Verschiebung nach der Seite des höheren Feldes, und zwar um $34 \cdot 10^{-6}$. Dies weist darauf hin, daß bei diesen Komplexen die σ-Bindung vom Phosphor zum Nickel schwächer ist und daß möglicherweise eine teilweise Doppelbindung eine Rolle spielt. Sehr starke Verschiebungen nach niedrigerem Feld treten auf, wenn Chelatkomplexe wie z. B. I gebildet werden, bei

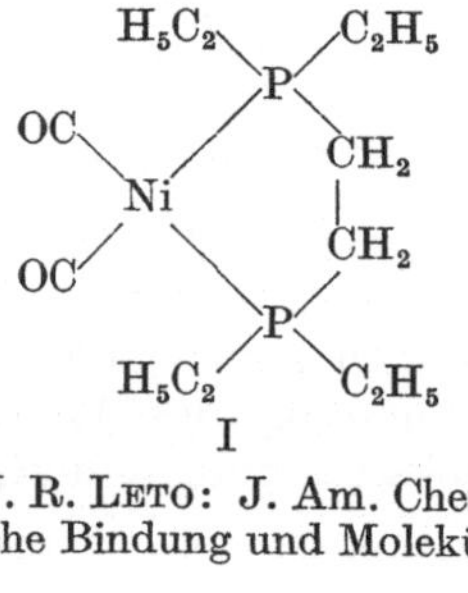

I

---

[1] MERIWETHER, L. S., u. J. R. LETO: J. Am. Chem. Soc. **83**, 3192 (1961).
[2] SUTTON, L. E.: Chemische Bindung und Molekülstruktur. Berlin-Göttingen-Heidelberg: Springer 1961.

dem man eine Verschiebung von $-67,9 \cdot 10^{-6}$ gegenüber dem freien Phosphin beobachtet. Die Ursache für diese starke Verschiebung der Phosphorresonanz wird darin gesehen, daß der Phosphor Ringglied in einem ebenen fünfgliedrigen Ringsystem ist, in dem die C—P—C- und Ni—P—C-Bindungswinkel stark von dem sonst annähernd erreichten Tetraederwinkel abweichen. Die dadurch veränderte Hybridisierung sollte sich in einer Veränderung der chemischen Verschiebung bemerkbar machen. Daß die Lage der Resonanzlinie des Phosphors in Ringsystemen tatsächlich stark von der Ringgröße beeinflußt wird, beobachteten EPSTEIN und BUCKLER[1] auch an cyclischen Phosphoniumsalzen. Phosphoniumsalze, bei denen der Phosphor Glied eines Fünfringes ist, zeigen gegenüber analogen sechsgliedrigen Ringsystemen oder nichtcyclischen Verbindungen Verschiebungen von etwa $20 \cdot 10^{-6}$ nach niedrigerem Feld.

PIDCOCK, RICHARDS und VENANZI[2] benutzten die Spin-Kopplungskonstanten zwischen Platin und Phosphor in ebenen Platin(II)-Phosphin-Komplexen, um Aufschluß über die Art der Donorbindung von Phosphor zu Platin zu erhalten und um die Bedeutung des π-Bindungsanteils aus der Größe der Kopplungskonstanten abzuschätzen, da, wie es scheint, diese stark von der π-Bindungsstärke abhängt. Das ^{31}P-Resonanzspektrum der Komplexverbindungen besteht jeweils aus einem Triplett, dessen mittlere Komponente von Molekülen herrührt, in denen der Platinkern die Spinzahl $I = 0$ hat, während die äußeren Linien von Molekülen stammen, die ^{195}Pt-Kerne ($I = 1/2$) enthalten. Der Abstand der äußeren Linien gibt somit direkt die Kopplungskonstante $J_{^{31}P^{195}Pt}$. Die Untersuchungen bestätigten die Auffassung, daß der π-Bindungsanteil in den cis-Komplexen wesentlich größer als in den trans-Komplexen ist. Mit der Annahme, daß die Kopplungskonstante weitgehend durch die π-Bindung bestimmt ist, steht auch die Beobachtung im Einklang, daß die Kopplungskonstanten in Komplexen vom Typ trans-$\{[(\text{n-}C_4H_9)_3P]\,[\text{Amin}]\,PtCl_2\}$ (I) unabhängig von der Basizität des Amins, von der gleichen

$$(C_4H_9)_3P\diagdown \diagup Cl$$
$$Pt$$
$$Cl\diagup \diagdown Amin$$

I

Größe sind, obwohl die σ-Donorbindungen des Phosphins von den verschiedenen Aminen sicherlich verschieden beeinflußt werden. Da der Stickstoff andererseits aber nicht befähigt ist, an einer π-Bindung teilzuhaben, wird der π-Bindungsanteil der P—Pt-Bindung und damit offenbar die Kopplungskonstante J_{PPt} nicht verändert.

Die Kopplungskonstanten J_{PPt} sind für eine größere Anzahl vom Komplexen in Tab. III b (Anhang) wiedergegeben.

In Phenylgruppen werden durch das Magnetfeld Ringströme erzeugt, die im allgemeinen die chemische Verschiebung des Substituenten X

[1] EPSTEIN, M., u. S. A. BUCKLER, s. L. S. MERIWETHER u. J. R. LETO: J. Am. Chem. Soc. **83**, 3192 (1961).
[2] PIDCOCK, A., R. E. RICHARDS u. L. M. VENANZI: Proc. Chem. Soc. (London) **1962**, 184.

beeinflussen. Die Wirkung der Ringströme ist aus Abb. 118 zu ersehen. Jedoch haben Ringströme in Phenylgruppen, die an Phosphor gebunden sind, keinen sehr großen Einfluß aus dessen Abschirmung. Die von ihnen verursachte Verschiebung der Resonanz nach niedrigerem Feld beträgt nur etwa $(1,5-2,5) \cdot 10^{-6}$. Dies konnte durch den Ersatz der β-Cyanoäthylgruppe durch die Phenylgruppe, die in Phosphinen beide den gleichen induktiven Effekt zeigen, nachgewiesen werden. Die bei der Substitution einer Alkyl- durch die Phenylgruppe in Verbindungen wie z.B. CH_3PCl_2 auftretenden großen Verschiebungen ($\delta_{CH_3PCl_2} = -191,2 \cdot 10^{-6}$; $\delta_{C_6H_5PCl_2} = -161,6 \cdot 10^{-6}$) sind wahrscheinlich auf eine Veränderung in der Hybridisierung zurückzuführen.

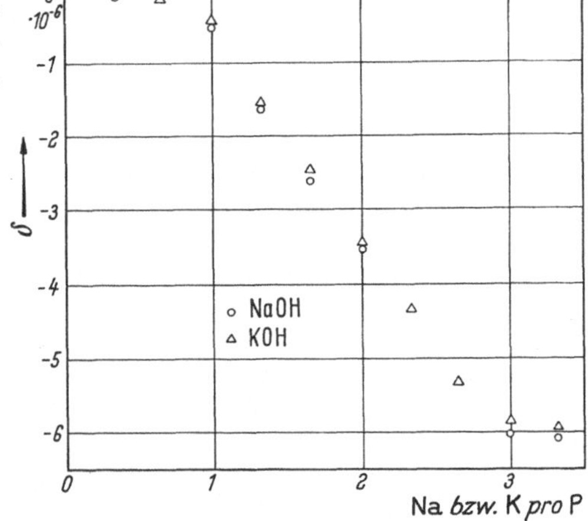

Abb.118. In Phenylgruppen induziertes Magnetfeld

Abb. 119. Chemische Verschiebungen $\delta^{31}P$ beim Übergang $H_3PO_4 \rightarrow PO_4^{---}$ [nach JONES u. KATRITZKY]

Ionisationsgrad und chemische Verschiebung

Die Beziehung zwischen dem Ionisationsgrad von Phosphaten und der chemischen Verschiebung wurde von JONES und KATRITZKY[1] untersucht. Das Resonanzsignal verschiebt sich beim Übergang von H_3PO_4 nach PO_4^{---} stetig nach kleineren Feldstärken, wie es in Abb. 119 gezeigt ist. Bezogen auf 85%ige wäßrige Phosphorsäure betragen die gemessenen chemischen Verschiebungen von NaH_2PO_4 $(-0,5\pm0,2)\cdot10^{-6}$, Na_2HPO_4 $(-3,5 \pm 0,1) \cdot 10^{-6}$ und Na_3PO_4 $(-6,0 \pm 0,1) \cdot 10^{-6}$. Die gleichen Verschiebungen zeigen innerhalb der Fehlergrenzen der Messung auch die Kaliumsalze der Orthophosphorsäure.

Im Gegensatz zur Phosphorsäure und ihren Salzen verschiebt sich das Resonanzsignal im Falle der Phosphonsäuren mit zunehmendem p_H der wäßrigen Lösung nach höheren Feldstärken. So zeigen die Mononatriumphosphonate chemische Verschiebungen, die relativ zur freien Phosphonsäure $(2-4) \cdot 10^{-6}$, die Dinatriumphosphonate solche, die $(3-8) \cdot 10^{-6}$ betragen.

---

[1] JONES, R. A. Y., u. A. R. KATRITZKY: J. Inorg. & Nuclear Chem. **15**, 193 (1960).

Kinetische Untersuchungen

MULLER und GOLDENSON[1] studierten die Kinetik der beim Erhitzen von Systox (I) eintretenden Isomerisierung von der Thiophosphatstruktur zur Thiolstruktur (II):

$$C_2H_5O\diagdown \quad \diagup S \qquad\qquad C_2H_5O\diagdown \quad \diagup O$$
$$\quad\quad P \qquad\qquad\qquad\qquad\quad P$$
$$C_2H_5O\diagup \quad \diagdown OC_2H_4SC_2H_5 \qquad C_2H_5O\diagup \quad \diagdown SC_2H_4SC_2H_5$$

I Systox $(+67,7 \cdot 10^{-6})$ II Isosystox $(-25,9 \cdot 10^{-6})$

Die Reaktion läßt sich zeitlich durch die Beobachtung der Intensitätsverschiebung der den beiden Verbindungen entsprechenden Resonanzlinien leicht verfolgen. Auf der gleichen Grundlage lassen sich zweifelsohne noch viele chemische Reaktionen verfolgen, wenn auch bis heute nur ganz wenige Beispiele dieser Art beschrieben sind. Die Methode bietet dabei den Vorteil, daß kleine Substanzmengen genügen und die Genauigkeit in allen Fällen größer ist als bei den üblichen raschen Methoden für kinetische Untersuchungen. Weiter können die Substanzen in Glasbehältern eingeschmolzen sein und so leicht gegen Verunreinigungen oder Luft- und Feuchtigkeitszutritt geschützt werden.

Oft lassen sich mit Hilfe der kernmagnetischen Resonanzspektroskopie in einfacher Weise Rückschlüsse auf Reaktionsmechanismen ziehen. So untersuchten HOFFMANN et al.[2] die Alkoholyse von Komplexen, die aus PCl_3, Alkylchlorid und $AlCl_3$ in Methylenchlorid erhalten werden. Die Komplexe $[RPCl_3]\,[AlCl_4]$ oder $[RPCl_3]\,[Al_2Cl_7]$ führen bei der Alkoholyse über definierte ionische Zwischenprodukte zu Phosphonsäuredichloriden, $RPOCl_2$, Phosphonsäureesterchloriden, $RP(O)(OR')Cl$ und Phosphonsäurediestern $RP(O)(OR)_2$.

Strukturbestimmung

In zahlreichen Fällen läßt sich auf Grund des kernmagnetischen Resonanzspektrums einer Verbindung entscheiden, welche Form in einem denkbaren Tautomeriegleichgewicht bevorzugt ist. Als Beispiel seien Ester der Monothiophosphorsäure angeführt, für die die beiden Strukturen III und IV denkbar sind.

$$C_2H_5O\diagdown\;\diagup O \qquad C_2H_5O\diagdown\;\diagup OH \qquad R\diagdown\;\diagup OH$$
$$\quad P \qquad\qquad\qquad P \qquad\qquad\qquad P \qquad R=CH_3, C_2H_5$$
$$C_2H_5O\diagup\;\diagdown SH \qquad C_2H_5O\diagup\;\diagdown S \qquad C_2H_5O\diagup\;\diagdown S$$

    III   IV   V

Die an flüssigem Monothiophosphorsäurediäthylester gemessene chemische Verschiebung von $-24 \cdot 10^{-6}$ zeigt, daß, falls überhaupt ein tautomeres Gleichgewicht existiert, die Verbindung hauptsächlich in der Form III vorliegt. Für eine hypothetische Struktur IV mit einer $P \to S$-Bindung wäre eine viel größere Verschiebung nach niedrigen Feldstärken

---

[1] MULLER, N., u. J. GOLDENSON: J. Am. Chem. Soc. 78, 5182 (1956).
[2] HOFFMANN, F. W., T. C. SIMMONS u. L. J. GLUNZ: J. Am. Chem. Soc. 79, 3570 (1957).

zu erwarten. Andererseits zeigt die große negative Verschiebung des Resonanzsignals der Äthylester der Methyl- und Äthylthiophosphonsäure, die $-88,8 \cdot 10^{-6}$ bzw. $-94,2 \cdot 10^{-6}$ betragen, daß in diesen Verbindungen die Form V mit einer P → S-Bindung großes Gewicht hat. Ob in allen diesen Fällen wirklich nur eine Form existiert, läßt sich nicht entscheiden, da eine zweite, tautomere Form möglicherweise in zu geringer Konzentration vorhanden ist, um ein deutliches Resonanzsignal hervorzurufen, oder aber ein sehr rascher Protonenaustausch (etwa 10^4/sec) die beiden Resonanzlinien verschmelzen läßt. Jedenfalls ist aber die Annahme, daß die Verbindung, wenn nicht ausschließlich, so doch vorwiegend in der einen Form existent ist, richtig.

Interessant ist, daß die Lösung des Natriumsalzes der Verbindung $(C_2H_5O)_2P(O)SH$ in Alkohol eine chemische Verschiebung von $-56 \cdot 10^{-6}$ aufweist, so daß angenommen werden kann, daß es sich vom Anion der tautomeren Form IV ableitet, während das Natriumsalz der Methylthiophosphonsäure mit $-76,0 \cdot 10^{-6}$ eine ganz ähnliche chemische Verschiebung wie die freie Säure selbst aufweist. Daraus ist zu schließen, daß sich im letzteren Fall das Anion im wesentlichen von der gleichen Form ableitet, die auch für die freie Säure angenommen wird.

BUCKLER[1] benutzte die chemische Verschiebung neu synthetisierter Verbindungen, um daraus Rückschlüsse auf deren Konstitution zu ziehen. So spricht z. B. die $+21,0 \cdot 10^{-6}$ betragende chemische Verschiebung der Verbindung $P(COOCCH_3)_3$ dafür, daß es sich um eine Struktur mit drei P—C-Bindungen handelt, da sie in das Gebiet der Trialkyl- und Triarylphosphine fällt. Ebenso konnte für die Struktur des Reaktionsproduktes von Phosphin mit Benzaldehyd (I) durch Vergleich seiner chemischen Verschiebung mit der der Verbindung II die Strukturformel I wahrscheinlich gemacht werden.

$$\begin{array}{cc}
\begin{matrix}
C_6H_5\text{—}CH_2\diagdown \\
C_6H_5\text{—}CHOH\text{—}P{=}O \\
C_6H_5\text{—}CHOH\diagup
\end{matrix}
&
\begin{matrix}
C_6H_5\text{—}CH_2\diagdown \\
C_6H_5\text{—}CH_2\text{——}P{=}O \\
C_6H_5\text{—}CHOH\diagup
\end{matrix} \\
\text{I} & \text{II}
\end{array}$$

Ebenfalls durch Vergleich der chemischen Verschiebungen mit denen von Modellsubstanzen zeigten SPEZIALE und FREEMAN[2], daß einer Reihe von Phosphorverbindungen die Struktur III

$$\begin{array}{cc}
\begin{matrix}
RO\diagdown \quad \diagup O \\
P \\
RO\diagup \quad \diagdown CH_2\text{—}CO\text{—}NR_2
\end{matrix}
&
\begin{matrix}
RO\diagdown \quad \diagup O \\
P \qquad \diagup NR_2 \\
RO\diagup \quad \diagdown O\text{—}C \\
\qquad\qquad \diagdown CH_2
\end{matrix} \\
\text{III} & \text{IV}
\end{array}$$

zukommt, während die denkbare Strukturformel IV für diese Verbindungen ausgeschieden werden konnte.

Nachdem noch immer die Frage diskutiert worden war, ob sekundären Estern der phosphorigen Säure, H_3PO_3, die Strukturformel V

<hr>

[1] BUCKLER, S. A.: J. Am. Chem. Soc. **82**, 4215 (1960).
[2] SPEZIALE, A. J., u. R. C. FREEMAN: J. Org. Chem. **23**, 1883 (1958).

oder die tautomere Formel VI zukommt, zeigte das kernmagnetische ^{31}P-Resonanzspektrum dieser Verbindungen, daß in ihnen stets ein Wasserstoffatom direkt an Phosphor gebunden ist und ihre Konstitution damit durch Formel V richtig wiedergegeben wird. Sowohl die sekundären und die primären Ester der phosphorigen Säure, wie auch die freie Säure (VIII) selbst, zeigen im kernmagnetischen Resonanzspektrum

$$
\begin{array}{cccc}
\mathrm{O} & \mathrm{OH} & \mathrm{OR} & \mathrm{O} \\
\| & | & | & \| \\
\mathrm{RO{-}P{-}OR} \rightleftharpoons & \mathrm{RO{-}P{-}OR} & \mathrm{RO{-}P{-}OR} & \mathrm{HO{-}P{-}OH} \\
| & & & | \\
\mathrm{H} & & & \mathrm{H} \\
\mathrm{V} & \mathrm{VI} & \mathrm{VII} & \mathrm{VIII}
\end{array}
$$

ein von der Spin-Spin-Kopplung des Phosphors mit dem direkt gebundenen Wasserstoffatom herrührendes Dublett. Die Abwesenheit einer anderen Resonanzbande beweist, daß 95% oder mehr der Verbindung in der Form V vorliegen. Zu dem gleichen Ergebnis gelangte auch MAVEL[1], der die Protonenresonanzspektren von sekundären Estern der phosphorigen Säure untersuchte.

In tertiären Estern der phosphorigen Säure (VII) tritt dagegen immer nur eine einzelne Resonanzlinie im ^{31}P-Spektrum auf. Aus je einer einzelnen Resonanzlinie bestehen auch die Spektren der Alkalimetallsalze von Dialkyl- und Diarylphosphiten, die man durch Reaktionen der Ester mit Alkalimetallen in organischen Lösungsmitteln erhalten kann[2]. Die chemischen Verschiebungen dieser Verbindungen, die auch in unpolaren Lösungsmitteln löslich sind, zeigen, daß der Phosphor die Koordinationszahl 3 hat. So beträgt z. B. die chemische Verschiebung der Verbindung $\mathrm{LiOP(OC_6H_5)_2} - 142 \cdot 10^{-6}$. Die vergleichsweise ganz ähnlichen chemischen Verschiebungen der Trialkyl- oder Triarylphosphite $(\delta_{\mathrm{P(OC_6H_5)_3}} = -128 \cdot 10^{-6})$ legen für diese Verbindungsklasse die Struktur IX nahe.

$$
\begin{array}{c}
\mathrm{RO} \diagdown \\
\diagup \mathrm{P{-}OMe} \\
\mathrm{RO} \\
\mathrm{IX}
\end{array}
$$

δ) Phosphor mit den Koordinationszahlen 5 und 6

Phosphorverbindungen, in denen Phosphor die Koordinationszahl 5 besitzt, sind bisher kernmagnetisch nur wenig untersucht worden. Phosphorpentachlorid zeigt, in $\mathrm{CS_2}$ gelöst, eine chemische Verschiebung von $+80 \cdot 10^{-6}$.

Die Koordinationszahl 5 erreicht das Phosphoratom mit großer Wahrscheinlichkeit auch in den Reaktionsprodukten von tertiären Estern der phosphorigen Säure, $(\mathrm{RO})_3\mathrm{P}$, mit α-Diketonen[3,4] (I): Die

[1] MAVEL, G.: Compt. rend. **248**, 3699 (1959).
[2] MOEDRITZER, K.: J. Inorg. & Nuclear Chem. **22**, 19 (1962).
[3] BIRUM, G. H., u. J. L. DEVER: 134th ACS Meeting, Chicago, 1958, S. 101-P.
[4] RAMIREZ, F., u. N. B. DESAI: J. Am. Chem. Soc. **82**, 2652 (1960).

chemischen Verschiebungen betragen z. B. für die Verbindung mit $R=C_6H_5$ und $R'=CH_3$ in Benzol als Lösungsmittel $(+53 \pm 2) \cdot 10^{-6}$ oder für die Verbindung mit $R=R'=CH_3$, in Substanz gemessen, ebenfalls $(+53 \pm 2) \cdot 10^{-6}$. Andere Verbindungen dieses Typs zeigen chemische Verschiebungen von $47 \cdot 10^{-6}$ bis $68 \cdot 10^{-6}$.

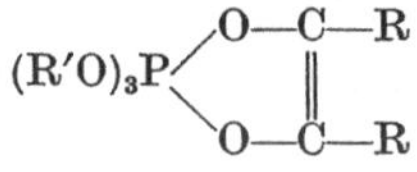

$$(R'O)_3P \diagout \begin{array}{c} O-C-R \\ \| \\ O-C-R \end{array}$$

I

Ähnlich hohe positive chemische Verschiebungen findet man auch bei den Ozonisierungsprodukten von Triarylphosphiten und Trialkylphosphiten, denen THOMPSON[1] auf Grund der starken Abschirmung des Phosphorkerns in diesen Verbindungen die Struktur II zuschreibt. Das Ozonisierungsprodukt von Triphenylphosphit zeigt z. B. eine chemische Verschiebung von $(+63 \pm 1) \cdot 10^{-6}$.

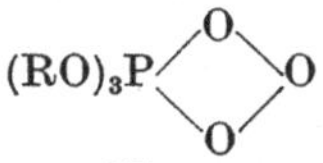

$$(RO)_3P \diagout \begin{array}{c} O \\ O \\ O \end{array}$$

II

Koordinationszahl 5 am Phosphor nehmen CHAPMAN et al.[2] auch bei der durch Umsetzung von Methylammoniumchlorid mit Phosphorpentachlorid hergestellten Verbindung N-Methyltrichlorophosphinimin, $[Cl_3P=NCH_3]_2$, an (III).

Das von FLUCK[3] untersuchte kernmagnetische Resonanzspektrum der in Bromoform gelösten Verbindung besteht aus einer einzelnen Resonanzlinie. Die chemische Verschiebung beträgt $(78,2 \pm 1) \cdot 10^{-6}$. Die starke Abschirmung des Phosphorkerns in der Verbindung, die in diesem hohen positiven Wert zum Ausdruck kommt, bestätigt die Struktur III, in der der Phosphor die Koordinationszahl 5 besitzt.

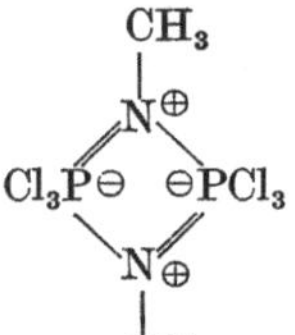

$$\begin{array}{c} CH_3 \\ | \\ N^\oplus \\ Cl_3\overset{\ominus}{P} \quad \overset{\ominus}{P}Cl_3 \\ N^\oplus \\ | \\ CH_3 \end{array}$$

III

Daß Phosphor auch in Lösungen oder in Schmelzen die Koordinationszahl 6 haben kann, wurde erstmals von FLUCK[4,5] gezeigt. So treten $[PCl_6]^-$-Ionen z. B. in den Reaktionsprodukten von PCl_5 und trimerem Phosphornitrilchlorid $[NPCl_2]_3$ sowie in zahlreichen anderen,

[1] THOMPSON, Q. E.: J. Am. Chem. Soc. **83**, 845 (1961).
[2] CHAPMAN, A. C., W. S. HOLMES, N. L. PADDOCK u. H. T. SEARLE: J. Chem. Soc. (London) **1961**, 1825.
[3] FLUCK, E.: Z. anorg. u. allgem. Chem. (im Druck).
[4] FLUCK, E.: Z. anorg. u. allgem. Chem. **315**, 181 (1962).
[5] FLUCK, E.: Z. anorg. u. allgem. Chem. **315**, 191 (1962).

salzartig gebauten Stoffen, die später (s. S. 215) eingehend beschrieben sind, auf. Sie machen sich im Spektrum durch die sehr große positive chemische Verschiebung von etwa $+300 \cdot 10^{-6}$ bemerkbar. Die Resonanzlinie des $[PCl_6]^-$-Ions ist auffallend schmal, da durch die hohe Symmetrie der Koordination die elektrischen Feldgradienten um den Phosphorkern und damit die Möglichkeiten der elektrischen Quadrupolrelaxation ($I_{Cl} = 3/2$) minimal sind.

Das kernmagnetische Resonanzspektrum von festem Phosphorpentachlorid untersuchten ANDREW et al.[1]. Die Autoren hatten schon früher[2] beobachtet, daß die durch statische Dipol-Wechselwirkungen bei Festkörpern verursachte Linienverbreiterung dadurch vermindert werden kann, daß man die Substanz sehr schnell (Drehzahl > 800) um eine $54°44'$ gegen die Feldrichtung geneigte Achse rotieren läßt (vgl. hierzu auch[3]). Entsprechend dem Aufbau des Ionengitters von PCl_5 aus tetraedrischen PCl_4^+- und oktaedrischen PCl_6^--Ionen, zeigt das ^{31}P-Spektrum dann zwei — allerdings immer noch ziemlich breite — Resonanzlinien. Die chemische Verschiebung von PCl_4^+ wurde von den Autoren aus diesem Spektrum zu $-96 \cdot 10^{-6}$, die von PCl_6^- zu $281 \cdot 10^{-6}$ bestimmt.

c) Polymere Phosphorverbindungen

Neben den Ligandenaustauschreaktionen an Monophosphorverbindungen, bei denen z. B. die einwertigen Liganden X und Y zwischen den Phosphoratomen ausgetauscht werden und die zu allen möglichen Verbindungen PX_3, PX_2Y, PXY_2 und PY_3 bzw. LPX_3, LPX_2Y, $LPXY_2$ und LPY_3 (wobei L eine Lewis-Säure, also z. B. ein Sauerstoff- oder Schwefelatom ist) führen, finden auch bei Molekülen oder Molekülionen mit mehreren Phosphoratomen Spalt- und Rekombinationsreaktionen, sog. Reorganisationsreaktionen, statt. Die bei der Reorganisation auftretenden Struktureinheiten lassen sich ebenfalls durch Formeln $PX_3 \rightarrow PY_3$ und $LPX_3 \rightarrow LPY_3$ ausdrücken, wenn X jetzt einen einwertigen Liganden und Y ein brückenbildendes Atom, also z. B. ein Brückensauerstoff- oder Brückenschwefelatom, zwischen zwei Phosphoratomen darstellt.

Ist X beispielsweise Cl und Y ein Brückensauerstoff, so handelt es sich um ein Gleichgewichtssystem, an dem die Struktureinheiten

O ‖ Cl—P—Cl | Cl	O ‖ Cl—P—O— | Cl	O ‖ —O—P—O— | Cl	O ‖ —O—P—O— | O |
Phosphor- oxychlorid	Endgruppe	Mittelgruppe	Verzweigungs- gruppe

beteiligt sein können. Bei verhältnismäßig niedrigen Temperaturen, wie

---

[1] ANDREW, E. R., A. BRADBURY, R. G. EADES u. G. J. JENKS: Nature 188, 1097 (1960).

[2] ANDREW, A. E. R., BRADBURY u. R. G. EADES: Nature 182, 1659 (1958); 183, 1802 (1959).

[3] DREITLEIN, J., u. H. KESSEMEIER: Phys. Rev. 123, 835 (1961).

Zimmertemperatur oder darunter, verlaufen die Reorganisationsreaktionen langsam. Die dann vorliegenden individuellen Moleküle bauen sich aus den genannten Struktureinheiten auf. Beispiele solcher Moleküle sind durch die Formeln I—IV dargestellt.

$$
\text{Cl-P(O)Cl-Cl} \qquad \text{Cl-P(O)-O-P(O)-Cl} \qquad \text{Cl-P(O)-[O-P(O)-]}_n\text{-O-P(O)-Cl}
$$

I   II   III

$$
\text{Cl-P(O)-O-P(O)-[O-P(O)-]}_n\text{-O-P(O)-Cl}
$$

IV

Ist X eine Dimethylaminogruppe und Y wieder ein brückenbildendes Sauerstoffatom, so erhält man analoge Struktureinheiten, die das System der (Poly)phosphoryldimethylamide bilden, usw.

Phosphoryl- und Thiophosphorylhalogenide

Die Systeme der Polyphosphorylhalogenide und Polythiophosphorylhalogenide wurden von GROENWEGHE, PAYNE und VAN WAZER[1] untersucht. Als Ausgangskomponenten werden OPX_3, SPX_3, P_4O_{10} und/oder P_4S_{10} (X = Halogen) eingesetzt, die in der Hitze rasch verlaufenden Reorganisationsreaktionen unterliegen. Die sich einstellenden, vom Molverhältnis der Ausgangskomponenten (und der Temperatur) abhängigen Gleichgewichte wurden mit Hilfe der kernmagnetischen Resonanzspektren analysiert.

Die beim Erhitzen von $OPCl_3$ und P_4O_{10} erhaltenen Reaktionsmischungen zeigen im Spektrum immer 4 Resonanzbanden mit verschiedenen chemischen Verschiebungen, die auf Grund der oben mehrfach beschriebenen Kriterien in folgender Weise dem Molekül bzw. den Struktureinheiten

Cl-P(O)Cl-Cl	—O-P(O)-Cl-Cl	—O-P(O)-O-Cl	—O-P(O)-O-O
$\delta = -2$	$+7$ bis $+11$	$+28$ bis $+32$	$+50 \pm 3$ (breit) $\cdot 10^{-6}$
Phosphoroxychlorid	Endgruppe	Mittelgruppe	Verzweigungsgruppe

zugeschrieben werden konnten. Das aus zwei Endgruppen zusammengesetzte Diphosphorsäuretetrachlorid $Cl_2P(O)-O-P(O)Cl_2$ zeigt eine

[1] GROENWEGHE, L. C. D., J. H. PAYNE u. J. R. VAN WAZER: J. Am. Chem. Soc. 82, 5305 (1960).

chemische Verschiebung von $+10 \cdot 10^{-6}$. Verteilungskurven der verschiedenen Struktureinheiten in Abhängigkeit von der Zusammensetzung $R = \text{Cl}/\text{P}$ ($R = 0$ bis 3) entsprechen Kurven, wie sie erwartet werden müssen, wenn die Reorganisation der Statistik folgt. Abb. 120 zeigt das Spektrum einer Reaktionsmischung, deren Zusammensetzung durch den Parameter $R = 2,00$ beschrieben wird. Die Aufspaltung der den Mittel- und Endgruppen entsprechenden Banden ist auf die Kopplung mit End- bzw. Mittelgruppen zurückzuführen. Die ungleiche Intensität des Dubletts der Endgruppen in Abb. 120 ist eine Folge der

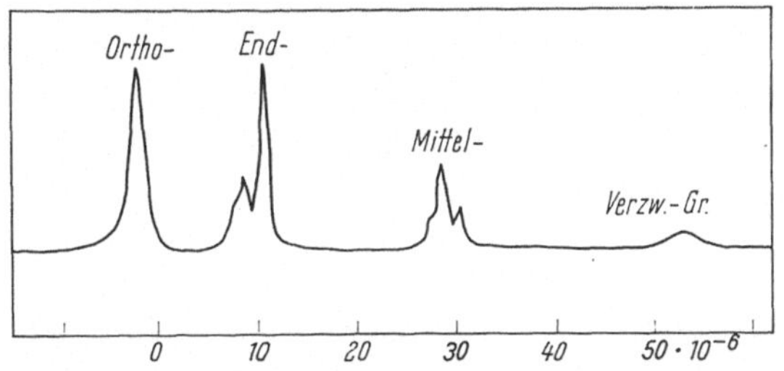

Abb. 120. ^{31}P-Resonanzspektrum einer Gleichgewichtsmischung von Polyphosphorylchloriden mit der Zusammensetzung Cl/P = 2,00 [nach GROENWEGHE et al.]

Anwesenheit von Endgruppen als Diphosphorsäuretetrachlorid. Mehrkernige Moleküle mit chemisch äquivalenten Kernen haben aber nur eine einzelne Resonanzlinie, die im vorliegenden Fall der einen Linie des Dubletts überlagert ist.

Verwendet man als Ausgangskomponenten der Gleichgewichtssysteme außer OPCl_3 und P_4O_{10} noch SPCl_3 und P_4S_{10}, so kann neben dem Verhältnis Cl/P auch das Verhältnis O/S beliebig variiert werden. Während sich die chemischen Verschiebungen der Moleküle bzw. Struktureinheiten im Gleichgewichtszustand im System der Phosphorylchloride über einen Bereich von $-2 \cdot 10^{-6}$ bis $+56 \cdot 10^{-6}$ erstrecken, findet man beim Ersatz von Sauerstoff durch Schwefel in diesem System eine zweite Gruppe von Resonanzlinien in einem Bereich zwischen $-30 \cdot 10^{-6}$ und $+2 \cdot 10^{-6}$, deren Intensität auf Kosten der ersten zunimmt, bis bei einem Verhältnis $S/P = 1:1$ nur noch diese Gruppe auftritt. Bei weiterer Erhöhung des Schwefelgehaltes taucht eine neue Gruppe von Resonanzlinien im Bereich zwischen $-30 \cdot 10^{-6}$ und $-65 \cdot 10^{-6}$ auf. Enthält das System schließlich nur noch P, Cl und S, so besteht das Spektrum endlich nur noch aus dieser zuletzt erwähnten Gruppe von Resonanzlinien.

Die Zuordnung der Resonanzlinien zu einzelnen Molekülen oder Struktureinheiten gründet sich wieder auf die Kenntnisse der chemischen Verschiebung einzelner in den Systemen enthaltener Verbindungen und auf Materialbilanzen. So beträgt die chemische Verschiebung von SPCl_3 $-29 \cdot 10^{-6}$. Fast ebenso groß ist die chemische Verschiebung der Endgruppe $\text{Cl}_2\text{P(S)O}-$ mit dem Schwefelatom in der isolierten Stellung und dem Sauerstoffatom als Brückenglied zur benachbarten Struktureinheit. Sie wurde in der reinen Verbindung $\text{Cl}_2\text{P(S)}-\text{O}-\text{P(S)Cl}_2$ zu

$-28{,}2 \cdot 10^{-6}$ gemessen. Die Resonanzlinie dieser Struktureinheit kann deshalb nicht von der des $SPCl_3$ unterschieden werden. Entsprechend der chemischen Verschiebung der reinen Verbindung $Cl_2P(O)-S-P(O)Cl_2$ wurde die Resonanzlinie bei $-10 \cdot 10^{-6}$ der Endgruppe $Cl_2P(O)S-$ zugeordnet. Sie wurde nur in einigen wenigen der Reaktionsmischungen in kleiner Menge gefunden. Die restlichen Resonanzlinien ließen sich schließlich auf Grund der Materialbilanz zuschreiben:

$$
\begin{array}{ccc}
\overset{\displaystyle S}{\underset{\displaystyle Cl}{\overset{\|}{Cl-P-Cl}}} &
\overset{\displaystyle S}{\underset{\displaystyle Cl}{\overset{\|}{Cl-P-O-}}} &
\overset{\displaystyle O}{\underset{\displaystyle Cl}{\overset{\|}{Cl-P-S-}}} \\[2mm]
\delta = -29 & -28 & -10 \qquad \cdot 10^{-6}
\end{array}
$$

$$
\begin{array}{ccc}
\overset{\displaystyle S}{\underset{\displaystyle Cl}{\overset{\|}{-O-P-O-}}} &
\overset{\displaystyle S}{\underset{\displaystyle O}{\overset{\|}{-O-P-O-}}} &
\overset{\displaystyle S}{\underset{\displaystyle S}{\overset{\|}{-S-P-S-}}} \\[2mm]
\delta = -20 & -3 \text{ (breit)} & -60 \qquad \cdot 10^{-6}
\end{array}
$$

Gleichgewichtssysteme mit einem Molverhältnis $S/P = 1:1$ zeigen im wesentlichen immer nur 3 Resonanzsignale. Daraus ist zu schließen, daß der Schwefel vornehmlich die isolierte Stellung am Phosphor bevorzugt und erst dann als Brückenglied zwischen den Struktureinheiten dient, wenn dies durch das Verhältnis $S/P > 1$ erzwungen wird. Die Autoren weisen darauf hin, daß die chemische Verschiebung von $P_4O_6S_4$ in Schwefelkohlenstoff $-16 \cdot 10^{-6}$ beträgt. Die Strukturermittlung dieser Verbindung ergab, daß das Molekül einen aus vier Struktureinheiten

$$
\overset{\displaystyle S}{\underset{\displaystyle O}{\overset{\|}{-O-P-O-}}}
$$

aufgebauten Käfig darstellt[1]. Die Diskrepanz zwischen den für diese Gruppierung in den Reaktionsgemischen und in dieser Verbindung gefundenen Werten muß wohl mit den Unterschieden in ihrer elektronischen Struktur zusammenhängen. Der Anteil und die Verteilung des π-Charakters um das Phosphoratom scheinen hier wie in zahlreichen anderen Fällen, in denen Schwefel-Phosphor-Bindungen vorliegen, sehr stark variieren zu können[2,3].

Phosphorsäurehalogenide. VAN WAZER und FLUCK[4] untersuchten das System $H_3PO_4-OPCl_3$. Das bemerkenswerteste Ergebnis der Untersuchung dieses Systems war die Beobachtung, daß das Hauptprodukt der Reaktion zwischen Orthophosphorsäure und Phosphorylchlorid freie Dichlorphosphorsäure ist, wenn die Ausgangsmischung der beiden Komponenten zu mehr als 50% aus $OPCl_3$ besteht. Wird von Mischungen

[1] STOSICK, A. J.: J. Am. Chem. Soc. **61**, 1130 (1939).
[2] VAN WAZER, J. R.: J. Am. Chem. Soc. **78**, 5709 (1956).
[3] JAFFÉ, H. H.: J. Inorg. & Nuclear Chem. **4**, 372 (1957).
[4] VAN WAZER, J. R., u. E. FLUCK: J. Am. Chem. Soc. **81**, 6360 (1959).

ausgegangen, die reicher an $OP(OH)_3$ sind, so werden daneben HCl und kondensierte Produkte, die die Struktureinheiten I—IV

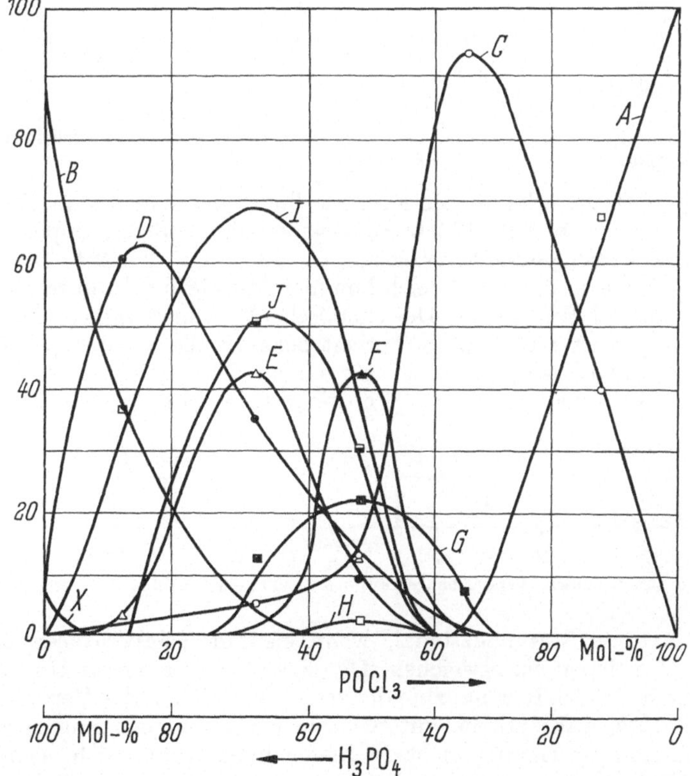

enthalten, gebildet. Die quantitative Zusammensetzung der Gleichgewichtssysteme für alle möglichen Parameter Cl/P wurde in üblicher Weise ermittelt. Eine in äquimolaren Mischungen bei $-18{,}2 \cdot 10^{-6}$ auftretende Resonanzlinie wurde versuchsweise Monochlorphosphorsäure zugeschrieben. Die chemische Verschiebung der Monochlor-Endgruppe II beträgt $-13{,}0 \cdot 10^{-6}$.

Abb. 121. Gleichgewicht im System H_3PO_4—$OPCl_3$ bei 25 und 110°. A = $OPCl_{3/}$, B = $OP(OH)_3$, C = $OPCl_2(OH)$, D = $OP(OH)_2O_{1/2}$ (Phosphat-Endgruppe) und E = $OP(OH)(O_{1/2})_2$ (Phosphat-Mittelgruppe). F ist wahrscheinlich $OP(OH)Cl(O_{1/2})$ (Monochlorphosphat-Endgruppe), G ist wahrscheinlich $OPCl_2(O_{1/2})$ (Dichlorphosphat-Endgruppe) und H wahrscheinlich $OPCl(OH)_2$ (Monochlorphosphorsäure). I stellt den freien Chlorwasserstoff, wie er sich aus der Materialbilanz errechnet, J den als getrennte Phase gemessenen Chlorwasserstoff und X das freie Wasser des Systems dar. Auf der Ordinate sind aufgetragen: % des gesamten Phosphors (Kurven A—H) bzw. Zahl der HCl-Moleküle/100 phosphorhaltige Moleküle oder Struktureinheiten (Kurven I und J) bzw. Zahl der Wassermoleküle/200 phosphorhaltige Moleküle oder Struktureinheiten (Kurve X).

Die (vielleicht nur metastabilen) Gleichgewichtsverhältnisse des Systems, die bei Zimmertemperatur und 110°C untersucht wurden und die innerhalb der Fehlergrenzen der Messung keinen Unterschied aufweisen, können Abb. 121 entnommen werden.

Polyphosphate

Einblick in die Strukturverhältnisse, die in kondensierten Phosphaten vorliegen, gaben Untersuchungen von Callis, Van Wazer, Shoolery und Anderson[1]. Immer ist der Phosphor in den Polyphosphaten von vier Sauerstoffatomen umgeben. Je nach Art der mit diesen Sauerstoffatomen verbundenen Atomen oder Atomgruppen erhält man für das betrachtete Phosphoratom verschiedene chemische Verschiebungen.

Bezeichnet man die in Polyphosphaten denkbaren Struktureinheiten mit

$$
\begin{array}{cccc}
\text{O} & \text{O} & \text{O} & \text{O} \\
\| & \| & \| & \| \\
\text{XO}-\text{P}-\text{OX} & \text{XO}-\text{P}-\text{O}- & -\text{O}-\text{P}-\text{O}- & -\text{O}-\text{P}-\text{O}- \\
| & | & | & | \\
\text{OX} & \text{OX} & \text{OX} & \text{O} \\
\text{Ortho-} & \text{Endgruppe} & \text{Mittelgruppe} & | \\
\text{phosphat} & & & \text{Verzweigungs-} \\
& & & \text{gruppe}
\end{array}
$$

wobei $X = H$, Na oder K sein kann, so findet man chemische Verschiebungen, wie sie in Abb. 122 wiedergegeben sind. Mittelgruppen zeigen chemische Verschiebungen zwischen $18 \cdot 10^{-6}$ und $20 \cdot 10^{-6}$. Die etwas höheren Werte in diesem Bereich kommen Mittelgruppen in sehr langen Ketten oder in Ringen zu. Die chemische Verschiebung von Verzweigungsgruppen ist nicht mit Sicherheit bekannt. Feste, amorphe Ultraphosphate ($Na_2O-P_2O_5$-Gläser mit einem Molverhältnis $Na_2O/P_2O_5 = 0{,}42-0{,}82$ oder azeotrope Phosphorsäure mit $H_2O/P_2O_5 = 0{,}69$)

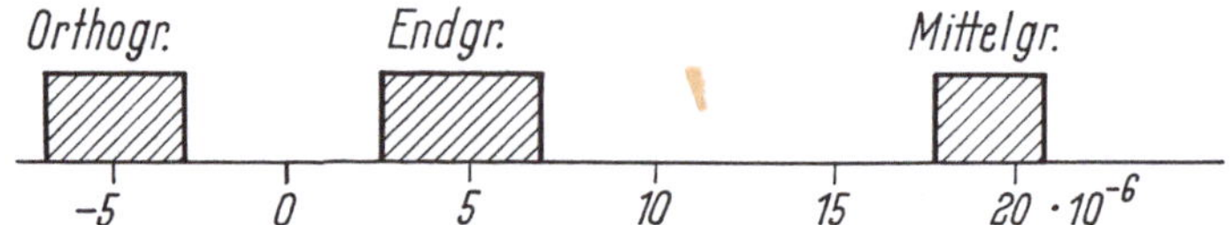

Abb. 122. Chemische Verschiebungen δ_{31P} der Struktureinheiten von Polyphosphaten

zeigen erst ein Resonanzsignal, wenn sie auf Temperaturen erhitzt werden, bei denen sie erweichen. Die einzige, unter diesen Umständen auftretende breite Resonanzbande zeigt eine chemische Verschiebung von $31 \cdot 10^{-6}$, während die mit Sicherheit vorhandenen Mittelgruppen im Spektrum überhaupt nicht in Erscheinung treten, d.h. sich nicht durch ein Resonanzsignal mit der für sie charakteristischen chemischen Verschiebung von etwa $20 \cdot 10^{-6}$ bemerkbar machen. Dies mag darauf zurückzuführen sein, daß bei den angewendeten Temperaturen rasche Reorganisationsprozesse ablaufen, so daß die beobachtete chemische

[1] Callis, C. F., J. R. Van Wazer, J. N. Shoolery u. W. A. Anderson: J. Am. Chem. Soc. 79, 2719 (1957).

Verschiebung einen Durchschnittswert für die bei diesen Reaktionen auftretenden Spaltprodukte darstellt. Die kernmagnetischen ^{31}P-Resonanzspektren der Lösungen von Di-, Tri- und Tetraphosphat sind in Abb. 123 gezeigt.

Das Spektrum von Diphosphat besteht aus einer einzelnen Resonanzlinie, da die beiden Phosphoratome des Ions chemisch äquivalent sind.

Im Spektrum von Triphosphat treten ein Dublett und ein Triplett auf. Das Intensitätsverhältnis der beiden Banden, das 2:1 beträgt, gibt direkt das Verhältnis von End- zu Mittelgruppen an. Das Resonanzsignal der Endgruppen ist in ein. Dublett aufgespalten, da jeder Phosphorkern der Endgruppen mit dem Phosphorkern der Mittelgruppe koppelt, während das Resonanzsignal der Mittelgruppe wegen der Kopplung ihres Phosphorkerns mit den Spins der Endgruppen in ein Triplett aufgespalten ist. Das Spektrum von Tetrapolyphosphat zeigt schließlich zwei Dubletts gleicher Intensität, entsprechend der Existenz zweier End- und zweier Mittelgruppen.

Aus den kernmagnetischen Resonanzspektren von höheren linear

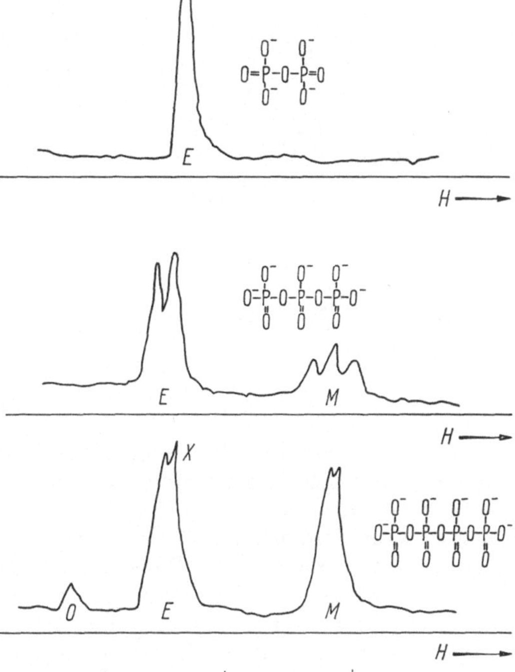

Abb. 123. ^{31}P-Resonanzspektren der Polyphosphationen. E bezeichnet die Banden von Endgruppen, M die von Mittelgruppen. Die Überhöhung X des Dubletts E im Spektrum von Tetrapolyphosphat rührt von Verunreinigungen der Substanz durch Diphosphat her. 0 bezeichnet das Resonanzsignal von Orthophosphat [nach CALLIS et al.]

gebauten Polyphosphaten läßt sich aus dem relativen Verhältnis der Flächen unter den Resonanzbanden von End- und Mittelgruppen leicht die mittlere Kettenlänge ermitteln. Wenn $F_\mathrm{Endgr.}$ und $F_\mathrm{Mittelgr.}$ die Flächen bezeichnen, gilt für die Kettenlänge $\bar{n}$ Gl. (102):

$$\bar{n} = 2\,(F_\mathrm{Endgr.} + F_\mathrm{Mittelgr.})/F_\mathrm{Endgr.}\,. \qquad (102)$$

Phosphorylamide

Das System der (Poly)-Phosphorylamide wurde von SCHWARZMANN und VAN WAZER[1] studiert. Mischungen von Phosphoryltrisdimethylamid, $OP[N(CH_3)_2]_3$ und P_4O_{10} wurden längere Zeit auf die Temperatur

---

[1] SCHWARZMANN, E., u. J. R. VAN WAZER: J. Am. Chem. Soc. **82**, 6009 (1960).

erhitzt, bei der das Gleichgewicht zwischen den Struktureinheiten untersucht werden sollte. In den Spektren der Verbindungen traten maximal 4 Resonanzbanden auf, deren Lage im einzelnen innerhalb eines Bereiches von $2 \cdot 10^{-6}$ oder weniger schwankte, je nach der Zusammensetzung der Mischung. Materialbilanzen erforderten, daß die Resonanzbanden in der folgenden Weise zugeordnet werden:

$$
\begin{array}{cccc}
\delta = & -23 & -11{,}5 & \cdot 10^{-6} \\
& \text{isol. Gruppe} & \text{Endgruppe} &
\end{array}
$$

$$
\begin{array}{cccc}
\delta = & +12{,}0 & +40{,}0 & \cdot 10^{-6} \\
& \text{Mittelgruppe} & \text{Verzw.-Gruppe} &
\end{array}
$$

Die chemischen Verschiebungen, die die Phosphoratome in den verschiedenen Struktureinheiten zeigen, sind in den Reaktionsmischungen und in deren Lösung in CCl_4 innerhalb eines Bereiches von $1 \cdot 10^{-6}$ die gleichen. Eine Aufspaltung der einzelnen Resonanzbande infolge Kopplung mit dem benachbarten Phosphorkern wurde in den meisten Spektren nicht beobachtet. Erst bei sehr großer Auflösung tritt eine sehr komplexe Feinstruktur zutage, die auf die Spin-Spin-Kopplung der Phosphoratome mit den Wasserstoffatomen der Methylgruppen und mit den benachbarten, chemisch nicht äquivalenten Phosphoratomen zurückgeht. Die quantitative Analyse der Spektren für verschiedene Mischungsverhältnisse der Ausgangskomponenten $OP[N(CH_3)_2]_3$ und P_4O_{10} führte zu den Gleichgewichtskonstanten

$$
\frac{[\text{Endgruppen}]\,[\text{Verzweigungsgruppen}]}{[\text{Mittelgruppen}]^2} = (6 \pm 2) \cdot 10^{-4}
$$

$$
\frac{[\text{isol. Gruppen}]\,[\text{Mittelgruppen}]}{[\text{Endgruppen}]^2} = (2{,}6 \pm 0{,}3) \cdot 10^{-2}
$$

Fluorophosphorsäuren

Die großen Vorteile, die die kernmagnetische Resonanzspektroskopie bei der Untersuchung von Gleichgewichtssystemen bietet, deren Komponenten Atome mit einem magnetischen Moment enthalten, machten sich AMES, OHASHI, CALLIS und VAN WAZER[1] bei der Untersuchung des Systems der Fluorphosphorsäuren zunutze. Im Gleichgewichtssystem

[1] AMES, D. P., S. OHASHI, C. F. CALLIS u. J. R. VAN WAZER: J. Am. Chem. Soc. 81, 6350 (1959).

$H_2O-HF-P_2O_5$ können neun verschiedene Komponenten auftreten, die entweder isolierte Moleküle oder Struktureinheiten größerer Komplexe sein können. Aus den Phosphor- und Fluorspektren konnten die Autoren die folgenden Komponenten quantitativ bestimmen: Mono- und Difluorphosphorsäure, Hexafluorphosphorsäure, Orthophosphorsäure, End- und Mittelgruppen von Polyphosphatketten, Wasser, freie Flußsäure sowie wahrscheinlich Monofluorophosphat - Endgruppen. Die kernmagnetischen ^{19}F- u. ^{31}P-Resonanzspektren einer typischen Gleichgewichtsmischung im System H_2O–HF–P_2O_5 sind in den Abb. 124 und 125 gezeigt.

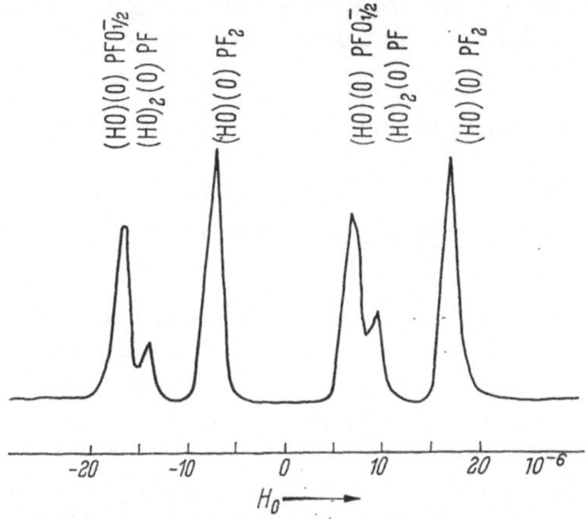

Abb. 124. ^{19}F-Resonanzspektrum einer Gleichgewichtsmischung im System H_2O—HF—P_2O_5 [nach AMES et al.]

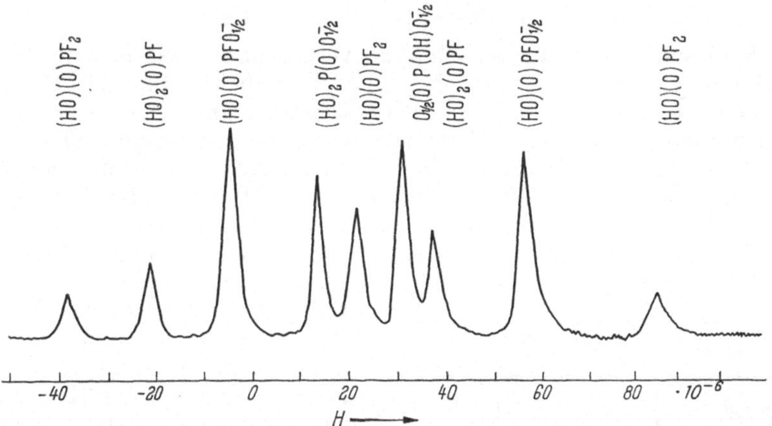

Abb. 125. ^{31}P-Resonanzspektrum einer Gleichgewichtsmischung im System H_2O—HF—P_2O_5 [nach AMES et al.]

Die beobachteten chemischen Verschiebungen und Kopplungskonstanten von HF, $FPO(OH)_2$, $F_2PO(OH)$, HPF_6 und H_3PO_4 sowie von PO_4-End- und Mittelgruppen stimmten mit den schon früher beschriebenen Werten überein. Kleine Unterschiede ergaben sich lediglich in Abhängigkeit von der Konzentration an Wasser, da diese den Ionisierungsgrad beeinflußt. Die gewonnenen experimentellen Daten erlaubten die Bestimmung von Gleichgewichtskonstanten z. B. für die Systeme

$$H_3PO_4 + HF = H_2PO_3F + H_2O$$
$$2\ H_3PO_4 + 3\ HF = H_2PO_3F + HPO_2F_2 + 3\ H_2O$$
$$3\ H_3PO_4 + 9\ HF = H_2PO_3F + HPO_2F_2 + HPF_6 + 7\ H_2O$$

Im Bereich des Spektrums, in dem die Resonanzsignale für die Mittel- und Endgruppen auftreten, wurde im ^{31}P-Spektrum ein bis dahin nicht beschriebenes Dublett beobachtet. Da auch im ^{19}F-Spektrum ein entsprechendes Dublett auftrat, lag es nahe, dieses Resonanzsignal einer Struktureinheit zuzuordnen, die ein Phosphor- und ein Fluoratom enthält. Dafür können sowohl eine Endgruppe

$$O = \overset{\overset{\textstyle F}{|}}{\underset{\underset{\textstyle O^-}{|}}{P}} - O -$$

wie auch eine Mittelgruppe

$$- O - \overset{\overset{\textstyle O}{\|}}{\underset{\underset{\textstyle F}{|}}{P}} - O -$$

in Frage kommen. Die Autoren geben jedoch aus theoretischen Überlegungen der Existenz von Endgruppen in Systemen der untersuchten Art mehr Wahrscheinlichkeit. Die Kopplungskonstante für diese Struktureinheit beträgt 944 ± 2 Hz, die chemische Verschiebung ist in geringem Maße von der Zusammensetzung der Mischung abhängig. Die Linien des Dubletts treten im ^{31}P-Spektrum bei $(-4{,}3 \pm 1) \cdot 10^{-6}$ und $(+54 \pm 1) \cdot 10^{-6}$, im ^{19}F-Spektrum bei $(-16{,}5 \pm 1) \cdot 10^{-6}$ und $(+7{,}1 \pm 1) \cdot 10^{-6}$ (die letzteren Werte beziehen sich auf Trifluoressigsäure als Standard) auf.

d) Spin-Spin-Kopplung

Spin-Spin-Kopplung bei Phosphorverbindungen wurde zum ersten Mal von GUTOWSKY et al.[1] bei Phosphoryldichloridfluorid, $OPCl_2F$, beobachtet. Später sind zahlreiche Beispiele untersucht worden, in denen Fluor, aber auch andere Atome mit einer Kernspinzahl $I = 1/2$ (bzgl. Kernen mit Spinzahlen $I \geqq 1$, vgl. S. 36) direkt an Phosphor gebunden sind, wie z. B. PF_3, $F_2P(O)OH$ und PF_6^- oder PH_3, $H_2P(O)OH$ u. v. a. Die beobachtete Aufspaltung der Resonanzlinien des Phosphors durch die Fluor- oder Wasserstoffkerne entspricht den in Abschnitt 5 a aufgestellten Regeln für die Spin-Spin-Kopplung zweier oder mehrerer Kerne mit sehr verschiedenen Resonanzfrequenzen. Die Kopplungskonstanten J sind von der Feldstärke unabhängig, wie dort ebenfalls ausgeführt worden ist. Sie sind für viele Phosphorverbindungen gemessen und in Tab. III b (Anhang) zusammengestellt. Tab. 52 zeigt die Multiplizität der ^{31}P-Resonanzbanden und die relativen Intensitäten ihrer Komponenten für eine Auswahl von Verbindungen mit Phosphor-Fluor- und Phosphor-Wasserstoff-Bindungen.

Tabelle 52. *Multiplizität der ^{31}P-Resonanzbande und relative Intensitäten der Linien des Multipletts*

Verbindung	Multiplizität und relative Intensitäten
$POCl_2F$	1—1
$POClF_2$	1—2—1
$OP(OH)F_2$	1—2—1
$(CH_3O)PF_2$	1—2—1
PF_3	1—3—3—1
HPF_6	1—6—15—20—15—6—1
$HPO(OH)_2$	1—1
$H_2PO(OH)$	1—2—1

---

[1] GUTOWSKY, H. S., D. W. McCALL, B. R. McGARVEY u. L. H. MEYER: J. Am. Chem. Soc. **74**, 4809 (1952).

Verbindungen, bei denen das Phosphoratom direkt an das fragliche Atom, z. B. Wasserstoff-, Fluor- oder Phosphoratom gebunden ist, zeigen große Kopplungskonstanten. Unter Berücksichtigung der bis jetzt bekannten Werte liegen die Kopplungskonstanten J_{PH} bei Verbindungen des dreibindigen Phosphors in einem Bereich zwischen 180 und 210 Hz, die Kopplungskonstanten J_{PH} bei Phosphorverbindungen mit der Koordinationszahl 4 im Bereich von 490—700 Hz. Phosphor-Fluor-Verbindungen mit dreibindigem Phosphor haben Kopplungskonstanten J_{PF} zwischen 570 und 1420 Hz, solche mit vierbindigem

Phosphor zwischen 980 und 1190 Hz. Verbindungen, in denen ein Phosphoratom direkt mit einem anderen, chemisch nicht äquivalenten Phosphoratom verbunden ist, zeigen Kopplungskonstanten J_{PP} in der Größenordnung von 10^2—10^3 Hz.

Um eine bis zwei Größenordnungen kleiner sind die Kopplungskonstanten, wenn die Atome, deren Kerne in Wechselwirkung treten,

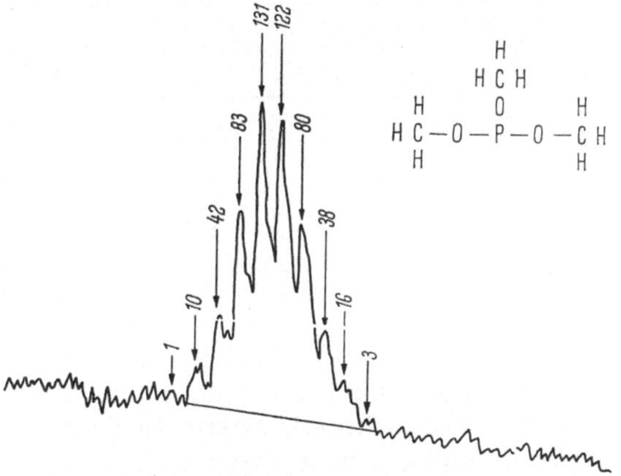

Abb. 126. ^{31}P-Resonanzspektrum von Trimethylphosphit [nach CALLIS et al.]

durch *ein* anderes Atom, also zwei Bindungen, voneinander getrennt sind. J_{PH} liegt dann sowohl bei drei- wie auch vierbindigen Phosphorverbindungen zwischen 10 und 20 Hz. Ähnliche Werte werden manchmal auch beobachtet, wenn zwei Atome, d. h. drei Bindungen zwischen den koppelnden Kernen liegen. Sie sind in vielen Fällen noch gut zu erkennen. Dies gilt insbesondere dann, wenn es sich bei den beiden Atomen um ein Kohlenstoff- und ein Sauerstoffatom, ein Kohlenstoff- und ein Schwefelatom oder ein Kohlenstoff- und ein Stickstoffatom handelt, während Aufspaltungen durch Kopplung über zwei Kohlenstoffatome hinweg immer sehr klein sind ($J < 5$ Hz). So zeigt Abb. 126 das ^{31}P-Resonanzspektrum von Trimethylphosphit[1], in dem noch acht der zehn zu erwartenden Linien gut zu beobachten sind. Die Intensitäten der Linien, wie sie in Abb. 126 angegeben sind, entsprechen weitgehend dem für die Kopplung mit neun Protonen berechneten Intensitätsverhältnis der Komponenten des Multipletts: $1:9:36:84:126:84:36:9:1$.

Dagegen gelingt es bei der heute zu erreichenden Auflösung noch nicht, im Spektrum von Triphenylphosphit, wo die Wechselwirkung über mindestens drei Atome hinweg erfolgen muß, eine sehr deutliche Aufspaltung der ^{31}P-Resonanzlinie zu beobachten.

---

[1] CALLIS, C. F., J. R. VAN WAZER, J. N. SHOOLERY u. W. A. ANDERSON: J. Am. Chem. Soc. **79**, 2719 (1957).

Die Bereiche, in die die für einige Verbindungsklassen an drei und mehr Verbindungen beobachteten Kopplungskonstanten J_{PH} und J_{PF} fallen, sind von GROENWEGHE, MAIER und MOEDRITZER[1] tabellarisch zusammengefaßt worden. Sie sind in Tab. 53 wiedergegeben.

Die Unabhängigkeit der Kopplungskonstante J von der Temperatur innerhalb der Meßgenauigkeit wurde von GUTOWSKY et al.[2] an einer Reihe von Phosphorverbindungen bestätigt. Messungen der Größe J_{PF} führten in $OPCl_2F$ bei $-55°$ und $-90°$, in $(CH_3O)PF_2$ bei $-130°$ und Zimmertemperatur und in HPF_6 bei $-80°$ und Zimmertemperatur zu den gleichen Werten.

Messungen von Kopplungskonstanten an Phosphorverbindungen bei sehr kleinen Feldstärken sind von ROUX ausgeführt worden. In solchen schwachen Magnetfeldern wird die chemische Verschiebung, die ja der Feldstärke proportional ist, verschwindend klein, so daß die beobachteten Aufspaltungen ausschließlich von der Wechselwirkung der Kernspins herrühren. Dies kann in bestimmten Fällen die Interpretation eines Spektrums wesentlich erleichtern. Darüber hinaus wird die Genauigkeit der Bestimmung von J vergrößert, da für diese die Größe $\Delta H_0/H_0$ maßgeblich ist.

Tabelle 53. *Kopplungskonstanten J_{PH} und J_{PF} in verschiedenen Verbindungstypen (X = Halogen, Y = Halogen oder Wasserstoff, Z = beliebiger Ligand, $n = 1, 2$ oder 3)*

Verbindungstyp	$(J_{PH}$ bzw. J_{PF} Hz)
$(ZCH_2-S)_nPX_{3-n}$	11 ± 3
YCH_2-PX_2	19 ± 5
$XCH_2-P(O)Z_2$	13 ± 3
$H-PR_2$	198 ± 14
$F-P(O)RX$	1110 ± 89

ROUX hat die Kopplungskonstanten J_{PH} von phosphoriger Säure $HP(O)(OH)_2$ und unterphosphoriger Säure $H_2P(O)(OH)$ und ihren Natriumsalzen in wäßriger Lösung bestimmt und ihre Abhängigkeit vom Dissoziationsgrad festgestellt[3]. Genaue Messungen der Kopplungskonstanten bei kleinen Feldstärken ergaben, daß J_{PH} in konzentrierten Lösungen beider Säuren größer ist als in den Lösungen ihrer Natriumsalze. Setzt man der Lösung der Natriumsalze von $HP(O)(OH)_2$ bzw. $H_2P(O)(OH)$ Salzsäure zu, so steigt der Wert der Kopplungskonstanten linear mit der Menge der zugesetzten Säure an, bis zwei bzw. ein Mol Salzsäure pro Mol der Natriumsalze zugefügt sind. Die gleichen Werte der Kopplungskonstanten findet man auch in entsprechenden Mischungen der Säure mit ihrem Salz, wie es wegen des raschen Protonenaustausches zu erwarten ist. In den Lösungen der reinen Säuren wächst die Kopplungskonstante mit zunehmender Konzentration. Dies alles zeigt, daß die Kopplung mit zunehmender Dissoziation abnimmt.

Diese Ergebnisse sind von ROUX[4] und FRANK[5] hauptsächlich auf zwei Effekte zurückgeführt worden, die besonders augenfällig bei den Fluorphosphorsäuren in Erscheinung treten.

---

[1] GROENWEGHE, L. C. D., L. MAIER u. K. MOEDRITZER: J. Phys. Chem. **66**, 901 (1962).

[2] GUTOWSKY, H. S., D. W. McCALL u. C. P. SLICHTER: J. Chem. Phys. **21**, 279 (1953).

[3] ROUX, D. P., u. G. J. BENÉ: J. Chem. Phys. **26**, 968 (1957).

[4] ROUX, D. P.: Arch. sci. (Geneva) **10**, 217 (1957); Helv. Phys. Acta **31**, 511 (1958).

[5] FRANK, P. J.: Helv. Phys. Acta **31**, 542 (1958).

Bezeichnet man die Kopplungskonstante J_{PF} in Difluorphosphorsäure $F_2P(O)OH$ mit J_I und J_{PF} in Monofluorphosphorsäure $FP(O)(OH)_2$ mit J_{II}, so findet man nach Tab. III b (Anhang) $J_I > J_{II}$. Dies kann darauf zurückgeführt werden, daß das stark elektronegative Fluoratom die Bindung zwischen Phosphor und Fluor in dem Sinne polarisiert, daß Fluor eine teilweise negative Ladung $\overset{\ominus}{F}-\overset{\oplus}{P}$ erhält. Wäre die Polarisation vollständig, d. h. würde es sich um eine ionische Bindung handeln, so könnte man überhaupt keine Kopplung beobachten. Die Polarisation der Bindung ist nun in Monofluorophosphorsäure stärker ausgeprägt als in Difluorophosphorsäure, wo zwei Fluoratome elektronenziehend wirken, d. h. die P–F-Bindung hat in $FP(O)(OH)_2$ mehr Ionencharakter als in $F_2P(O)(OH)$. Dementsprechend ist zu erwarten, daß $J_I > J_{II}$ ist.

In entgegengesetzter Richtung wirkt ein zweiter Effekt. Der Ionencharakter der P–F-Bindung wird nämlich durch elektronische Strukturen wie $F-\overset{\ominus}{P}=OH^{\oplus}$ vermindert. Das statistische Gewicht derartig polarisierter Strukturen nimmt mit der Zahl der OH-Gruppen zu, so daß die ausschließliche Berücksichtigung dieses Effektes zur Folge hätte, daß $J_I < J_{II}$ würde. Es ist offensichtlich und in Übereinstimmung mit dem Meßergebnis, daß dieser Effekt in den Fluorphosphorsäuren gegenüber dem zuerst beschriebenen kein großes Gewicht hat.

Umgekehrt liegen die Verhältnisse nun bei der phosphorigen und der unterphosphorigen Säure. Hier überwiegt wegen der etwa gleich großen Elektronegativität von P und H der zweite Effekt. Tatsächlich findet man, daß die Kopplungskonstante J_{PH} in $H_2P(O)(OH)$ kleiner ist als in $HP(O)(OH)_2$.

Ganz analog kann auch erklärt werden, weshalb J_{PF} in $FP(O)(ONa)_2$ kleiner ist als in $FP(O)(OH)_2$.

e) Analyse mehrkerniger Phosphorverbindungen

Phosphornitridhalogenide

Die Strukturen einer großen Zahl mehrkerniger Phosphorverbindungen verschiedenen Typs wurden von FLUCK[1,2,3,4,5,6] mit Hilfe der kernmagnetischen ³¹P-Resonanzspektren aufgeklärt und bewiesen. Im folgenden sind diese Analysen der Spektren ausführlich für je einen Vertreter der häufig vorkommenden Molekültypen AB, A_2, AB_2, ABX und AX_2Y durchgeführt, um damit die Anwendung der in Abschnitt 7 wiedergegebenen Schemata für die Übergangsenergien und deren Intensitäten zu illustrieren.

---

[1] FLUCK, E.: Chem. Ber. **94**, 1388 (1961).
[2] FLUCK, E.: Z. anorg. u. allgem. Chem. **315**, 181 (1962).
[3] FLUCK, E.: Z. anorg. allgem. Chem. **315**, 191 (1962).
[4] BECKE, M., E. FLUCK u. W. LEHR: Z. Naturforsch. **17 b**, 126 (1962).
[5] FLUCK, E.: Z. anorg. u. allgem. Chem. (im Druck).
[6] BECKE-GOEHRING, M., u. E. FLUCK: Angew. Chem. **74**, 382 (1962).

AB. Zum Molekültyp AB gehört das Phosphornitridchlorid $Cl_3PNPOCl_2$ (I). Das kernmagnetische Resonanzspektrum dieser Verbindung ist in Abb. 127 gezeigt. Es besteht aus zwei Dubletts A und B, die von den beiden chemisch nicht äquivalenten Phosphorkernen P_A

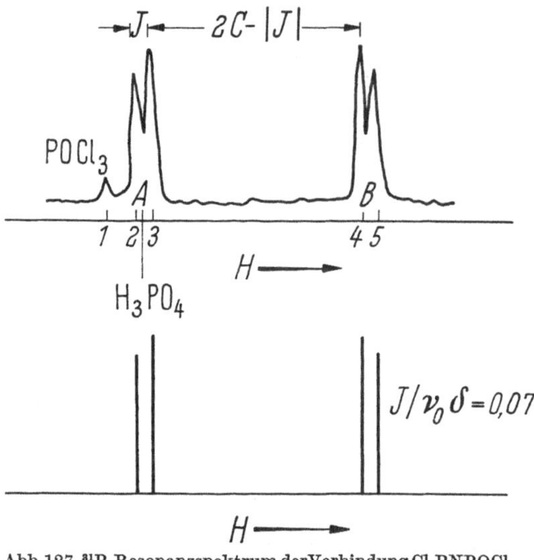

Abb.127. ^{31}P-Resonanzspektrum der Verbindung $Cl_3PNPOCl_2$, (1) — 38,9 Hz, (2) — 5,8 Hz, (3) + 9,7 Hz, (4) + 224,3 Hz, (5) + 239,7 Hz (Radiofrequenz 16,2 MHz) und Spektrum eines Moleküls vom Typ AB für das Verhältnis $J/\nu_0 \delta = 0,07$

und P_B herrühren. Die Resonanzmaxima des Spektrums wurden gegen die Resonanzlinie von $OPCl_3$ gemessen und auf die Resonanzlinie von 85 %iger H_3PO_4 bezogen. Die Messung ergab die im Text zu Abb. 127 angegebenen Daten (die chemische Verschiebung von $OPCl_3$ gegenüber H_3PO_4 wurde zu −38,9 Hz angenommen). Die Aufspaltung der beiden Resonanzbanden A und B wurde zu 15,4 ± 0,3 Hz gemessen.

Die Analyse des Spektrums wurde nach POPLE, SCHNEIDER und BERNSTEIN[1] vorgenommen. Bedeutet α die Wellenfunktion des Zustandes mit $I_z = 1/2$, β die Wellenfunktion des Zustandes mit $I_z = -1/2$ und werden die Produktfunktionen $\alpha\alpha$, $\alpha\beta$, $\beta\alpha$ und $\beta\beta$ mit 1, 2, 3 und 4 bezeichnet, so ergeben sich für die Energien der Übergänge und die Intensitäten die in Tab. 54 wiedergegebenen Werte. J ist die Kopplungskonstante für $P_A P_B$. Da sie gleich der Aufspaltung des Dubletts A oder

Tabelle 54. *Übergänge, Energien und relative Intensitäten im ^{31}P-Resonanzspektrum der Verbindung $Cl_3P=N—P(O)Cl_2$*

Übergänge	Energie (Hz) (bezogen auf die mittlere Energie $\nu_0 [1 — 1/2\sigma_A — 1/2\sigma_B]$)		Relative Intensitäten		
				berechnet	beobachtet[2]
$3 \to 1$	$1/2\,J + C$	122,7	$1 — \sin 2\theta$	0,87	0,84
$4 \to 2$	$-1/2\,J + C$	107,3	$1 + \sin 2\theta$	1,00	1,00
$2 \to 1$	$1/2\,J — C$	−107,3	$1 + \sin 2\theta$	1,00	1,00
$4 \to 3$	$-1/2\,J — C$	−122,7	$1 — \sin 2\theta$	0,87	0,84

[1] POPLE, J. A., W. G. SCHNEIDER u. H. J. BERNSTEIN: High-resolution Nuclear Magnetic Resonance. New York-Toronto-London: McGraw-Hill Book Company, Inc. 1959.

[2] Als Maß für die Intensität diente hier die Höhe der Maxima, da eine Integrierung der Flächen nicht möglich war.

des Dubletts B ist, kann sie direkt aus dem Spektrum entnommen werden. Sie beträgt $15,4 \pm 0,3$ Hz. Die Aufspaltung von A und B erwies sich als von der Feldstärke des Magnetfeldes unabhängig. Die Kopplungskonstante $J_{P_A P_B}$ für zwei über Stickstoff verbundene Phosphoratome liegt in der gleichen Größenordnung wie die Kopplungskonstante für zwei über eine Sauerstoffbrücke miteinander verbundene Phosphoratome.

Die Größe C und der Winkel θ in Tab. 54 sind durch die Gl. (103) und (104) definiert.

$$C \cdot \cos 2\theta = 1/2 \, (\sigma_B - \sigma_A) \tag{103}$$

$$C \cdot \sin 2\sigma = 1/2 \, J \tag{104}$$

$$C = + \frac{1}{2} \, [(\nu_0 \delta)^2 + J^2]^{1/2} \tag{105}$$

$\nu_0 \delta$ ist die chemische Verschiebung, $\delta = \sigma_B - \sigma_A$ die Differenz der Abschirmungskonstanten der beiden Kerne.

Da der Abstand der beiden inneren Resonanzmaxima gleich $2C - J$ ist, läßt sich hieraus C und damit aus Gl. (105) die Verschiebung der Resonanzlinien relativ zueinander berechnen. Man findet für $\nu_0 \delta$ einen Wert von 230 Hz oder $14,2 \cdot 10^{-6}$. Die chemischen Verschiebungen der beiden Phosphorkerne der Verbindung gegenüber 85%iger Orthophosphorsäure betragen $(+0,1 \pm 0,5) \cdot 10^{-6}$ und $(+14,2 \pm 0,5) \cdot 10^{-6}$.

Aus der Größe dieser chemischen Verschiebungen muß man schließen, daß die beiden Phosphoratome in der Verbindung die Koordinationszahl 4 haben.

Abb. 127 zeigt das für ein Molekül vom Typ AB mit einem Verhältnis $J/\nu_0 \delta = 0,07$ zu erwartende Spektrum. Die Übereinstimmung mit dem gefundenen Spektrum ist gut.

Im vorliegenden Fall lassen sich die beiden Resonanzbanden A und B mit großer Wahrscheinlichkeit bestimmten Phosphoratomen des Moleküls zuordnen. Es muß nämlich erwartet werden, daß die Substituenten am Phosphoratom P_A den Phosphorkern schwächer abschirmen als die Substituenten am Phosphoratom P_B. Die Abschirmung wächst im allgemeinen mit zunehmender Elektronegativität der Substituenten, und daher führt der Ersatz von Sauerstoff durch alle Elemente außer Fluor zu einer negativen chemischen Verschiebung, d. h. zu einer verringerten Abschirmung. P_A unterscheidet sich von P_B dadurch, daß ein Sauerstoffatom durch Cl als Ligand ersetzt ist, so daß für P_A die weniger starke Abschirmung zu erwarten ist.

A_2. Das kernmagnetische ^{31}P-Resonanzspektrum von Diphosphorsäuretetrachlorid, $P_2O_3Cl_4$ (I) zeigt wegen der Äquivalenz der beiden

$$\begin{array}{ccc} Cl & & Cl \\ | & & | \\ O{=}P{-}O{-}P{=}O \\ | & & | \\ Cl & & Cl \end{array}$$

I

Phosphoratome im Molekül nur *eine* Resonanzlinie. Die chemische Verschiebung wurde zu $(+10,0 \pm 0,5) \cdot 10^{-6}$ bestimmt. Das Molekül gehört wie das im folgenden beschriebene Kation II zum Strukturtyp A_2.

Bei der Umsetzung von PCl_5 mit NH_4Cl in polaren Lösungsmitteln erhielten BECKE-GOEHRING und LEHR[1] eine kristalline Substanz der Zusammensetzung P_3NCl_{12}, für die die Strukturformel II vorgeschlagen wurde. Chemische Untersuchungen bewiesen

$$[Cl_3P=N-PCl_3]\,[PCl_6] \quad \leftrightarrow \quad [Cl_3P-N=PCl_3]\,[PCl_6]$$
$$\text{II a} \qquad\qquad\qquad\qquad \text{II b}$$

die Struktur des Kations der Verbindung. Es blieb aber die Frage offen, ob das Anion $[PCl_6]^-$, dessen Existenz im kristallinen Phosphorpentachlorid röntgenographisch gesichert ist, tatsächlich auch in Lösung existiert. Diese Frage ließ sich mit Hilfe des ^{31}P-Resonanzspektrums der in Nitromethan gelösten Verbindung II beantworten.

Das Spektrum der Lösung zeigt zwei isolierte Singuletts mit den chemischen Verschiebungen $(-2,4 \pm 1) \cdot 10^{-6}$ und $\sim +305 \cdot 10^{-6}$ (bezogen auf 85%ige wäßrige H_3PO_4). Das Maximum bei $\sim +305 \cdot 10^{-6}$ kann nur einem Phosphoratom zugeordnet werden, das von sechs Chloratomen umgeben, d. h. außerordentlich stark abgeschirmt ist. PCl_5 weist beispielsweise nur eine chemische Verschiebung von $(+80 \pm 1) \cdot 10^{-6}$ auf. Hiermit wurde erstmals eindeutig nachgewiesen, daß $[PCl_6]^-$-Ionen nicht nur im Kristallgitter, sondern auch in Lösung beständig sind, ohne in PCl_5 und Cl^- zu dissoziieren. Daß für die beiden Phosphoratome im Kation nur ein Singulett beobachtet wird, ist im Einklang mit der vorgeschlagenen Struktur II und beweist, daß die beiden Phosphoratome chemisch äquivalent sind, d. h. daß das Kation tatsächlich vom Typ A_2 ist.

AB_2. Bei der weiteren Reaktion der Verbindung P_3NCl_{12} mit NH_4Cl[2] wurde eine Verbindung der Zusammensetzung P_2NCl_7 isoliert. Den Beweis für die Struktur dieser Verbindung brachte wieder eine eingehende Untersuchung des kernmagnetischen ^{31}P-Resonanzspektrums der Substanz. Das Spektrum schließt von vornherein eine Struktur III, wie sie

$$\begin{bmatrix} & Cl & \\ & | & \\ Cl-&P&-Cl \\ & | & \\ & Cl & \end{bmatrix} \begin{bmatrix} & Cl & \\ & | & \\ Cl-&P&\equiv N \\ & | & \\ & Cl & \end{bmatrix}$$
$$\text{III}$$

für die Verbindung der Bruttozusammensetzung P_2NCl_7 nach einer Vorstellung von GLEMSER denkbar wäre, aus. Eine solche Struktur der Verbindung ließe im ^{31}P-Resonanzspektrum nur zwei Singuletts erwarten. Das Spektrum ist jedoch wesentlich komplizierter. Es ist in Abb. 128 wiedergegeben. Der linke Teil des Spektrums mit den Banden A und B ist vom AB_2-Typ. Er rührt von drei Phosphoratomen her, die über jeweils ein anderes Atom miteinander verbunden sind. Zwei der P-Atome sind chemisch äquivalent. Die Intensitäten der Linien lassen erkennen, daß die Resonanzbande B den beiden chemisch äquivalenten P-Atomen P_B zugeordnet werden muß, während die Bande A vom zentralen Phosphoratom herrührt. Der rechte Teil des Spektrums zeigt ein Singulett Z

[1] BECKE-GOEHRING, M., u. W. LEHR: Chem. Ber. **94**, 1591 (1961).
[2] Vgl. BECKE-GOEHRING, M., u. E. FLUCK: Z. angew. Chem. **74**, 382 (1962).

von der gleichen Intensität wie die Bande A. Es hat die gleiche chemische Verschiebung wie das Singulett bei hohem Feld im Spektrum der Verbindung $[Cl_3P{=}N{-}PCl_3]$ $[PCl_6]$, nämlich etwa $+305 \cdot 10^{-6}$ und muß dem Phosphorkern in einem $[PCl_6]^-$-Ion zugeordnet werden. Dieses Spektrum

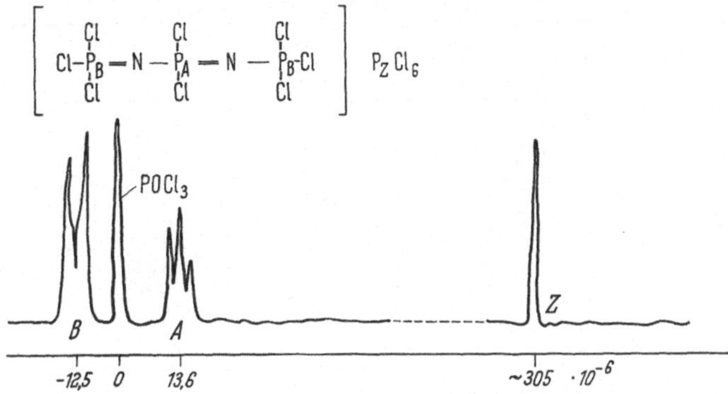

Abb.128. Kernmagnetisches ^{31}P-Resonanzspektrum der Verbindung $[Cl_3P{=}N{-}PCl_2{=}N{-}PCl_3]$ $[PCl_6]$ in Nitromethan

beweist, daß die Verbindung die Molekülgröße $[P_2NCl_7]_2$ und die Konstitution, wie sie durch die Formeln IVa und IVb dargestellt wird, hat. Andere denkbare Strukturen und Molekülgrößen werden ausgeschlossen.

$$\begin{bmatrix} \overset{\displaystyle Cl}{\underset{\displaystyle Cl}{Cl{-}P}}{=}N{-}\overset{\displaystyle Cl}{\underset{\displaystyle Cl}{P}}{=}N{-}\overset{\displaystyle Cl}{\underset{\displaystyle Cl}{P}}{-}Cl \end{bmatrix} \begin{bmatrix} PCl_6 \end{bmatrix} \leftrightarrow \begin{bmatrix} \overset{\displaystyle Cl}{\underset{\displaystyle Cl}{Cl{-}P}}{-}N{=}\overset{\displaystyle Cl}{\underset{\displaystyle Cl}{P}}{-}N{=}\overset{\displaystyle Cl}{\underset{\displaystyle Cl}{P}}{-}Cl \end{bmatrix} \begin{bmatrix} PCl_6 \end{bmatrix}$$

IVa   IVb

Die chemischen Verschiebungen der Phosphorkerne wurden gegenüber dem als Standard benutzten $OPCl_3$ zu (B) $-166,5$ Hz, (A) $+262,0$ Hz und (Z) $+5160$ Hz gemessen (Radiofrequenz 16,2 MHz). Berücksichtigt man die aus mehreren Spektren ermittelte Fehlerbreite und bezieht man wie üblich auf 85%ige H_3PO_4, so ergeben sich für die chemischen Verschiebungen die Werte (B) $(-12,5 \pm 1) \cdot 10^{-6}$, (A) $(+14,0 \pm 1) \cdot 10^{-6}$ und (Z) $(+305 \pm 5) \cdot 10^{-6}$. Die Bande B stellt ein Dublett dar. Die von der Kopplung der Phosphorkerne P_B mit dem Kern P_A herrührende Aufspaltung beträgt $45,3 \pm 1,1$ Hz. Die Bande A besteht aus einem Triplett. Der Abstand der äußeren Maxima wurde zu $90,8 \pm 2,0$ Hz gemessen.

Die Synthese eines Spektrums vom Typ AB_2 mit den aus dem beobachteten Spektrum entnommenen Werten für die chemische Verschiebung von P_B und P_A und der Kopplungskonstanten wurde nach POPLE, SCHNEIDER und BERNSTEIN durchgeführt. Das für die Struktur des Spektrums allein maßgebliche Verhältnis $J/\nu_0\,(\sigma_B - \sigma_A)$ beträgt 0,106. Es ergeben sich für die Größen C_+ und C_- die Werte $C_+ = 227,8$ und $C_- = 205,4$, und für die Winkel θ_+ und θ_- gilt $\sin 2\theta_+ = 0,141$ und $\sin 2\theta_- = 0,156$. Die Energien der Übergänge und die relativen Inten-

sitäten des berechneten Spektrums sind in Tab. 55 und Abb. 129 wiedergegeben. Aus dem Spektrum geht hervor, daß die Abschirmung der Kerne
P_B schwächer als die Abschirmung der Kerne P_A ist, d. h. es gilt $\sigma_B \sigma_A$.

Tabelle 55. *Energien und Intensitäten im berechneten und beobachteten Spektrum des Ions* $[Cl_3P=N—PCl_2=N—PCl_3]^+$

Linie [1]	Ursprung	Energie (Hz) (bez. auf Linie 6)		Relative Intensitäten	
		berechnet	beobachtet	berechnet	beobachtet
1	B	—452,6	⎫ —451,2	1,80	⎫ 3,4
2	B	—450,9	⎭	1,87	⎭
3	B	—407,2	⎫ —405,9	2,19	⎫ 4,6
4	B	—406,1	⎭	2,23	⎭
5	A	— 43,8	— 42,4	1,17	1,1
6	A	0	⎫ 2,0	1,00	⎫ 2,1
7	A	4,7	⎭	0,99	⎭
8	A	48,4	48,4	0,81	0,8

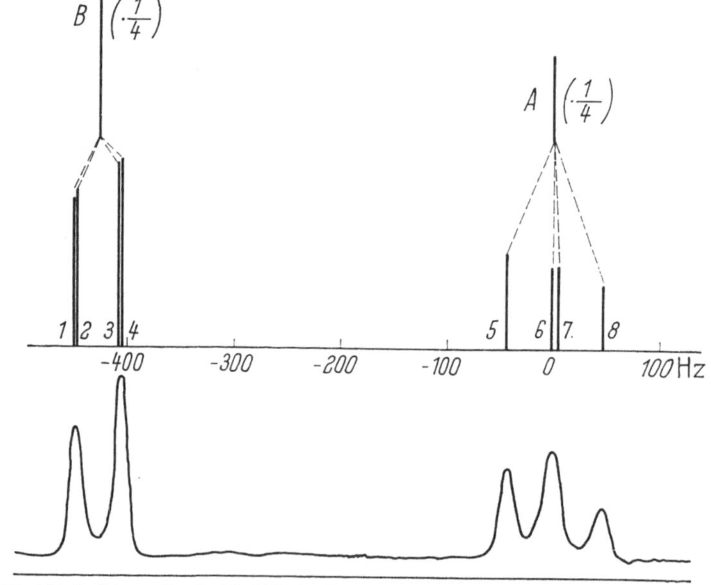

Abb. 129. AB₂-Spektrum für das Verhältnis $J/\nu_0(\sigma_B — \sigma_A) = 0{,}106$ und das Spektrum des Kations $[Cl_3P=N—PCl_2=N—PCl_3]^+$

Der Vergleich des berechneten und des beobachteten Spektrums des
Kations der Verbindung $[Cl_3P=N—PCl_2=N—PCl_3]\,[PCl_6]$ in Tab. 55
und Abb. 128 u. 129 zeigt die gute Übereinstimmung.

ABX. Läßt man die im vorigen beschriebene Verbindung mit SO_2
reagieren, so bildet sich neben $OPCl_3$ und $SOCl_2$ die Verbindung $P_3N_2OCl_7$[2]:

$$P_4N_2Cl_{14} + 2\,SO_2 \rightarrow P_3N_2OCl_7 + 2\,SOCl_2 + OPCl_3\,.$$

---

[1] Kombinationslinien wurden nicht beobachtet und blieben bei der Berechnung
unberücksichtigt.

[2] BECKE-GOEHRING, M., E. FLUCK u. W. LEHR: Z. Naturforsch. 17b, 126 (1962).

Nachdem die Struktur der Verbindung $P_4N_2Cl_{14}$ bekannt war, lag es nahe, der Verbindung $P_3N_2OCl_7$ die Strukturformel V zuzuschreiben.

Das in Abb. 130 gezeigte Spektrum bewies, daß der Verbindung $P_3N_2OCl_7$ tatsächlich die Struktur V zukommt. Man erkennt zwei Dubletts X und B sowie ein Triplett A. Die chemischen Verschiebungen der Phosphorkerne

$$\begin{array}{cccccc} & Cl & & Cl & & Cl \\ & | & & | & & | \\ Cl - & P & = N - & P & = N - & P = O \\ & | & & | & & | \\ & Cl & & Cl & & Cl \end{array}$$

V

gegenüber dem als Standard benutzten $OPCl_3$ wurden zu (X) $- 78,5$ Hz (B) $+ 252,0$ Hz und (A) $+ 359,0$ Hz gemessen. Unter Berücksichtigung der möglichen Fehlerbreite betragen die chemischen Verschiebungen demnach, bezogen auf 85%ige H_3PO_4, (X) $(-7,1 \pm 0,5) \cdot 10^{-6}$, (B) $(+13,4 \pm 0,5) \cdot 10^{-6}$ und (A) $(+20,0 \pm 0,5) \cdot 10^{-6}$. Die Aufspaltung der Bande X beträgt $29,5 \pm 1,0$ Hz, die Aufspaltung der Bande B $26,7 \pm 1,0$ Hz. Der Vergleich der chemischen Verschiebungen mit denen, die für die Verbindung P_2NOCl_5 (s. S. 212) ermittelt worden waren, und die für P_A $(+0,1 \pm 0,5) \cdot 10^{-6}$ bzw. für P_B $(+14,2 \pm 0,5) \cdot 10^{-6}$ betragen (vgl. hierzu Strukturformel I, S. 212), legte die Zuordnung der Linien in der Weise nahe, wie es in Abb. 130 gezeigt ist.

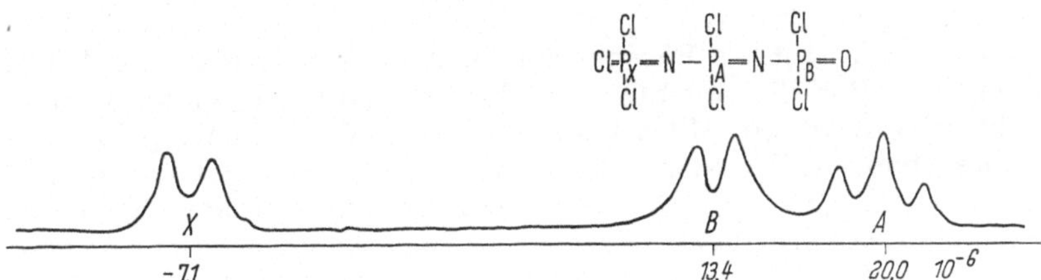

Abb. 130. ^{31}P-Resonanzspektrum der Verbindung $Cl_3P = N - PCl_2 = N - POCl_2$

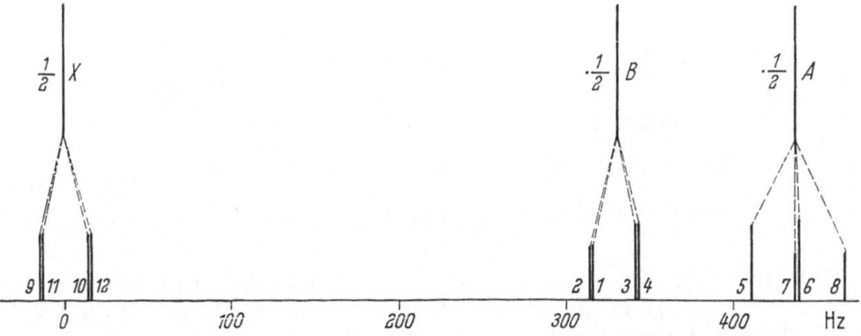

Abb. 131. Kernmagnetisches Resonanzspektrum für drei Kerne ABX ($\sigma_A > \sigma_B$)

Das in Abb. 131 gezeigte Spektrum ist als ABX-Spektrum nach POPLE, SCHNEIDER und BERNSTEIN mit den gemessenen, auf $\nu_X = 0$ bezogenen Werten $\nu_X = 0$, $\nu_B = 330,5$ Hz und $\nu_A = 437,5$ Hz konstruiert. Es sind für die Kopplungskonstanten die gemessenen Werte verwendet, nämlich $J_{AX} = 29{,}5$ und $J_{AB} = 26{,}7$ Hz, und es ist die Voraussetzung gemacht, daß $J_{BX} = 0$ ist. Man findet mit diesen Werten für die Größen D_+ und D_-: $D_+ = 62{,}3$; $D_- = 48{,}0$ und für die Winkel θ_+: $\sin 2\theta_- = 0{,}214$; $\sin 2\theta_- = 0{,}279$. Daraus errechnen sich für die Energien der Übergänge und die relativen Intensitäten die in Tab. 56 zusammengestellten Werte.

Tabelle 56. *Energien und relative Intensitäten der Übergänge der Phosphorkerne in der Verbindung $Cl_3P = N—PCl_2 = N—POCl_2$*

Linie [1]	Ursprung	Energie (Hz)		Relative Intensitäten	
		berechnet	beobachtet	berechnet	beobachtet
1	B	315,3	} 317,1	0,72	} 1,6
2	B	315,7		0,79	
3	B	342,0	} 343,8	1,28	} 2,4
4	B	342,4		1,21	
5	A	411,3	410,5	1,21	1,3
6	A	440,3	} 437,5	1,28	} 2,0
7	A	438,0		0,72	
8	A	467,0	465,0	0,79	0,7
9	X	—14,7$_5$	9/11 —14,7	1,0	9/11 2,0
10	X	14,3		1,0	
11	X	—14,3	10/12 14,7	1,0	10/12 2,0
12	.X	14,7$_5$		1,0	

AX₂Y. Ein weiteres Phosphornitridchlorid erhält man durch Umsetzung von $P_4N_3Cl_{11}$ mit SO_2. Für die Verbindung $P_4N_3Cl_{11}$[2] wird die Struktur VI diskutiert. Mit SO_2 könnte daraus die Verbindung $P_4N_3OCl_9$ von der Struktur VII oder VIII entstehen. Während es kaum möglich ist, auf chemischem Wege eine Unterscheidung zwischen den beiden letztgenannten Formeln zu treffen, zeigt das kernmagnetische Resonanzspektrum sofort, daß nur die Strukturformel VIII in Frage kommt.

$$Cl\left[Cl—P\begin{array}{c} \nearrow NPCl_3 \\ —NPCl_3 \\ \searrow NPCl_3 \end{array}\right] \qquad O=P\begin{array}{c} \nearrow N=PCl_3 \\ —N=PCl_3 \\ \searrow N=PCl_3 \end{array} \qquad \begin{array}{c} PCl_3 \\ \| \\ Cl \quad N \\ | \quad | \\ O=P—N=P—Cl \\ | \quad | \\ Cl \quad N \\ \| \\ PCl_3 \end{array}$$

VI   VII   VIII

Abb. 132 zeigt das kernmagnetische Resonanzspektrum der Verbindung. Es ist ein Spektrum für vier Kerne und kann als zum Typ AX_2Y gehörig betrachtet werden. Die chemischen Verschiebungen der Phosphorkerne wurden gegenüber $OPCl_3$ zu (X) 67 Hz (Y) 257 Hz und (A) 515 Hz (Radiofrequenz 16,2 MHz) gemessen. Die chemischen Verschiebungen betragen demnach, bezogen auf 85%ige H_3PO_4, (X) $(+1{,}9 \pm 0{,}5) \cdot 10^{-6}$,

[1] Kombinationslinien sind nicht berücksichtigt.
[2] BECKE-GOEHRING, M., TH. MANN u. H. D. EULER: Chem. Ber. 94, 193 (1961).

(Y) $(+13,6 \pm 0,5) \cdot 10^{-6}$ und (A) $(+29,6 \pm 0,5) \cdot 10^{-6}$. Die Aufspaltung der Bande X wurde zu 28,7, die der Bande Y zu 31,0 Hz gemessen.

Um für diesen Fall mit den Werten der gemessenen chemischen Verschiebungen und Kopplungskonstanten ein AX_2Y-Spektrum zu berechnen, kann man unter der Voraussetzung, daß die Kopplungskonstante $J_{XY} = 0$ ist, zunächst für den Teil IX der Molekül ein AX_2-Spektrum berechnen und anschließend durch Kopplung der Kerne P_A und P_Y das für P_A erhaltene Quadruplett weiter aufspalten. Zu den

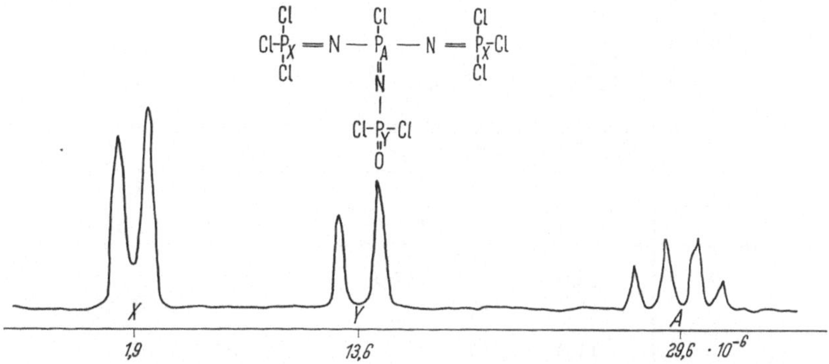

Abb. 132. Kernmagnetisches ^{31}P-Resonanzspektrum der Verbindung $[Cl_3P=N]_2P(Cl)$ $(NPOCl_2)$

gleichen Energieübergängen gelangt man auch, wenn zunächst für den Teil X der Molekel ein Spektrum für zwei Kerne und dann für die beiden von P_A herrührenden Linien jeweils ein AX_2-Spektrum berechnet wird. Die Annahme $J_{XY} = 0$ bedeutet, daß sich die Kerne P_X und P_Y nicht mehr beeinflussen. Sind zwei Phosphoratome durch ein anderes Atom getrennt, so liegen die Kopplungskonstanten meist in der Größenordnung von $10-30$ Hz. Liegen zwei Atome zwischen den gekoppelten Kernen, so ist J kleiner und oft nur noch schwer zu beobachten. Da in unserem Fall die in Frage kommenden P-Atome durch 3 Atome voneinander getrennt sind, ist die gemachten Annahme $J_{XY} = 0$ für die Rechnung zulässig.

$$\begin{array}{cc} \begin{array}{l} \qquad N{=}P_XCl_3 \\ {\gg}P_A \Big\langle \\ \qquad N{=}P_XCl_3 \\[4pt] \qquad\quad IX \end{array} & \begin{array}{l} \quad Cl \\ \quad | \\ P_A{-}P_Y{=}O \\ \quad | \\ \quad Cl \\[4pt] \qquad X \end{array} \end{array}$$

Bei der Berechnung der Energieübergänge für das AX_2Y-Spektrum ist der zweite der oben angegebenen Wege eingeschlagen worden. Für zwei Kerne, die relativ zueinander eine chemische Verschiebung von $\nu_0\,\delta = 258$ Hz zeigen und deren Kopplungskonstante $J = 31$ Hz beträgt, errechnet sich für die positive Größe C der Wert 129,9 und für den Winkel θ $\sin 2\theta = 0,12$. Daraus erhält man für die Übergänge der Energien und ihre Intensitäten die in Tab. 57 verzeichneten Werte. Die von A herrührende Linie ist also in ein Dublett mit den Linien

$v_{A_2} = v_A + 16,4$ und $v_{A_1} = v_A - 14,6$ aufgespalten. Für das von P_Y herrührende Dublett Y ergibt sich aus der Rechnung in Übereinstimmung mit dem erhaltenen Spektrum ein Intensitätsverhältnis der Linien von 1,1 : 0,9.

Tabelle 57. *Energien und relative Intensitäten der Übergänge für zwei Kerne* $[v_0 \delta = 528\,Hz;\ J = 31\,Hz]$, *bezogen auf* $v_0\ (1 - 1/2\,\sigma_A - 1/2\,\sigma_Y)$

Ur-sprung	Energie (Hz)		Relative Intensitäten	
	berechnet	beobachtet	berechnet	beobachtet
A	145,4		0,88	
A	114,4		1,12	
Y	—114,4	—114,4	1,12	1,1
Y	—145,4	—145,4	0,88	0,9

Tabelle 58. *Energien und relative Intensitäten der Banden A und X im Spektrum des Moleküls* $[Cl_3 P_X = N]_2 P_A Cl(N - P_Y OCl_2)$

Linie	Ursprung	Energie (Hz)		Relative Intensitäten	
		berechnet	beobachtet	berechnet	beobachtet
1	A	46,0	47,0	0,78	0,9
2	A	18,2	2⎫	0,87	2⎫
3	A	16,4	3⎬ 17,4	0,87	3⎬ 2,6
4	A	—11,3	5⎭	0,99	5⎭
5	A	15,0	4⎫	0,98	4⎫
6	A	—12,6	6⎬ —12,0	1,12	6⎬ 3,2
7	A	—14,6	7⎭	1,12	7⎭
8	A	—42,2	—41,0	1,28	1,3
9	X	—433,8	⎫ —433,7	4,48	⎫ 8,8
10	X	—434,7	⎭	4,48	⎭
11	X	—462,3	⎫ —462,3	3,52	⎫ 7,2
12	X	—463,3	⎭	3,52	⎭

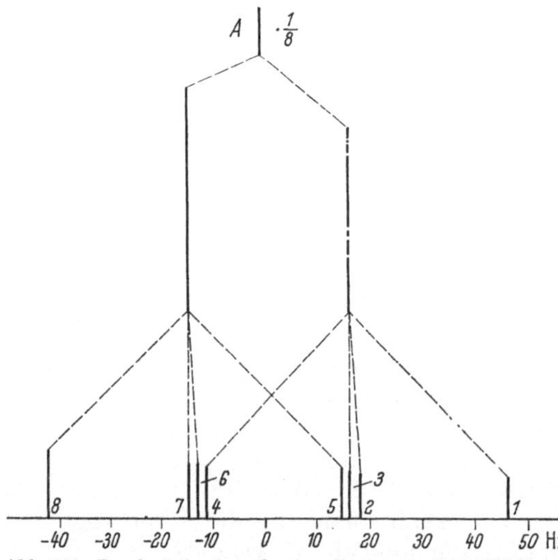

Abb. 133. Bande A im berechneten kernmagnetisch ^{31}P-Resonanzspektrum der Verbindung $[Cl_3 P = N]_2 P(Cl)(NPOCl_2)$

Wenn A und X relativ zueinander die chemische Verschiebung $v_0 \delta = 448$ Hz zeigen, ergibt die Addition der beiden AX_2-Spektren mit v_{A_1} bzw. v_{A_2} und v_X unter Berücksichtigung der Intensitäten von v_{A_1} und v_{A_2} das gesamte Spektrum des Teiles IX der Molekel.

Tab. 58 gibt die Energieübergänge und die relativen Intensitäten der die Banden A und X bildenden Linien wieder. Bande A ist graphisch in Abb. 133 dargestellt. Die Energien sind in Tab. 58 und in Abb. 133 auf $\nu_A = 0$ bezogen.

A_2X_2. Ein weiteres Reaktionsprodukt der Umsetzung von Phosphorpentachlorid mit Ammoniumchlorid ist die salzartige Verbindung der Zusammensetzung $P_5N_3Cl_{16}$. Der salzartige Bau der Verbindung und die kettenförmige Struktur des Kations lassen sich wieder durch das ^{31}P-Spektrum der Verbindung beweisen:

$$[Cl_3P = N-PCl_2=N-PCl_2=N-PCl_3]\,[PCl_6]$$

Es ist in Abb.134 wiedergegeben. Es besteht bei mäßiger Auflösung aus drei Linien, deren chemische Verschiebungen gegenüber 85%iger H_3PO_4 (A) $(-11,3 \pm 1)\cdot 10^{-6}$, (B) $(+13,5 \pm 1)\cdot 10^{-6}$ und (C) etwa $300\cdot 10^{-6}$ betragen. Die Linie A rührt im wesentlichen von den endständigen, die Linie B von den mittelständigen Phosphoratomen des Kations der Verbindung her. Das bei sehr hohem Feld auftretende Singulett C ist, wie früher gezeigt wurde, dem Anion $[PCl_6]^-$ zuzu-

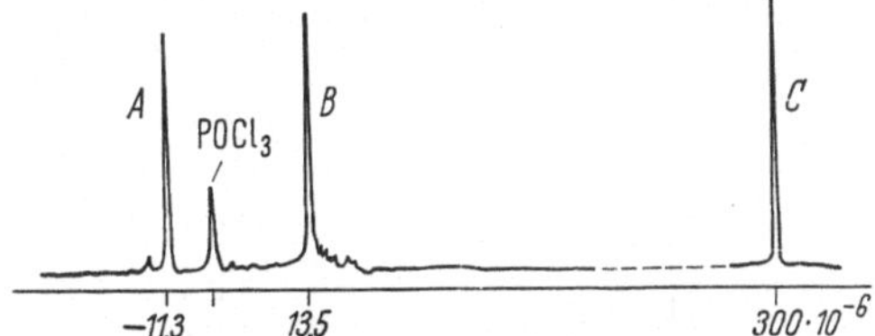

Abb. 134. ^{31}P-Resonanzspektrum der Verbindung $P_5N_3Cl_{16}$ bei kleiner Auflösung

ordnen. Die übrigen noch zu beobachtenden Resonanzlinien von schwacher Intensität sind auf Verunreinigungen der Substanz durch Glieder anderer Kettenlängen zurückzuführen, deren vollkommene Abtrennung präparative Schwierigkeiten bereitet.

Die den Sauerstoffverbindungen P_2NOCl_5, $P_3N_2OCl_7$ und $P_4N_3OCl_9$ entsprechenden Schwefelverbindungen, die von BECKE-GOEHRING und LEHR bei der Umsetzung der heteropolar gebauten Stoffe $[Cl_3P=N-PCl_3]$ $[PCl_6]$, $[Cl_3P=N-PCl_2=N-PCl_3]\,[PCl_6]$ und $[ClP(NPCl_3)_3]Cl$ mit Schwefel oder Schwefelwasserstoff erhalten worden sind, ergeben analoge ^{31}P-Resonanzspektren, wie sie auch bei den Sauerstoffverbindungen beobachtet worden sind. Damit ist der gleiche Molekülbau bewiesen. Die Unterschiede der Spektren der Sauerstoffverbindungen einerseits und der entsprechenden Thioverbindungen andererseits beruhen auf der Verschiedenheit der Größe $J/\nu_0\delta$. Die Spektren der Thioverbindungen sind im folgenden kurz beschrieben.

Thiophosphorylverbindungen

P_2NSCl_5. Die Verbindung P_2NSCl_5 zeigt im kernmagnetischen Resonanzspektrum, das in Abb. 135 gezeigt ist, nur zwei Resonanzlinien von gleicher Intensität. Die chemischen Verschiebungen der beiden Linien betragen (A) $(-28,4 \pm 1)\cdot 10^{-6}$ und (B) $(+3,4 \pm 1)\cdot 10^{-6}$. Diese

$$\begin{array}{ccc} & Cl & Cl \\ & | & | \\ S=P_A & -N= & P_BCl \\ & | & | \\ & Cl & Cl \end{array}$$

$$I$$

Werte liegen in Bereichen, wie sie für die Umgebung der beiden Phosphoratome in der der Verbindung offensichtlich zuzuschreibenden Struktur I zu erwarten sind. Bemerkenswert ist die weitgehende Übereinstimmung der chemischen Verschiebung der Dichlorothiophosphoryl-Gruppe, $SPCl_2-$, die unabhängig von der Art des vierten Liganden fast stets etwa $-28 \cdot 10^{-6}$ beträgt. Sie wurde z. B. in $SPCl_3$ zu $-28{,}8 \cdot 10^{-6}$ oder in $Cl_2P(S)-O-P(S)Cl_2$ zu $-28{,}2 \cdot 10^{-6}$ gemessen. Daraus ist zu schließen, daß die Hybridisierung am Phosphor in allen diesen Verbindungen weitgehend die gleiche ist. Die chemische Verschiebung der Gruppe $Cl_3P=N-$ ist von der gleichen Größenordnung wie in der entsprechenden Sauerstoffverbindung P_2NOCl_5, wo sie $(0{,}1 \pm 0{,}5) \cdot 10^{-6}$ beträgt. Auffallend ist, daß keine Spin-Spin-Kopplung zwischen den Phosphoratomen P_A und P_B beobachtet werden kann, obwohl die beiden Atome nur durch *ein* anderes Atom voneinander getrennt sind. Dieselbe Erscheinung tritt auch bei der im folgenden beschriebenen Verbindung $P_4N_3SCl_9$ auf.

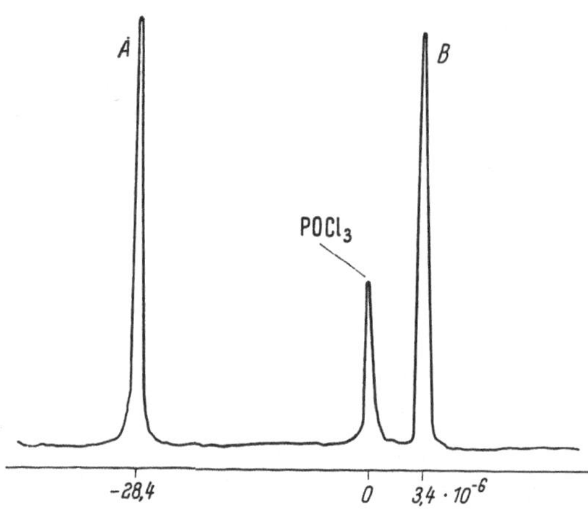

Abb. 135. ^{31}P-Resonanzspektrum der Verbindung P_2NSCl_5

Eine ähnliche Erscheinung beobachtet man auch in den Spektren der Ester der Monothio-Diphosphorsäure, $(RO)_2P(S)-O-P(O)(OR)_2$. Auch hier tritt neben der von der Kopplung mit den Protonen der Alkylgruppen herrührenden kleinen Aufspaltung der Phosphorresonanzlinie keine nennenswerte Aufspaltung ein[1], wie man sie zunächst als Folge der Wechselwirkung zwischen den Spins der beiden nahe benachbarten Phosphorkerne erwarten würde. Schließlich ist die Aufspaltung auch im Fall der Verbindung $P_3N_2SCl_7$ (s. unten), verglichen mit dem Wert der entsprechenden Sauerstoffverbindung, klein.

$P_3N_2SCl_7$. Das in Abb. 136 gezeigte ^{31}P-Resonanzspektrum der Verbindung $P_3N_2SCl_7$ besteht aus einem Dublett X, einem Dublett B und einem Quartett A. Die Linie C rührt von der Bezugssubstanz $OPCl_3$ her, die Linien D und E sind auf Verunreinigungen zurückzuführen. Die chemischen Verschiebungen betragen, bezogen auf 85%ige H_3PO_4, (X) $(-24{,}0 \pm 1) \, 10^{-6}$, (B) $(0{,}0 \pm 1) \, 10^{-6}$ und (X) $(26{,}5 \pm 1) \, 10^{-6}$. Die Aufspaltung des Dubletts (X) wurde zu 12,2 Hz, die des Dubletts (B) zu 29,2 Hz gemessen. Das Spektrum ist beweisend für die Struktur I der Verbindung.

$$S=\overset{\overset{\textstyle Cl}{|}}{\underset{\underset{\textstyle Cl}{|}}{P_X}}-N=\overset{\overset{\textstyle Cl}{|}}{\underset{\underset{\textstyle Cl}{|}}{P_B}}-N=\overset{\overset{\textstyle Cl}{|}}{\underset{\underset{\textstyle Cl}{|}}{P_A}}-Cl \qquad \text{I}$$

---

[1] Jones, R. A. Y.: Persönliche Mitteilung.

Es ist in bester Übereinstimmung mit dem in Abb. 136b gezeigten, mit den gemessenen chemischen Verschiebungen und Kopplungskonstanten konstruierten Spektrum. Für die Synthese des Spektrums wurden die chemischen Verschiebungen auf $\nu_X = 0$ Hz bezogen. Es gilt

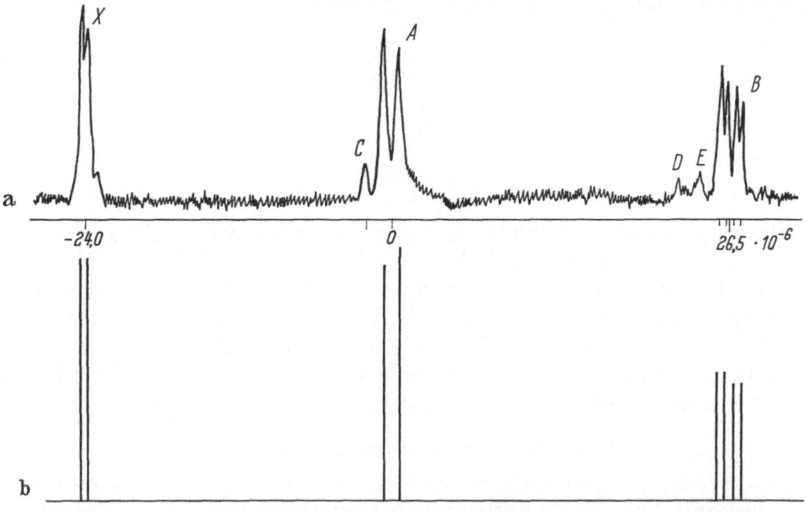

Abb. 136 a u. b. Kernmagnetisches ^{31}P-Resonanzspektrum der Verbindung $P_3N_2SCl_7$, a beobachtet, b berechnet

dann (Radiofrequenz 24,3 MHz) $\nu_B = 583$ Hz und $\nu_A = 1214$ Hz. Für die Kopplungskonstanten wurden die gemessenen Werte $J_{AX} = 12,2$ Hz und $J_{AB} = 29,2$ Hz verwendet, und es wurde vorausgesetzt, daß $J_{BX} = 0$ ist. Die Berechnung ergibt für die Energien der Übergänge und die relativen Intensitäten die in Abb. 136b graphisch dargestellten Werte.

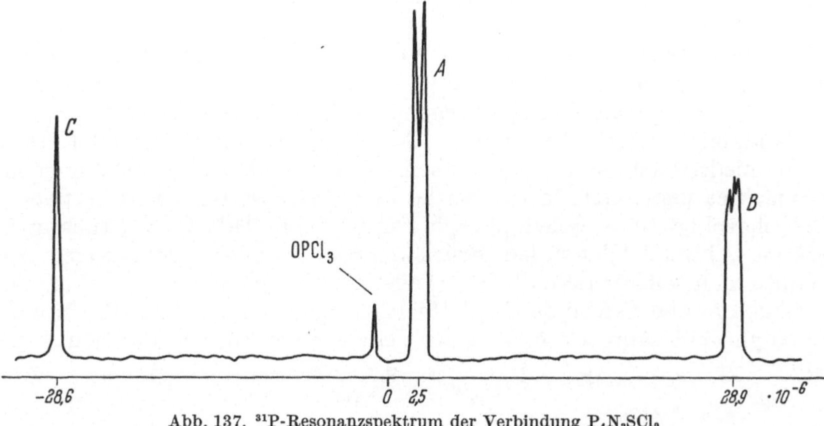

Abb. 137. ^{31}P-Resonanzspektrum der Verbindung $P_4N_3SCl_9$

$P_4N_3SCl_9$. Die aus der Verbindung $[P_4N_3Cl_8]$ Cl durch Umsetzung mit H_2S zugängliche Substanz der Zusammensetzung $P_4N_3SCl_9$ zeigt das in Abb. 137 dargestellte ^{31}P-Resonanzspektrum. Es ist nur mit der durch Formel I wiedergegebenen Struktur in Einklang zu bringen, d. h. der Verbindung ist die gleiche Struktur wie der entsprechenden Sauerstoffverbindung zuzuschreiben. Auch in dieser Verbindung ist keine Spin-Spin-Kopplung zwischen dem das isolierte Schwefelatom tragenden Phosphor P_C und seinem Nachbar P_B zu erkennen.

$$\begin{array}{c} \text{Cl} \\ | \\ \text{Cl}_3\text{P}_A\!=\!\text{N}\!-\!\text{P}_B\!=\!\text{N}\!-\!\text{P}_C\text{Cl}_2\text{S} \\ | \\ \text{N} \\ \| \\ \text{P}_A\text{Cl}_3 \end{array}$$

I

Die chemischen Verschiebungen gegenüber 85%iger H_3PO_4 betragen (C) $(-28{,}6 \pm 1) \cdot 10^{-6}$, (A) $(2{,}5 \pm 1) \cdot 10^{-6}$ und (B) $(28{,}9 \pm 1) \cdot 10^{-6}$. Die von der Kopplung mit dem Spin des Kerns B herrührende Aufspaltung der Resonanzlinie A in ein Dublett wurde zu 23,8 Hz gemessen. Die Resonanzbande B ist in ein wenig aufgelöstes Triplett aufgespalten. Die Intensitäten der Banden betragen dem Zahlenverhältnis der Phosphoratome im Molekül entsprechend (C):(A):(B) = 1:2:1.

Mehrkernige Oxysäuren des Phosphors

Besonders aufschlußreich erwies sich die kernmagnetische Resonanzspektroskopie bei der Strukturuntersuchung von Oxysäuren des Phosphors, die mehr als ein P-Atom im Molekül enthalten.

So lassen die kernmagnetischen Resonanzspektren von Estern der Monothiodiphosphorsäure und Monoselenodiphosphorsäure (II) sofort

$$\begin{array}{c} \text{RO}\diagdown \qquad \diagup\text{O} \quad \text{X}\diagdown \qquad \diagup\text{OR} \\ \qquad \text{P}_B \qquad\qquad \text{P}_A \qquad\qquad \text{X} = \text{S, Se} \\ \text{RO}\diagup \qquad \diagdown \diagup \qquad \diagdown\text{OR} \\ \qquad\qquad \text{O} \end{array}$$

II

die unsymmetrische Struktur der Verbindungen erkennen[1]. Sie zeigen zwei weit auseinander liegende Resonanzbanden. Die vom Phosphoratom P_A herrührende Bande ist gegenüber der P_B-Bande in der Schwefelverbindung um $67{,}8 \cdot 10^{-6}$ und in der Selenverbindung um $69{,}6 \cdot 10^{-6}$ nach niedrigerem Feld verschoben. Ganz ähnliche Verschiebungen beobachtet man auch in der Reihe der Triäthylester von Phosphor-, Thiophosphor- und Selenophosphorsäure [vgl. Tab. IIIa (Anhang)]. Wären Schwefel oder Selen Brückenglieder in den Verbindungen, so könnte man selbstverständlich nur eine einzige Resonanzlinie erwarten.

Auch in den Estern der Monothiodiphosphonsäure III und der Monothiodiphosphinsäure IV besetzt der Schwefel die isolierte Position, d. h.

III   IV   V

---

[1] JONES, R. A. Y., A. R. KATRITZKY u. J. MICHALSKI: Proc. Chem. Soc. **1959**, 321.

auch die Spektren dieser Verbindungen zeigen zwei Resonanzbanden[1]. Die Dithiodiphosphonsäureester V haben dagegen eine symmetrische Struktur[2].

Falls überhaupt eine beobachtbare Kopplung zwischen den strukturell verschiedenen Phosphoratomen vorliegt, muß sie sehr klein sein, da sie nicht von der Kopplung zwischen den Phosphorkernen und den Protonen unterschieden werden kann[3].

Das Auftreten einer einzigen Resonanzlinie in den Spektren von Diphosphat(VI)- und Hypodiphosphat(VII)-Anionen,

$$\left[\begin{array}{cc} O & O \\ O\ PO\ PO \\ O & O \end{array}\right]^{----} \qquad \left[\begin{array}{cc} O & O \\ OP{-}PO \\ O & O \end{array}\right]^{----} \qquad \left[\begin{array}{cc} O & O \\ OP{-}O{-}PO \\ H & H \end{array}\right]^{--}$$

$$\text{VI} \qquad\qquad\qquad \text{VII} \qquad\qquad\qquad \text{VIII}$$

beweist, daß die beiden Phosphoratome in den Ionen chemisch äquivalent sind und deshalb nur die Strukturformeln VI und VII in Betracht kommen können. Die chemische Verschiebung von $Na_4P_2O_7$ in wäßriger Lösung beträgt $6 \cdot 10^{-6}$, die von $Na_2H_2P_2O_7$ in wäßriger Lösung $-9 \cdot 10^{-6}$.

Das Spektrum des Anions der diphosphorigen Säure, $[H_2P_2O_5]^{--}$ besteht aus zwei Resonanzlinien gleicher Intensität. Der Abstand der beiden Resonanzlinien ist von der Feldstärke unabhängig und wurde zu 630 Hz gemessen. Das Zentrum der beiden Linien liegt bei $5 \cdot 10^{-6}$. Die Aufspaltung ist eine Folge der Spin-Spin-Kopplung des Phosphorkerns mit dem direkt gebundenen Wasserstoffkern. Für die Struktur des Anions kommt demnach nur eine symmetrische Anordnung mit zwei chemisch äquivalenten Phosphoratomen in Frage, wie sie durch Formel VIII ausgedrückt wird.

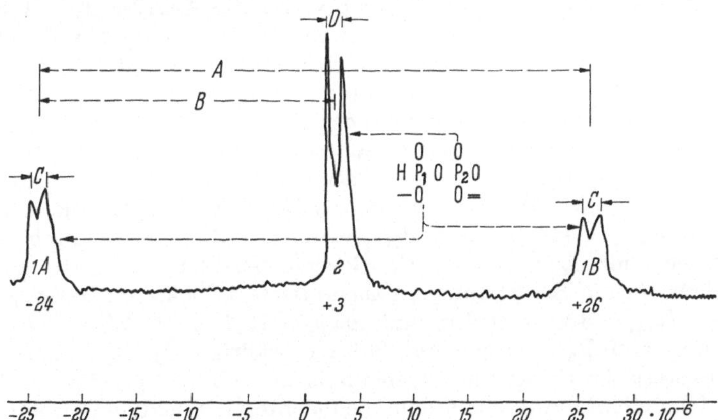

Abb. 138. ^{31}P-Resonanzspektrum des Isohypophosphat-Ions $[HP_2O_6]^{---}$ [nach CALLIS et al.]

Eine andere zweikernige Phosphorsäure ist die Isohypophosphorsäure $H_4P_2O_6$. Das Spektrum des Anions dieser Verbindung ist in Abb. 138

---

[1] JONES, R. A. Y., u. A. R. KATRITZKY: Angew. Chem. **74**, 60 (1962).
[2] FINEGOLD, H.: Ann. N. Y. Acad. Sci. **70**, 875 (1958).
[3] JONES, R. A. Y.: Privatmitteilung.

gezeigt[1]. Es bestätigt die schon früher von BLASER angenommene Struktur I der Verbindung. Der Abstand der beiden äußeren Dubletts A

$$\left[\begin{matrix} O & & O \\ OP_A\!\!-\!\!O\!\!-\!\!P_BO \\ O & & H \end{matrix}\right]^{-\,-\,-}$$

I

und C beträgt 620 Hz, entsprechend der Aufspaltung durch Kopplung mit einem direkt gebundenen Wasserstoffatom. Die Linien sind dementsprechend dem Phosphoratom P_B zuzuordnen, während das mittlere Dublett B vom Phosphoratom P_A herrührt. Da die Konzentration der beiden Phosphoratome P_A und P_B gleich groß ist, verhalten sich die Intensitäten von $(A + C) : B = 1 : 1$. Die Aufspaltung aller drei Banden A, B und C in Dubletts ($J_{PP} = 17$ Hz) ist auf die Wechselwirkung der beiden chemisch verschiedenen Phosphoratome, die über nur ein weiteres Atom verbunden sind, zurückzuführen. Sie wurde zu 17 Hz gemessen und ist damit fast gleich groß wie die Kopplungskonstante in den Polyphosphaten.

Komplizierter ist die Struktur des ^{31}P-Spektrums des Diphosphit-Anions, $[HP_2O_5]^{-\,-\,-}$, für das BLASER[2] die Struktur II vorgeschlagen hat.

$$\left[\begin{matrix} O & O \\ HP_1\!\!-\!\!P_2O \\ O & O \end{matrix}\right]^{-\,-}$$

II

Das Spektrum ist in Abb. 139 gezeigt[1]. Es bestätigt die angenommene Struktur des Ions. Das aus drei miteinander gekoppelten Kernen bestehende System gehört zum Typ ABX. Da die Analyse des ^{31}P-Spektrums nicht ausreicht, um die chemische Verschiebung der Phosphorkerne und alle Kopplungskonstanten zu ermitteln, wurde das Protonen-Resonanzspektrum der in D_2O gelösten Verbindung untersucht und aus ihm die Kopplungskonstanten zwischen den Phosphorkernen P_1 und P_2 einerseits und dem Proton andererseits entnommen. Das Auftreten von 4 Linien im ^1H-Spektrum zeigte, daß der Wasserstoff mit beiden P-Atomen in starke Wechselwirkung tritt. Die Kopplungskonstanten betragen $J_{HP_1} = 444$ Hz und $J_{HP_2} = 94$ Hz. Die Verwendung dieser Werte bei der Analyse des ^{31}P-Resonanzspektrums führte zu den restlichen, für die Berechnung des theoretischen Spektrums notwendigen Größen $J_{P_1P_2} = 480 \pm 10$ Hz und $\delta_{P_1P_2} = 15{,}4 \cdot 10^{-6}$ (chemische Verschiebung von P_2, bezogen auf 85%ige wäßrige H_3PO_4, $-7{,}0 \cdot 10^{-6}$). Das theoretische Spektrum ist ebenfalls in Abb. 139 gezeigt. Es ist in guter Übereinstimmung mit dem beobachteten Spektrum, wenn noch berücksichtigt wird, daß die Verhältnisse der gemessenen Intensitäten durch teilweise Sättigung etwas verzerrt sind.

Einfache Verhältnisse liegen bei den Polyphosphaten vor. Sie sind ausführlich auf S. 204 geschildert worden.

[1] CALLIS, C. F., J. R. VAN WAZER, J. N. SHOOLERY u. W. A. ANDERSON: J. Am. Chem. Soc. **79**, 2719 (1957).

[2] BLASER, B.: Chem. Ber. **68**, 1670 (1935); **86**, 563 (1953).

Zum Abschluß der Behandlung der Oxysäuren des Phosphors sei nur noch auf die Anwendungsmöglichkeit der kernmagnetischen Resonanzspektroskopie bei der qualitativen und quantitativen Analyse von Mischungen der Säuren hingewiesen, wie sie in einigen Fällen schon angewendet worden ist[1].

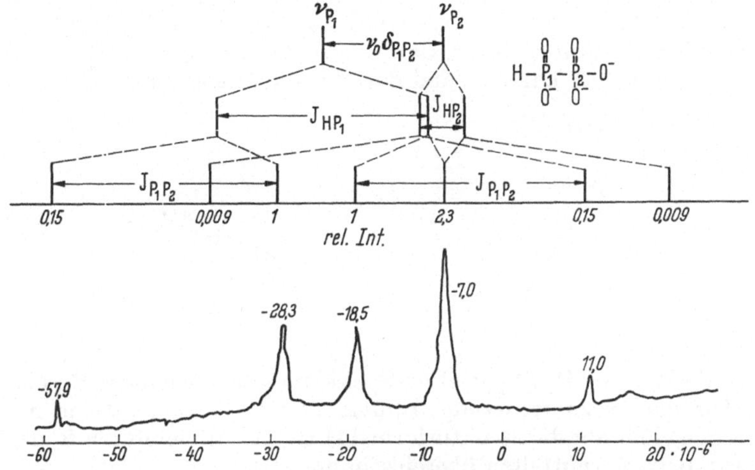

Abb. 139. Theoretisches und beobachtetes ^{31}P-Resonanzspektrum des Diphosphit-Anions [HP$_2$O$_5$]$^{---}$ [nach CALLIS et al.]

Phosphorsulfide

Die Untersuchung des Tetraphosphortrisulfids, P_4S_3[2], führte zu dem in Abb. 140 gezeigten Spektrum. Es besteht aus einem Quartett A,

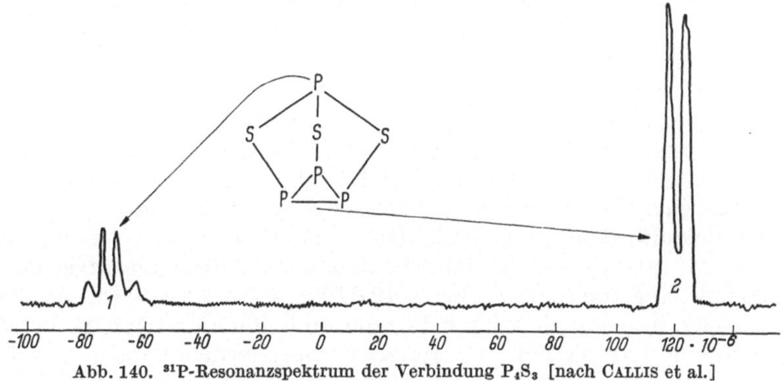

Abb. 140. ^{31}P-Resonanzspektrum der Verbindung P$_4$S$_3$ [nach CALLIS et al.]

dessen Linienintensitäten sich wie 1:3:3:1 verhalten, und einem 1—1-Dublett. Die Fläche unter dem Dublett ist dreimal so groß wie die Fläche

---

[1] CALLIS, C. F., J. R. VAN WAZER u. J. N. SHOOLERY: Analyt. Chem. 28, 269 (1956).

[2] CALLIS, C. F., J. R. VAN WAZER, J. N. SHOOLERY u. W. A. ANDERSON: J. Am. Chem. Soc. 79, 2719 (1957).

unter dem Triplett. Die Interpretation des Spektrums kann leicht auf der Grundlage der durch Röntgenstrukturanalyse bestimmten Struktur I der Verbindung erfolgen und bestätigt diese. Das Dublett 2 rührt von den drei unter sich äquivalenten Ring-Phosphoratomen, das Quartett 1 von dem an der Spitze der Pyramide befindlichen Phosphoratom her. Die große Aufspaltung infolge Spin-Spin-Kopplung der über Schwefel gebundenen Phosphoratome, die zu 86 Hz gemessen wurde, wird von den Autoren darauf zurückgeführt, daß es sich um Phosphoratome mit der Koordinationszahl 3 handelt, und daß die Bindungen Spannung haben.

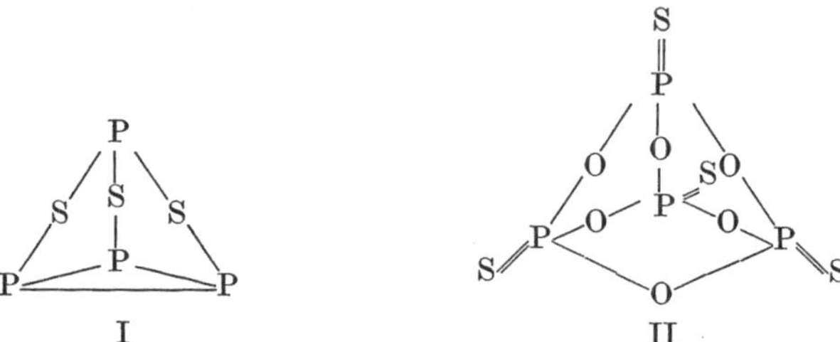

Die Verbindung $P_4O_6S_4$ zeigt im Spektrum nur eine einzige Resonanzlinie. Die daraus zu fordernde Äquivalenz der Phosphoratome in der Verbindung läßt nur die Strukturformel II zu, die mit der durch Röntgenstrukturanalyse ermittelten übereinstimmt.

f) Phosphornitrilhalogenide und Derivate

Zahlreiche kernmagnetische Resonanzuntersuchungen sind den Phosphornitrilhalogeniden und ihren Derivaten gewidmet, die in den letzten Jahren wachsendes Interesse gefunden haben. Die Muttersubstanzen sind ring- oder kettenförmige Moleküle, die aus $NPCl_2$-Struktureinheiten aufgebaut sind und durch die Formel $[NPCl_2]_x$ beschrieben werden können.

Die chemische Verschiebung der Phosphornitrilchloride hängt von ihrem Polymerisationsgrad ab. Sie beträgt für das ringförmige trimere Phosphornitrilchlorid in benzolischer Lösung $-19 \cdot 10^{-6}$, für das tetramere Phosphornitrilchlorid in Benzol $+6,8 \cdot 10^{-6}$. In polymerem Phosphornitrilchlorid zeigen die $PNCl_2$-Gruppen eine chemische Verschiebung von $+16,8 \cdot 10^{-6}$, während im Spektrum von Phosphornitrilchlorid-Kautschuk eine breite Linie bei $+19 \cdot 10^{-6}$ beobachtet wird. Ähnliche Verhältnisse liegen auch bei den Phosphornitrilfluoriden vor. So beträgt die chemische Verschiebung von trimerem Phosphornitrilfluorid $-8,5 \cdot 10^{-6}$ (in benzolischer Lösung $-9,7 \cdot 10^{-6}$; in $OPCl_3$ als Lösungsmittel $-10,0 \cdot 10^{-6}$), während für tetrameres Phosphornitrilfluorid in Benzol $+17,8 \cdot 10^{-6}$ oder in $OPCl_3$ $+19,0 \cdot 10^{-6}$ gemessen wurden.

Sehr bemerkenswert ist die Beobachtung, daß auch trimeres Phosphornitrilchlorid, in $OPCl_3$ oder $SPCl_3$ gelöst, die gleiche chemische Verschiebung wie kettenförmige Phosphornitrilchloride, nämlich etwa $16 \cdot 10^{-6}$, zeigt.

Bei kettenförmig gebauten Phosphornitrilchloriden, für die die Struktur I[1]

$$\underset{\text{I}}{\text{HN}=\overset{\text{Cl}}{\underset{\text{Cl}}{\text{P}}}-\text{N}=\overset{\text{Cl}}{\underset{\text{Cl}}{\text{P}}}-\left[\text{N}=\overset{\text{Cl}}{\underset{\text{Cl}}{\text{P}}}-\right]_n\overset{\text{Cl}}{\underset{\text{Cl}}{\text{N}=\text{PCl}}}}$$

angenommen wird, läßt sich aus dem Intensitätsverhältnis der End- und Mittelgruppenbanden der mittlere Polymerisationsgrad bestimmen. Bezeichnet I_A die Intensität der von der linken Endgruppe (Strukturformel I) herrührenden Resonanzbande und I_B die Intensität der von den Mittelgruppen und der sich in ihrer chemischen Verschiebung von diesen nicht unterscheidenden rechten Endgruppe herrührenden Resonanzbande, so gilt für die mittlere Kettenlänge $\bar{n}$:

$$I_A : I_B = 1 : (\bar{n} - 1) \, . \tag{106}$$

BECKE-GOEHRING, JOHN und FLUCK[2] benutzten die kernmagnetischen Resonanzspektren zur Konstitutionsbestimmung bei zahlreichen Derivaten des trimeren Phosphornitrilchlorids. Sind alle Phosphoratome im Ring chemisch äquivalent, d. h. tragen sie die gleichen Liganden, so kann im Spektrum nur eine einzige Resonanzlinie auftreten. Dies ist z. B. der Fall bei Tris-N-dimethyl-amino-trichloro-triphosphornitril von der Struktur II oder auch bei Aminoderivaten, in denen alle Chloratome

durch die gleiche Aminogruppe substituiert sind. Die chemischen Verschiebungen einer größeren Anzahl derartiger Derivate sind in Tab. III a (Anhang) aufgeführt.

Sind dagegen nicht alle Phosphoratome des Moleküls chemisch äquivalent, so werden Spin-Spin-Aufspaltungen beobachtet. Liegt beispielsweise ein Molekül mit den Substituenten X und Y vor, die so verteilt sind, wie es Strukturformel III zeigt, und ist die Kopplungskonstante $J_{P_A P_B}$ klein gegen die relative chemische Verschiebung der

---

[1] BECKE-GOEHRING, M., u. G. KOCH: Chem. Ber. **92**, 1188 (1959).

[2] BECKE-GOEHRING, M., K. JOHN u. E. FLUCK: Z. anorg. u. allgem. Chem. **302**, 103 (1959).

Phosphoratome B und A (d. h. gilt $J_{\mathrm{P_A P_B}} \ll \nu_0 \delta_{\mathrm{P_A P_B}}$), so beobachtet man im Spektrum neben einem Dublett ein Triplett, deren Intensitäten sich wie $2:1$ verhalten.

Analoge Verhältnisse liegen in einem Molekül wie Bis-monomethyl-amino-diamino-dichlor-triphosphornitril der Struktur IV vor. Das in

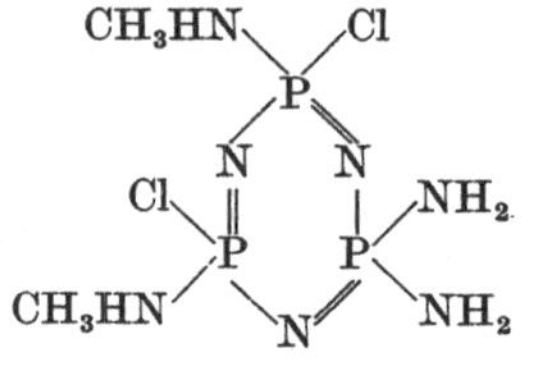

$$\text{IV}$$

Abb. 141 gezeigte Spektrum der Verbindung besteht aus einem Triplett und einem Dublett. Da die chemische Verschiebung der $\mathrm{NP(NH_2)_2}$-Gruppe negativer als die der $\mathrm{NP(NHCH_3)Cl}$-Gruppe ist, liegt das Triplett auf der Seite des niedrigeren Feldes.

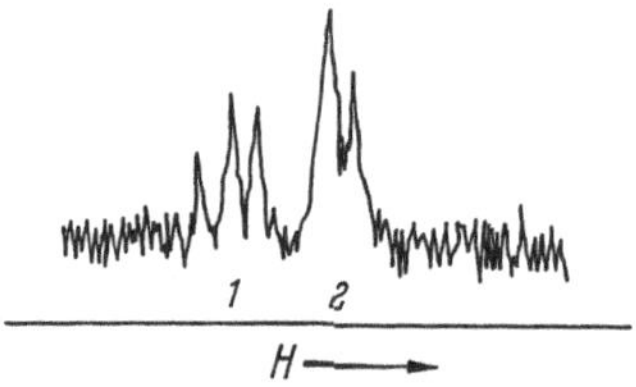

Auf analogem Wege führten auch die $^1\mathrm{H}$-Resonanzspektren bei Strukturuntersuchungen an anderen Aminoderivaten der Phosphornitrilhalogenide zu eindeutigen Aussagen. White[1] fand, daß in den Spektren der Mono-, bis- und tris-Dimethyl-amino-Derivate nur eine einzelne Resonanzlinie erscheint. Dies beweist, daß die progressive Substitution der Chloratome zunächst unpaarig erfolgt und schließlich zum Derivat V führt. Erst beim weiteren Ersatz von Chlor durch eine Dimethylaminogruppe erscheint eine weitere Resonanzlinie, herrührend von den Methylprotonen der Gruppierung $\mathrm{P[N(CH_3)_2]_2}$, bis diese schließlich beim Hexakismethylaminoderivat allein vorhanden ist.

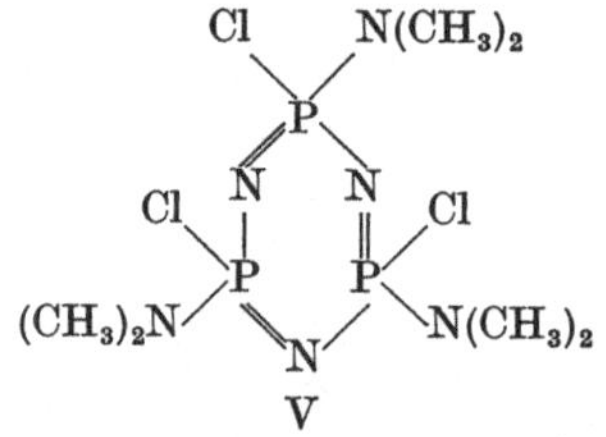

Abb. 141. ^{31}P-Resonanzspektrum der Verbindung $\mathrm{P_3N_7C_2H_{12}Cl_2}$ (II)

$$\text{V}$$

Analoge Untersuchungen wurden auch benutzt, um die Substitutionsweise in Mercaptoderivaten der Phosphornitrilchloride zu verfolgen[2].

Für Derivate des tetrameren Phosphornitrilchlorids vom Typ $\mathrm{P_4N_4Cl_4(NRR')_4}$ [$\mathrm{R{=}CH_3}$; $\mathrm{R'{=}C_6H_5}$ und $\mathrm{RR'{=}(CH_2)_5}$] bewies das nur

[1] Vgl. hierzu: Ray, S. K., u. R. A. Shaw: J. Chem. Soc. (London) **1961**, 872.
[2] Boden, N., J. W. Emsley, J. Feeney u. L. H. Sutcliffe: Chem. and. Ind. **1962**, 1909.

aus einer einzelnen Resonanzlinie bestehende Spektrum die nebenstehende Struktur VI der Verbindungen[1].

$$RR'N—\underset{\underset{\displaystyle N}{\|}}{\overset{\overset{\displaystyle Cl}{|}}{P}}—N=\underset{\underset{\displaystyle N}{|}}{\overset{\overset{\displaystyle Cl}{|}}{P}}—NRR'$$

$$RR'N—\underset{\underset{\displaystyle Cl}{|}}{P}=N—\underset{\underset{\displaystyle Cl}{|}}{P}—NRR'$$

VI

Andererseits beobachteten JOHN, MOELLER und AUDRIETH[2] bei einer Reihe von Derivaten des tetrameren Phosphornitrilchlorids vom Typ

Abb. 142. ^{31}P-Resonanzspektrum der Verbindung $P_4N_4Cl_6(NHC_6H_5)_2$

$P_4N_4Cl_6R_2$ [R = aromatisches Amin, z. B. NHC_6H_5; o-$NHC_6H_4CH_3$] im Spektrum das Auftreten zweier Tripletts, wie es in Abb. 142 gezeigt ist. Ein solches Spektrum läßt sich nur mit der Struktur VII in Einklang

$$Cl—\overset{\overset{\displaystyle R}{|}}{P}—N=\overset{\overset{\displaystyle Cl}{|}}{P}—Cl$$

$$Cl—\underset{\underset{\displaystyle Cl}{|}}{P}=N—\underset{\underset{\displaystyle R}{|}}{P}—Cl$$

VII

bringen. Jedes der vier Phosphoratome, von denen zwei gegenüberliegende unter sich gleich sind, koppelt mit zwei nicht äquivalenten Atomen. Bei analogen Verbindungen mit aliphatischen oder heterocyclischen Substituenten reichte die Auflösung nicht aus, um die Aufspaltung beobachten zu können.

Ausgehend von trimerem Phosphornitrilchlorid, konnten CHAPMAN et al.[3] aus dem NMR-Spektrum schließen, daß die bei der partiellen

[1] JOHN, K., TH. MOELLER u. L. F. AUDRIETH: J. Am. Chem. Soc. 83, 2608 (1961).

[2] JOHN, K., TH. MOELLER u. L. F. AUDRIETH: J. Am. Chem. Soc. 82, 5616 (1960).

[3] CHAPMAN, A. C., D. H. PAINE, H. T. SEARLE, D. R. SMITH u. R. F. M. WHITE: J. Chem. Soc. (London) 1961, 1768.

Fluorierung entstehenden Reaktionsprodukte in der folgenden Sequenz
gebildet werden (I—V):

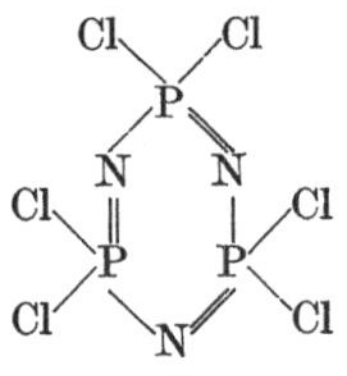

I 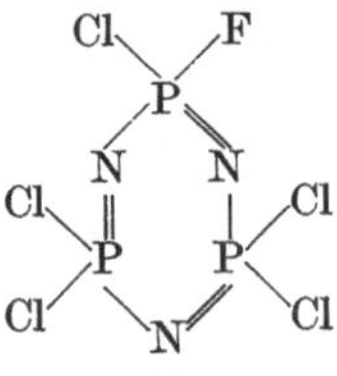   II 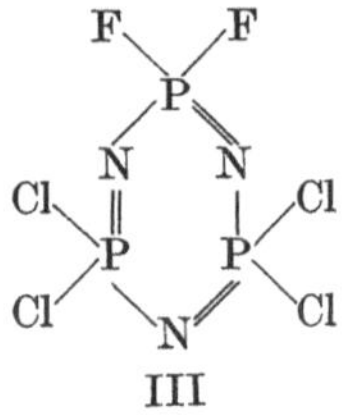   III

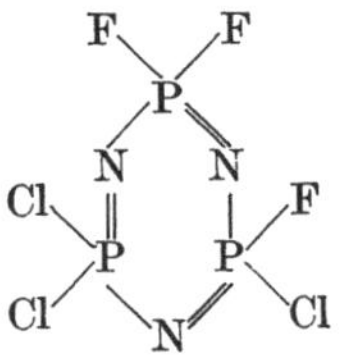

IV 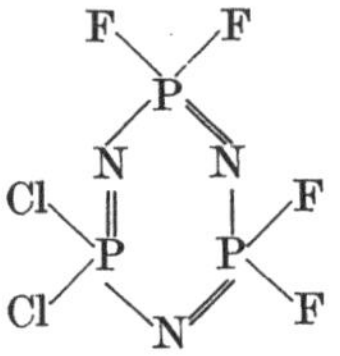   V 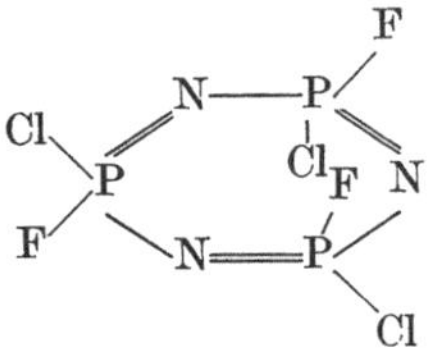   VI

Daraus ist zu schließen, daß eine PClF-Gruppe leichter fluoriert wird als
eine PCl_2-Gruppe. Die Struktur der einzelnen Reaktionsprodukte ließ
sich durch ihre kernmagnetischen [19]F- und ^{31}P-Resonanzspektren beweisen. So zeigt das ^{19}F-Spektrum von Triphosphornitril-1,1,3,3-tetra-
fluorid-5,5-dichlorid (V) zwei Resonanzbanden mit Feinstruktur, die
unabhängig von der Feldstärke etwa 860 Hz getrennt sind. Dieses
Spektrum kann deshalb nur einer einzigen Sorte von Fluorkernen zugeordnet werden, deren Resonanzlinie durch Kopplung mit dem Kern
des Phosphoratoms aufgespalten ist. Dieser Deutung entspricht auch
das ^{31}P-Spektrum der Verbindung. Es zeigt im wesentlichen die Struktur
eines AX_2-Spektrums, wobei die Aufspaltung der X-Bande in ein Triplett
ebenfalls etwa 860 Hz beträgt.

Die [19]F- und ^{31}P-Resonanzspektren von Triphosphornitril-1,1-Di-
fluorid-3,3,5,5-Tetrachlorid (III) sind im einzelnen als AB_2X_2-System
von Heffernan und White[1] analysiert worden. Das aus zwei 934 Hz
voneinander entfernten Resonanzbanden mit Feinstruktur bestehende
Fluorspektrum zeigt, daß die Fluoratome äquivalent sein müssen. Dies
läßt den Schluß zu, daß der Ring eben gebaut sein muß.

Das Fluorspektrum von Triphosphornitril-1,1,3-trifluorid-3,5,5-tri-
chlorid (IV) besteht aus zwei Dubletts, deren Intensitäten sich wie 2:1
verhalten. Die Aufspaltung des stärkeren Dubletts wurde zu 880 Hz,
die des schwächeren zu 1000 Hz gemessen. Die Zentren der beiden
Dubletts zeigten bei 12 MHz einen Abstand von 460 Hz, bei 40 MHz
einen solchen von 1600 Hz. Daraus folgt, daß das Molekül zwei Arten
von Fluoratomen im Mengenverhältnis 2:1 enthält und jedes Fluoratom
mit einem Phosphoratom koppelt. Diesen Erfordernissen genügen entweder das 1,1,3-Trifluorid oder aber das trans-1,3,5-Trifluorid (VI).

---

[1] Heffernan, M. L., u. R. F. M. White: J. Chem. Soc. (London) 1961, 1382.

Welche der beiden Möglichkeiten auszuschließen ist, entscheidet das Phosphor-Kernresonanzspektrum. Das ^{31}P-Spektrum des trans-1,3,5-Isomeren müßte vom Typ AB_2 sein, wobei sowohl die von A wie auch die von B herrührenden Linien wegen der Phosphor-Fluor-Kopplung in Dubletts aufgespalten sein sollten. Die relative chemische Verschiebung der verschiedenen Phosphoratome wäre sehr klein, da sie ja chemisch als weitgehend äquivalent anzusehen sind. Es müßte also ein aus zwei Gruppen von Linien, die etwa 1000 Hz auseinanderliegen, bestehendes Spektrum erwartet werden. Andererseits sollte das Spektrum des 1,1,3-Trifluorids vom Typ ABC sein, wobei das A-Spektrum im wesentlichen wegen der Kopplung mit den Fluorkernen ein Triplett und das B-Spektrum ein Dublett sein sollte. Das Spektrum sollte sich mit zahlreichen Linien über einen Bereich von etwa 2000 Hz erstrecken. Tatsächlich wird ein solches Spektrum beobachtet, bei dem auch die erwartete Singulett-Dublett-Triplett-Struktur erkennbar ist. Damit ist eindeutig gezeigt, daß es sich bei dem Trifluorid um das Triphosphornitril-1,1,3-trifluorid-3,5,5-trichlorid handelt.

19. Zinn

Drei der zehn stabilen Zinnisotope haben magnetische Momente, nämlich die Isotope ^{115}Sn, ^{117}Sn und ^{119}Sn. Die Kernspinzahl aller drei Isotope ist $I = 1/2$. ^{115}Sn mit einer natürlichen Häufigkeit von 0,35% kann nur schwer beobachtet werden. Von den beiden Isotopen ^{117}Sn, das eine Häufigkeit von 7,6% hat, und ^{119}Sn mit einer Häufigkeit von 8,68% und die beide ähnlich große magnetische Momente besitzen, zeigt das letztere die etwas stärkeren Resonanzsignale und wird deshalb vorzugsweise für die Untersuchung der Sn-Resonanzspektren verwendet.

BURKE und LAUTERBUR[1] haben die ^{119}Sn-Resonanzspektren einer größeren Anzahl anorganischer und organischer Zinnverbindungen bei 8,5 MHz und einer Feldstärke von etwa 5360 Gauss untersucht. Tab. 59 verzeichnet die auf $(CH_3)_4$ Sn bezogenen chemischen Verschiebungen mit einer Genauigkeit von etwa $\pm 2 \cdot 10^{-6}$. Auffallend ist der sehr große Bereich von etwa $1800 \cdot 10^{-6}$, über den sich die chemischen Verschiebungen erstrecken.

Die Untersuchung der Mischungen von $SnCl_4$, $SnBr_4$ und SnJ_4 ergab, daß in diesen ein rascher Halogenaustausch stattfindet, der zu einem Gleichgewicht führt, an dem neben den einheitlichen Ausgangskomponenten alle neun möglichen gemischten Halogenide beteiligt sind. Die Konzentrationen der einzelnen Komponenten im Gleichgewichtszustand entsprechen einer statistisch-zufälligen Verteilung der Liganden. Die chemischen Verschiebungen der im System $SnCl_4$-$SnBr_4$-SnJ_4 denkbaren Zinnhalogenide sind in Tab. 59 enthalten. (Die chemischen Verschiebungen der einzelnen Halogenide sind innerhalb der angegebenen Grenzen von der Zusammensetzung des Systems abhängig.) Sie lassen sich additiv aus Inkrementen für die einzelnen Halogene berechnen. Entnimmt man

---

[1] BURKE, J. J., u. P. C. LAUTERBUR: J. Am. Chem. Soc. **83**, 326 (1961).

die Inkremente den für die reinen Tetrahalogenide gefundenen chemischen Verschiebungen, so findet man für Cl $+37{,}5 \cdot 10^{-6}$, für Br $+159{,}5 \cdot 10^{-6}$ und für J $+424{,}5 \cdot 10^{-6}$.

Die Berechnung der chemischen Verschiebung eines gemischten Halogenids unter Verwendung dieser Inkremente führt zu Werten, die mit den beobachteten in guter Annäherung übereinstimmen (vgl. die analogen Verhältnisse bei den P^{III}-Halogeniden, S. 179). Die Zinnhalogenidmoleküle haben eine durchschnittliche Lebensdauer zwischen 10^{-2} und 10 sec. Die Unterschiede zwischen den chemischen Verschiebungen von $SnCl_4$ und $SnBr_4$ einerseits und $SnBr_4$ und SnJ_4 andererseits sind etwa den Elektronegativitätsunterschieden zwischen den Halogenen proportional. Andererseits erfolgt aber die Resonanz von $(CH_3)_4Sn$ bei noch niedrigerem Feld als diejenige von $SnCl_4$, obwohl der Methylgruppe gewöhnlich eine Elektronegativität zugesprochen wird, die etwa der von Jod entspricht.

Die chemische Verschiebung von $SnCl_2 \cdot 2 H_2O$ in wäßrigen, salzsauren Lösungen ist von der HCl-Konzentration ab-

Tabelle 59. *Chemische Verschiebungen $\delta^{119}Sn$ in Zinnverbindungen bezogen auf $\delta_{(CH_3)_4Sn} = 0$*

Verbindung	gemessen in	$\delta \cdot 10^{-6}$
$SnCl_4$		150 ± 2
$SnCl_3Br$		263 ± 4
$SnCl_2Br_2$		386 ± 2
$SnClBr_3$		508 ± 1
$SnBr_4$		638 ± 1
$SnBr_3J$		917 ± 4
$SnBr_2J_2$		1191 ± 4
$SnBrJ_3$		1448 ± 1
SnJ_4		1701 ± 2
SnJ_3Cl		1339 ± 9
SnJ_2Cl_2		946 ± 9
$SnJCl_3$		550 ± 7
$SnCl_2BrJ$		667 ± 5
$SnBr_2ClJ$		789 ± 7
SnJ_2ClBr		1064 ± 4
$SnSO_4$	H_2O	909 ± 2
$SnCl_2 \cdot 2 H_2O$	H_2O	$521{,}3 \pm 0{,}3$
$SnCl_2$	$(CH_2)_4O$	236 ± 1
$(n{-}C_4H_9)SnCl_3$		3 ± 1
$(CH_3)_2SnCl_2$	Aceton	-36 ± 2
$(C_2H_5)_2SnCl_2$	Aceton	-62 ± 2
$(n{-}C_4H_9)_2SnCl_2$	Aceton	-71 ± 1
$(n{-}C_4H_9)_2SnCl_2$	CS_2	-114 ± 2
$(n{-}C_4H_9)_2Sn(OOCCH_3)_2$		195 ± 1
$(n{-}C_4H_9)_3SnCl$		-143 ± 2
$(C_2H_5)_3SnCl$		-151 ± 2
$(CH_3)_4Sn$		0
$(n{-}C_4H_9)_4Sn$		12
$(n{-}C_4H_9)_2SnS$		-124 ± 2
$Na_2Sn(OH)_6$	H_2O	592 ± 2
$K_2Sn(OH)_6$	H_2O	590 ± 2

hängig. Es tritt immer nur ein Resonanzsignal auf, dessen Lage wahrscheinlich einem Durchschnittswert der chemischen Verschiebungen der verschiedenen in der Lösung vorhandenen Individuen, einschließlich komplexer Ionen, entspricht. In wäßriger Lösung zeigt $SnCl_2 \cdot 2 H_2O$, bezogen auf $Sn(CH_3)_4$, eine chemische Verschiebung von $521{,}3 \pm 0{,}3$. Mit zunehmender Konzentration an HCl sinkt dieser Wert, bis er bei $12{,}17 \, N$ HCl nur noch $(341{,}2 \pm 0{,}5) \cdot 10^{-6}$ beträgt.

Ähnliche Effekte treten auch in acetonischen oder äthanolischen Lösungen von $SnCl_2 \cdot 2 H_2O$ auf. Die chemischen Verschiebungen derartiger Lösungen sind konzentrationsabhängig und variieren im Falle des Acetons über einen Bereich von etwa $100 \cdot 10^{-6}$, im Falle des Äthanols über einen Bereich von etwa $150 \cdot 10^{-6}$. Ferner ändern sich die chemischen Verschiebungen dieser Lösungen auch mit der Zeit. Diese zeitabhängigen Verschiebungen betragen bei gesättigten Lösungen von $SnCl_2 \cdot 2 H_2O$ in Aceton bis zu $40 \cdot 10^{-6}$, bei gesättigten Lösungen in Äthanol bis zu $20 \cdot 10^{-6}$.

Bei der weiteren Betrachtung der Tab. 59 fällt auf, daß die chemischen Verschiebungen von Zinn(II)- und Zinn(IV)-Verbindungen von der gleichen Größenordnung sind.

Die Kopplungskonstanten zwischen ^{119}Sn und den Protonen von Alkylgruppen betragen etwa 50—100 Hz. Sie werden am einfachsten aus den Protonenspektren der Zinnalkyle ermittelt. Das ^{119}Sn-Spektrum von Tetramethylzinn besteht aus einem sich aus 13 Linien zusammensetzenden Multiplett. 9 der Linien können leicht beobachtet werden. Die Kopplungskonstante $J_{^{119}Sn^{1}H}$ beträgt 54 Hz. Die Kopplungskonstanten zwischen den Protonen der Alkylgruppen und Zinn hängen vom Lösungsmittel und von der Natur der übrigen Substituenten ab. So beträgt z. B. die Kopplungskonstante $J_{^{119}Sn^{1}H}$ in der Verbindung $(CH_3)_2SnCl_2$ in acetonischer Lösung 80 Hz, in Wasser dagegen 98 Hz. Bei längeren Alkylresten koppeln auch die weiter entfernteren Protonen mit dem Zinnkern, zum Teil sogar stärker als die näher benachbarten.

20. Quecksilber

Von den beiden Isotopen des Quecksilbers, die ein magnetisches Moment aufweisen, ^{199}Hg und ^{201}Hg hat das erstere die Spinzahl $I = 1/2$, das letztere die Spinzahl $I = 3/2$. Die natürlichen Häufigkeiten der beiden Isotope betragen 16,86% und 13,24%.

DESSY, FLAUTT, JAFFÉ und REYNOLDS[1] untersuchten die kernmagnetischen Resonanzspektren des Isotops ^{199}Hg an Dialkylquecksilber-Verbindungen bei einer Radiofrequenz von 9,995 MHz und einer Feldstärke von etwa 13080 Gauß. Als Bezugssubstanz verwendeten sie Dimethylquecksilber, $(CH_3)_2Hg$. Neben den Hg-Resonanzspektren wurden auch die ^1H-Resonanzspektren der Verbindungen analysiert. Die Ergebnisse sind in Tab. 60 enthalten. Am bemerkenswertesten ist die beim Studium der Tabelle auffallende Erscheinung, daß die chemische Verschiebung im ^{199}Hg-Spektrum der Zahl der β-ständigen Protonen proportional ist. Daß die β-ständigen Protonen in besonders starke Wechselwirkung mit dem Quecksilberkern treten, zeigen auch die großen Kopplungskonstanten. Offenbar ist diese starke Wechselwirkung die Ursache der mit zunehmender Zahl der β-Wasserstoffe wachsenden chemischen Verschiebung. Analoge Erscheinungen wurden auch bei anderen metallorganischen Verbindungen beobachtet. So ist in Tetraäthylblei, $Pb(C_2H_5)_4$, die Kopplungskonstante zwischen ^{207}Pb und den

---

[1] DESSY, R. E., T. J. FLAUTT, H. H. JAFFÉ u. G. F. REYNOLDS: J. Chem. Phys. 30, 1422 (1959).

β-ständigen Protonen größer als die zwischen ^{207}Pb und den Protonen der CH_2-Gruppe[1]. Ebenso ist auch in der Verbindung $(CF_3)_2NCF_2CF_3$ der Abstand der Fluorkerne nicht der für die Größe der Spin-Spin-Wechselwirkung maßgebliche Faktor (vgl. S. 134).

Tabelle 60. *Chemische Verschiebungen δ^{199}Hg und δ^1H und Kopplungskonstanten $J^{199}Hg^1H$ von Dialkyl-quecksilber-Verbindungen*

Verbindung	$\delta_{199}Hg \cdot 10^{-6}$ ($\delta_{(CH_3)_2Hg} = 0$)	$\delta_{199}Hg \cdot 10^{-6}$ pro Zahl der β-ständigen H-Atome
$Hg(CH_3)_2$	0	...
$Hg(C_2H_5)_2$	330 ± 25	57
$Hg(C_3H_7)_2$	240 ± 25	60
$Hg(i{-}C_3H_7)_2$	640 ± 25	53

Verbindung	δ_1H (Hz) der α-ständigen Protonen ($\delta_{C_6H_6} = 0$)	δ_1H (Hz) der β-ständigen Protonen ($\delta_{C_6H_6} = 0$)
$Hg(CH_3)_2$	219	
$Hg(C_2H_5)_2$	200	190
$Hg(n{-}C_3H_7)_2$	206	168
$Hg(i{-}C_3H_7)_2$	194	194

Verbindung	$J_{199}Hg^1H_\alpha$ (Hz)	$J_{199}Hg^1H_\beta$ (Hz)
$Hg(CH_3)_2$	102	...
$Hg(C_2H_5)_2$	91	120
$Hg(n{-}C_3H_7)_2$	90	108
$Hg(i{-}C_3H_7)_2$	78	126

In den Protonenspektren der Dialkylquecksilber-Verbindungen treten vor allem die Resonanzlinien der Protonen von Molekülen auf, die das nicht magnetische Isotop ^{200}Hg und andere nicht magnetische Isotope enthalten. Diese Linien sind von Satelliten begleitet, die von der Spin-Spin-Kopplung der Protonen mit den ^{199}Hg-Kernen herrühren. Dagegen beobachtet man keine durch Wechselwirkung mit ^{201}Hg-Kernen aufgespaltenen Resonanzlinien. Die Ursache dafür liegt in dem elektrischen Quadrupolmoment dieses Kerns, das zu einer sehr starken Verbreiterung der Resonanzlinien führen muß.

21. Blei

Das Element Blei hat nur *ein* Isotop mit einem magnetischen Moment, nämlich ^{207}Pb mit der Spinzahl $I = 1/2$ und einer natürlichen Häufigkeit von rund 21%. Die chemischen Verschiebungen einer Reihe von Blei-verbindungen wurden von PIETTE und WEAVER[2] gemessen. Wie man für Kerne mit hohen Atomzahlen erwarten muß, sind die chemischen Verschiebungen recht groß und liegen in der Größenordnung von 1% des äußeren Magnetfeldes. Tab. 61 verzeichnet die bis jetzt bekannten chemischen Verschiebungen δ_{207Pb}. Sie sind auf metallisches Blei als Standard bezogen. Die Messungen wurden bei einer Feldstärke von etwa 7040 Gauß und 6,3208 MHz durchgeführt.

Die größten chemischen Verschiebungen nach hohem Feld werden bei den ionisch gebauten oder in Lösung in Ionen dissoziierten Blei-verbindungen beobachtet. Sie liegen bei etwa $14000 \cdot 10^{-6}$. Wird die

[1] BAKER, E. B.: J. Chem. Phys. **26**, 960 (1957).
[2] PIETTE, L. H., u. H. E. WEAVER: J. Chem. Phys. **28**, 735 (1958).

durch das Magnetfeld induzierte Zirkulation der Elektronen, die den Kern des Bleiatoms umgeben und ein dem äußeren Feld entgegengesetzt gerichtetes Feld erzeugen, das die Wirkung des ersteren am Ort des Kerns vermindert, gestört, wenn die Bindung nicht mehr rein ionisch ist, so ist die Abschirmung schwächer. Der zweite Ausdruck in der Ramseyschen Formel für die Abschirmung, der die Störung der Kreisströme quantitativ zu erfassen sucht, scheint im Falle von pulverisiertem, gelbem Bleioxyd besonders groß zu sein. Die chemische Verschiebung dieser Verbindung beträgt nur noch $7370 \cdot 10^{-6}$, während die rote Modifikation des Bleioxyds eine chemische Verschiebung von $11180 \cdot 10^{-6}$ hat.

Tabelle 61. *Chemische Verschiebungen* $\delta^{207}Pb$

Verbindung	$\delta \cdot 10^{-6}$	Verbindung	$\delta \cdot 10^{-6}$
Pb	0	$Pb(NO_3)_2$, fest	14540
PbO_2	6250	$Pb(NO_3)_2$, wäßrig	14050
PbO, gelb, fest	7370	$Pb(ClO_4)_2$, wäßrig	14050
$PbZrO_3$, fest	12460	PbO, rot, fest	11180
$Pb(CH_3COO)_2$	12540	$Pb(C_2O_4)_2$, fest	12300
$PbSO_4$, fest	14700	$PbCl_2$, fest	12300

Die bekannten Halbleitereigenschaften des Bleidioxyds kommen in der gegenüber den anderen Bleiverbindungen kleinen chemischen Verschiebung von $6250 \cdot 10^{-6}$ zum Ausdruck, die auf die Wirkung der elektrischen Leitfähigkeitselektronen zurückzuführen ist. Dies geht daraus hervor, daß man für diese Verbindung sehr kurze Spin-Gitter-Relaxationszeiten beobachtet, während alle anderen festen Verbindungen lange Relaxationszeiten aufwiesen. Die Resonanzlinie des PbO_2 liegt von allen untersuchten Verbindungen am nächsten bei der von metallischem Blei.

22. Kerne anderer Elemente

Im folgenden sind die bis heute an anderen als den in den vorigen Abschnitten eingehend behandelten Kernsorten durchgeführten Untersuchungen zusammengestellt. Ihre Zahl ist klein, doch lassen die Ergebnisse leicht erkennen, daß auch bei ihnen weitere Experimente fruchtbar sein werden. Es ist darüber hinaus unschwer vorherzusagen, daß kernmagnetische Resonanzuntersuchungen an Verbindungen auch mit bisher nicht benutzten Kernsorten für die Lösung zahlreicher chemischer Probleme von entscheidender Bedeutung sein werden.

Alkalimetalle

Die chemischen Verschiebungen von ^{87}Rb und ^{133}Cs sind von Gutowsky und McGarvey[1] an festen Rubidium- und Cäsiumhalogeniden gemessen worden. Sie sind in Tab. 62 wiedergegeben. Die magnetische Abschirmung der Alkalimetallkerne nimmt vom Fluorid zum Jodid ab. Die stärkste Abschirmung weisen die Alkaliionen in Lösung auf. Dies zeigt, daß die Bindung im Kristall nicht vollkommen ionisch ist, da

---

[1] Gutowsky, H. S., u. B. R. McGarvey: J. Chem. Phys. **21**, 1423 (1953).

sonst nach Ramseys Theorie in den Salzen die gleiche Abschirmung wie
in den freien Ionen vorhanden sein und deshalb zwischen den verschiedenen Halogeniden keine chemische Verschiebung zu beobachten sein
sollte. Nur wenn die Bindung teilweise kovalenten Charakter aufweist,
so daß die Elektronen teilweise auf das Gebiet zwischen benachbarten
Atomen beschränkt sind und damit die Präzessionsbewegung der
Elektronen behindert wird, ist die Abschirmung vermindert. Aus Tab. 62
ist zu ersehen, daß der kovalente Charakter der Rubidium- und Cäsium-
halogenide vom Fluorid zum Jodid zunimmt, wie man es aus den
Elektronegativitätsunterschie-
den erwarten sollte.

Tabelle 62. *Chemische Verschiebungen* $\delta^{87}Rb$
und $\delta^{133}Cs$ *fester Rubidium- und Cäsium-*
halogenide (bezogen auf die wäßrige Lösung
von Rb- bzw. Cs-Chlorid)

Salz	$\delta \cdot 10^{-6}$	Salz	$\delta \cdot 10^{-6}$
RbF	—60	CsF	—90
RbCl	—89	CsCl	—163
RbBr	—129	CsBr	—208
RbJ	—149	CsJ	—252

In wäßrigen Lösungen der
Alkalisalze verschiedener Anionen tritt das Resonanzsignal
des Alkalimetallkerns unabhängig von der Art des Anions
bei der gleichen Feldstärke auf.
Dies wurde von Wertz und
Jardetzky[1] an einer großen
Zahl von Natriumsalzen beob-
achtet. Dagegen findet man verhältnismäßig große Unterschiede in der
Linienbreite und Amplitude, die von Quadrupol-Wechselwirkungen,
etwa bei der Bildung von Ionenpaaren, herrühren können.

Chlor, Brom, Jod

Bis heute wurde die kernmagnetische Resonanz der Chlor-, Brom-
und Jodisotope, die ein magnetisches Moment besitzen, nur in wenigen
Arbeiten untersucht. Wegen der elektrischen Quadrupolrelaxation der
Kerne ^{35}Cl, ^{37}Cl, ^{79}Br, ^{81}Br und ^{127}J, die alle eine Spinzahl $I > 1$ besitzen,
sind die Resonanzlinien im allgemeinen stark verbreitert. Nur wenn die
elektrischen Feldgradienten am Ort des Kerns sehr klein sind, d. h. wenn
sich das Halogenatom in einem Feld hoher Symmetrie befindet, so daß
die Quadrupolrelaxation nicht wirksam werden kann, sind die Linienbreiten verhältnismäßig klein. So ist z. B. die Resonanzlinie einer
wäßrigen Lösung von Perchlorat, ClO_4^-, schmal[2]. Im Spektrum der reinen,
unsymmetrisch gebauten Perchlorsäure, $HClO_4$, findet man dagegen
wegen des unsymmetrischen Baus der Molekel und der dadurch begün-
stigten Quadrupolrelaxation eine breite Resonanzlinie. Aus dem gleichen
Grund ist die Linienbreite von hydratisierten Halogenionen relativ klein,
während die der undissoziierten Halogenwasserstoffe groß ist. Wäßrige
Lösungen von Halogenwasserstoffen zeigen eine konzentrationsabhängige
Linienbreite[2]. Aus der Verbreiterung der ^{127}J-Resonanzlinie einer
wäßrigen Jodidlösung beim Zusatz von elementarem Jod berechnete
Myers[3] die Geschwindigkeitskonstanten des Trijodid-Gleichgewichts

$$J^- + J_2 \text{ (wäßr.)} \rightleftharpoons J_3^- \, .$$

---
[1] Wertz, J. E., u. O. Jardetzky: J. Chem. Phys. **25**, 357 (1956).
[2] Masuda, Y., u. T. Kanda: J. Phys. Soc. Japan **9**, 82 (1954).
[3] Myers, O. E.: J. Chem. Phys. **28**, 1027 (1958).

PROCTOR und YU fanden[1], daß das ^{35}Cl- und ^{37}Cl-Resonanzsignal in Perchlorsäure gegenüber Chlorwasserstoffsäure um etwa $900 \cdot 10^{-6}$ nach niedrigeren Feldstärken verschoben ist. WERTZ[2] untersuchte die chemische Verschiebung einer wäßrigen Natriumchloridlösung in Abhängigkeit von der Konzentration der Lösung an verschiedenen paramagnetischen Ionen.

Die chemischen Verschiebungen der ^{35}Cl-, ^{81}Br- und ^{127}J-Resonanz in wäßrigen Lösungen von HCl, HBr bzw. HJ sind konzentrationsabhängig. Mit zunehmender Konzentration der Lösung fanden MASUDA und KANDA[3] eine Verschiebung nach niedrigen Feldstärken, d. h. eine im Durchschnitt abnehmende Abschirmung der Halogenkerne. Dies entspricht der Erwartung, da mit wachsender Konzentration der Lösung auch die Zahl der undissoziierten HCl-Moleküle oder irgendwelcher Ionenpaare steigt, während die Zahl der hydratisierten Chlorionen kleiner wird. Die letzteren sind aber mit ihrer weitgehend kugelsymmetrischen Ladungsverteilung nach den in Abschnitt 4 entwickelten Vorstellungen am stärksten abgeschirmt.

Tabelle 63. *Chemische Verschiebungen δ^{35}Cl in flüssigen Chloriden (bezogen auf eine verd. wäßr. Lösung von NaCl)*

Verbindung	$\delta \cdot 10^{-6}$
$SiCl_4$	—180
$TiCl_4$	—820
$VOCl_3$	—770
CrO_2Cl_2	—580

Die chemischen Verschiebungen einiger reiner, flüssiger Metallhalogenide und -oxyhalogenide sind von MASUDA[4] gemessen worden. Die auf die Resonanzlinie einer verdünnten wäßrigen Lösung von Natriumchlorid bezogenen Werte sind in Tab. 63 aufgeführt.

Kupfer, Selen, Thallium

Einige wenige Untersuchungen der kernmagnetischen Resonanz von ^{63}Cu haben McCONNELL und WEAVER[5,6], von ^{77}Se WALCHLI[7] und von ^{205}Tl GUTOWSKY und McGARVEY[8] durchgeführt.

Die chemischen Verschiebungen verschiedener Thalliumverbindungen erstrecken sich über einen sehr großen Bereich. Die viel größere Elektronendichte der Thallium(I)-Ionen hat zur Folge, daß ihre Resonanz gegenüber der von Thallium(III)-Ionen um $2000 \cdot 10^{-6}$ bis $3000 \cdot 10^{-6}$ nach der Seite des höheren Feldes verschoben ist[8].

Das ^{205}Tl-Resonanzspektrum von festen Thalliumchlorid Tl_2Cl_3 besteht aus zwei Resonanzlinien mit dem Intensitätsverhältnis $3:1$ und ist im Einklang mit der ionischen Struktur der Verbindung: $Tl_3(TlCl_6)$[9]. Geschmolzenes Thalliumchlorid der Zusammensetzung $TlCl_2$ zeigt im

[1] PROCTOR, W. G., u. F. C. YU: Phys. Rev. **81**, 20 (1951).
[2] WERTZ, J. E.: J. Chem. Phys. **24**, 484 (1956).
[3] MASUDA, Y., u. T. KANDA: J. Phys. Soc. Japan **9**, 82 (1954).
[4] MASUDA, Y.: J. Phys. Soc. Japan **11**, 670 (1956).
[5] McCONNELL, H. M., u. H. E. WEAVER: J. Chem. Phys. **25**, 307 (1956).
[6] McCONNELL, H. M., u. S. B. BERGER: J. Chem. Phys. **27**, 230 (1957).
[7] WALCHLI, H. E.: Phys. Rev. **90**, 331 (1953).
[8] GUTOWSKY, H. S., u. B. R. McGARVEY: Phys. Rev. **91**, 81 (1953).
[9] FREEMAN, R., R. P. H. GASSER u. R. E. RICHARDS: Mol. Phys. **2**, 301 (1959).

^{205}Tl-Resonanzspektrum zwei Resonanzsignale, die in den für Thallium(I)- und Thallium(III)-Ionen charakteristischen Bereichen liegen und so die Existenz der beiden Ionen in der Schmelze beweisen[1].

FIGGIS[2] untersuchte die chemischen Verschiebungen $\delta_{205\text{Tl}}$, die in Lösungen von Tl^{3+}-Ionen beim Zusatz verschiedener Anionen auftreten. Die Verschiebungen umfassen einen ausgedehnten Bereich von etwa $1800 \cdot 10^{-6}$, der jedoch nicht mit dem für Tl^+-Ionen charakteristischen Bereich überlappt. Mit den Anionen Cl^- und Br^- erfolgen die Änderungen der chemischen Verschiebung als Funktion des Konzentrationsverhältnisses $[X^-]/[Tl^{3+}]$ sehr rasch. Die Abhängigkeit der chemischen Verschiebung von der Halogenidionenkonzentration wird vom Autor auf Komplexbildung zurückgeführt. Insbesondere scheint die Existenz des komplexen Ions

$$\left[\begin{array}{ccccc} Cl & & Cl & & Cl \\ & \diagdown & & \diagup & \\ Cl\!-\!Tl\!-\!Cl\!-\!Tl\!-\!Cl & & & & \\ & \diagup & & \diagdown & \\ Cl & & Cl & & Cl \end{array}\right]^{---}$$

wahrscheinlich.

In Tab. 64 sind die Kopplungskonstanten $J_{205\text{Tl}^1\text{H}}$ und die chemischen Verschiebungen $\tau_{^1\text{H}}$ einer Anzahl von Thalliumalkylen verzeichnet[3]. Wie bei den Alkylverbindungen anderer Schwermetalle sind die Kopplungskonstanten zwischen den Protonen der Methylgruppen und Thallium größer als die zwischen den Protonen der Methylengruppen und Thallium.

Tabelle 64. *Kopplungskonstanten $J_{205\text{Tl}^1\text{H}}$ (Hz) und chemische Verschiebungen $\tau_{^1\text{H}}$ von Thalliumalkylen*

Verbindung	Methylgruppe		Äthylgruppe			
	$J_{205\text{Tl}^1\text{H}}$	τ	$J_{205\text{Tl}^1\text{H}(CH_2)}$	τ	$J_{205\text{Tl}^1\text{H}(CH_3)}$	τ
$Tl(CH_3)_3$	$250{,}8$	$9{,}48$	—	—	—	—
$Tl(CH_3)_2(C_2H_5)$	$223{,}0$	$9{,}58$	$242{,}4$	$8{,}66$	$472{,}7$	$8{,}20$
$Tl(CH_3)(C_2H_5)_2$	$186{,}9$	$9{,}73$	$218{,}8$	$8{,}71$	$441{,}5$	$8{,}18$
$Tl(C_2H_5)_3$	—	—	$198{,}2$	$8{,}71$	$396{,}1$	$8{,}21$

Kobalt

Der Kern des einzigen in der Natur vorkommenden Isotops von Kobalt, ^{59}Co, hat die Kernspinzahl $I = 7/2$. Chemische Verschiebungen an Kobaltverbindungen wurden zuerst von PROCTOR und YU[4] beobachtet sowie später von FREEMAN, MURRAY und RICHARDS[5] an zahlreichen symmetrischen und unsymmetrischen Komplexen gemessen. Die bei konstanter Feldstärke durchgeführten Untersuchungen zeigten, daß die Resonanzfrequenz temperaturabhängig ist. So beträgt z. B. der Temperaturkoeffizient von Kobaltacetylacetonat in $CHCl_3$ etwa 13,3 Hz/Grad.

[1] ROWLAND, T. J., u. J. P. BROMBERG: J. Chem. Phys. **29**, 626 (1958).
[2] FIGGIS, B. N.: Trans. Faraday Soc. **55**, 1075 (1959).
[3] MAHER, J. P., u. D. F. EVANS: Proc. Chem. Soc. (London) **1961**, 208.
[4] PROCTOR, W. G., u. F. C. YU: Phys. Rev. **81**, 20 (1951).
[5] FREEMAN, R., G. R. MURRAY u. R. E. RICHARDS: Proc. Roy. Soc. (London) A **242**, 455 (1957).

Die chemischen Verschiebungen, die außerordentlich groß sind, wurden von GRIFFITH und ORGEL[1] auf der Grundlage der Ligandenfeldtheorie interpretiert.

Arsen, Antimon

Die kernmagnetische Resonanz von Arsen und Antimon in flüssigem AsF_5 und $SbCl_5$ haben JONES und UEHLING[2] untersucht.

Die ^{75}As-Resonanz wurde bei 8,8 MHz beobachtet und ergab eine breite Bande (etwa 15 Gauss), die keine Feinstruktur erkennen ließ.

Bei $SbCl_5$ ließ sich sowohl die Resonanz der ^{121}Sb-Kerne wie auch die der ^{123}Sb-Kerne leicht beobachten. Auch in diesem Falle konnte keine Feinstruktur der Resonanzbande gefunden werden.

Anhang

Die folgenden Tabellen I—III enthalten die bis heute in der Literatur verzeichneten chemischen Verschiebungen und Kopplungskonstanten von Kernen der Elemente Bor, Fluor und Phosphor in ihren anorganischen Verbindungen sowie in Verbindungen, die sich ihrer Struktur und ihrer Genese nach zwanglos einordnen. Daneben sind eine größere Zahl von chemischen Verschiebungen aufgeführt, die vom Autor in neuester Zeit gemessen worden sind. In einigen wenigen Fällen, für die in der Literatur von verschiedenen Verfassern Werte angegeben sind, die nicht innerhalb der angegebenen Fehlergrenzen liegen, wurden diese Werte im einzelnen verzeichnet.

Übersicht über Tabelle I a

Chemische Verschiebungen $\delta_{^{11}B}$

[bezogen auf Borsäuretrimethylester $B(OCH_3)_3$]

Die in der Originalliteratur auf $BF_3 \cdot O(C_2H_5)_2$ bezogenen chemischen Verschiebungen wurden auf $B(OCH_3)_3$ als Standard umgerechnet. Der Umrechnung wurde für $BF_3 \cdot O(C_2H_5)_2$ eine chemische Verschiebung von $+18,1 \cdot 10^{-6}$ gegenüber $B(OCH_3)_3$ zugrunde gelegt.

1. Bor-Wasserstoff-Verbindungen
2. Bor-Halogen-Verbindungen, Boralkyle und Boraryle.
3. Borsäuren, Salze, Ester und Amide d.; Alkyl- und Arylborsäuren, Ester v; Borazol und Derivate.

Übersicht über Tabelle I b

Kopplungskonstanten $J_{^{11}BX}$

1. Kopplungskonstanten $J_{^{11}B^1H}$.
2. Kopplungskonstanten $J_{^{11}B^{19}F}$.
3. Kopplungskonstanten $J_{^{11}B^{31}P}$.

---

[1] GRIFFITH, J. S., u. L. E. ORGEL: Trans. Faraday. Soc. **53**, 601 (1957).
[2] JONES, E. D., u. E. A. UEHLING: J. Chem. Phys. **36**, 1691 (1962).

Tabelle Ia.

Chemische Verschiebungen $\delta_{^{11}B}$

Verbindung	gemessen in	$\delta \cdot 10^{-6}$	Literatur
1. Bor-Wasserstoff-Verbindungen			
$NaBH_4$	0,1 N NaOH	61,0	79
	Wasser	$56,8 \pm 0,5$	77
$LiBH_4$	Äther	$56,3 \pm 0,5$	77
$Al(BH_4)_3$		55,1	79
$BH_3 \cdot O(CH_2)_4$		19,0	79
$BH_3 \cdot NC_5H_5$	Substanz	31,4	79
		$29,6 \pm 0,5$	77
	Benzol	$30,4 \pm 0,5$	77
$BH_3 \cdot N(CH_3)_3$	Benzol	$27,2 \pm 0,5$	77
$BH_3 \cdot HN(CH_3)_2$	Benzol	$33,2 \pm 0,5$	77
$BH_3 \cdot HP(CH_3)_2$		55,6	79
$BH(OCH_3)_2$		$-8,0 \pm 0,5$	77
$BD(OCH_3)_2$		$-8,6 \pm 0,5$	77
B_2H_6		0,5	79
		$1,5 \pm 0,5$	77
$B_2H_2O_3$		$-15,5 \pm 3,0$	77
$B_2H_5 \cdot N(CH_3)_2$		36,7	79
$B_2H_4 \cdot 2N(CH_3)_2$		14,5	79
$B_3H_7 \cdot O(C_2H_5)_2$		25,8	79
NaB_3H_8	Wasser	46,5	79
B_4H_{10}		25,0; 59,9	79
BH		$58,1 \pm 0,5$	77
BH_2		$24,6 \pm 0,5$	77
B_5H_9 Basis		$30,6 \pm 0,5$	77, 79
Spitze		$69,6 \pm 0,5$	77, 79
B_5H_8Br Basis	CS_2	$30,6 \pm 0,5$	77
Spitze		$54,5 \pm 0,5$	77
B_5H_8J Basis	CS_2	$29,9 \pm 0,5$	77
Spitze		$73,1 \pm 0,5$	77
B_5H_{11}		$-16,2; 0,7; 49,8$	79
Basis BH_2		15,2	77
Basis BH		20	77
Spitze		$71,6 \pm 0,5$	77
B_6H_{10} Basis		3,1	77
Spitze		$69,3 \pm 0,5$	77
$B_{10}H_{14}$		6,9; 19,5; 53,9	79
		5,7	77
		17,6	77
		$53,0 \pm 0,5$	77

Tabelle Ia (Fortsetzung)

Verbindung	gemessen in	$\delta \cdot 10^{-6}$	Literatur
$B_{10}H_{12}J_2$		4,0; 17,6; 60,7	79
$B_{10}H_{12} \cdot (CH_3)_2S$	Acetonitril	30,6; 47,2; 72,1; 90,1	73
$B_{10}H_{12} \cdot 2(CH_3)_2S$	Acetonitril	19,3; 33,8; 51,9; 68,0	73
$NaB_{10}H_{12}CN \cdot (CH_3)_2S$	Wasser	30,6; 45,2; 67,7; 80,5	73
$NaB_{10}H_{13} \cdot (CH_3)_2S$	Wasser	23,1; 36,2; 55,0; 70,0	73
$Na_2B_{10}H_{13}CN$	Wasser	14,3; 27,0; 46,7; 61,0	73
$(CH_3)_4NB_{10}H_{13}$	Acetonitril	14,5; 29,4; 48,1; 60,0	73

2. Bor-Halogen-Verbindungen, Boralkyle und Boraryle

Verbindung	gemessen in	$\delta \cdot 10^{-6}$	Literatur
BF_3		6,6	79
		$8,7 \pm 1,0$	77
$BF_3 \cdot NH_3$	Wasser	20,2	79
$BF_3 \cdot N(CH_3)_3$	Benzol-Methanol	18,6	79
$BF_3 \cdot$ Piperidin	CS_2	$20,4 \pm 0,5$	77
$BF_3 \cdot$ Hexamethylentetramin		$19,5 \pm 0,5$	77
$BF_3 \cdot P(C_6H_5)_3$	$CHCl_3$	$17,7 \pm 0,5$	77
$BF_3 \cdot O(CH_2)_4$		19,0	79
$BF_3 \cdot O(C_2H_5)_2$		$18,1 \pm 0,5$	77
$BF_3 \cdot CH_3OH$		19,1	77
$BF_3 \cdot O(n{-}C_4H_9)_2$		$18,1 \pm 0,5$	77
$BF_3 \cdot S(C_2H_4 \cdot C_6H_5)_2$	$CHCl_3$	$17,6 \pm 0,5$	77
HBF_4	Wasser, 50%	$18,0 \pm 0,5$	77
$NaBF_4$	Wasser	$20,4 \pm 0,5$	77
NH_4BF_4	Wasser	$19,9 \pm 0,5$	77
BF_4^-		20,2	17a
$TlBF_4$	Wasser	18,8	79
$AgBF_4$	Wasser	20,3	79
$H_3BO_2F_2$		18,7	79
BCl_3	Substanz, fl. oder gasf.	$-29,6 \pm 0,5$	77, 79
$BCl_3 \cdot O(C_2H_5)_2$	Äther	$7,6 \pm 0,5$	77
BCl_4^-		11,4	17a
$BCl_2(OC_2H_5)$		$-14,4 \pm 1,0$	77
$BCl_2(H) \cdot O(C_2H_5)_2$		$10,2 \pm 0,5$	77
$BCl_2(D) \cdot O(C_2H_5)_2$		$10,1 \pm 0,5$	77
$BCl(OC_2H_5)_2$		$-5,2 \pm 1,0$	77
$C_6H_5BCl_2$		$-35,9$	77
BBr_3		$-22,7$	79
		$-22,0 \pm 0,5$	77
BBr_4^-		45,1	17a
BJ_3		$23,6 \pm 0,5$	77, 79
BJ_4^-		145,9	17a

16*

Tabelle Ia (Fortsetzung)

Verbindung	gemessen in	$\delta \cdot 10^{-6}$	Literatur
$B(CH_3)_3$		$-68,2$	79
$B(C_2H_5)_3$		$-66,6 \pm 1$	77, 79
$NaB(C_6H_5)_4$	Wasser	$16,1$	79
		$26,3 \pm 0,5$	77
$LiB(C{\equiv}CC_6H_5)_4$		$49,4$	79

3. *Borsäuren, Salze, Ester und Amide; Alkyl- und Arylborsäuren, Ester; Borazol und Derivate*

Verbindung	gemessen in	$\delta \cdot 10^{-6}$	Literatur
H_3BO_3	Wasser	$-0,7 \pm 1,0$	77
$NaBO_2\,[B(OH)_4^-]$	Wasser	$16,8 \pm 0,5$	77
$NaBO_3$	Wasser	$16,8 \pm 1,0$	77
$Na_2B_4O_7$	Wasser	$9,2 \pm 0,5$	77
$K_2B_4O_7$	Wasser	$12,6 \pm 0,5$	77
$(NH_4)_2B_4O_7$	Wasser	$7,8 \pm 0,5$	77
NaB_5O_8	Wasser	$16,8 \pm 1,0$	77
		$3,7 \pm 1,0$	77
KB_5O_8	Wasser	$5,1 \pm 1,0$	77
$B(CH_3O)_3$		$0,000$	
$B(CH_3O)O$	Benzol	$0,8 \pm 0,5$	77
$NaB(CH_3O)_4$	Wasser	$15,2$	79
$LiB(CH_3O)_4$	Methanol	$15,2 \pm 0,5$	77
$B(C_2H_5O)_3$		$0,6$	79
		$0,0 \pm 0,5$	77
$B(n{-}C_3H_7O)_3$		$0,5$	79
$B(CH_2{=}CHCH_2O)_3$	Benzol	$0,6 \pm 0,5$	77
$B(n{-}C_4H_9O)_3$		$-0,1$	79
$B(n{-}C_4H_9O)O$	Benzol	$0,6 \pm 0,5$	77
$B(o{-}Cl \cdot C_6H_4O)_3$	Äther	$4,4 \pm 2,0$	77
$B(o{-}CH_3 \cdot C_6H_4O)_3$	Äther	$3,1 \pm 1,0$	77
$B(CH_2CH_2O)_3N$	Wasser	$7,4 \pm 0,5$	77
	$CHCl_3$	$6,9$	77
$C_4H_9B(OH)_2$	Aceton	$-14,3$	79
$C_6H_5B(OH)_2$	Pyridin	$-15,2$	79
$C_6H_5B(OC_2H_5)_2$		$-10,4$	79
$(n{-}C_9H_{19})B(OH)_2$	Äther	$-11,2 \pm 0,5$	77
$B[N(C_2H_5)_2]_3$		$-12,9$	79
$[BHNH]_3$		$-12,3$	79
$[BHNCH_3]_3$		$-14,3$	79

Tabelle Ib.
Kopplungskonstanten $J_{^{11}BX}$

Verbindung	$J_{^{11}B^1H}$ [Hz]	Literatur
1. Kopplungskonstanten $J_{^{11}B^1H}$		
$NaBH_4$	81 ± 3	77, 79
$LiBH_4$	75 ± 3	77
$Al[BH_4]_3$	86	79
$BH_3 \cdot O(CH_2)_4$	103	79
$BH_3 \cdot NC_5H_5$	90	79
	96 ± 3	77
$BH_3 \cdot N(CH_3)_3$	97	79
	101 ± 3	77
$BH_3 \cdot NH(CH_3)_2$	91 ± 3	77
$BH_3 \cdot PH(CH_3)_2$	96	79
$[H_2B(NH_3)_2]^+$	120	78
(Struktur B_2H_6)	137	79
	128 ± 4	77
(Struktur)	48	79
(Struktur, N, CH_3 CH_3)	130	79
(Struktur, N, CH_3 CH_3)	29	79
(Struktur, N N, CH_3 CH_3)	116	79
$B_3H_7 \cdot O(C_2H_5)_2$	31 ± 5	79
NaB_3H_8	32	79
B_4H_{10} $\quad BH_2$	132	79
	123 ± 3	77
$\quad\quad BH$	154 ± 5	77, 79
B_5H_9 $\quad BH_2$	168	79
	160 ± 1	77
$\quad BH$ (Spitze)	173 ± 5	77, 79
B_5H_8Br $\quad$ Basis	161 ± 5	77

Tabelle I b (Fortsetzung)

Verbindung		$J_{^{11}B^{1}H}$ [Hz]	Literatur
B_5H_8J	Basis	160 ± 5	77
B_5H_{11}		134, 162, 142	79
	Spitze	170 ± 5	77
	Basis BH	133	77
	Basis BH_2	130	77
B_6H_{10}	Spitze	182 ± 5	77
	Basis	160 ± 5	77
$B_{10}H_{14}$		124, 128, 159	79
		$138, 141, 158 \pm 5$	79
$B_{10}H_{12}J_2$		136, 137	79
$HBCl_2 \cdot O(C_2H_5)_2$		152 ± 5	77
$HB(OCH_3)_2$		141 ± 5	77
$DB(OCH_3)_2$	(DB)	24	77
$H_2B_2O_3$		169 ± 5	77
$[BHNH]_3$		136	48, 79
$[BHNCH_3]_3$		134	79

2. *Kopplungskonstanten* $J_{^{11}B^{19}F}$-

Verbindung	$J_{^{11}B^{19}F}$ [Hz]	Literatur
BF_3	15 ± 2	7
BF_2Cl	34 ± 1	7
BF_2Br	56 ± 1	7
$BFCl_2$	74 ± 1	7
$BFClBr$	92 ± 2	7
$BFBr_2$	108 ± 3	7

3. *Kopplungskonstanten* $J_{^{11}B^{31}P}$-

Verbindung		Literatur
$(CH_3)_2PH \cdot BH_3$	50	89

Übersicht über Tabelle II a

Chemische Verschiebungen $\delta_{^{19}F}$

Verbindung	$\delta \cdot 10^{-6}$
CF_3COOH	0,000
F_2	—507,1
KF, wäßrig	41,1
$CFCl_3$	—76,6
SF_6	—127,3
BeF_2	97,0
BF_3	48,4
$(C_2H_5)_2SiF_2$	66,7
C_4F_8	61,5

Die in der Literatur veröffentlichten chemischen Verschiebungen von Fluorverbindungen beziehen sich auf zahlreiche verschiedene Standardsubstanzen. In Tab. II a sind alle chemischen Verschiebungen auf Trifluoressigsäure, CF_3COOH, als Standard umgerechnet, d. h. es gilt $\delta_{CF_3COOH} = 0$. Der Umrechnung wurden die nebenstehenden chemischen Verschiebungen der ursprünglich benützten Bezugssubstanzen gegenüber Trifluoressigsäure zugrunde gelegt.

Übersicht über Tabelle II b

Kopplungskonstanten $J_{^{19}F X}$

1. Kopplungskonstanten $J_{^{19}F^{19}F}$.
2. Kopplungskonstanten $J_{^{19}F X}$.

Tabelle II a.
Chemische Verschiebungen δ_{19F}

Verbindung	gemessen in	$\delta \cdot 10^{-6}$	Literatur
F_2		—507,1	100
HF		117,9	100
KF	Wasser	41,1	36
Ag_2F		—48,9	100
AgF		181,1	100
BeF_2		97	38
		92,0	39
$[BF_4]^-$	Wasser	72,3	12
		71,0	68
BF_3	Substanz	48,4	17
$BF_3 \cdot O(C_2H_5)_2$	Substanz	84,1	100
BF_2Cl		— 3,1 ± 0,2	17
BF_2Br		—20,0 ± 0,3	17
$BFCl_2$		—50,6 ± 0,6	17
BFClBr		—66,4 ± 0,6	17
$BFBr_2$		—82,0 ± 0,7	17
$[BF_3\text{—}CF_3]^-$	Wasser	77,3	12
CF_4		—11,9	68
		—16,1	100
CF_3COOH		0,000	
$[BF_3\text{—}CF_3]^-$	Wasser	—2,06	12
$PF_4\text{—}CF_3$		—3,37	57
$(CH_3)_3P{=}P\text{—}CF_3$		—51,5	9
$(n\text{—}C_4H_9)_3P{=}P\text{—}CF_3$		—53	9
Morpholin-N—CF_3 (Ring aus CH_2CH_2, CH_2, CH_2CH_2)		—9,4	41
Ring CH_2CH_2/CH_2/CH_2CH_2 mit $N\text{—}C{<}^O_F$		—48,0	41
$(CH_3)_2N\text{—}CF_3$	Substanz	—7,6	41
$(C_2H_5)_2N\text{—}CF_3$	Substanz	—17,3	41
$CH_2\text{—}S$ / $CH_2\text{—}S$ Ring mit CF_2	Substanz	—37,2	41

Tabelle IIa (Fortsetzung)

Verbindung	gemessen in	$\delta \cdot 10^{-6}$	Literatur
$CF_3-CF_2-SF_5$		5,3	70
		5,6	
$CF_3-CF_2-SF_5$		15,5	70
		24,0	
$CF_3-CF_2-CF_2-SF_5$		5,0	70
$CF_3-CF_2-CF_2-SF_5$		50,7	70
$CF_3-CF_2-CF_2-SF_5$		18,8	70
$CF_3-CF_2-CF_2-CF_2-SF_5$		5,2	70
		5,0	
$CF_3-CF_2-CF_2-CF_2-SF_5$		49,5	70
		48,7	
$CF_3-CF_2-CF_2-CF_2-SF_5$		46,2	70
		46,5	
$CF_3-CF_2-CF_2-CF_2-SF_5$		18,8	70
		17,8	
$(CF_3-CF_2)_2SF_4$		4,5	70
$(CF_3-CF_2)_2SF_4$		21,2	70
		21,0	
$(CF_3-CF_2-CF_2)_2SF_4$		5,0	70
$(CF_3-CF_2-CF_2)_2SF_4$		50,0	70
$(CF_3-CF_2-CF_2)_2SF_4$		16,5	70
$CF_3-SF_4-CF_2-CF_3$		—11,4	87
$CF_3-SF_4-CF_2-CF_3$		21,4	87
$CF_3-SF_4-CF_2-CF_3$		4,5	87
$CF_3-SF_4-CF_2-COOCH_3$		—12,7	87
$CF_3-SF_4-CF_2-COOCH_3$		12,1	87
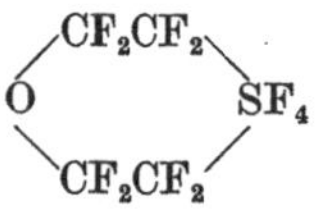 ![Ringstruktur mit O und SF_4, verknüpft über zwei CF_2CF_2-Brücken]		2,4	70
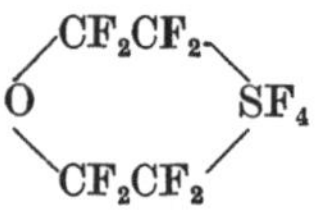 ![Ringstruktur mit O und SF_4, verknüpft über zwei CF_2CF_2-Brücken]		22,2	70
$CF_3-CF_2-CF_2-CF_2-CF_2-CF_2-CF_3$		7,5	96
$CF_3-CF_2-CF_2-CF_2-CF_2-CF_2-CF_3$		51,5	96
$CF_3-CF_2-CF_2-CF_2-CF_2-CF_2-CF_3$		47,5	96
$CF_3-CF_2-CF_2-CF(CF_2-CF_3)_2$		4,8	72
$CF_3-CF_2-CF_2-CF(CF_2-CF_3)_2$		46,6	72
$CF_3-CF_2-CF_2-CF(CF_2-CF_3)_2$		34,4	72
$CF_3-CF_2-CF_2-CF(CF_2-CF_3)_2$		107,0	72
$CF_3-CF_2-CF_2-CF(CF_2-CF_3)_2$		37,4	72
$CF_3-CF_2-CF_2-CF(CF_2-CF_3)_2$		3,2	72
$CF_3-CF_2-CF_2-CH_2Cl$		7,5	96
$CF_3-CF_2-CF_2-CH_2Cl$		51,5	96
$CF_3-CF_2-CF_2-CH_2Cl$		42,5	96
$CF_3-CF_2-CF_2-CH_2Br$		7,5	96

Tabelle IIa (Fortsetzung)

Verbindung	gemessen in	$\delta \cdot 10^{-6}$	Literatur
$CF_3-CF_2-CF_2-CH_2Br$		51,5	96
$CF_3-CF_2-CF_2-CH_2Br$		39,5	96
$CF_3-CF_2-CF_2-CH_2J$		7,5	96
$CF_3-CF_2-CF_2-CH_2J$		51,5	96
$CF_3-CF_2-CF_2-CH_2J$		33,5	96
$CF_3-CF_2-CF_2-COCl$		7,5	96
$CF_3-CF_2-CF_2-COCl$		51,5	96
$CF_3-CF_2-CF_2-COCl$		39,5	96
$CF_3-CF_2-CF_2-CCl_3$		7,5	96
$CF_3-CF_2-CF_2-CCl_3$		51,5	96
$CF_3-CF_2-CF_2-CCl_3$		32,5	96
$CF_3-CF_2-CF_2-CF_2-CF_2H$		7,5	96
$CF_3-CF_2-CF_2-CF_2-CF_2H$		51,5	96
$CF_3-CF_2-CF_2-CF_2-CF_2H$		48,5	96
$CF_3-CF_2-CF_2-CF_2-CF_2H$		54,5	96
$CF_3-CF_2-CF_2-CF_2-CF_2H$		62,5	96
$C(CF_3)_4$		—13,8	72
$FC(CF_3)_2$		112	72
$FC(CF_3)_3$		—1	72
$(CF_2)_4$		61,5	72
$(CF_2)_6$		55	72
$(CF_3)_2N-CF_2-CF_3$		—23,1	88
$(CF_3)_2N-CF_2-CF_3$		19,9	88
$(CF_3)_2N-CF_2-CF_3$		8,5	88
CF_3NONF		—7,0	29
SiF_6^{--}	Wasser	49,8	38, 68
SiF_4		83,8	68
		87,0	93
		91,8	39
CH_3SiF_3		59,2	93
$(CH_3)_2SiF_2$		54,2	93
$(CH_3)_3SiF$		79,2	93
$(C_2H_5)_2SiF_2$		66,7	93
$C_2H_5SiF_3$		64,5	93
$(C_2H_5)_3SiF$		97,7	93
GeF_4		99,0	39, 68

Tabelle IIa (Fortsetzung)

Verbindung	gemessen in	$\delta \cdot 10^{-6}$	Literatur
NF_3		—219	68
		—222,1	39
N_2F_4		—75	15
SNF		—316,9	85
CF_3NONF		—118,7	29
PF_3	Substanz	—42,3	36, 39, 68
		—43,4	36
PF_5	Substanz	—5,2	36, 39, 68
	flüssig	—0,68	57
PF_6^-		—11,6	
HPF_6		5,5	36
KPF_6	Wasser	—7,7	36
$CH_3P(O)F_2$		—25,0	36
OPF_3		15,8	36
OPF_2Cl		—30,4	36
$OPF_2(OH)$		9,0	36
$OPFCl_2$		—69,0	36
$OPF(OH)_2$		—2,5	36
$OPF(ONa)_2$	Wasser	26,8	36
FPF_3—CF_3		—10,0	57
FPF_3—CF_3		—9,93	57
AsF_3		—35,0	68
		—38,0	39
AsF_5		—11,3	68
AsF_6^-		—18,1	68
—$OAsF_2$		—35,3	31
—$OAsFO$—		—26,1	31
SbF_3		—23,9	68
SbF_5	Substanz	6,83; 26,2; 52,0	68
		8,5; 26,8; 52,8	45
SbF_6^-		32,3	68
OF_2		—326,6	1
$FOClO_3$		—302,5	1
$FClO_3$		—363,6	1
		—320,0	7
SF_4		—195; —148	70
SF_6		—127	37, 70
		—131,5	38
FSF_4Cl	$CFCl_3$	—138,9 $\pm$ 1,5	43
	SF_6, etw.50%	—132,18	61a
FSF_4Cl	$CFCl_3$	—201, 8 $\pm$ 1,5	43
	SF_6, etw.50%	—195,7	61a
FSF_4Br	SF_6, etw.50%	—132,3	61a
FSF_4Br	SF_6. etw.50%	—215,5	61a
FSF_4—O—SO_2F	$CFCl_3$	—132,2 $\pm$ 1,5	43
	SF_6, etw.50%	—125,67	61a

Tabelle IIa (Fortsetzung)

Verbindung	gemessen in	$\delta \cdot 10^{-6}$	Literatur
FSF_4—O—SO_2F	$CFCl_3$	—148,5 $\pm$ 1,5	43
	SF_6, etw.50%	—142,1	61a
FSF_4—O—SO_2F	$CFCl_3$	—121,7 $\pm$ 1,5	43
FSF_4CF_3	SF_6, etw.50%	—132,73	61a
FSF_4CF_3	SF_6, etw.50%	—108,9	61a
FSF_4—CF_2CF_3	$CFCl_3$	—137,6 $\pm$ 1,5	69, 70
		—138,0	
FSF_4—CF_2CF_3	$CFCl_3$	—118,7	69, 70
		—118,5	
FSF_4—$CF_2CF_2CF_2CF_3$		—136,9	87
FSF_4—$CF_2CF_2CF_2CF_3$		—119,5	87
FSF_4—CF_2—SF_4—CF_3		—141,6	87
FSF_4—CF_2—SF_4—CF_3		—125,8	87
FSF_4—CF_2—SF_4—CF_3		—103,9	87
FSF_4—OCF_3	SF_6, etw.50%	—131,53	61a
FSF_4—OCF_3	SF_6, etw.50%	—138,7	61a
FSF_4—OC_2H_4F	SF_6, etw.50%	—145,28	61a
FSF_4—OC_2H_4F	SF_6, etw.50%	—129,78	61a
FSF_4—OC_2H_3ClF	SF_6, etw.50%	—143,23	61a
FSF_4—OC_2H_3ClF	SF_6, etw.50%	—129,99	61a
FSF_4—OC_2Cl_4F	SF_7, etw.50%	—133,67	61a
FSF_4—OC_2Cl_4F	SF_6, etw.50%	—142,1	61a
FSF_4—OC_2F_5	SF_6, etw.50%	—130,65	61a
FSF_4—OC_2F_5	SF_6, etw.50%	—142,5	61a
FSF_4—OC_5F_9	SF_6, etw.50%	—131,30	61a
FSF_4—OC_5F_9	SF_6, etw.50%	—142,0	61a
FSF_4—OSF_5	SF_6, etw.50%	—131,83	61a
FSF_4—OSF_5	SF_6, etw.50%	—141,3	61a
FSF_4—O—OSF_5	SF_6, etw.50%	—127,14	61a
FSF_4—O—OSF_5	SF_6, etw.50%	—126,55	61a
FSF_4—O—SO_2—OSF_5	SF_6, etw.50%	—126,87	61a
FSF_4—O—SO_2—OSF_5	SF_6, etw.50%	—142,4	61a
FSF_4—OC_6H_5	$CFCl_3$	—149,3 $\pm$ 1,5	43
FSF_4—OC_6H_5	$CFCl_3$	—139,2 $\pm$ 1,5	43
$SF_4(C_2H_5)_2$		—104,0	69, 70
$SF_4(CF_3)$ (CF_2CF_3)		—99,7	87
$SF_4(CF_3)$ (CF_2COOCH_3)		—99,7	87
$SF_4(CF_3CF_2)_2$		—105,0	87
$SF_4(CF_2CF_2CF_3)_2$		—106,1	69, 70
$F_4S \overset{\displaystyle CF_2CF_2}{\underset{\displaystyle CF_2CF_2}{\diagup\diagdown}} O$		—123,0: —94,8	69, 70
FSO_2—NH—SO_2F	Substanz	—136	25
$S_3N_3F_3$	Dioxan	—105,9	85
$S_4N_4F_4$	Dioxan	—113,9	85
NSF_3	Substanz	—145,9	85
SO_3F_2		-307,5; —107,5	18

Tabelle IIa (Fortsetzung)

Verbindung	gemessen in	$\delta \cdot 10^{-6}$	Literatur
SOF_4		—164,5	18
SOF_6		—250,5; —118,5	18
$S_2O_6F_2$		—114,5	18
SeF_4		—14	68
SeF_6		—121	68
		—138,4	
TeF_4		—1,4'4	68
TeF_6		—5206	39, 68
MoF_6		—355	68
WF_6		—242	68
BrF_3		—54,3	68
		—64,0	39
BrF_5		—349; —219	68
		—354,7; —217,1	36
		—357,2; —216,6	39
ClF_3		—193	68
		—81	
		—193,4	67
		—84,2	
$FClO_3$		—363,6	1
JF_5		—138; —95,8	68
		—138,2; —88,9	39
		—138,7; —89,4	36
		—138,7	67
		—94,8	
JF_7		—245,6	39
		bezogen auf $(CF_2)_5$	
$S_3O_8F_2$		—31,7	19

Tabelle IIb.
Kopplungskonstanten $J_{^{19}FX}$

Verbindung	$J_{^{19}F^{19}F}$ [Hz]	Literatur

1. Kopplungskonstanten $J_{^{19}F^{19}F}$

Verbindung	$J_{^{19}F^{19}F}$ [Hz]	Literatur
$(CF_3)_2N{-}CF_2{-}CF_3$	6	88
$(CF_3)_2N{-}CF_2{-}CF_3$	16	88
SF_5 (Struktur)	78	16
FSF_4OSO_2F	$156 \pm 1,5$	43
	153,5	61a
FSF_4OSO_2F	0,9	43
FSF_4OSO_2F	7,2	43
FSF_4Cl	$150 \pm 1,5$	43
	148,5	61a
FSF_4Br	143,1	61a
FSF_4CF_3	145,4	61a
FSF_4CF_3	6,4	61a
FSF_4CF_3	22	61a
$FSF_4CF_2CF_3$	$145 \pm 1,5$	43
	152,19	
$FSF_4CF_2CF_3$	4,82	87
$FSF_4CF_2CF_3$	8,56	87
$FSF_4CF_2CF_3$	14,36	87
$FSF_4CF_2CF_3$	~ 0	87
$FSF_4CF_2CF_2CF_2CF_3$	145,9	87
$FSF_4CF_2CF_2CF_2CF_3$	4,93	87
$FSF_4CF_2CF_2CF_2CF_3$	2,47	87
$FSF_4CF_2CF_2CF_2CF_3$	17,0	87
$FSF_4CF_2CF_2CF_2CF_3$	$\sim 8{-}9$	87
$FSF_4CF_2CF_2CF_2CF_3$	2,42	87
$FSF_4CF_2CF_2CF_2CF_3$	10,80	87
$FSF_4CF_2CF_2CF_2CF_3$	~ 0	87
$FSF_4CF_2SF_4CF_3$	151,87	87
$FSF_4CF_2SF_4CF_3$	5,28	87
$FSF_4CF_2SF_4CF_3$	21,41	87
$FSF_4CF_2SF_4CF_3$	22,92	87
$FSF_4CF_2SF_4CF_3$	$10{-}12$	87
$FSF_4OC_6H_5$	$158,5 \pm 1,5$	43
FSF_4OCF_3	153,0	61a
$FSF_4OC_2H_4F$	153,8	61a
$FSF_4OC_2H_3ClF$	154,7	61a
$FSF_4OC_2Cl_4F$	154,9	61a

Tabelle IIb (Fortsetzung)

Verbindung	$J_{^{19}F^{19}F}$ [Hz]	Literatur
$FSF_4OC_2F_5$	152,8	61a
$FSF_4OCF_2CF_3$	3	61a
$FSF_4OCF_2CF_3$	10	61a
$FSF_4OC_5F_9$	154,9	61a
FSF_4OSF_5	150	61a
$FSF_4OS(O)_2OSF_5$	153,4	61a
$SF_4(CF_3CF_2)_2$	15,70	87
$SF_4(CF_3CF_2)_2$	9,33	87
$SF_4(CF_3CF_2)_2$	0	87
$SF_4(CF_3)(CF_2CF_3)$	24,00	87
$SF_4(CF_3)(CF_2CF_3)$	15,10	87
$SF_4(CF_3)(CF_2CF_3)$	9,40	87
$SF_4(CF_3)(CF_2COOCH_3)$	23,50	87
$SF_4(CF_3)(CF_2COOCH_3)$	13,60	87
(Struktur: O-Brücke mit CF_2CF_2-Gruppen, SF_4)	93	75
(Struktur: $SF_4(O-SO_2F)_2$)	156	90
$FPF_4 \cdot O(C_2H_5)_2$	55	66
$FPF_4 \cdot O(CH_2)_4$	55	66
FPF_3-CF_3	0,4	57
F_4P-CF_3	12	57
(Struktur: ClF_3)	403	67
(Struktur: BrF_5)	76	67
(Struktur: JF_5)	84	36
	81	67
(Struktur: TiF_6·B_2) $B=C_2H_5OH$	36	65
$B=(CH_2)_4O$	37	65
$B=CH_3CON(CH_3)_2$	39	65

Tabelle IIb (Fortsetzung)

Verbindung	$J_{^{19}FX}$ [Hz]		Literatur
2. Kopplungskonstanten $J_{^{19}FX}$			
HF	$J_{^{19}F^{1}H}$	521	60
		615	91
O_2NF	$J_{^{19}F^{14}N}$	112,5	76
NSF_3	$J_{^{19}F^{14}N}$	27	85
NF_3	$J_{^{19}F^{14}N}$	160	68
PF_3	$J_{^{19}F^{31}P}$	1441	68
BF_3	$J_{^{19}F^{11}B}$	15	17
$[BF_4]^-$	$J_{^{19}F^{11}B}$	4,8	12
SiF_4	$J_{^{19}F^{29}Si}$	178	68
PF_5	$J_{^{19}F^{31}P}$	916	68
MoF_6	$J_{^{19}F^{95}Mo}$	44	68
	$J_{^{19}F^{97}Mo}$	44	68
WF_6	$J_{^{19}F^{183}W}$	48	68
SeF_6	$J_{^{19}F^{77}Se}$	1400	68
TeF_6	$J_{^{19}F^{125}Te}$	3688	68
	$J_{^{19}F^{123}Te}$	3052	68
$[SiF_6]^{--}$	$J_{^{19}F^{29}Si}$	110	68
$[PF_6]^-$	$J_{^{19}F^{31}P}$	710	68
$[AsF_6]^-$	$J_{^{19}F^{75}As}$	930	68
$[SbF_6]^-$	$J_{^{19}F^{121}Sb}$	1843	68

Übersicht über Tabelle III a.

Chemische Verschiebungen $\delta_{^{31}P}$

1. Phosphor, -oxide und -sulfide.
2. Phosphorhalogenide, Phosphinhalogenide, Aminophosphinhalogenide, Halogenide von Phosphorigsäureestern und Phosphorigsäureamiden; Thioanaloga.
3. Phosphoroxyhalogenide, Phosphorthiohalogenide, Halogenide von Phosphor- und Phosphonsäuren sowie deren Ester; Thioanaloga.
4. Phosphorsäure, Salze und Ester v.; Thioanaloga.
5. Diphosphorsäure, Salze, Ester und Amide v., Thioanaloga; Polyphosphorsäuren.
6. Unterphosphorige Säure, Salze d.; mehrkernige niedere Phosphorsäuren.
7. Phosphine, Aminophosphine, Phosphinoxide, Phosphinsulfide, Phosphinselenide
8. Diphosphin, Derivate v.
9. Phosphorige Säure, Ester und Amide v.; Thioanaloga.
10. Phosphinsäure, Derivate v.; Anhydride.
11. Phosphonige Säuren, Phosphonsäuren, Ester, Amide und Salze v., Anhydride; Thioanaloga.
12. Diphosphonsäuren, Ester v.; Thioanaloga; Phosphat-Phosphonate.
13. Phosphin-Komplexverbindungen.
14. Phosphoniumsalze (s. auch 15.).
15. Phosphornitrilhalogenide, Phosphornitridhalogenide und Derivate.

Übersicht über Tabelle III b.

Kopplungskonstanten $J_{^{31}PX}$

1. Kopplungskonstanten $J_{^{31}P^{1}H}$.   2. Kopplungskonstanten $J_{^{31}P^{19}F}$.
3. Kopplungskonstanten $J_{^{31}P^{31}P}$.   4. Kopplungskonstanten $J_{^{31}P^{11}B}$.
5. Kopplungskonstanten $J_{^{31}P^{195}Pt}$.

Tabelle III a.
Chemische Verschiebungen δ_{31P}

Verbindung	gemessen in	$\delta \cdot 10^{-6}$	Literatur
1. Phosphor, -oxide und -sulfide			
P_4	Substanz, fest	450	34
P_4	CS_2	488	34
$O=\overset{\overset{\textstyle O}{\|}}{\underset{\underset{\textstyle O}{\|}}{P}}-O-$		50 ± 3, breit	32
$S=\overset{\overset{\textstyle O}{\|}}{\underset{\underset{\textstyle O}{\|}}{P}}-O-$		-3	32
$S=\overset{\overset{\textstyle O}{\|}}{\underset{\underset{\textstyle O}{\|}}{P}}-S-$		-20	32
$S=\overset{\overset{\textstyle S}{\|}}{\underset{\underset{\textstyle S}{\|}}{P}}-S-$		-60	32
P_4S_3 P—S (mit S)	CS_2	-71 ± 1	99
P—P (mit P, S)	CS_2	120 ± 1	99
$P_4S_4O_6$	CS_2	-16 ± 1	99

2. Phosphorhalogenide, Phosphinhalogenide, Aminophosphinhalogenide, Halogenide von Phosphorigsäureestern und Phosphorigsäureamiden; Thioanaloga

Verbindung	gemessen in	$\delta \cdot 10^{-6}$	Literatur
PF_3		$-97,0$	34
PF_5	fl.	$+35,1$	64
$[PF_6]^-$		118 ± 10	34
PCl_3	Substanz	-220 ± 1	99
PCl_5	CS_2	80 ± 2	99
	bei 170°	$78,6 \pm 0,5$	64
$[PCl_6]^-$		305 ± 5	24
PCl_2Br	Substanz	-225	27
$PClBr_2$		-228	27
PBr_3	Substanz	-229 ± 1	27
P_2J_4	CS_2	-170 ± 10	34
$C_2H_5PF_2$	Substanz	30 ± 3	99
C_2H_5PClF	Substanz	20 ± 2	99
CH_3PCl_2	Substanz	-191 ± 1	21, 64, 80, 98
$ClCH_2PCl_2$	Substanz	$-158,9 \pm 0,5$	64
$C_2H_5PCl_2$	Substanz	$-196,3 \pm 0,5$	64

Tabelle III a (Fortsetzung)

Verbindung	gemessen in	$\delta \cdot 10^{-6}$	Literatur
$ClCH_2CH_2PCl_2$		—182	34
$C_6H_5PCl_2$	Substanz	—166 ± 1	99
	Substanz	—161,6	69
CH_3PClBr		—190,0 ± 0,5	64
CH_3PBr_2	Substanz	—184,0 ± 0,5	64
$C_2H_5PBr_2$	Substanz	—194,0 ± 0,5	64
$C_6H_5PBr_2$	Substanz	—152,0 ± 0,5	64
$(CH_3)_2PCl$	Substanz	—93,0	80
$(C_2H_5)_2PCl$	Substanz	—119,0 ± 0,5	64
$(C_6H_5)_2PCl$	Substanz	— 81,5 ± 0,5	64
$(CH_3)C_2H_5PCl$	Substanz	—105,2 ± 0,5	64
$(CH_3)C_6H_5PCl$	Substanz	— 83,4 ± 0,5	64
$(CH_3)C_2H_5PBr$	Substanz	— 98,5 ± 1	64, 97
$(C_2H_5)C_6H_5PCl$	Substanz	— 97,0 ± 0,5	64
$(CH_3)_2PBr$	Substanz	— 87,9 ± 0,5	64
$(C_2H_5)_2PBr$	Substanz	—117,0 ± 0,5	64
$(CH_3)C_6H_5PBr$	$(C_4H_9)_3PS$	— 77,0 ± 0,5	64
$(CH_3)P[N(CH_3)_2]Cl$	Substanz	—150,7 ± 0,5	64
$(CH_3)P[N(CH_3)_2]Br$	Substanz	—161,1 ± 0,5	64
$(C_2H_5)P[N(CH_3)_2]Cl$	Substanz	—143,0 ± 0,5	64
$(C_2H_5)P(i\text{-}C_3H_7O)F$	Substanz	— 29 ± 3	99
$(C_6H_5)_2PBr$		— 70,8 ± 0,5	27, 64
$(CH_3O)PF_2$		—111	34
$(CH_3O)PCl_2$		—181 ± 1	21,27,69
$(C_2H_5O)PCl_2$		—177	28
$(C_6H_5O)PCl_2$		—179	27
$(C_6H_5O)PClBr$		—190	27
$(C_6H_5O)PBr_2$		—200	27
$(C_2H_5O)_2PCl$		—164	28
$(C_6H_5O)_2PCl$		—159	27
$(O—CH_2CH_2—O)PCl$		—167	53
$(O—CH_2CH_2CH_2—O)PCl$		—153	53
$(CH_3S)PCl_2$	Substanz	—206,0 ± 0,5	64
$(C_2H_5S)PCl_2$		—210,7 ± 0,5	64
$(n\text{-}C_3H_7S)PCl_2$		—212,6 ± 0,5	64
$(C_5H_{11}S)PCl_2$		—210,4 ± 0,5	64
$(C_7H_{15}S)PCl_2$	Substanz	—211,0 ± 0,5	64
$[(CH_3)_2CHS]PCl_2$		—211,0 ± 0,5	64
$(CH_2=CH—CH_2S)PCl_2$		—210,1 ± 0,5	64
$(C_6H_5S)PCl_2$		—204,2 ± 0,5	64
$(C_6H_5CH_2S)PCl_2$		—205,5 ± 0,5	64
$(CH_3S)PBr_2$		—203,5 ± 0,5	64
$(C_6H_5S)PBr_2$		—203,5 ± 0,5	64
$(CH_3S)_2PCl$		—188,2 ± 1,5	64
$(C_2H_5S)_2PCl$		—186,2 ± 1,5	64
$(n\text{-}C_3H_7S)_2PCl$		—189,4 ± 1,5	64
$(C_5H_{11}S)_2PCl$		—187,2 ± 1,5	64
$(C_7H_{15}S)_2PCl$		—187,7 ± 1,5	64
$[(CH_3)_2CHS]_2PCl$		—181,6 ± 1,5	64

Tabelle III a (Fortsetzung)

Verbindung	gemessen in	$\delta \cdot 10^{-6}$	Literatur
$(CH_2{=}CH{-}CH_2S)_3PCl$		$-185,1 \pm 1,5$	64
$(C_6H_5S)_2PCl$		$-182,7 \pm 1,5$	64
$(C_6H_5CH_2S)_2PCl$		$-180,3 \pm 1,5$	64
$(C_6H_5S)_2PBr$		$-184,2 \pm 1,5$	64
$(CH_3)_2NPCl_2$		$-166,0 \pm 0,5$	64
$(C_2H_5)_2NPCl_2$		$-162,0 \pm 0,5$	64
$[(CH_3)_2N]_2PCl$		$-160,0 \pm 0,5$	64
$[(C_2H_5)_2N]_2PCl$		$-154,0 \pm 0,5$	64

3. *Phosphoroxyhalogenide, Phosphorthiohalogenide, Halogenide von Phosphor- und Phosphonsäuren sowie deren Ester; Thioanaloga*

Verbindung	gemessen in	$\delta \cdot 10^{-6}$	Literatur
OPF_3	Subst., fl.	$35,5 \pm 1,5$	64
$OPClF_2$		$14,8$	34
$OPCl_2F$		$0,0$	34
$OPCl_3$	Substanz	$-2,2$	33
$OPCl_2Br$		$29,6$	33
$OPBr_2Cl$		$64,8$	33
$OPBr_3$	Substanz	$103,4$	33
$O{=}\overset{\text{Cl}}{\underset{\text{O}}{P}}{-}O{-}$		$28{-}32$	32
$O{=}\overset{\text{Cl}}{\underset{\text{Cl}}{P}}{-}O{-}$		$7{-}11$	32
$O{=}\overset{\text{Cl}}{\underset{\text{Cl}}{P}}{-}O{-}\overset{\text{Cl}}{\underset{\text{Cl}}{P}}{=}O$	Substanz	$10 \pm 0,5$	22
$SPCl_3$		$-28,8$	21, 32, 69
$SPCl_2Br$		$14,5$	33
$SPClBr_2$		$61,4$	33
$SPBr_3$		$111,8$	33, 69
$S{=}\overset{\text{Cl}}{\underset{\text{Cl}}{P}}{-}O{-}$		-28	32
$O{=}\overset{\text{Cl}}{\underset{\text{Cl}}{P}}{-}S{-}$		-10	32
$S{=}\overset{\text{Cl}}{\underset{\text{O}}{P}}{-}O{-}$		-20	32
$O{=}\overset{\text{Cl}}{\underset{\text{Cl}}{P}}{-}S{-}\overset{\text{Cl}}{\underset{\text{Cl}}{P}}{=}O$	Substanz	-10	32
$S{=}\overset{\text{Cl}}{\underset{\text{Cl}}{P}}{-}O{-}\overset{\text{Cl}}{\underset{\text{Cl}}{P}}{=}S$	Substanz	$-28,2$	32

Tabelle III a (Fortsetzung)

Verbindung	gemessen in	$\delta \cdot 10^{-6}$	Literatur
$OP(OH)F_2$		20,1	34
$OP(OH)Cl_2$	Substanz	—9,5	98
$OP(OH)_2F$		8	34
$\begin{matrix} F & & F \\ O{=}P{-}O{-}P{=}O \\ OH & & OH \end{matrix}$		27	2
$OP(CH_3)F_2$		—27,4	21
$OP(CH_2Cl)F_2$		—11,5 ± 1,5	64
$OP(CH_2Cl)FCl$		—32,0 ± 1,5	64
$[OPCl_2]_2CH_2$	Petroläther	—24,4 ± 0,5	64
$OP(CH_3)Cl_2$		—44,5	21, 69
	$(CH_2)_4O$	—43,5 ± 0,5	
$OP(CH_2Cl)Cl_2$	Substanz	—10,3 ± 0,5	64
$OP(C_2H_5)Cl_2$		—53,0	21
$OP(CH_2CH_2Cl)Cl_2$	Substanz	—41,9 ± 0,5	64
$OP(C_6H_5)Cl_2$	Substanz	—34 ± 1	21, 69, 100
$SP(CH_3)Cl_2$		—79,8	21
$SP(CH_2Cl)Cl_2$	Substanz	—73,0 ± 0,5	64
$SP(C_2H_5)Cl_2$		—94,3	21,69
$SP(C_6H_5)Cl_2$		—74,8	21,69
	Substanz	—80 ± 1	99
$SP(CH_3)_2Cl$	Substanz	—87,3 ± 0,5	64
$SP(CH_3) (CH_2Cl)Cl$	Substanz	—85,0 ± 0,5	64
$SP(CH_3) (C_2H_5)Cl$	Substanz	—98,0 ± 0,5	64
$SP(CH_3) (n\text{-}C_3H_7)Cl$	Substanz	—95,3 ± 0,5	64
$SP(CH_3) (n\text{-}C_4H_9)Cl$	Substanz	—96,5 ± 0,5	64
$SP(CH_3) (C_6H_5)Cl$	Substanz	—81,0 ± 0,5	64
$SP(CH_2Cl) (C_2H_5)Cl$	Substanz	—95,6 ± 0,5	64
$SP(CH_2Cl) (C_6H_5)Cl$	Substanz	—77,0 ± 0,5	64
$SP(C_2H_5)_2Cl$		—108,3 ± 0,5	64
$SP(C_2H_5) (C_6H_5)Cl$	Substanz	—93,7 ± 0,5	64
$SP(i\text{-}C_4H_9)_2Cl$		—100,0 ± 0,5	59
$SP(C_6H_5)_2Cl$	Substanz	—79,5 ± 0,5	64
$OP(CH_3)_2Cl$	CCl_4	—62,8 ± 0,5	64
$OP(CH_2Cl)_2Cl$	Substanz	—49,3 ± 0,5	64
$OP(CH_3) (CH_2Cl)Cl$	Substanz	—57,0 ± 0,5	64
$OP(CH_3) (C_2H_5)Cl$		—72,0	21
	CCl_4	—67,9 ± 0,5	64
$OP(CH_3) (C_6H_5)Cl$	CCl_4	—52,0 ± 0,5	64
$OP(CH_2Cl) (C_6H_5)Cl$	Substanz	—44,4 ± 0,5	64
$OP(CH_3) (n\text{-}C_3H_7)Cl$		—40,1	21
$OP(C_2H_5) (C_6H_5)Cl$	CCl_4	—59,0 ± 0,5	64
$OP(C_2H_5)_2Cl$	CCl_4	—76,7 ± 0,5	64
$OP(C_6H_5)_2Cl$	Substanz	—42,7 ± 0,5	64
$SP(CH_3)Br_2$	Substanz	—20,5 ± 0,5	64
$SP(CH_2Br)Br_2$	Substanz	—20,0 ± 0,5	64
$SP(C_6H_5)Br_2$	Substanz	—20,2 ± 1,5	64

Tabelle IIIa (Fortsetzung)

Verbindung	gemessen in	$\delta \cdot 10^{-6}$	Literatur
$SP(CH_3)ClBr$	Substanz	$-51,0 \pm 0,5$	64
$SP(CH_3)_2Br$	$CHCl_3$	$-63,2 \pm 0,5$	64
$SP(CH_3)(C_2H_5)Br$		$-85 \pm 0,5$	64, 98
$SP(CH_3)(C_6H_5)Br$	CCl_4	$-61,0 \pm 0,5$	64
$SP(CH_3)(C_6H_5CH_2)Br$	CCl_4	$-73,7 \pm 0,5$	64
$SP(CH_3)[N(CH_3)_2]Br$		$-77,2 \pm 0,5$	59
$SP(C_2H_5)_2Br$	Substanz	$-90,0 \pm 1,5$	64
$SP(C_4H_9)_2Br$	Substanz	$-91,2 \pm 1,5$	64
$OP(CH_3)(i\text{-}C_3H_7O)F$		$-16,1$	21
$OP(CH_3)(C_2H_5O)Cl$		$-39,5$	21
$OP(CH_2Cl)(C_6H_5O)Cl$		$-26,8 \pm 0,5$	64
$OP(C_2H_5)(C_2H_5O)Cl$		$-45,0$	21, 46
$OP[(C_2H_5)_2N](CH_2Cl)Cl$	Substanz	$-35,6 \pm 0,5$	64
$SP(CH_3)(C_2H_5O)Cl$		$-94,2$	21
$SP(CH_3)(i\text{-}C_3H_7O)Cl$		$-58,6$	21
$OP(C_2H_5O)F_2$	Substanz	$+21,2$	64
$OP(CH_3O)Cl_2$	Substanz	$-5,6 \pm 0,5$	64
$OP(C_2H_5O)Cl_2$		$-6,4$	34
	Substanz	$-3,4 \pm 0,5$	64
$OP(C_6H_5O)Cl_2$		$-1,5$	94
$SP(n\text{-}C_3H_7O)Cl_2$		$-56,3$	21
$SP(n\text{-}C_4H_9O)Cl_2$		$-56,4$	21
$OP(C_2H_5O)_2Cl$	Substanz	$-3,3 \pm 0,5$	21, 64, 69
$OP(C_6H_5O)_2Cl$		$6,2$	94
$SP(CH_3O)_2Cl$	Substanz	$-72,9 \pm 0,5$	64
$SP(C_2H_5O)_2Cl$	Substanz	$-67,7 \pm 0,5$	64, 91
$OP[(CH_3)_2N]Cl_2$		$-16,1 \pm 1,5$	64
$OP[(CH_3)_2N]_2Cl$		$-30,3$	91
$\text{(Benzodioxaphosphol)}\,PCl_3$		26	54

4. Phosphorsäure, Salze und Ester v.; Thioanaloga

Verbindung	gemessen in	$\delta \cdot 10^{-6}$	Literatur
H_3PO_4	85%ige wäßr. Lösung	$0,000$	
	42,5%ige wäßr. Lösung	-1 ± 1	99
NaH_2PO_4	Wasser	0 ± 1	99
KH_2PO_4	Wasser	-1 ± 1	99
$NH_4H_2PO_4$	Wasser	-1 ± 1	99
Na_2HPO_4	Wasser	3 ± 1	99
K_2HPO_4	Wasser	-1 ± 1	99
$(NH_4)_2HPO_4$	Wasser	-1 ± 1	99
Na_3PO_4	Wasser, $p_H 12$	$-5,4 \pm 0,5$	74
Na_3PO_4	Wasser	-5 ± 1	99

Tabelle IIIa (Fortsetzung)

Verbindung	gemessen in	$\delta \cdot 10^{-6}$	Literatur
K_3PO_4	Wasser	-6 ± 1	99
$Na_2PO_3NH_2$	Wasser	$-8,9 \pm 0,5$	74
$Na_4P_2O_2NH$	Wasser	$-2,5 \pm 0,5$	74
$Na_4P_2O_7$	Wasser	$5,5 \pm 0,5$	74
$[NaOP(O)(NH)]_3$	Wasser	1 ± 2	99
Na_3PS_4	3% Na_2S	$-87,5$	64
Na_3POS_3	3% Na_2S	$-86,5$	64
$Na_3PO_2S_2$	3% Na_2S	$-61,9$	64
Na_3PO_3S	3% Na_2S	$-33,8$	64
$OP(CH_3O)_3$		$2,4$	25
$OP(C_2H_5O)_3$		$1,0 \pm 1$	99
$OP(C_2H_5O)_2[CH_2{=}(CH_3)CO]$		$7,2$	92
$OP(C_2H_5O)_2[CCl_2{=}(C_2H_5O)CO]$		$7,5$	92
$OP(C_2H_5O)(O{-}CH_2CH_2{-}O)$		-17	53
$OP(C_2H_5O)(O{-}CH_2CH_2CH_2{-}O)$		7	53
$OP(C_2H_5O)_2SH$		$-24,0$	21
$OP(C_2H_5O)_2(C_2H_5S)$		$-26,4$	69
$OP(C_2H_5O)_2(C_3H_7S)$		$-26,5$	69
$OP(C_2H_5O)_2(C_4H_9S)$		$-26,6$	69
$OP(C_2H_5O)_2(C_2H_5SC_2H_4S)$		$-25,9$	71
$OP(C_2H_5O)_2(C_5H_{11}S)$		$-26,6$	69
$OP(C_2H_5O)_2(C_6H_5S)$	Substanz	-22 ± 1	99
$OP(C_2H_5O)_2(C_6H_4ClS)$	Substanz	-21 ± 1	99
$OP(C_2H_5O)(C_6H_5O)_2$	Substanz	-12 ± 1	99
$OP(CF_3CH_2O)_3$		$4,0$	69
$OP(CCl_3CH_2O)_3$		$1,3$	69
$OP(C_2H_5O)[N(CH_3)_2]_2$	Substanz	-18 ± 1	99
$OP(C_2H_5S)_3$		$-68,1$	69
$OP(ClC_2H_4O)_3$	Substanz	-2 ± 1	99
$OP(n\text{-}C_4H_9O)_3$	Substanz	$-1 \pm 0,5$	99
$OP(C_4H_9O)(C_6H_5O)_2$	Substanz	12 ± 1	99
$OP(C_4H_9O)_2(C_6H_5O)$	Substanz	4 ± 1	99
$OP(C_4H_9O)_2(OH)$	Substanz	$0 \pm 0,5$	99
$OP(o\text{-}CH_3C_6H_4O)_3$	Substanz	$17,0 \pm 0,3$	69, 99
$OP(m\text{-}CH_3C_6H_4O)_3$	Substanz	$17,0 \pm 0,5$	69, 99
$OP(p\text{-}CH_3C_6H_4O)_3$	Substanz	$17,9 \pm 1$	69, 99
$OP(C_2H_5O)(p\text{-}NO_2C_6H_4O)_2$		-42	99
$OP(C_6H_5O)_2(C_6H_5CH_2NH)$		$-10,0$	54
$OP(C_6H_5O)_2(C_6H_5NH)$		$-3,8$	54
$OP(C_6H_5O)_2(p\text{-}ClC_6H_4O)$	Substanz	$17,5 \pm 0,5$	
$OP(C_6H_5O)_2(C_2H_5NH)$		-1	11, 21
$OP(C_6H_5CH_2O)_2N{<}^{CH_2CH_2}_{CH_2CH_2}{>}O$		$-8,4$	54

Tabelle IIIa (Fortsetzung)

Verbindung	gemessen in	$\delta \cdot 10^{-6}$	Literatur
$OP(C_6H_5CH_2O)_2[N(CH_3)C_6H_5]$		$-6,2$	54
$OP[(CH_3)_3SiO]_3$		$26,5$	69
$OP(C_5H_{11}O)(C_8H_{17}O)(OH)$	Substanz	$1 \pm 0,5$	99
$OP(CH_3O)_2(SC_3H_7)$	Substanz	-31 ± 1	99
$OP(C_6H_5O)_2(C_{12}H_{25}NH)$	Benzol	-1 ± 1	99
$OP[(CH_3)_2N]_3$		$-23,4$	69
	Substanz	$-26,5 \pm 0,5$	99
$OP[(n\text{-}C_4H_9)_2N]_3$		-23 ± 1	99
$SP(CH_3O)_3$		$-73,0$	21
$SP(C_2H_5O)_3$		$-68,1$	64, 71
$SP(C_2H_5O)_2(ONa)$	Alkohol	-56 ± 1	21, 99
$SP(C_2H_5O)_2(SH)$		$-85,7$	21
$SP(C_2H_5O)_2(C_2H_5S)$		$-94,2$	21
$SP(C_2H_5O)_2(C_2H_5SC_2H_4O)$		$-67,7$	74
$SP(C_2H_5O)_2(p\text{-}NO_2C_6H_4O)$	Substanz	-42 ± 1	99
$SP(C_2H_5S)_3$		$-92,9$	69
$SP(i\text{-}C_3H_7O)_2(p\text{-}ClC_6H_4SS)$	Substanz	-74 ± 2	95
$SP(n\text{-}C_3H_7S)_3$	Substanz	$-93,1 \pm 0,5$	64
$SP(n\text{-}C_4H_9S)_3$	Substanz	$-92,6 \pm 0,5$	64
$SP(C_6H_5O)_3$		$-53,4$	9
$SP(C_6H_5S)_3$	Toluol	$-91,1 \pm 0,5$	64
$SP(o\text{-}CH_3C_6H_4O)_3$		$-52,2$	69
$SP(p\text{-}CH_3C_6H_4O)_3$		$-54,0$	69
$SP(i\text{-}C_8H_{17}O)_3$		$-69,5$	69
$SP[(C_2H_5)_2N]_3$		$-77,8$	69
$SeP(C_2H_5O)_3$		-71 ± 1	99
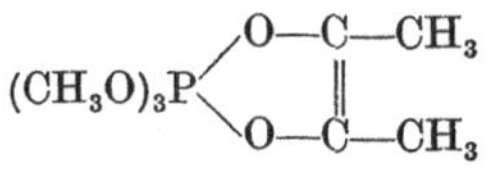 $(CH_3O)_3P\big\langle{}^{O-C-CH_3}_{O-C-CH_3}$ (Ring, C=C)	Benzol	53	84
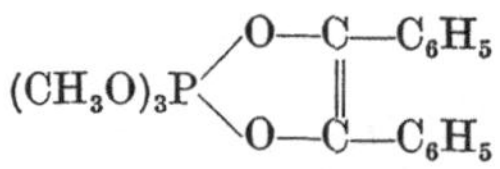 $(CH_3O)_3P\big\langle{}^{O-C-C_6H_5}_{O-C-C_6H_5}$ (Ring, C=C)	Benzol	53	84
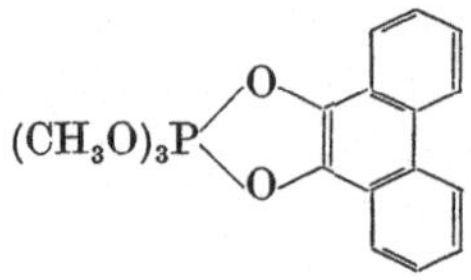 $(CH_3O)_3P\big\langle{}^{O}_{O}$ (Phenanthren-Ring)	Benzol	49	84

Tabelle III a (Fortsetzung)

Verbindung	gemessen in	$\delta \cdot 10^{-6}$	Literatur

5. Diphosphorsäure, Salze, Ester und Amide v., Thioanaloga; Polyphosphorsäuren

Verbindung	gemessen in	$\delta \cdot 10^{-6}$	Literatur
$H_4P_2O_7$		11	2, 21, 69
$Na_2H_2P_2O_7$		9,5	11, 99
$Na_4P_2O_7$	Wasser	7	11, 74
$(C_2H_5O)_2P(O)-O-P(O)(C_2H_5O)_2$	Substanz	12,5	21
		13,8	52
$[(CH_3)_3SiO]_2P(O)-O-P(O)[(CH_3)_3SiO]_2$		32,7	69
$(C_2H_5O)_2P(O)-O-P(S)(C_2H_5O)_2$	Substanz	—54,0	52
$(C_2H_5O)_2P(O)-O-P(S)(C_2H_5O)_2$	Substanz	14,8	52
$(C_2H_5O)_2P(O)-S-P(S)(C_2H_5O)_2$		—14	54
$(C_2H_5O)_2P(O)-S-P(S)(C_2H_5O)_2$		—78 ?	54
$(C_2H_5O)_2P(O)-O-P(Se)(C_2H_5O)_2$	Substanz	—55,8	52
$(C_2H_5O)_2P(O)-O-P(Se)(C_2H_5O)_2$	Substanz	14,7	52
Adenosin-diphosphat	Wasser $p_H = 6,9$	8,1 11,0	14
Adenosin-triphosphat	Wasser $p_H = 7,0$	8,1 11,2 u. 22,5	14
[Hexaphenyl-Struktur mit mittlerer O]		7,0	11
[Hexaphenyl-Struktur mit mittlerer O]		13,0	11

6. Unterphosphorige Säure, Salze d.; mehrkernige niedere Phosphorsäuren

Verbindung	gemessen in	$\delta \cdot 10^{-6}$	Literatur
$OPH_2(OH)$	Wasser, 50%	—13,0 ± 0,2	99
		—12,0	21, 69
$OPH_2(ONa)$	Wasser	—8 ± 2	9, 99
$OPH_2(OK)$	Wasser	—6 ± 2	99
$[OPH_2(O)]_2Ca$	Wasser	—8 ± 2	99
$\left[\begin{smallmatrix}O&&O\\OP&-O-&PO\\H&&H\end{smallmatrix}\right]^{--}$	Wasser	3,5	11
$\left[\begin{smallmatrix}O&&O\\OP&-O-&PO\\H&&H\end{smallmatrix}\right]H_2$	Wasser	3,5	95
$\left[\begin{smallmatrix}O&&O\\OP&-O-&PO\\O&&H\end{smallmatrix}\right]^{---}$	Wasser	1,0	11

Tabelle IIIa (Fortsetzung)

Verbindung	gemessen in	$\delta \cdot 10^{-6}$	Literatur
$\begin{bmatrix} O & O \\ OP-O-PO \\ O & H \end{bmatrix}^{---}$	Wasser	3	11
$\begin{bmatrix} O & O \\ OP\text{——}PO \\ O & H \end{bmatrix} Na_3$	Wasser	—7,0	11
$\begin{bmatrix} O & O \\ OP\text{——}PO \\ O & H \end{bmatrix} Na_3$	Wasser	—23,6	11

7. Phosphine, Aminophosphine, Phosphinoxide, Phosphinsulfide, Phosphinselenide

Verbindung	gemessen in	$\delta \cdot 10^{-6}$	Literatur
PH_3	Substanz	238 ± 1	99
	Substanz, —90°	241	4
H_2PCH_3	Substanz	$163,5 \pm 1$	99
$H_2PC_6H_5$		$122,0 \pm 0,5$	59
$HP(CH_3)_2$	Substanz	$98,5 \pm 1$	99
	$(CH_9)_3PS$	$99,5 \pm 0,5$	64
$HP(CH_3)(C_2H_5)$	Substanz	$77,5 \pm 0,5$	58, 64
$HP(CH_3)(n\text{-}C_3H_7)$	Substanz	$87,1 \pm 0,5$	58, 64
$HP(CH_3)(n\text{-}C_4H_9)$	Substanz	$86,1 \pm 0,5$	58, 64
$HP(CH_3)(C_6H_5)$	Substanz	$72,4 \pm 0,5$	58, 64
$HP(C_2H_5)_2$	$(C_4H_9)_3PS$	$55,5 \pm 0,5$	64
$HP(n\text{-}C_4H_9)_2$	Substanz	60,5	44
		$69,5 \pm 0,5$	64
$HP(i\text{-}C_4H_9)_2$	Substanz	83,0	44
$HP(C_6H_5)_2$		$41,1 \pm 0,5$	64
$HP(n\text{-}C_8H_{17})_2$	Substanz	71,5	44
$P(CH_3)_3$	Substanz	62 ± 1	44, 99
$P(CH_3)_2(C_2H_5)$	Substanz	51	44
$P(CH_2)_2(C_6H_5)$	Substanz	46	44
$P(CH_3)_2[N(CH_3)_2]$	Substanz	—39	99
$P(CH_3)(C_2H_5)_2$	Substanz	34	44
$P(CH_3)(C_6H_5)_2$	$CHCl_3$	$28,0 \pm 0,5$	64
$P(CH_3)[N(CH_3)_2]_2$	Substanz	$-86,4 \pm 0,5$	64
$P(CH_3)[N(C_2H_5)_2]_2$	Substanz	$-80,4 \pm 0,5$	64
$P(C_2H_5)_3$	Substanz	20,4	21, 69
$P(C_2H_5)_2(C_6H_5)$	Acetonitril	16	44
	$CHCl_3$	$15,1 \pm 0,5$	64
$P(C_2H_5)(C_6H_5)_2$	Acetonitril	12	44
	$CHCl_3$	$13,5 \pm 0,5$	64
$P(CH_2CH_2CN)_3$	Acetonitril	23,4	44, 61
$P(CH_2CH_2CN)_2(n\text{-}C_8H_{17})$	Substanz	25,3	61
$P(n\text{-}C_3H_7)_3$	Substanz	33	44
$P[(C_2H_5)_2NCH_2]_3$		65,7	59
$P[(C_2H_5)_2NCH_2]_2(C_6H_5)$		51,3	59
$P[(C_2H_5)_2NCH_2](C_6H_5)_2$		27,8	59

Tabelle III a (Fortsetzung)

Verbindung	gemessen in	$\delta \cdot 10^{-6}$	Literatur
$P(n\text{-}C_4H_9)_3$		$32,3 \pm 1$	21, 44
$P(i\text{-}C_4H_9)_3$	Acetonitril	40	44
$P(n\text{-}C_5H_{11})_3$	Substanz	34	44
$P(C_6H_5)_3$	Äther	8 ± 1	44, 99
$P(cyclo\text{-}C_6H_{11})_3$		-7	44
$P(n\text{-}C_8H_{17})_3$	Substanz	31,8	61
$P(C_6H_5)_2[N(CH_3)_2]$		$-63,9$	59
$P(C_6H_5)[N(CH_3)_2]_2$		$-100,3$	59
$P(C_2H_5)_2CH_2CH_2P(C_2H_5)_2$	Substanz	19,3	61
$P(CH_2CH_2CN)_2CH_2CH_2P(CH_2CH_2CN)_2$	Acetonitril	21,4	61
$P(C_6H_5)_2CH_2P(C_6H_5)_2$	CH_3COCH_3	$23,6 \pm 0,5$	64
$OP(H)(C_6H_5)_2$	Diglym	$-22,9 \pm 0,5$	64
$OP(CH_2Cl)_3$	C_2H_5OH	$-38,1 \pm 0,5$	64
$OP(CH_2OH)_3$	Wasser	$-45,4 \pm 0,5$	64
$OP(CH_3)_2(CH_2Cl)$	$CHCl_3$	$-42,0 \pm 0,5$	64
$OP(CH_3)(C_2H_5)(CH_2Cl)$	$CHCl_3$	$-48,0 \pm 0,5$	64
$OP(CH_3)(C_6H_5)(CH_2Cl)$	$CHCl_3$	$-47,2 \pm 0,5$	64
$OP(CH_2Cl)(C_6H_5)_2$	$CHCl_3$	$-30,4 \pm 0,5$	64
$OP(C_2H_5)_3$		$-48,3$	69
$OP(CH_2CH_2CN)_3$		$-37,0$	59
$OP[(C_2H_5)_2NCH_2]_3$		$-43,2$	59
$OP(C_4H_9)_3$		43,2	69
$OP(C_6H_5)_3$	$CHCl_3$	$-27,0 \pm 0,5$	64
$OP(p\text{-}ClC_6H_4)_3$	Benzol	-23 ± 1	99
$OP(C_6H_5CH_2)_2CH(OH)C_6H_5$		-41	8
$OP(C_6H_5CH_2)[CH(OH)C_6H_5]_2$		-43	8
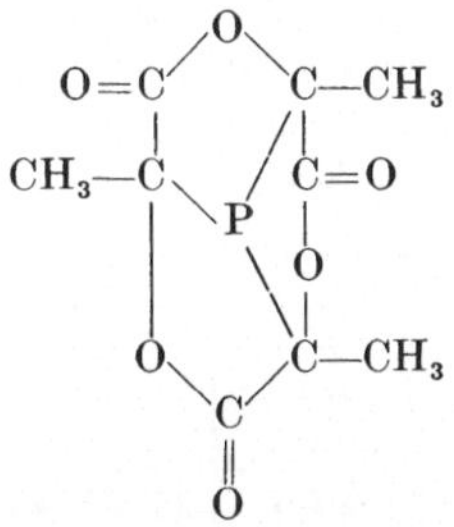 (cyclisches Phosphat-Strukturbild)		21,0	8
$OP(C_6H_5)_2CH_2P(O)(C_6H_5)_2$	C_2H_5OH	$-26,4$	64
		$-19,1$	59
$SP(CH_3)_3$		$-59,1$	64
$SP(C_2H_5)_3$		$-54,5$	69
$SP(C_4H_9)_3$		$-48,0 \pm 0,5$	58, 64
$SP(C_6H_5)_3$	$CHCl_3$	$-42,6 \pm 0,5$	64
$SP(CH_3)_2(C_2H_5)$	$CHCl_3$	$-57,0 \pm 0,5$	64
$SP(CH_3)(C_2H_5)_2$	$CHCl_3$	$-57,0 \pm 0,5$	64
$SP(C_2H_5)_2(C_6H_5)$	$CHCl_3$	$-52,0 \pm 0,5$	64

Tabelle IIIa (Fortsetzung)

Verbindung	gemessen in	$\delta \cdot 10^{-6}$	Literatur
$SP(CH_3)(CH_2)_5$		—31,3	59
$SP(C_2H_5)_2CH_2P(S)(C_2H_5)_2$		—49,5	59
$SP(C_2H_5)_2(CH_2)_3P(S)(C_2H_5)_2$		—53,5	59
$SP(C_6H_5)_2CH_2P(S)(C_6H_5)_2$		—36,8	59
$SeP(C_2H_5)_3$		—45,8	69
$SeP(C_6H_5)_3$		—34,9	25

8. Diphosphin, Derivate v.

Verbindung	gemessen in	$\delta \cdot 10^{-6}$	Literatur
$(CH_3)_2P—P(CH_3)_2$	$(C_4H_9)_3PS$	$59,5 \pm 0,5$	64
$(C_2H_5)_2P—P(C_2H_5)_2$	$(C_4H_9)_3PS$	$34,3 \pm 0,5$	64
$(CH_3)(C_2H_5)P—P(CH_3)(C_2H_5)$, 1. Isom.	Substanz	$44,7 \pm 0,5$	64
2. Isom.		$46,2 \pm 0,5$	64
$(CH_3)(C_6H_5)P—P(CH_3)(C_6H_5)$, 1. Isom.	$(C_4H_9)_3PS$	$38,2 \pm 0,5$	64
2. Isom.		$41,7 \pm 0,5$	64
$(CH_3)_2P—P(S)(CH_3)_2$		54,7; 69,5	64
$(CH_3)_2P—P(S)(CH_3)_2$		—43,9; —30,3	64
$(C_2H_5)_2P—P(S)(C_2H_5)_2$		29,5; 44,6	64
$(C_2H_5)_2P—P(S)(C_2H_5)_2$		—62,8; —47,8	64
$(CH_3)(C_2H_5)P—P(S)(CH_3)(C_2H_5)$		40,9; 55,8	64
$(CH_3)(C_2H_5)P—P(S)(CH_3)(C_2H_5)$		—53,9; —40,2	64
$(CH_3)(C_6H_5)P—P(S)(CH_3)(C_6H_5)$		37,5; 47,4	64
$(CH_3)(C_6H_5)P—P(S)(CH_3)(C_6H_5)$		—43,7; —33,9	64
$(CH_3)_2P(S)—P(S)(CH_3)_2$	$CHCl_3$	$—34,7 \pm 1$	58, 64, 92
$(CH_3)(C_2H_5)P(S)—P(S)(CH_3)(C_2H_5)$	$CHCl_3$	$—44,5 \pm 0,5$	58, 64
$(C_2H_5)_2P(S)—P(S)(C_2H_5)_2$	Aceton	$—49,4 \pm 0,5$	64
$(CH_3)(n\text{-}C_3H_7)P(S)—P(S)(CH_3)(n\text{-}C_3H_7)$	$CHCl_3$	$—40,3 \pm 0,5$	58, 64
$(CH_3)(C_6H_5)P(S)—P(S)(CH_3)(C_6H_5)$	$CHCl_3$	$—37,0 \pm 0,5$	58, 64

9. Phosphorige Säure, Ester und Amide v.; Thioanaloga

Verbindung	gemessen in	$\delta \cdot 10^{-6}$	Literatur
$HP(O)(OH)_2$	Wasser, 30%	$—5 \pm 2$	99
	13,1M, wäßr.	$—8 \pm 2$	99
$HP(O)(OH)(ONa)$	Wasser	$—4 \pm 2$	99
$HP(O)(ONa)_2$	Wasser	$—4 \pm 2$	99
$HP(O)(CH_3O)_2$	Substanz	$—11,0 \pm 1$	21, 62, 99
$HP(O)(C_2H_5O)_2$	Substanz	$—8,0 \pm 1$	21, 62, 99
$HP(O)(i\text{-}C_3H_7O)_2$		—4,2	21, 69
$HP(O)(C_4H_9O)_2$	Substanz	$—8 \pm 1$	62, 99
$HP(O)(C_6H_5O)_2$		0	62
$HP(O)[CH_3(CH_2)CHCH_2O]C_2H_5$	Substanz	$—7 \pm 1$	99
$HP(S)(C_2H_5O)_2$		—69,0	21, 54
$HP(Se)(C_2H_5O)_2$		—71	21, 54
$P(CH_3O)_3$	Substanz	$—141 \pm 1$	62, 99
$P(C_2H_5O)_3$	Substanz	$—139 \pm 1$	62, 99

Tabelle III a (Fortsetzung)

Verbindung	gemessen in	$\delta \cdot 10^{-6}$	Literatur
$P(C_2H_5O)(OCH_2CH_2O)$		—131	53
$P(C_2H_5O)(OCH_2CH_2CH_2O)$		—128	53
$P(i\text{-}C_3H_7O)_3$		—136,9	69
$P(ClCH_2CH_2O)_3$	Substanz	—139 ± 1	69, 99
$P(C_4H_9O)_3$	Substanz	—139 ± 1	62, 99
$P(C_6H_5O)_3$	Substanz	—128 ± 1	62, 99
$P(C_6H_5O)_2[N(C_2H_5)_2]$		—141	23, 28
$P(C_6H_5O)[N(C_2H_5)_2]_2$		—131	23, 28
$P(p\text{-}CH_3C_6H_4O)_3$		—127,6	69

$P[CH_3(CH_2)_3CHCH_2O]_3$
       $\mid$
       C_2H_5
	Substanz	—140 ± 1	99

$P[(CH_3)_2N]_3$	Substanz	—123,0 ± 0,5	64, 99
$P[(C_2H_5)_2N]_3$	Substanz	—119,0 ± 0,5	64, 99
$P(CH_3S)_3$	Substanz	—125,6 ± 1,5	64
$P(C_2H_5S)_3$	Substanz	—115,6	69
$P(C_3H_7S)_3$		—118,2	69
$P(C_4H_9S)_3$	$(C_4H_9)_3PS$	—116,1	64
$P(C_6H_5S)_3$	Substanz	—130,5	64
$P(C_2H_5O)_2(OLi)$		—145	62
$P(C_2H_5O)_2(ONa)$	Glykoldi-methyläther	—153,0 ± 0,5	64, 62
$P(C_2H_5O)_2(OK)$	Glykoldi-methyläther	—152,3 ± 0,5	64, 62
$P(C_4H_9O)_2(OLi)$	Glykoldi-methyläther	—145,0 ± 0,5	64, 62
$P(C_4H_9O)_2(ONa)$	Glykoldi-methyläther	—153,5 ± 0,5	64, 62
$P(C_4H_9O)_2(OK)$	Glykoldi-methyläther	—152,0 % ± 0,5	64, 62
$P(C_6H_5O)_2(OLi)$	Glykoldi-methyläther	—142	
$P(C_6H_5O)_2(ONa)$	Glykoldi-methyläther	—146,7 ± 0,5	64, 62
$P(C_6H_5O)_2(OK)$	Glykoldi-methyläther	—139	62

10. Phosphinsäure, Derivate v.; Anhydride

Verbindung	gemessen in	$\delta \cdot 10^{-6}$	Literatur
$OP(CH_3)_2(OH)$	Benzol	—48,6 ± 0,5	64
$OP(CH_3)_2(C_2H_5O)$		—50,3	69
$OP(CH_2Cl)_2(OH)$	Wasser	—32,0 ± 0,5	64
$OP(CH_3)(CH_2Cl)(OH)$	Wasser	—50,7 ± 0,5	64
$OP(CH_2Cl)_2(C_2H_5O)$	Substanz	—39,7 ± 0,5	64
$OP(CH_2Cl)(C_6H_5)(OH)$	$(CH_2)_4O$	—36,3 ± 0,5	64
$OP(CCl_3)_2(C_2H_5O)$		—40,7	21
$OP(C_6H_5)_2(OH)$	Äthanol	—25,5 ± 0,5	64

Tabelle III a (Fortsetzung)

Verbindung	gemessen in	$\delta \cdot 10^{-6}$	Literatur
$OP(p\text{-}ClC_6H_4)_2(C_2H_5O)$		-27	82
$[OP(CH_3)_2]_2O$	$(CH_2)_4O$	$-52,6 \pm 0,5$	64
$[OP(CH_2Cl)_2]_2O$	$(CH_2)_4O$	$-37,3 \pm 0,5$	64
$[OP(CH_3)(CH_2Cl)]_2O$	Substanz	$-45,9 \pm 0,5$	64
$[OP(CH_2Cl)(C_6H_5)]_2O$	Substanz	$-30,9 \pm 0,5$	64
$[OP(C_6H_5)_2]_2O$	$CHCl_3$	$-33,1 \pm 0,5$	64

11. Phosphonige Säuren, Phosphonsäuren, Ester und Salze v., Anhydride; Thioanaloga

Verbindung	gemessen in	$\delta \cdot 10^{-6}$	Literatur
$OP(H)(CH_3)(C_2H_5O)$		$-32,6$	21
$OP(H)(CH_3)(n\text{-}C_3H_7O)$		$-31,5$	21
$OP(H)[(CH_3)_2N\text{-}C_6H_4\text{-}CH_3](ONa)$	Wasser	-20 ± 5	99
$OP(H)(C_6H_5)(OH)$	Aceton	-20 ± 1	99
	Wasser	-23 ± 1	99
$CH_3P(OR)_2$ (7 Verb.)		-175 ± 2	21
$CH_3P(SR)_2$ (2 Verb.)		$-69,4$	21
$SP(H)(CH_3)(i\text{-}C_3H_7O)$		$-61,3$	21
$SP(H)(CH_3)(i\text{-}C_3H_7O)$		$-61,3$	21
$OP(CH_3)(OH)_2$	Aceton	$-31,1$	21
		$-29,8 \pm 0,5$	64
$[OP(CH_3)O]_n$	Substanz	$-13,8 \pm 0,5$	64
$OP(CH_3)(CH_3O)_2$	Substanz	$-32,3 \pm 0,5$	64
$[OP(OH)_2CH_2]_2NH$	Wasser	$-9,8 \pm 0,5$	64
$[OP(OH)_2CH_2]_3N$	Wasser	$-9,5 \pm 0,5$	64
$[OPCH_2(C_2H_5O)_2]_2NH$	Substanz	$-23,3 \pm 0,5$	64
$[OPCH_2(C_2H_5O)_2]_3N$	Substanz	$-22,6 \pm 0,5$	64
$OP(CH_3)(C_2H_5O)(OH)$		$-28,5$	21
$OP(CH_3)(C_2H_5O)_2$	Substanz	-30 ± 1	99
$OP(CH_3)_2(C_2H_5O)$	Substanz	$-50,3$	69
$OP(ClCH_2)(OH)_2$	Wasser	$-17,8 \pm 1$	63, 64
$[OP(ClCH_2)_2O]_n$	Substanz	$-1,4 \pm 0,5$	64
$OP(ClCH_2)(ONa)_2$	Wasser	$-12,3 \pm 1$	63
$OP(ClCH_2)(ONa)(OH)$	Wasser	$-14,0$	63
$OP(ClCH_2)(CH_3O)_2$	Substanz	$-18,5 \pm 0,5$	64
$OP(ClCH_2)(C_2H_5O)_2$	Substanz	$-18,1 \pm 1,5$	63, 64, 99
$OP(ClCH_2)(C_6H_5O)_2$	Substanz	$-12,3 \pm 0,5$	64
$OP(JCH_2)(C_2H_5O)_2$	Substanz	$-19,8 \pm 0,5$	64
$OP(OHCH_2)(OH)_2$	Wasser	$-23,5 \pm 0,5$	64
$OP(CCl_3)(C_2H_5O)_2$	Substanz	$-6,5 \pm 0,5$	99
$OP(CCl_3)_2(C_2H_5O)$		$-40,7$	21
$OP(CH_3)[N(CH_3)_2]_2$		$-38,0$	21

Tabelle III a (Fortsetzung)

Verbindung	gemessen in	$\delta \cdot 10^{-6}$	Literatur
$OP(CN)(C_2H_5O)[N(CH_3)_2]$		10,7	21
$OP(C_2H_5)(C_2H_5O)(OH)$		—32,5	21
$[OP(C_2H_5)(C_2H_5O)_2] \cdot AlCl_3$		—31,0	46
$OP(C_2H_5)(C_4H_9O)_2$	Substanz	—31 ± 2	99
$OP(ClC_2H_4)(OH)_2$	Wasser	—24,6 ± 1	63
$OP(ClC_2H_4)(ONa)(OH)$	Wasser	—24,3 ± 1	63
$OP(ClC_2H_4)(ONa)_2$	Wasser	—22,0 ± 1	63
$OP(ClC_2H_4)(C_2H_5O)_2$	Substanz	—24,4 ± 1	63
$OP(ClC_2H_4)(ClC_2H_4O)_2$	Substanz	—27,0 ± 0,5	64
$OP(CH_3CHCl)(C_2H_5O)_2$	Substanz	—20,2 ± 0,5	64
$OP(BrC_2H_4)(C_2H_5O)_2$	Substanz	—28,5 ± 0,5	64
$OP(BrC_3H_6)(OH)_2$	Aceton	—30 ± 2	99
$OP(n\text{-}C_4H_9)(OH)_2$	Aceton	—32,0	21, 99
$OP(C_4H_9)(C_4H_9O)_2$	Substanz	—32 ± 1,5	69, 92, 99
$OP(C_6H_5)(OH)_2$	Aceton	—17,5 ± 1	99
	Wasser	—18,5 ± 0,5	64
$[OP(C_6H_5)O]_n$	Substanz	0 ± 0,5	64
$OP(C_6H_5)(C_2H_5O)_2$	Substanz	—16,9 ± 0,5	64
$OP(ClC_6H_4)(OH)_2$	Aceton	—14 ± 1	99
$OP(p\text{-}ClC_6H_4)_2(C_2H_5O)$	Aceton	—27	82
$OP(CH_3C_6H_4)(OH)_2$	Wasser	—19,5 ± 1,5	64
$OP(C_6H_5CH{=}CH)(OH)_2$	Aceton	—18 ± 1	99
$OP(C_9H_{19})(C_4H_9O)_2$	Substanz	—31 ± 1	99
$OP(C_{10}H_{21})(n\text{-}C_4H_9O)_2$	Substanz	—32 ± 1	99
$OP(C_{10}H_{21})(C_8H_{17}O)_2$	Substanz	—27 ± 2	99
$OP(C_{10}H_{21})(ONa)_2$	Substanz	—27	99
$OP(CH_2{=}CH)(ClCH_2CH_2O)_2$	Substanz	—22 ± 1	99
$OP(C_6H_5)(C_4H_9O \cdot C_2H_4O)$	Substanz	—19 ± 0,5	99
$OP(C_6H_5CO)(C_2H_5O)_2$	Substanz	2 ± 1	99
$OP(CH_3COCH_2)(C_2H_5O)_2$		—19,9	92
$P(C_2H_5 \cdot C_6H_4 \cdot CH_2)(OH)_2$	Aceton	—26 ± 2	99
$(C_6H_5)(C_2H_5O)(p\text{-}ClC_6H_4S)$	Substanz	—39 ± 1	99
$_8H_{17})(C_8H_{17}O)_2$		—30,7	69
$H_{25})(OH)_2$	$(CH_2)_4O$	—29,9 ± 1	63, 64
$_{25})(ONa)(OH)$	Wasser/Di- oxan	—28,0 ± 1	63
$(ONa)_2$	Wasser	—21,9 ± 1	63
$_{25})(C_2H_5O)_2$	Substanz	—29,9 ± 0,5	63, 64
$(C_5H_{11} \cdot C_{10}H_6)(C_4H_9O)_2$	Substanz	—26,5 ± 1	99
$OP(CH_3CO)(C_2H_5O)_2$	Substanz	2 ± 1	99
$OP(C_6H_5CH_2SCH_2)(C_2H_5O)_2$	Substanz	—24 ± 1	99
$OP[(C_3H_7)_2NCOCH_2](C_2H_5O)_2$		—22,0	92
$OP[(CH_3)_2NCOCH_2](C_2H_5O)_2$	Substanz	0 ± 0,5	99
$OP[(C_2H_5)_2NCOCH_2](C_2H_5O)_2$		—21,3	92
$OP(CN)(C_2H_5O)[N(CH_3)_2]$		10,7	21
$OP(\text{amylnaphthyl})(C_4H_9O)_2$		—22	99
$OP(OH)_2CH_2P(O)(OH)_2$	Wasser	—16,7 ± 1	63
$OP(OH)(ONa)CH_2P(O)(OH)(ONa)$	Wasser	—15,2 ± 1	63
$OP(ONa)_2CH_2P(O)(ONa)_2$	Wasser	—13,6 ± 1	63

Tabelle III a (Fortsetzung)

Verbindung	gemessen in	$\delta \cdot 10^{-6}$	Literatur
(Struktur: $H_5C_2OPOC_2H_5$ mit O, triazin-Ring mit N, C, P; H_5C_2O, N, N, OC_2H_5; $O=P-C$, $C-P=O$; H_5C_2O, OC_2H_5)	Substanz	0 ± 1	99
$OP(C_2H_5O)_2CH_2P(O)(C_2H_5O)_2$	Substanz	$-19{,}0 \pm 1$	63
$OP(OH)_2CH_2CH_2P(O)(OH)_2$	Wasser	$-27{,}4 \pm 1$	63
$OP(OH)(ONa)CH_2CH_2P(O)(OH)(ONa)$	Wasser	$-23{,}3 \pm 1$	63
$OP(ONa)_2CH_2CH_2P(O)(ONa)_2$	Wasser	$-22{,}4 \pm 1$	63
$OP(C_2H_5O)_2CH_2CH_2P(O)(C_2H_5O)_2$	Substanz	$-26{,}8 \pm 1$	63
$OP(OH)_2(CH_2)_3P(O)(OH)_2$	Wasser	$-28{,}2$	63
$OP(OH)(ONa)(CH_2)_3P(O)(OH)(ONa)$	Wasser	$-24{,}8$	63
$OP(ONa)_2(CH_2)_3P(O)(ONa)_2$	Wasser	$-22{,}4$	63
$OP(C_2H_5O)_2(CH_2)_3P(O)(C_2H_5O)_2$	Substanz	$-29{,}3$	63
$OP(OH)_2(CH_2)_4P(O)(OH)_2$	Wasser	$-31{,}6 \pm 1$	63
$OP(OH)(ONa)(CH_2)_4P(O)(OH)(ONa)$	Wasser	$-26{,}9 \pm 1$	63
$OP(ONa)_2(CH_2)_4P(O)(ONa)_2$	Wasser	$-23{,}1$	63
$OP(C_2H_5O)_2(CH_2)_4(O)(C_2H_5O)_2$	Substanz	$-31{,}5 \pm 1$	63
$OP(OH)_2(CH_2)_5P(O)(OH)_2$	Wasser	$-31{,}9 \pm 1$	63
$OP(OH)(ONa)(CH_2)_5P(O)(OH)(ONa)$	Wasser	$-25{,}6 \pm 1$	63
$OP(ONa)_2(CH_2)_5P(O)(ONa)_2$	Wasser	$-23{,}8 \pm 1$	63
$OP(C_2H_5O)_2(CH_2)_5P(O)(C_2H_5O)_2$	Substanz	$-30{,}8 \pm 1$	63
$OP(OH)_2(CH_2)_6P(O)(OH)_2$	Wasser	$-30{,}6 \pm 1$	63
$OP(OH)(ONa)(CH_2)_6P(O)(OH)(ONa)$	Wasser	$-26{,}5 \pm 1$	63
$OP(ONa)_2(CH_2)_6P(O)(ONa)_2$	Wasser	$-23{,}5 \pm 1$	63
$OP(C_2H_5O)_2(CH_2)_6P(O)(C_2H_5O)_2$	Substanz	$-29{,}6 \pm 1$	63
$OP(OH)_2(CH_2)_{10}P(O)(OH)_2$	$(CH_2)_4O$	$-28{,}6 \pm 1$	63
$OP(OH)(ONa)(CH_2)_{10}P(O)(OH)(ONa)$	Wasser	$-27{,}7 \pm 1$	63
$OP(ONa)_2(CH_2)_{10}P(O)(ONa)_2$	Wasser	$-22{,}6 \pm 1$	63
$OP(C_2H_5O)_2(CH_2)_{10}P(O)(C_2H_5O)_2$	Substanz	$-30{,}9 \pm 1$	63
$SP(C_2H_5)(C_2H_5O)(OH)$		$-88{,}8$	21
$SP(CH_3)(C_2H_5O)_2$		$-94{,}9$	20
$SP(C_2H_5)(C_2H_5O)(OH)$		$-94{,}2$	21
$SP(CH_3)(C_2H_5O)(ONa)$		-76	21

12. *Diphosphonsäuren, Ester v.; Thioanaloga. Phosphat-Phosphonate*

Verbindung	gemessen in	$\delta \cdot 10^{-6}$	Literatur
$CH_3(C_2H_5O)P(O)-O-P(O)(C_2H_5O)CH_3$		$-22{,}4$	21
$CH_3(n\text{-}C_3H_7O)P(O)-O-P(O)(n\text{-}C_3H_7O)CH_3$		$-22{,}2$	21
$C_2H_5(C_2H_5O)P(O)-O-P(O)(C_2H_5O)C_2H_5$		$-25{,}0$	21
$C_2H_5(C_2H_5O)P(O)-O-P(S)(C_2H_5O)C_2H_5$		-27	52, 54
$C_2H_5(C_2H_5O)P(O)-O-P(S)(C_2H_5O)C_2H_5$		-96	52, 54
$C_2H_5(i\text{-}C_3H_7O)P(O)-O-P(S)(i\text{-}C_3H_7O)C_2H_5$		-25	52, 54
$C_2H_5(i\text{-}C_3H_7O)P(O)-O-P(S)(i\text{-}C_3H_7O)C_2H_5$		-93	52, 54
$CH_3(C_2H_5O)P(S)-O-P(S)(C_2H_5O)CH_3$		$-85{,}4$	21

Tabelle III a (Fortsetzung)

Verbindung	gemessen in	$\delta \cdot 10^{-6}$	Literatur
$(C_2H_5)_2P(O)-O-P(S)(C_2H_5)_2$		-60	52, 54
$(C_2H_5)_2P(O)-O-P(S)(C_2H_5)_2$		-107	52, 54
$[OP(OH)_2]_2CH_2$	Wasser	$-16{,}7 \pm 0{,}5$	64
$[OP(OH)_2]_2(CH_2)_2$	Wasser	$-27{,}4 \pm 0{,}6$	64
$[OP(OH)_2]_2(CH_2)_3$	Wasser	$-28{,}2 \pm 0{,}5$	64
$[OP(OH)_2]_2(CH_2)_4$	Wasser	$-31{,}6 \pm 0{,}5$	64
$[OP(OH)_2]_2(CH_2)_5$	Wasser	$-31{,}9 \pm 0{,}5$	64
$[OP(OH)_2]_2(CH_2)_6$	Wasser	$-30{,}6 \pm 0{,}5$	64
$[OP(OH)_2]_2(CH_2)_{10}$	$(CH_2)_4O$	$-28{,}6 \pm 0{,}5$	64
$[OP(C_2H_5O)_2]_2CH_2$	Substanz	$-19{,}0 \pm 0{,}5$	64
$[OP(C_2H_5O)_2]_2(CH_2)_2$	Substanz	$-26{,}8 \pm 0{,}5$	64
$[OP(C_2H_5O)_2]_2(CH_2)_3$	Substanz	$-29{,}3 \pm 0{,}5$	64
$[OP(C_2H_5O)_2]_2(CH_2)_4$	Substanz	$-31{,}5 \pm 0{,}5$	64
$[OP(C_2H_5O)_2]_2(CH_2)_5$	Substanz	$-30{,}8 \pm 0{,}5$	64
$[OP(C_2H_5O)_2]_2(CH)_6$	Substanz	$-29{,}6 \pm 0{,}5$	64
$[OP(C_2H_5O)_2]_2(CH_2)_{10}$	Substanz	$-30{,}9 \pm 0{,}5$	64
$(C_2H_5O)_2P(O)-O-CH(CH_3)P(O)(C_2H_5O)_2$	Substanz	$-21{,}1 \pm 0{,}5$	64
$(C_2H_5O)_2P(O)-O-CH(CH_3)P(O)(C_2H_5O)_2$	Substanz	$1{,}7 \pm 0{,}5$	64
$(C_2H_5O)_2P(O)-O-CH(C_6H_5)P(O)(C_2H_5O)_2$	Substanz	$-16{,}3 \pm 0{,}5$	64
$(C_2H_5O)_2P(O)-O-CH(C_6H_5)P(O)(C_2H_5O)_2$	Substanz	$1{,}4 \pm 0{,}5$	64

13. Phosphin-Komplexverbindungen

Verbindung	gemessen in	$\delta \cdot 10^{-6}$	Literatur
$Ni[PF_3]_4$	Substanz	-27	61
$Ni[PCl_3]_4$	Benzol	-170	61
$Ni[PCl_2(C_2H_5)]_4$	Benzol	-152	61
$Ni[P(C_2H_5O)_3]_4$	Cyclohexan	-160	61
$Ni(CO)[PCl_3]_3$	Benzol	-177	61
$Ni(CO)[P(C_2H_5O)_3]_3$	Substanz	-163	61
$Ni(CO)_2[PCl_3]_2$	Benzol	-181	61
$Ni(CO)_2[P(C_2H_5)_3]_2$	Substanz	$-20{,}7$	61
$Ni(CO)_2[P(C_2H_5)_2(C_6H_5)]_2$	Substanz	$-23{,}2$	61
$Ni(CO)_2[P(C_2H_5)(C_6H_5)_2]_2$	Benzol	$-28{,}7$	61
$Ni(CO)_2[P(CH_2CH_2CN)_3]_2$	Acetonitril	$-20{,}4$	61
$Ni(CO)_2[P(CH_2CH_2CN)_2(n\text{-}C_8H_{17})]_2$	Acetonitril	$-18{,}9$	61
$Ni(CO)_2[P(n\text{-}C_4H_9)_3]_2$	Substanz	$-12{,}1$	61
$Ni(CO)_2[P(C_6H_5)_3]_2$	Benzol	$-32{,}6$	61
$Ni(CO)_2[P(n\text{-}C_8H_{17})_3]_2$	Substanz	$-13{,}3$	61
$Ni(CO)_2[P(C_2H_5O)_3]_2$	Substanz	-160	61
$Ni(CO)_2[P(C_6H_5O)_3]_2$	Substanz	-146	61

$$
\begin{array}{c}
\text{R} \qquad \text{R} \\
\text{OC} \diagdown \;\; \diagup \text{P} \diagup \\
\text{Ni} \qquad \text{CH}_2 \\
\text{OC} \diagup \;\; \diagdown \text{P} \diagdown \text{CH}_2 \\
\text{R} \qquad \text{R}
\end{array}
\qquad \text{R} = \text{C}_2\text{H}_5
$$

Verbindung	gemessen in	$\delta \cdot 10^{-6}$	Literatur
(siehe Struktur oben), $R = C_2H_5$	Substanz	$-48{,}6$	61

Tabelle III a (Fortsetzung)

Verbindung	gemessen in	$\delta \cdot 10^{-6}$	Literatur
$(C_2H_5S)_2\overset{\parallel}{P}$—N=$\overset{\mid}{P}Cl_2$ $\overset{\mid}{N}\qquad\overset{\parallel}{N}$ $Cl_2\overset{\mid}{P}$=N—$\overset{\parallel}{P}(C_2H_5S)_2$		$-28,6\pm0,1$	6a
$(C_2H_5S)_2\overset{\parallel}{P}$—N=$\overset{\mid}{P}Cl_2$ $\overset{\mid}{N}\qquad\overset{\parallel}{N}$ $Cl_2\overset{\mid}{P}$=N—$\overset{\parallel}{P}(C_2H_5S)_2$		$+9,7\pm0,1$	6a
$P_4N_4Cl_6[NH(C_6H_5)]_2$	Äther	2,4; 4,6 11,0; 13,5	50
$P_4N_4Cl_6[NH(o\text{-}CH_3C_6H_4)]_2$	Äther	4,4; 5,9; 7,5 9,7; 11,6; 12,3	50
$P_4N_4Cl_6[NH(m\text{-}CH_3C_6H_4)]_2$	Äther	3,3; 5,6; 7,9; 11,2; 13,5; 14,9	50
$P_4N_4Cl_4[NCH_3(C_6H_5)]_4$	CS_2	1,1	49
$P_4N_4Cl_4(NC_5H_{10})_4$	$CHCl_3$	$-1,7$	49
Cl_3P=N—$POCl_2$	Substanz	0,1	5, 22
Cl_3P=N—$POCl_2$	Substanz	14,2	5, 22
Cl_3P=N—$PSCl_2$	Substanz	3,4	26
Cl_3P=N—$PSCl_2$	Substanz	$-28,4$	26
$[Cl_3P$=N—$PCl_3]^+$	$[PCl_6]$-Salz	$-21,4$	24
Cl_3P=N—PCl_2NPOCl_2	Substanz	$-7,1\pm0,5$	24
Cl_3P=N—PCl_2N—$POCl_2$	Substanz	$13,4\pm0,5$	24
Cl_3P=N—PCl_2N—$POCl_2$	Substanz	$20,0\pm0,5$	24
Cl_3P=N—PCl_2N—$PSCl_2$	Substanz	0,0	26
Cl_3P=N—PCl_2N—$PSCl_2$	Substanz	26,5	26
Cl_3P=N—PCl_2N—$PSCl_2$	Substanz	$-24,0$	26
$[Cl_3P$—N=PCl_2N=$PCl_3]^+$	$[PCl_6]$-Salz	$-12,5\pm1$	24
$[Cl_3P$—N=PCl_2N=$PCl_3]^+$	$[PCl_6]$-Salz	$14,0\pm1$	24
$[Cl_3P$—N=PCl_2N=PCl_2N=$PCl_3]^+$	$[PCl_6]$-Salz	$-11,3$	26
$[Cl_3P$—N=PCl_2N=PCl_2N=$PCl_3]^+$	$[PCl_6]$-Salz	13,5	26
$[Cl_3P$=N$]_2PCl(N$—$POCl_2)$	Substanz	$1,9\pm0,5$	24
$[Cl_3P$=N$]_2PCl(N$—$POCl_2)$	Substanz	$13,6\pm0,5$	24
$[Cl_3P$=N$]_2PCl(N$—$POCl_2)$	Substanz	$29,6\pm0,5$	24
$[Cl_3P$=N$]_2PCl(N$—$PSCl_2)$	Substanz	2,5	26
$[Cl_3P$=N$]_2PCl(N$—$PSCl_2)$	Substanz	28,9	26
$[Cl_3P$=N$]_2PCl(N$—$PSCl_2)$		$-28,6$	26
$[NPBr_2]_3$	CS_2	49,5	51
$[NPBr_2]_4$	CS_2	71,8	51
$(C_6H_5)_3PNJ$	Benzol	$-37,0\pm1$	25
$(C_6H_5)_3PNH \cdot BF_3$		$-34,5$	25
$(C_6H_5)_3P$=NH	Benzol	$-14,4$	25
$[(C_6H_5)Cl_2PNPCl_2(C_6H_5)]Cl$	$CHCl_3$	$-41,7$	25
$[(C_6H_5)_3PNH_2]Cl$	Methanol	$-35,1$	25
$[Cl_3P$=$NCH_3]_2$	$CHBr_3$	78,2	26

Tabelle III a (Fortsetzung)

Verbindung	gemessen in	$\delta \cdot 10^{-6}$	Literatur
$[C_2H_5P(O)(C_2H_5O)]\,[AlCl_4]$	CH_2Cl_2	—53,8	46
$\{Cl_2FCP[N(CH_3)_2]_3\}Cl$	Alkohol	—44 $\pm$ 1	99
$\{n\text{-}C_4H_9P[N(CH_3)_2]_3\}\,Br$	Substanz	—62 $\pm$ 1	99
$\{p\text{-}ClC_4H_4CH_2P[N(CH_3)_2]_2\}Cl$	Alkohol	—55,5 $\pm$ 1	99
$[(CH_3)_3PH]Cl$	Substanz	2,8 $\pm$ 0,5	64
$[(HOCH_2)_4P]Cl$	Wasser	—25,2 $\pm$ 0,5	64
$[(C_6H_5)_3PCH_3]Br$	Nitromethan	—22,2	25
$[(C_6H_5)_3PCH_3]J$	Äthanol	—21,0 $\pm$ 0,5	64

15. Phosphornitrilhalogenide, Phosphornitridhalogenide, Phosphinimine und Derivate

Verbindung	gemessen in	$\delta \cdot 10^{-6}$	Literatur
$[NPCl_2]_3$	Benzol	—19 $\pm$ 1	25
$[NPCl_2]_3$	Nitrobenzol	—19 $\pm$ 1	25
$[NPCl_2]_3$	$POCl_3$	16 $\pm$ 2	25
$[NPCl_2]_4$	Benzol	7 $\pm$ 1	25
$[NPCl_2)_5$		17 $\pm$ 1	55
$[NPCl_2]_6$		16 $\pm$ 1	55
$[NPCl_2]_7$		18 $\pm$ 1	55
$[NPCl_2]_8$		18 $\pm$ 1	55
$Cl[NPCl_2]_nH\ (n\sim 11)$		16,8	25
$P_3N_3Cl_3[N(CH_3)_2]_3$		—21 $\pm$ 1	4
$P_3N_3Cl_3[NH(CH_3)]_3$		—24 $\pm$ 1	4
$P_3N_3[N(CH_3)_2]_6$		—25 $\pm$ 1	4
$P_3N_3(SC_2H_5)_6$		—45,7 $\pm$ 0,3	6a
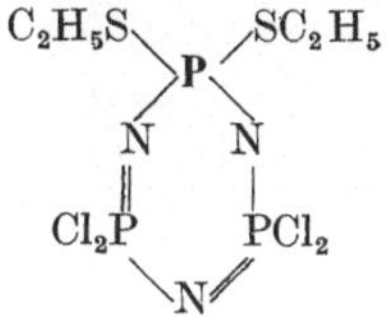 (Struktur: C_2H_5S, SC_2H_5 an P; Cl_2P, PCl_2; N)		—51,7 $\pm$ 0,3	6a
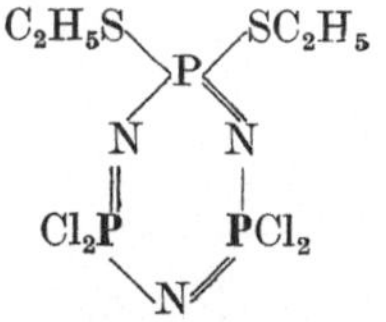 (Struktur: C_2H_5S, SC_2H_5 an P; Cl_2P, PCl_2; N)		—17,7 $\pm$ 0,3	6a
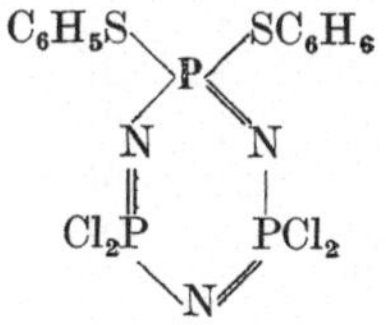 (Struktur: C_6H_5S, SC_6H_5 an P; Cl_2P, PCl_2; N)		—46,8 $\pm$ 0,1	6a
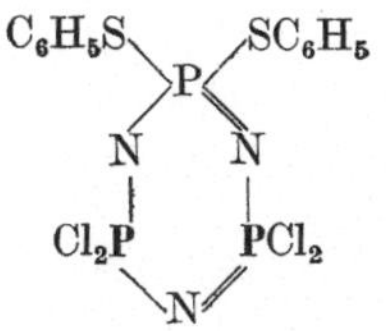 (Struktur: C_6H_5S, SC_6H_5 an P; Cl_2P, PCl_2; N)		—18,6 $\pm$ 0,1	6a

Tabelle III a (Fortsetzung)

Verbindung	gemessen in	$\delta \cdot 10^{-6}$	Literatur
[Ni(CO)₂ Struktur] $R=CH_2CH_2CN$	Acetonitril	—44,9	61
[Ni(CO)₂ Struktur] $R=C_2H_5$	Benzol	—36,6	61
[Ni₂(CO)₂ Struktur] $R=C_2H_5$	Substanz	—21,9	61
$R=CH_2CH_2CN$	Acetonitril	—20,8	61
$Ni(CO)_3(PCl_3)$	Benzol	—185	61
$Ni(CO)_3[P(C_2H_5)_3]$	Substanz	—47,0	61
$Ni(CO)_3[P(C_6H_5)_3]$	Benzol	—42,9	61
$Ni(CO)_3[P(C_2H_5O)_3]$	Substanz	—157	61
[Ni₂(CO)₄ Struktur]		—21,9	61
$Ni[P(n\text{-}C_4H_9)_3]_2Cl_2$	Benzol	1,5	61
$Ni[P(n\text{-}C_4H_9)_3]_2(C{\equiv}CC_6H_5)_2$	Benzol	—15,1	6
$[Cu[P(n\text{-}C_4H_9)_3]J]_4$	Benzol	26	61
$Ni[P(C_6H_5)_3]_2(CNS)_2$	$(CH_2)_4O$	0	61
$Fe[P(C_6H_5)_3]_2(CO)_3$	Benzol	9,5	61
$Fe[P(C_6H_5)_3](NO)_2$	Benzol	—50,8	61
$trans\text{-}Mo[P(C_2H_5)_3]_2(CO)_4$	CHCl₃	—29,0	61
$cis\text{-}Mo[R_2PCH_2CH_2PR_2](CO)_4$ $R=CH_2CH_2CN$	Aceton	—53,0	61

14. Phosphoniumsalze

Verbindung	gemessen in	$\delta \cdot 10^{-6}$	Literatur
$[C_2H_5PCl_3]\,[AlCl_4]$	CH₂Cl₂	—128,6	46
$[C_2H_5PCl_3]\,[Al_2Cl_7]$	CH₂Cl₂	—128,6	46
$[C_2H_5P(O)Cl]\,[AlCl_4]$	CH₂Cl₂	—75,8	46

Tabelle IIIb.
Kopplungskonstanten J_{31P_X}

Verbindung	J_{31P^1H} [Hz]	Literatur
1. Kopplungskonstanten J_{31P^1H}		
PH_3	$182,2 \pm 0,3$	56
	170	11, 34, 36
H_2P-PH_2 (H₂P—PH₂, syn)	$186,5 \pm 0,3$	56
H_2P-PH_2 (H₂P—PH₂, anti)	$11,9 \pm 0,3$	56
CH_3PH_2	205	100
$C_6H_5PH_2$	195	
$(CH_3)_2PH$	205	100
	190	64
$(CH_3)_2PH \cdot BH_3$	350	90, 62
$(CH_3)_2PH \cdot BH_3$	12	62
$(CH_3)_2PH \cdot BH_3$	12	62
$CH_3P(H)(C_2H_5)$	191	58, 64
$CH_3P(H)(n\text{-}C_3H_7)$	196	58, 64
$CH_3P(H)(n\text{-}C_4H_9)$	203	58, 64
$CH_3P(H)(C_6H_5)$	222	58, 64
$CH_3P(H)(O)(C_2H_5O)$	518	21
$CH_3P(H)(O)(C_3H_7O)$	553	21
$CH_3P(H)(S)(i\text{-}C_3H_7O)$	490	21
$[(CH_3)_3PH]Cl$	495	64
$(C_2H_5)_2PH$	190	64
$(n\text{-}C_4H_9)_2PH$	180	64
$(C_6H_5)_2PH$	214	64
$C_6H_5P(H)(O)(OH)$	570	99
$(C_6H_5)_2P(H)(O)$	490	64
$(CH_3)_2N\text{-}C_6H_3(CH_3)\text{-}P(H)(O)(ONa)$	500	99
H_3PO_3	700	34, 42, 56, 58, 62, 99
NaH_2PO_3	620	10, 99
$(CH_3O)_2P(H)(O)$	694	21
	710	11
	715	62
$(CH_3O)_2P(H)(O)$	14	11

Tabelle IIIb (Fortsetzung)

Verbindung	$J_{^{31}P^{1}H}$ [Hz]	Literatur
$(C_2H_5O)_2P(H)(O)$	701	21
	670	54
	686	62
$(C_2H_5O)_2P(H)(S)$	645	21
	640	54
$(C_2H_5O)_2P(H)(Se)$	630	21, 54
$[(CH_3)_2CHO_2]P(H)(OH)$	687	21, 69
$(n\text{-}C_4H_9)_2P(H)(O)$	670	99
	690	62
$(C_6H_5O)_2P(H)(O)$	746	62
$(C_4H_9 \cdot CHC_2H_5 \cdot CH_2O)_2P(H)(O)$	670	99
CH_3PCl_2	16	64
$ClCH_2PCl_2$	16	64
CH_3PBr_2	24	64
$(CH_3CH_2)_2NPCl_2$	12	64
$(CH_3S)PBr_2$	~ 7	64
$(CH_3S)_3P$	11	64
$(CH_3CH_2)_3P$	~ 11	64
$(n\text{-}C_2H_5CH_2S)_2PCl$	~ 13	64
$(C_4H_9CH_2S)_2PCl$	~ 11	64
$(C_6H_5CH_2S)_2PCl$	~ 11	64
$(CH_3S)_3P$	12	64
$(CH_3)_2POCl$	19	64
$(CH_2Cl)_2POCl$	12	64
$CH_3PSClBr$	13	64
CH_3PSBr_2	13	64
$CH_3PO(OH)_2$	15	64
$ClCH_2PO(OH)_2$	11	64
$[CH_2PO(OH)_2]_2NH$	10	64
$[CH_2PO(OH)_2]_3N$	12	64
$(n\text{-}C_2H_5CH_2S)_3PS$	17	64
$(n\text{-}C_3H_7CH_2S)_3PS$	17	64
$(CH_3CH_2O)_3PS$	8	64
$(CH_3)_2NP(O)Cl_2$	15	64
H_3PO_2	570	10, 21, 34, 36, 69, 99
NaH_2PO_2	540	99
$OP(CH_3O)_3$	$11,19 \pm 0,2$	3
$OP(C_2H_5O)_3$	$8,38 \pm 0,2$	3
$OP(n\text{-}C_3H_7O)_3$	$7,70 \pm 0,1$	3
$OP(n\text{-}C_4H_9O)_3$	$7,65 \pm 0,1$	3
$OP[(CH_3)_2CH \cdot CH_2O]_3$	$6,60 \pm 0,1$	3
$OP(n\text{-}C_5H_{11}O)_3$	$7,62 \pm 0,2$	3
$OP[(CH_3)_3 \cdot CH_2O_3]$	$5,42 \pm 0,1$	3
$\left[\begin{smallmatrix} O & O \\ HP\!-\!PO \\ O & O \end{smallmatrix}\right]^{---}$	444	11

Tabelle III b (Fortsetzung)

Verbindung	$J_{^{31}P^{1}H}$ [Hz]	Literatur
$\left[\begin{array}{c} O\quad O \\ HP\text{—}PO \\ O\quad O \end{array}\right]^{--}$	94	11
$\left[\begin{array}{c} O\qquad O \\ OP\text{—}O\text{—}PO \\ H\qquad H \end{array}\right]^{--}$	660	11
$\left[\begin{array}{c} O\qquad O \\ OP\text{—}O\text{—}PO \\ H\qquad O \end{array}\right]^{---}$	620	11
$P_3N_3(CH_3)_6$	$13{,}5 \pm 0{,}5$	1a
$P_4N_6(CH_3)_6$	$16{,}7 \pm 0{,}6$	47

Verbindung	$J_{^{31}P^{19}F}$ [Hz]	Literatur
2. Kopplungskonstanten $J_{^{31}P^{19}F}$		
PF_5	916	68
	1010	64
$PF_5 \cdot L[L{=}N(CH_3)_3;\ O(C_2H_5)_2;\ O(CH_2)_4;\ (CH_3)_2SO]$	710—765	50, 66
HPF_6	710	36, 66, 83
KPF_6		36
OPF_3	1055	36
	1080	64
OPF_2Cl	1145	34, 35, 36
$OPF_2(OH)$	980	1, 36, 44
$OPFCl_2$	1190	34, 35, 36
$OPF(OH)_2$	954	36
$OPF(ONa)_2$	781	36
$OPF_2(CH_2Cl)$	1140	64
$OPFCl(CH_2Cl)$	1180	64
PF_3	1420	36, 34
	1441	69
$C_2H_5PF_2$	980	99
$C_2H_5PF(i\text{-}C_3H_7O)$	980	99
$(CH_3O)PF_2$	1275	34, 36
$(C_2H_5O)POF_2$	1010	64
C_2H_5PFCl	570	99
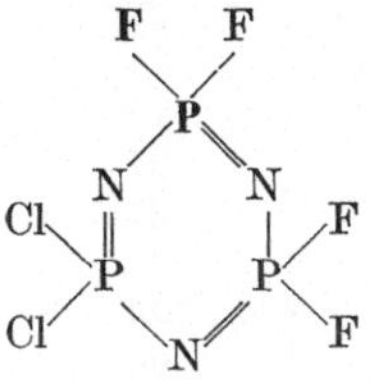	860	13

Tabelle IIIb (Fortsetzung)

Verbindung	$J_{^{31}P^{19}F}$ [Hz]	Literatur
Cyclotriphosphazen-Ring: $\mathrm{PF_2}$; $\mathrm{PCl_2}$, $\mathrm{PCl_2}$ (mit N=P Brücken)	934	13
Cyclotriphosphazen-Ring: $\mathrm{PF_2}$; $\mathrm{PCl_2}$, $\mathrm{PCl_2}$	14	42
Cyclotriphosphazen-Ring: $\mathrm{PF_2}$; $\mathrm{PCl_2}$, PClF	880	13
Cyclotriphosphazen-Ring: $\mathrm{PF_2}$; $\mathrm{PCl_2}$, PClF	1000	13
$(CH_3)_3P-PCF_3$	35	9
$(CH_3)_3P-PCF_3$	22	9
$(n\text{-}C_4H_9)_3P-PCF_3$	39,5	9
$(n\text{-}C_4H_9)_3P-PCF_3$	20,5	9
$\{P[N(CH_3)_2]_3CCl_2F\}Cl$	85	54, 99

Verbindung	$J_{^{31}P^{31}P}$ [Hz]	Literatur

3. Kopplungskonstanten $J_{^{31}P^{31}P}$

Verbindung	$J_{^{31}P^{31}P}$ [Hz]	Literatur
$Cl_3P{=}N-POCl_2$	15,4	22
$Cl_3P{=}N-PCl_2N-POCl_2$	$29,5\pm1$	24
$Cl_3P{=}N-PCl_2N-POCl_2$	$26,7\pm1$	24
$(Cl_3P{=}N)_2PCl(POCl_2)$	28,6	24
$(Cl_3P{=}N)_2PCl(POCl_2)$	31	24
$Cl_3P{=}N-PSCl_2$	<2	26
$Cl_3P{=}N-PCl_2N-PSCl_2$	29	26
$Cl_3P{=}N-PCl_2N-PSCl_2$	12	26

Tabelle IIIb (Fortsetzung)

Verbindung	$J_{^{31}P^{31}P}$ [Hz]	Literatur
$(Cl_3P=N)_2PCl(PSCl_2)$	24	26
$(Cl_3P=N)_2PCl(PSCl_2)$	<2	26
$[Cl_3P=NPCl_2=N-PCl_3][PCl_6]$	$45,3\pm1$	24
$[Cl_3P=NPCl_2=NPCl_2=N-PCl_3][PCl_6]$	20	26
H_2P-PH_2	$108,2\pm0,2$	56
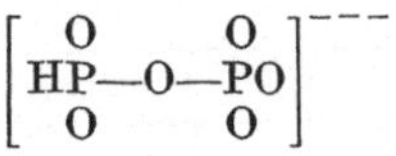 $\left[\begin{smallmatrix}O&&O\\HP-O-PO\\O&&O\end{smallmatrix}\right]^{---}$	17	11
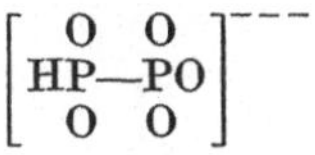 $\left[\begin{smallmatrix}O\ O\\HP-PO\\O\ O\end{smallmatrix}\right]^{---}$	480 ± 10	11
(P₄S₃-Käfig)	86	1 I
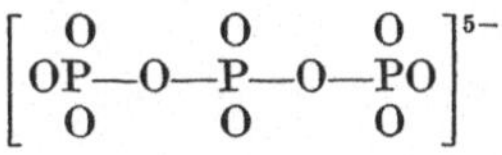 $\left[\begin{smallmatrix}O&O&O\\OP-O-P-O-PO\\O&O&O\end{smallmatrix}\right]^{5-}$	17	11
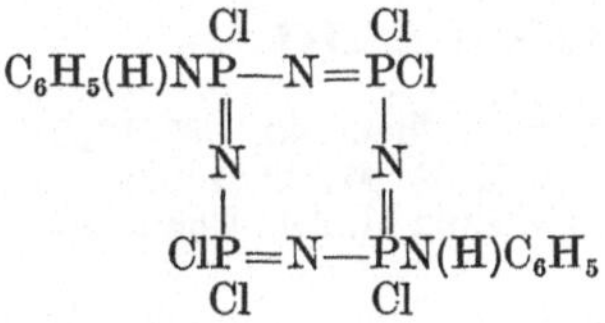 $C_6H_5(H)NP(Cl)-N=PCl(Cl)$ ... $ClP(Cl)=N-P(Cl)N(H)C_6H_5$	$40,5\pm6,5$	50
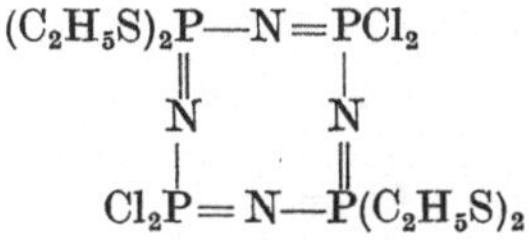 $(C_2H_5S)_2P-N=PCl_2$ ... $Cl_2P=N-P(C_2H_5S)_2$	$11,8\pm0,2$	6a
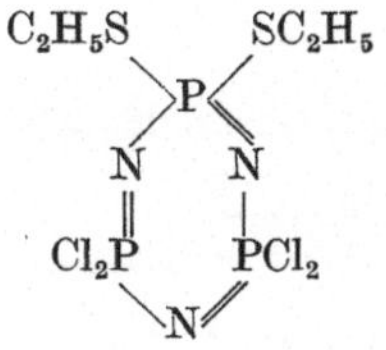 $C_2H_5S,\ SC_2H_5$ P-Ring mit Cl_2P, PCl_2	$4,8\pm0,2$	6a
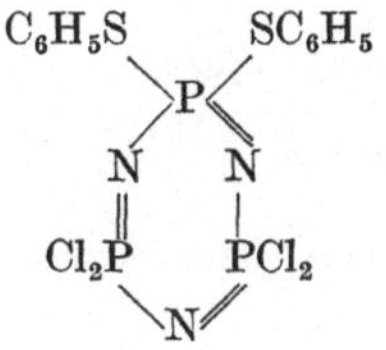 $C_6H_5S,\ SC_6H_5$ P-Ring mit Cl_2P, PCl_2	$4,2\pm0,2$	6a

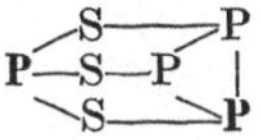

Tabelle III b (Fortsetzung)

Verbindung	$J_{{}^{31}P^{11}B}$ [Hz]	Literatur

4. Kopplungskonstanten $J_{{}^{31}P^{11}B}$

Verbindung	$J_{{}^{31}P^{11}B}$ [Hz]	Literatur
CH_3, CH_3 $>$P—B—H (mit H, H, H)	50	62

Verbindung	$J_{{}^{31}P^{195}Pt}$ [Hz]	Literatur

5. Kopplungskonstanten $J_{{}^{31}P^{195}Pt}$

Verbindung	$J_{{}^{31}P^{195}Pt}$ [Hz]	Literatur
cis-$\{[(C_2H_5O)_3P]_2PtCl_2\}$	5700	81
cis-$\{[(n-C_4H_9)_3P]_2PtCl_2\}$	3620	81
trans-$\{[(n-C_4H_9)_3P]_2PtCl_2\}$	2460	81
trans-$\{[(n-C_4H_9)_3P][Amin]PtCl_2\}$	3340	81
trans-$\{[(n-C_4H_9)_3P]_2PtHCl\}$	3510	81
trans-$\{[(n-C_4H_9)_3P]_2Pt_2Cl_4\}$	3810	81
trans-$\{[(n-C_4H_9)_3P]_2PtBr_2\}$	2310	81
trans-$\{[(n-C_4H_9)_3P][(C_2H_5)_2NH]PtBr_2\}$	3270	81

Literaturverzeichnis zu den Tabellen I—III

1. AGAHIGIAN, H., A. P. GRAY and G. D. VICKERS: Can. J. Chem. 40, 157 (1962).
1a. Allen, G.: Privatmitteilung, vgl. M. E. L. L. O. N. M. R. 47, 23 (1962).
2. AMES, D. P., S. OHASHI, C. F. CALLIS and J. R. VAN WAZER: J. Am. Chem. Soc. 81, 6350 (1959).
3. AXTMANN, R. C., W. E. SCHULER u. J. H. EBERLY: J. Chem. Phys. 31, 850 (1959).
4. BECKE-GOEHRING, M., K. JOHN u. E. FLUCK: Z. anorg. u. allgem. Chem. 302, 103 (1959).
5. —, A. DEBO, E. FLUCK u. W. GOETZE: Chem. Ber. 94, 1383 (1961).
6. BIRUM, G. H., and J. L. DEVER: Abstr. 134th ACS Meeting, Chicago 1958.
6a. BODEN, N., J. W. EMSLEY, J. FEENEY u. L. H. SUTCLIFFE: Chem. & Ind. 1962, 1909.
7. BROWNSTEIN, S.: Can. J. Chem. 38, 1597 (1960).
8. BUCKLER, S. A.: J. Am. Chem. Soc. 82, 4215 (1960).
9. BURG, A. B., and W. MAHLER: J. Am. Soc. 83, 2388 (1961).
10. CALLIS, C. F., J. R. VAN WAZER and J. N. SHOOLERY: Analyt. Chem. 28, 269 (1956).
11. — — — and W. A. ANDERSON: J. Am. Chem. Soc. 79, 2719 (1957).
12. CHAMBERS, R. D., H. C. CLARK, L. W. REEVES and C. J. WILLIS: Can. J. Chem. 39, 258 (1961).
13. CHAPMAN, A. C., D. H. PAINE, H. T. SEARLE, D. R. SMITH and R. F. M. WHITE: J. Chem. Soc. (London) 1961, 1768.
14. COHN, M., and T. R. HUGHES: J. Biol. Chem. 235, 3250 (1960).
15. COLBURN, C. B., and AL KENNEDY: J. Am. Chem. Soc. 80, 5004 (1958).
16. COTTON, F. A., J. W. GEORGE and J. S. WAUGH: J. Chem. Phys. 28, 994 (1958).
17. COYLE, T. D., and F. G. A. STONE: J. Chem. Phys. 32, 1892 (1960).
17a. DAVIS, J. C.: Privatmitteilung, vgl. M. E. L. L. O. N. M. R. 47, 26 (1962).
18. DUDLEY, F. B., J. N. SHOOLERY and G. H. CADY: J. Am. Chem. Soc. 78, 568 (1956).
19. —, and G. H. CADY: J. Am. Chem. Soc. 79, 513 (1957).

20. FINEGOLD, H.: J. Am. Chem. Soc. **82**, 2641 (1960).
21. — Ann. N. Y. Acad. Sci. **70**, 875 (1958).
22. FLUCK, E.: Chem. Ber. **94**, 1388 (1961).
23. — Z. anorg. u. allgem. Chem. **307**, 38 (1960).
24. — Z. anorg. u. allgem. Chem. **315**, 181 (1962).
25. — Unveröffentlicht.
26. — Z. anorg. u. allgem. Chem. (im Druck).
27. — J. R. VAN WAZER and L. C. D. GROENWEGHE: J. Am. Chem. Soc. **81**, 6363 (1959).
28. — — Z. anorg. u. allgem. Chem. **307**, 113 (1960).
29. FRAZER, J. W., B. E. HOLDER and E. F. WORDEN: J. Inorg. Nuclear Chem. **24**, 45 (1962).
30. GILLESPIE, R. J., J. V. OUBRIDGE and E. A. ROBINSON: Proc. Chem. Soc. (London) **1961**, 428.
31. — — Proc. Chem. Soc. (London) **1960**, 308.
32. GROENWEGHE, L. C. D., J. H. PAYNE and J. R. VAN WAZER: J. Am. Chem. Soc. **82**, 5305 (1960).
33. — — J. Am. Chem. Soc. **81**, 6357 (1959).
34. GUTOWSKY, H. S., and D. W. McCALL: J. Chem. Phys. **22**, 162 (1954).
35. — — Phys. Rev. **82**, 748 (1951).
36. — — and C. P. SLICHTER: J. Chem. Phys. **21**, 279 (1953).
37. —, and C. J. HOFFMAN: J. Chem. Phys. **20**, 200 (1952).
38. — — Phys. Rev. **80**, 110 (1950).
39. — — J. Chem. Phys. **19**, 1259 (1951).
40. —, L. H. MEYER and D. W. McCALL: J. Chem. Phys. **23**, 982 (1955).
41. HARDER, R. J., and W. C. SMITH: J. Am. Chem. Soc. **83**, 3422 (1961).
42. HEFFERNAN, M. L., and R. F. M. WHITE: J. Chem. Soc. (London) **1961**, 1382.
43. HARRIS, R. K., and K. J. PACKER: J. Chem. Soc. (London) **1961**, 4736.
44. HENDERSON, W. A., and S. A. BUCKLER: J. Am. Chem. Soc. **82**, 5794 (1960).
45. HOFFMAN, C. J., B. E. HOLDER and W. L. JOLLY: J. Phys. Chem. **62**, 364 (1958).
46. HOFFMANN, F. W., T. C. SIMMONS and L. J. GLUNZ: J. Am. Chem. Soc. **79**, 3570 (1957).
47. HOLMES, R. R.: J. Am. Chem. Soc. **83**, 1334 (1961).
48. ITO, K., H. WATANABE and M. KUBO: J. Chem. Phys. **32**, 947 (1960).
49. JOHN, K., TH. MOELLER and L. F. AUDRIETH: J. Am. Chem. Soc. **83**, 2608 (1961).
50. — — — J. Am. Chem. Soc. **82**, 5616 (1960).
51. — — J. Inorg. & Nuclear Chem. **22**, 199 (1961).
52. JONES, R. A. Y., A. R. KATRITZKY and J. MICHALSKY: Proc. Chem. Soc. (London) **1959**, 321.
53. — — J. Chem. Soc. (London) **1960**, 4376.
54. — — Angew. Chem. **74**, 60 (1962).
55. LUND, L. G., N. L. PADDOCK, J. E. PROCTOR and H. T. SEARLE: J. Chem. Soc. (London) **1960**, 2542.
56. LYNDEN-BELL, R. M.: Trans. Faraday Soc. **57**, 888 (1961).
57. MAHLER, W., and E. L. MUETTERTIES: J. Chem. Phys. **33**, 636 (1960).
58. MAIER, L.: Chem. Ber. **94**, 3043 (1961).
59. — Privatmitteilung.
60. McLEAN, C., and E. L. MACKOR: J. Chem. Phys. **34**, 2207 (1961).
61. MERIWETHER, L. S., and J. R. LETO: J. Am. Soc. **83**, 3192 (1961).
61a. MERRILL, C. I., S. M. WILLIAMSON, G. H. CADY and D. F. EGGERS: Inorg. Chem. **1**, 215 (1962).
62. MOEDRITZER, K.: J. Inorg. & Nuclear Chem. **22**, 19 (1962).
63. —, and R. R. IRANI: J. Inorg. & Nuclear Chem. **22**, 297 (1961).
64. — L. MAIER and L. C. D. GROENWEGHE: J. Chem. and Eng. Data **7**, 307 (1962).
65. MUETTERTIES, E. L.: J. Am. Chem. Soc. **82**, 1082 (1960).
66. — T. A. BITHER, M. W. FARLOW and D. D. COFFMAN: J. Inorg. & Nuclear Chem. **16**, 52 (1960).

67. MUETTERTIES, E. L., and W. D. PHILLIPS: J. Am. Chem. Soc. **79**, 322 (1957).
68. — — J. Am. Chem. Soc. **81**, 1084 (1959).
69. MULLER, N., P. C. LAUTERBUR and J. GOLDENSON: J. Am. Chem. Soc. **78**, 3557 (1956).
70. — — and G. F. SVATOS: J. Am. Chem. Soc. **79**, 1043 (1957).
71. —, and J. GOLDENSON: J. Am. Chem. Soc. **78**, 5182 (1956).
72. — P. C. LAUTERBUR and G. F. SVATOS: J. Am. Chem. Soc. **79**, 1807 (1957).
73. NEAR-COLIN, C., and T. L. HEYING: J. Am. Chem. Soc. (in Vorbereitung).
74. NIELSEN, M. L., R. R. FERGUSON and W. S. COAKLEY: J. Am. Chem. Soc. **83**, 99 (1961).
75. OGG, R. A., and J. D. RAY: J. Chem. Phys. **26**, 1515 (1957).
76. — — J. Chem. Phys. **25**, 797 (1956).
77. ONAK, T. P., H. LANDESMAN, R. E. WILLIAMS and I. SHAPIRO: J. Phys. Chem. **63**, 1533 (1959).
78. —, and I. SHAPIRO: J. Chem. Phys. **32**, 952 (1960).
79. PHILLIPS, W. D., H. C. MILLER and E. L. MUETTERTIES: J. Am. Chem. Soc. **81**, 4496 (1959).
80. PARSHALL, G. W.: J. Inorg. & Nuclear Chem. **12**, 372 (1960).
81. PIDCOCK, A., R. E. RICHARDS and L. M. VENANZI: Proc. Chem. Soc. **1962**, 184.
82. POLLMANN, W., and G. SCHRAMM: Z. Naturforsch. **16 b**, 673 (1961).
83. QUINN, W. E., and R. M. BROWN: J. Chem. Phys. **21**, 1605 (1953).
84. RAMIREZ, F., and N. B. DESAI: J. Am. Chem. Soc. **82**, 2652 (1960).
85. RICHERT, H., u. O. GLEMSER: Z. anorg. u. allgem. Chem. **307**, 328 (1961).
86. ROBERTS, J. E., and G. H. CADY: J. Am. Chem. Soc. **81**, 4166 (1959).
87. ROGERS, M. T., and J. D. GRAHAM: In Vorbereitung.
88. SAIKA, A., and H. S. GUTOWSKY: J. Am. Chem. Soc. **78**, 4818 (1956).
89. SHOOLERY, J. N.: Disc. Faraday Soc. **19**, 215 (1955).
90. SHREEVE, J. M., and G. H. CADY: J. Am. Chem. Soc. **83**, 4521 (1961).
91. SOLOMON, I., and N. BLOEMBERGEN: J. Chem. Phys. **25**, 261 (1956).
92. SPEZIALE, A. J., and R. C. FREEMAN: J. org. Chem. **23**, 1883 (1958).
93. SCHNELL, E., and E. G. ROCHOW: J. Am. Chem. Soc. **78**, 4178 (1956).
94. SCHWARZMANN, E., and J. R. VAN WAZER: J. Am. Chem. Soc. **81**, 6366 (1959).
95. — — J. Inorg. & Nuclear Chem. **14**, 296 (1960).
96. TIERS, G. V. D.: J. Am. Chem. Soc. **78**, 2914 (1956).
97. ULMER, H. E., L. C. D. GROENWEGHE and L. MAIER: J. Inorg. & Nuclear Chem. **20**, 82 (1961).
98. VAN WAZER, J. R., and E. FLUCK: J. Am. Chem. Soc. **81**, 6360 (1959).
99. — C. F. CALLIS, J. N. SHOOLERY and R. C. JONES: J. Am. Chem. Soc. **78**, 5715 (1956).
100. WON CHOI, Q.: J. Am. Chem. Soc. **82**, 2686 (1960).

Namenverzeichnis

Sachverzeichnis